반짝이는 709가지
살림 아이디어

'살림' 이란 한 집안을 이루어 살아간다는 의미이다.

어찌 보면 참 단순한 말인 것 같지만 한 집안을 이루어 살아가기 위해서는 많은 노력과 시간, 정성이 필요하다. 또 숨차게 지나가는 매일매일 속에서 집안 살림 하나하나를 부족함 없이 완벽하게 해내기란 그리 쉽지 않다. 하지만 아이디어와 노하우만 잘 갖추고 있다면 최소의 노력으로 최대의 효과를 거둘 수 있을 것이다.

자신의 개성이 살아 있는 공간, 조금 더 편리한 공간, 조금 더 멋진 공간을 만들기 위해 사람들은 집 안을 꾸미기 시작한다. 그러나 집 안의 어느 곳을 어떻게 꾸며 나갈 것인지에 대해서는 이제 막 살림을 시작한 사람은 물론 베테랑이라 자부하는 사람들까지도 궁금한 점이 많다. 그런 사람들에게 아이디어를 제시해 주는 책이 바로 〈살림궁금증〉이다. 〈살림궁금증〉은 좁지만 넓어 보이는, 또 복잡하지만 정돈되어 보이는 노하우를 알려 주는 수납&인테리어 궁금증부터 청소·세탁·재활용·쇼핑·생활뷰티까지, 살림이란 이름으로 묶인 다양한 숙제들을 쉽고, 지혜롭게 풀어나가는 기술을 제시한다.

특히 이 책은 수납과 인테리어, 재활용 리폼 전문가인 나도 언제라도 쉽게 따라해 볼 수 있는 집 꾸밈 아이디어를 제시한다는 점에서 상당히 매력적인 책이다.
살림, 어쩔 수 없이 해야 하는 숙제처럼 느껴졌다면 반짝이는 아이디어가 가득한 〈살림궁금증〉을 통해 살림살이의 즐거움을 찾아가길 바란다.

수납·인테리어의 달인 이효성

살림의 제 1원칙은 깨끗하게 입고, 먹고, 생활하는 것이다.

대부분의 사람들이 생활하고 먹는 것은 꼼꼼하게 따지면서도 세탁만큼은 소홀하게 넘어가는 경향이 있다. 하지만 세탁에도 기술이 있다. 비싼 옷값을 치르면서 관리에는 전혀 신경을 쓰지 않는다면 그만큼의 자신이 입고 있는 옷의 값어치를 스스로 내리는 꼴이다. 〈살림궁금증〉 세탁편은 '이런 얼룩은 이런 것으로 지워라'는 식의 단순한 임기응변식 방법을 알려주는 것이 아니다. 내가 소중히 아끼는 옷들의 기본세탁법과 관리, 세탁 시 일어날 수 있는 여러 문제와 그 해결방법을 정확하게, 그리고 집에서 쉽게 활용할 수 있도록 코치해 준다.

무엇을 입느냐보다는 어떻게 입느냐가 중요하다. 이 책을 읽는 순간 드라이클리닝이 만능 세탁법이 아니라는 사실을 알게 될 것이다. 또, 옷에 따른 꼼꼼하고 현명한 세탁 노하우를 얻을 수 있을 것이다.

분명 '살림궁금증'으로 첫장을 넘겨 '살림의 이해'로 이 책을 덮을 수 있을 것이다.

세탁의 달인 이성환

01 수납

공간을 두 배로 쓰는 마법의 정리!

02 인테리어

톡톡 아이디어, 리모델링 안 부럽다!

plus ★ tip

03
청소

힘들이지
않고
깔끔 떠는
청소의 기술!

04
세탁

세탁의
달인에게
배우는
클린&클리어

05
재활용

집 안의
쓸거리로
다시
태어나다!

06
쇼핑

Enjoy Your Life
알콩달콩
쇼핑
다이어리

plus ★ tip

07
생활
뷰티

업그레이드
자기관리
노하우!

공간을
두 배로 쓰는
마법의 정리!

수납

정리도 계획이 필요하다. 필요에 따라,
쓰임에 따라, 또 공간에 따라 어떤 물건을
어떻게 나누고, 어떻게 채워 넣을 것인가
하는 궁금증이 살림의 시작이다.
옷장 속, 싱크대 속, 서랍 속, 신발장 속
등 구석구석 우리 집 수납 트러블을
해결해 줄 똑똑한 100가지의
수납궁금증을 알아본다.

공간별 **수납** 아이디어

다용도실 수납 원칙

세탁실에 수납해야 할 물건들이 많다면 수납장을 설치하는 것이 가장 깔끔하다. 세탁기 주변에 필요한 물품들은 세탁기 위쪽으로 수납장을 짜 수납하고 따로 얕은 수납장을 두는 것도 좋은 방법. 작은 소품이나 걸레 정도는 세탁 후 바로 건조할 수 있도록 세탁기 주변에 낮은 걸이대를 설치한다.

현관 수납 원칙

공간이 좁은 현관은 신발장을 최대한 활용하는 수밖에 없다. 신발장의 공간을 나눠 최대한 활용하고 고리나 압착봉, 수납 네트나 바구니 등 수납 소품을 활용해 현관에서 필요한 액세서리들을 한눈에 보이도록 깔끔하게 정리한다.

욕실 수납 원칙

세면대 아랫부분이나 문 위, 욕실 커튼 뒤 등 잘 보이지 않지만 수납선반이나 수납장을 둘 수 있을 만한 장소를 찾아 수납한다.

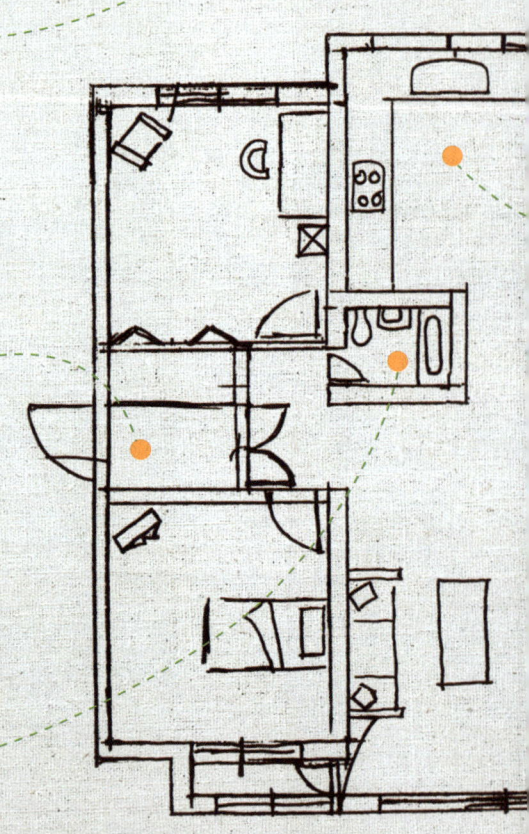

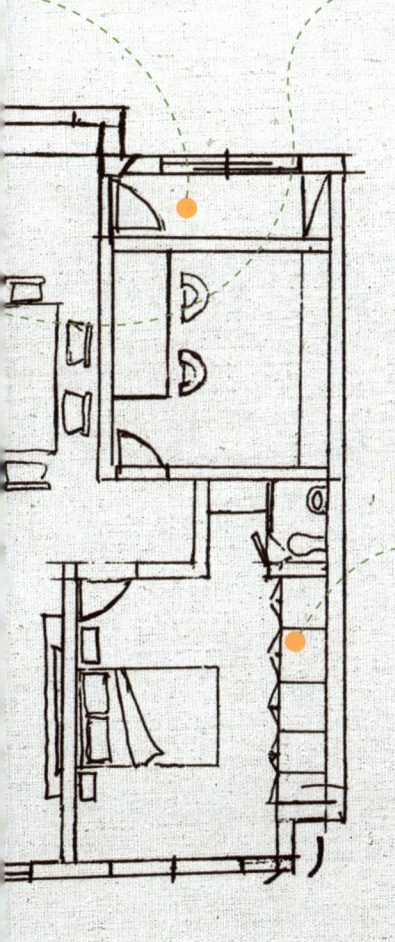

주방 수납 원칙

노하우 1 … 필요한 장소에서 바로 찾아 쓸 수 있게 한다. 가스대 아래에는 조리할 때 바로바로 꺼내 쓸 수 있도록 양념들을 넣어 두고 개수대 아래엔 주방 세제들을 수납하는 등 동선을 고려해 수납장소를 정한다.

노하우 2 … 주방 수납에도 순서가 필요하다. 식품, 조리도구, 잡화와 소품, 밀폐용기 순서로 정리한다. 실온에서 수납 가능한 식품은 조리대 주변에 수납을 한다. 잘 쓰지 않는 조리도구는 사이드의 상부장, 자주 쓰는 식기는 중앙 싱크대의 상부장, 자주 쓰는 팬은 중앙 싱크대의 하부장에 수납한다. 남는 수납장에 잡화와 소품, 밀폐용기를 수납한다.

노하우 3 … 깔끔하고 효과적인 수납 비결은 공간 분할. 냉장고 서랍칸, 도어칸도 공간을 나눠 수납하고, 가능한 같은 종류의 식품은 같은 공간에 수납하는 것이 좋다.

옷장 수납 원칙

노하우 1 … 자주 쓰는 물건일수록 꺼내기 쉬운 위치에 둔다. 팔을 내리고 정면을 바라보고 섰을 때 눈높이에서 손끝까지가 가장 물건을 쉽게 찾을 수 있는 위치. 이 영역에 자주 쓰는 물건을 수납한다.

노하우 2 … 옷의 종류에 따라서도 수납 위치가 달라진다. 자주 쓰지 않지만 가벼운 것은 위쪽, 자주 쓰지 않지만 무거운 것은 맨 아래쪽에 수납한다. 옷장 아래쪽은 습기에 강한 면, 합성섬유의 옷을 넣고 모직 섬유의 옷은 중간 비단, 견직물, 캐시미어처럼 습기에 약한 고급섬유는 위쪽에 넣어 보관한다.

노하우 3 … 데드스페이스를 최대한 활용한다. 옷을 걸고 남은 아래 공간, 손이 잘 닿지 않는 위 공간은 수납상자나 바구니를 이용해 깔끔하게 수납하고 문 뒷면도 수납 네트를 달아서 공간을 알뜰하게 활용한다.

001~002 | 침실과 주방에 수납공간을 늘리고 싶은데 **어떻게 수납장을 짜 넣어야 할지 모르겠어요.**

IDEA 1 · 침실

실평수가 작은 아파트의 공간 활용도를 가장 높일 수 있는 방법은 붙박이장을 넣는 것이다. 밝은 색으로 선택하면 공간이 답답하거나 좁아 보이지 않는다. 또한 장롱을 들여놓는 대신 가구는 침대와 화장대만 두어 요소를 최소화하는 것이 좋다. 붙박이장 안쪽으로 원하는 벽지를 바르고 선반을 달면 수납장 역할뿐 아니라 집 전체의 인테리어와 부드럽게 어울린다. 붙박이장 내부는 수납할 물건에 맞게 효율적으로 분류해 선반을 짜 넣는다.

IDEA 2 · 주방

공간이 넓지 않은 아파트는 주방과 거실이 분리되지 않고 이어져 있는 경우가 많다. 주방과 거실 사이에 맞춤 장식장을 짜 넣어 공간을 분할하면 오히려 집이 정돈되어 보일 수 있다. 단, 시선이 가는 눈높이 부분은 비워 두어 답답함을 없앤다.

주방은 맞춤가구를 이용해 공간을 활용하기 가장 좋은 장소. 아일랜드

식탁을 두고 그 아래를 수납장 형식으로 이용하거나 콘솔이나 서랍장을 두어 수납공간으로 활용하는 것도 공간을 넓게 쓰는 아이디어다. 식탁을 두는 공간에 선반을 달아 자주 쓰는 일상용품을 두어도 꽤 많은 수납을 해결할 수 있다.

003

그릇 수납장 안에 **비는 공간**이 있어요.
이 공간을 **알뜰하게 활용할 수 있는**
방법 없을까요?

보다 기능적인 수납을 위해서는 수납장 칸에 ⊓모양의 선반을 두어 한 층을 더 만든다. 공간이 낮아져 적당한 높이로 그릇을 쌓게 되고, 사용 횟수와 용도에 따라 분류하여 수납하기도 좋다. 또 공간을 나누어 쓰게 되므로 쓸모없는 공간 낭비도 줄일 수 있다.

수납 칸 전체를 ⊓모양의 선반으로 나누는 것도 좋지만, 일부에만 설치하여 키가 큰 물병 옆에 이층으로 컵을 넣는 식으로 사용하면 더 실용적으로 활용할 수 있다. 수납할 용품의 크기에 따라 선반의 크기와 형태를 조절해서 만들어 넣는다.

그릇을 쟁반 위에 넣으면 꺼낼 때 쟁반째 잡아당겨 꺼낼 수 있으므로 한결 편리하다. 또 앞뒤로 그릇을 쌓을 때는 앞쪽을 낮게 쌓아 뒤쪽을 볼 수 있게 하고, 너무 붙여서 넣으면 꺼낼 때 손이 들어가지 않아 불편하므로 간격을 조금 두고 넣는다. 그릇 수납장은 문을 모두 다는 것보다는 매일매일 사용하는 그릇은 오픈된 장에 넣고, 가끔 사용하는 장식 그릇은 유리문 안에 수납하여 장식성, 실용성을 살린다.

---

plus · tip

004 공간을 많이 차지하는 큰 접시 수납하기

큰 접시나 쟁반은 공간을 많이 차지하기 때문에 그 위에 작은 접시들을 함께 수납하는 경우가 많다. 때문에 큰 접시 하나를 사용하려면 작은 접시들을 전부 꺼내야 한다. 이럴 때 필요한 것이 세우는 수납. 플라스틱 서류 케이스를 여러 개 두고 집게로 연결한 후 접시를 사이즈별로 세워서 보관하면 꺼내 쓰기도 간편하고 쓰러지거나 미끄러질 염려도 없다.

005 | 가벽을 세워 수납공간을 만들려면
어느 곳에 어떤 형태로 두는 것이
효율적일까요?

● 거실과 주방 공간을 분리한다

거실과 주방이 트여 있는 경우라면 그 사이에 키 낮은 가벽을 세운다. 식탁과 의자들을 가려 주면 한결 정돈되어 보인다. 공간이 좁더라도 식탁보다 약간 높은 정도의 키로 가벽을 세워 주면 시야를 가리지 않기 때문에 답답해 보이지 않는다. 가벽의 한 면을 물건을 넣을 수 있는 수납장으로 사용하면 수납공간이 확보되어 더욱 쓸모 있게 활용할 수 있다.

가벽은 벽과 이어 세우는 것으로 존재감이 뚜렷하지 않은 것이 좋다. 따라서 벽면은 벽과 같은 재질이나 색감으로 마감하고 장식 없이 깨끗하게 비워 두는 것이 좋다. 가벽 위쪽 공간은 가벼운 화분이나 소품으로 장식해 포인트를 주는 정도로 끝낸다.

● 공간을 분리해 수납공간을 확보한다

공간이 분리되지 않은 원룸이라면 침대헤드 쪽으로 가벽을 세워 수납공간을 만든다. 가구를 모두 벽에 붙이는 배치는 좁은 공간을 더 좁아 보이게 한다. 때문에 침대를 벽에 붙이는 대신 침대머리 쪽에 공간을 만들고 가벽을 세워 공간이 보이지 않게 한 다음 가벽으로 생긴 공간에는 행거와 서랍장 등을 놓고 드레스 룸으로 이용한다.

plus ★ tip

006 가구와 가구 사이의 공간 활용법

냉장고와 그릇장 사이, 수납장과 옷장 사이 등 가구와 가구 사이의 틈도 훌륭한 수납공간이 된다. 10cm 정도의 좁은 틈은 보기에도 좋지 않고 가구를 넣기도 애매하다. 이럴 땐 얇은 합판으로 가벽을 세운 다음 옆면에 양면테이프를 붙여 칸막이를 만들어 공간을 나눈다. 가벼운 쇼핑백이나 쟁반 등을 수납하기에 안성맞춤이다.

007

소품만 제대로 활용해도 수납할 공간은
늘어난다고 하더군요. **아이디어
수납용품에 어떤 것이 있나요?**

1 칸막이 플라스틱 용기 ··· 칸이 나뉘져 있어 종류별로 구분해 보관하기
편리하다. 작은 접시들을 세워서 보관하기도 하며, 싱크대 문 안쪽에
달아 자잘한 소품들을 담아 두기도 좋다.

2 휴지심 ··· 흐트러져 있는 전선들을 돌돌 말아 휴지 심 안에 넣어 두면
간편하고 깨끗하게 보관할 수 있다.

3 플라스틱 접시 거치대 ··· 접고 펼 수 있어 필요할 때 꺼냈다가 다시 접
어 둘 수 있다. 무겁고 큰 접시들은 꺼내 쓰기가 힘든데 이런 거치대에
세워서 보관하면 정리도 깔끔하고 공간도 적게 차지한다.

4 S자형 고리 ··· 네트 선반이나 벽걸이 네트에 걸어서 사용할 수 있다.
좁은 공간에 많은 물건을 수납할 때 편리하다.

5 밀폐용 집게 ··· 먹다 남은 과자봉지, 김, 가루 양념, 쓰다 남은 야채 등
비닐봉지에 든 재료들을 밀폐해서 보관할 수 있는 다용도 집게. 식재료
가 상하는 것을 막아 주고 깔끔하게 정리할 수 있어 유용하다.

6 페트병 ··· 부엌에서 페트병의 역할은 다양하다. 페트병의 주입구를
잘라 입구를 넓혀준 다음 옆면을 잘라 내 홈을 만들어 커피 잔을 세워
보관한다. 또 냉장고 야채칸에 있는 식재료를 분리해서 담아 보관하면
서랍장이 훨씬 깔끔해진다.

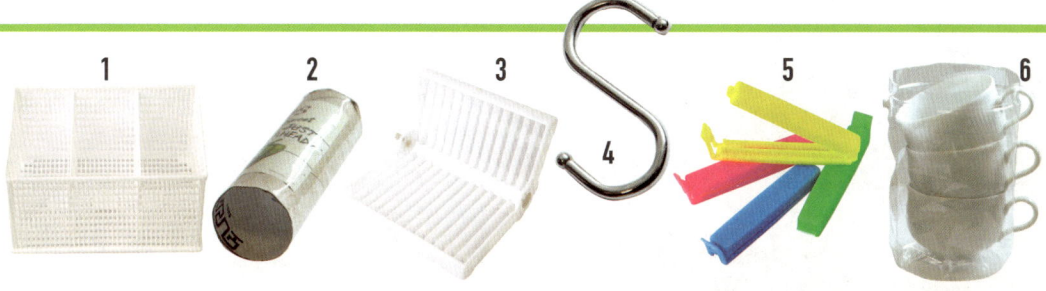

1   2   3   4   5   6

집 안이 깔끔해 보이는
공간 구조 아이디어

IDEA 1 집 안이 깔끔하게 보이는 가구 배치

좁은 공간일수록 정돈된 느낌이 나야 넓어 보인다. 가구도 색과 디자인, 질감 등을 이용하여 통일감을 주는 것이 정돈돼 보인다. 짙은 색보다는 옅은 색 가구로 단순한 디자인이 어울린다. 묵직해 보이거나 클래식 스타일의 장식이 많은 가구는 좁은 공간에는 어울리지 않는다.

가구를 배치할 때는 무조건 벽면에 붙이지 말고 앞선을 맞추는 것이 깔끔하다. 또 낮은 것은 낮은 것끼리, 높은 것은 높은 것끼리 따로 놓아 윗선이 들쭉날쭉 복잡해지지 않도록 한다. 앉았을 때 정면으로 보이는 곳일수록 낮은 가구를 놓고, 키 큰 가구는 뒤쪽에 놓는다. 낮은 가구는 천장까지의 거리가 멀고 옆으로 퍼지는 선이 길어서 방을 넓어 보이게 한다. 키 큰 가구는 압박감을 주게 되므로, 위쪽이나 가운데 등 어느 한 부분에 빈 공간을 두어 압박감을 줄이는 것이 좋다.

IDEA 2 아이 방의 공간배열

아이 방은 자잘하고 색깔이 다양한 물건들이 많이 있게 마련이다. 때문에 조금만 어질러져 있어도 금방 어수선해 보인다. 이런 아이 방을 깔끔해 보이게 하려면 가구 선택이 중요하다. 가구를 구입할 때 오픈 수납장보다는 문이 달려 있는 가구를 고른다. 책장도 아래에 문이 달린 제품을 구입하면 지저분한 물건들을 넣을 수 있어 수납이 훨씬 편하다. 또 서랍장이 많으면 칸칸이 물건들을 분류해서 수납할 수 있고 아이 스스로 정리하기가 쉬워진다.

아이 방을 새로 만들어 줄 계획이 있다면 벽 한 부분에 문이 달린 수납장을 짜 넣는다. 이런 전체 수납장이 있으면 옷부터 장난감, 책 등 많은 물건을 한 번에 넣을 수 있다. 단, 방이 너무 작아 답답해 보인다면 너무 높게 제작하지 말고 창문 높이 정도에 맞추고, 윗부분을 선반으로 이용하면 좁아 보이지도 않을 뿐더러 인테리어 효과도 만점이다.

IDEA 3 가구의 색상, 벽지 선택 노하우

가구의 색감을 밝고 옅은 색으로 통일하면 공간이 넓고 환하게 보이는 효과를 줄 수 있다. 페인팅은 깔끔하고 확실한 변화를 줄 수 있다. 집 전체를 페인팅하기가 어렵다면 시트지를 이용해 부분적으로 변화를 준다. 벽지나 바닥재를 선택할 때는 천장부터 아래로 내려오면서 진해지도록 하는 것이 좋다. 이런 배열이 안정된 느낌을 줄 수 있기 때문이다.

공간을 넓어 보이게 하고 싶다면 벽지 색은 연한색으로, 패턴은 작은 패턴으로 선택한다. 진한색과 큰 무늬는 공간을 좁아보이게 한다.

011 | 정리를 한다고 해도 **옷장 속이 항상 엉망이에요.**

옷장 안에도 순서와 구역을 정해 두어야 전체적으로 깔끔해 보일 뿐 아니라 옷을 찾아서 입기도 편하다. 하지만 옷장을 정리할 때는 먼저 수납 규칙을 정해 두는 것이 좋다.

하나, 취할 옷과 버릴 옷을 분류한다. 특히 2년이 지나도록 입지 않은 옷은 앞으로도 입지 않을 가능성이 크므로 과감하게 버린다. **둘,** 옷은 계절별로 구분해 두고, 개인별로 구역을 나눠 둔다. **셋,** 두꺼운 옷과 얇은 옷으로 나눈다. 두꺼운 옷 사이사이 얇은 옷이 섞여 있으면 꺼내 입기도 힘들다. **넷,** 속옷이나 양말 등은 따로 분류한다. 매일매일 쓰는 용품들은 수납장을 따로 마련해 수납하는 것이 정석. **다섯,** 소품이나 액세서리류도 아이템별로 구분해서 정리한다. 특히 벨트나 머플러, 넥타이 등 소품을 정리할 때는 옷장의 문이나 벽면을 최대한 활용한다.

012 | **옷장 안에서 옷은 어떻게 나누어 수납**해야 할까요?

● **섬유의 종류에 따라 구역을 나눈다**

섬유의 종류에 따라 습기에 강한 면이나 합성섬유는 맨 아래, 모직은 중간, 구김이 많이 가고 습기에 약한 견직물은 맨 위 순서로 보관하는 것이 옷감 손상 없이 수납할 수 있는 방법이다.

● **부피에 따라 보관을 달리한다**

부피를 많이 차지하는 옷들은 옷장 아랫부분에 칸을 낮게 나누어 이불처럼 넣어서 보관하면 구김도 덜 가고 찾아 쓰기도 편하다.

● 구역별 구분을 해 수납한다

외출복과 평상복, 자주 입는 옷과 가끔 입는 옷, 상의와 하의, 옷걸이에 걸어둘 옷과 개어 놓을 옷, 캐쥬얼과 정장류 등으로 구역을 나누어 공간을 분리하면 옷장 정리 성공!

013~015 | 자주 사용하는 것은 **걸어서 수납하고 싶어요.** 어떤 제품을 활용해 수납할 수 있을까요?

IDEA 1 · 와이어 활용법

욕실은 붙박이장이 대부분이기 때문에 목욕을 하거나 간단한 샤워를 할 때 자잘한 소품을 꺼내 쓰기가 번거롭다. 그렇다고 선반 위에 다 꺼내놓자니 욕실이 지저분해진다. 이럴 땐 와이어를 이용해 철제 바구니를 욕실에 거는 방법으로 설치한 다음 욕실 용품을 수납한다. 2천원 숍에 가면 다양한 종류의 철제 바구니가 있어 싸고 깔끔하게 꾸미기 좋다.

IDEA 2 · 타공판 활용법

옷장이나, 수납장 옆의 남은 공간에 타공판을 세워 수납공간으로 활용한다. 너트 못이나 S자 고리 등을 타공판 구멍에 끼워 벨트나 긴 목걸이, 자주 쓰는 가방 등 수납할 물건을 걸어 두면 쉽게 찾을 수 있고 구겨지지 않아서 좋다.

IDEA 3 · 몰딩 활용법

문 뒤편 등 잘 보이지 않는 벽에 세로로 몰딩을 붙인 다음 그 위에 고리를 부착시켜 패브릭 바구니를 걸어 두면 옷을 수납할 수 있는 공간이 생긴다.

016~017 | 아이 옷을 걸어둘 수납 공간이 필요해요. 어떻게 마련할까요?

IDEA 1 · 데드스페이스 활용하기

아이 방에는 서랍장 하나를 두어 모든 옷들을 수납하게 하는 게 보통이다. 때문에 한 번씩 입은 옷들이나 간단하게 걸칠 외투들은 정리해 둘 곳이 마땅치 않은 경우가 많다. 아이 옷이라 해도 옷걸이에 걸어 두어야 할 것들이 종종 있다. 이럴 땐 아이 방 문 뒤에 자바라식 옷걸이를 설치해 공간을 활용해 보자. 간단한 외투나 바지, 모자 등의 소품들은 충분히 깔끔하게 정리해 둘 수 있을 것이다.

IDEA 2 · 파티션으로 수납공간 만들기

벽에서 1m 정도 앞에 간단한 파티션이나 가벽을 세운다. 굳이 파티션을 세우지 않더라도 가로 스프링 봉을 설치할 수 있는 공간이 있다면 OK. 아이들의 키 높이에 맞춰 이렇게 행거 공간을 마련하고 옷걸이를 걸어 주면 이곳이 옷을 걸어 둘 수납 공간이 되는 것은 물론 아이 스스로 정리하는 습관도 들일 수 있다.

018 | 벨트나 스카프, 가방 등의 옷장 속 수납법을 알고싶어요.

● **벨트** … 벨트나 머플러는 찾기 쉽도록 바구니나 박스에 따로 보관한다. 박스의 칸을 나눠 하나씩 따로 수납한다. 벨트도 돌돌 말아 고무 밴드로 한 번씩 묶어 바구니에 넣어 주면 정리 끝.

● **겨울철 머플러** … 겨울철 머플러는 다른 소품들과 섞지 말고 따로 보

관하는 것이 좋다. 옷장 문 안쪽에 막대봉 2개를 적당한 간격을 두어 세로로 설치한 다음 돌돌 말아 끼워 넣어 두면 찾아 쓰기 쉽고 깔끔하게 정리된다.

● **가방** … 가방은 소재별로 구분해서 정리해 두는 것이 좋다. 구김이 안 가는 것은 수납 상자에 넣어서 보관한 다음 상자 겉에 물품 종류를 적어 두면 필요할 때 쉽게 꺼낼 수 있다. 가죽 가방은 안에 신문지 등을 넣어 형태를 잡아 더스트 백에 넣어 옷장 위칸에 보관한다.

019~021 | 옷의 크기가 작고 소품이 많아서 **아이 옷장 정리**가 힘드네요. 효과적인 수납법을 알려 주세요.

IDEA 1 　남는 공간 활용하기

아이 옷은 길이가 길지 않기 때문에 옷을 걸어 두고도 아랫부분의 공간이 많이 남는다. 공간 박스를 넣어 다른 공간을 만들어 주거나 바구니를 넣어 소품들을 수납한다.

IDEA 2 　봉으로 수납공간 만들기

세로로 공간을 나누어 한쪽에는 옷을 걸고 남은 반쪽에는 다용도 플라스틱 서랍장을 넣어 두면 속옷, 양말, 티셔츠 등 자질구레한 것들을 한번에 깔끔하게 정리할 수 있다. 옷을 걸 수 있는 공간이 부족하다면 옷장 중간쯤에 가로로 봉을 하나 덧달아 공간을 분리해 준다.

IDEA 3 　옷장 문 안쪽 활용하기

옷장 문 안쪽도 놓치기 아까운 수납공간. 칸이 나뉜 주머니 수납함을 걸어 놓으면 여러 가지 자잘한 소품을 수납할 수 있다.

022 | 집에서 편하게 입는 옷이나 잠옷

등은 항상 아무데나 벗어 두게 돼요. 이런 평상복을 **수납할 아이디어** 없을까요?

안방 한 코너에 파티션을 놓아 보자. 공간 분할에 유용한 파티션은 인테리어 효과도 있을 뿐 아니라 드러내고 싶지 않은 의류들을 모아서 수납하는 데에도 유용하게 쓰인다. 보통 파티션은 2~3폭의 패브릭으로 만들어져 있다. 이때 한 폭만 가리개를 떼어내면 봉 위아래 부분만 남게 되는데 여기에 예쁜 옷걸이를 걸어두고 잠옷이나 입던 옷을 걸면 훌륭한 수납 장소로 변신한다. 나머지 한쪽 파티션은 옷이 걸려 있는 부분을 살짝 가려 주는 역할을 할 뿐 아니라 공간감을 만들어 주기 때문에 일석이조의 효과를 얻을 수 있다.

파티션을 세울 만한 공간이 없다면 잘 보이지 않는 문뒤의 자투리 벽면이나 서랍장의 옆면을 이용해 본다. 방문 뒤의 벽면이나 서랍장이 잘 보이지 않는 옆면에 압착 옷걸이를 설치해서 벗어놓은 가벼운 잠옷이나 슬립 등을 걸쳐 놓으면 공간 활용도도 높이고 전체적으로 정돈된 집안 분위기를 유지할 수 있다.

---

plus ★ tip

023 여분의 단추 보관법

옷을 사면 여분으로 따라오는 단추. 찾기 쉽게 보관한다고 하는데도 막상 쓰려고 하면 어디에 두었는지 몰라 찾아 헤매기 일쑤. 작아서 눈에 잘 띄지 않는 단추는 구멍을 이용해 커다란 안전핀에 꽂아 둔다. 이렇게 두면 필요할 때 금방 찾아 쓸 수 있다. 양복을 살 때 주는 예비단추와 옷감도 같이 안전핀에 꽂아 두면 어떤 양복의 단추인지 금방 알 수 있다.

024 | 속옷이나 양말 등을 서랍에 넣어 보관하는데 금세 흐트러져 버려요. 좋은 수납 방법 좀 알려 주세요.

요즘 인테리어용품 판매 사이트에 가 보면 양말이나 속옷을 구분해서 정리할 수 있도록 공간이 나눠진 수납용품들이 많다. 이런 수납용품을 활용하면 서랍 속이 놀라울 정도로 깔끔해진다. 하지만 이런 수납용품 들의 가격이 의외로 비싸다는 것이 문제. 또 우리집 서랍장과 사이즈가 맞지 않는다면 그야말로 그림의 떡이다.

자잘한 의류 소품들을 수납하는 가장 좋은 방법은 '공간 분할'이다. 판 매되는 수납용품들도 결국은 서랍장을 분할해 놓은 것이라 할 수 있다. 때문에 아이디어를 발휘해 쉽게 구할 수 있는 것으로 서랍장 공간을 나 눠 주면 값비싼 수납용품을 사지 않아도 깔끔하게 정리할 수 있다. 200ml 우유팩은 사이즈가 적당하고 종이 재질이기 때문에 실용적이 다. 우유팩을 테이프로 붙여 서랍장 크기에 맞춰 꼭 차게 넣어 주면 우 리 집만의 맞춤 수납장이 탄생한다. 조금 부피가 큰 양말이나 스타킹은 적당한 크기의 과자 박스나 1000ml 우유팩의 옆 부분을 잘라낸 후 길 게 눕혀서 사용하면 OK. 한철 쉬었다 신는 양말들은 헝겊 주머니에 한 꺼번에 넣어 주머니별로 따로 정리해 두면 깔끔하고 찾기도 쉽다.

plus＊tip

025 스카프 수납하기

서류를 정리할 때 쓰는 A4 사이즈의 파일을 스카프 수납에 이용해 보자. 스카프를 한 장씩 파일 속에 넣어 두면 스카프의 무늬가 그대로 보이므로 찾기도 쉽고 좁은 공간 에 많이 수납할 수 있어 좋다. 또 스카프가 구겨지지 않아 접힌 부분만 다리미의 남은 열기로 다려 쓰면 되니 좋다. 손수건 수납에 응용해도 OK.

026 | 아이 방 서랍장을 고르려고 합니다. 어떤 것이 좋을까요?

서랍장은 구입하기 전 일단 용도를 생각하고 결정해야 한다. 디자인만 보고 구입했다간 용도에 맞지 않거나 공간만 차지해 낭패를 볼 수 있기 때문이다. 겨울옷이나 큰 옷들을 주로 수납할 경우에는 서랍 깊이가 깊고 큰 것을 구입하고, 속옷·양말이나 여름 티 등을 수납할 용도라면 깊이가 얕고 칸수가 많은 것으로 구입하는 것이 좋다.

아이 옷은 사이즈가 작아서 서랍장 이용도가 높다. 때문에 옷장과는 별도로 자주 입는 옷들을 서랍장에 넣어 수납하면 이것저것 뒤적이지 않고 어지르지 않기 때문에 좋다.

또 아이가 스스로 잘 꺼내어 쓰고 정리할 수 있는 수납장을 원한다면 일단 열고 닫기가 편해야 하고, 많은 양을 수납하기보다는 자주 입는 옷들을 수납할 수 있는 정도면 된다. 옷의 종류를 분리해 칸칸이 넣어 두는데 바지나 티 등은 돌돌 말아 서랍 앞부분부터 차례로 넣어 준다.

또 보관된 옷의 종류를 예쁘게 그려서 서랍장 앞면에 붙여 두면 아이들도 쉽게 알아볼 수 있어 좋아한다. 요즘은 인터넷에 의상 일러스트도 많이 있으므로 그리기에 자신이 없다면 다운받아 프린트해 붙여 주어도 아이들이 좋아한다.

027 | 옷장 속을 정리하는 데 어떤 수납용품이 좋을까요?

다른 수납공간과는 다르게 옷장 안은 올이 풀릴 만한 예민한 패브릭 제품이 가득한 곳이다. 때문에 옷장 속을 정리하는 정리용품은 옷에 손상을 주지 않는 재질로 만들어진 수납용품이 좋다.

또한 무엇보다도 우리 몸에 직접 닿는 옷을 담아 두는 곳이기 때문에 보관 방법 역시 중요하다. 자칫 방심하면 몸에 좋지 않은 곰팡이나 세균들이 번식하기 때문이다. 가능하면 천연 재질의 수납함을 쓰는 것이 통풍에 좋다. 한지로 만들어진 통이나 박스, 통풍이 잘되는 바구니나 나무상자가 옷장 속 수납용품으로 좋다. 옷장 안은 통풍이 잘 되지 않는 곳이므로 한 번씩 통풍을 해주면 옷을 손상 없이 보관할 수 있다.

또, 헝겊으로 만든 주머니도 가방이나 액세서리 등을 보관하는 데 좋다.

플라스틱 제품에 보관해야 할 때는 헝겊이나 종이를 깐 다음 사용하는 것이 좋다.

028

비싸게 주고 산 모피의류들은 보관할 때도 신경이 쓰여요. 모피나 토끼털 같은 **퍼 아이템을 손상이 가지 않게 보관하는 방법**이 궁금해요.

모피는 습기에 아주 약한 소재이다. 합성섬유 백이나 비닐에 넣어 보관하면 습기가 생기기 쉬우므로 모피 전용 커버나 통풍이 잘되는 천을 씌워 보관해야 한다.

또한 털이 눌리지 않도록 옷 사이 간격을 넉넉하게 두어야 하므로 절대 공간이 필요한 아이템이다. 모피는 보관 전의 관리도 중요하다. 보관할 때는 가볍게 흔들어서 모피에 묻은 먼지를 털어내고 두께감이 있는 옷걸이에 옷의 형태를 살려 걸어 준다. 습기를 없애기 위해 방습제를 사용하는 경우가 있는데 모피 자체의 수분을 너무 많이 빼앗기 때문에 피하는 것이 좋다. 통풍이 잘되고 햇빛이 들지 않는 곳이 퍼 코트를 보관하기에 적절한 곳이다.

---

plus・tip

029 보관 후 울 니트가 망가졌을 때

● **보풀이 생겼을 때** 면도기를 이용해 결에 따라 면도해 주면 매끈하게 해결된다.
● **잘못 세탁해서 줄었을 때** 섬유용 유연제를 진하게 희석시킨 물에 담갔다가 물기를 제거한 후에 적당히 당겨 원래 모양대로 만든 다음 건조시킨다.
● **소매, 목둘레가 심하게 늘어났을 때** 늘어난 부분을 대충 홈질해 모양을 잡은 다음 스팀다리미로 다림질한다.
● **털이 누웠을 때** 스팀다리미로 스팀을 쐬어 준 후 세탁을 한다.
● **잔주름이 생겼을 때** 목욕을 하고 난 욕실에 걸어 둔다. 남은 스팀으로 인해 다림질 없이 옷이 자연스럽게 펴진다.

030 두껍고 부피가 큰 겨울옷 때문에 옷장 안이 정돈이 안돼요. **옷장 공간을 합리적으로 활용하는 방법** 없나요?

● 옷의 재질에 따라 수납 위치를 정한다

사용 빈도나 무게에 따라 수납 위치가 달라져야 한다. 옷장 맨 윗부분에는 자주 쓰지 않되 가벼운 것을 올려 두고 맨 아래 서랍에는 철 지난 옷을 수납하는 것이 좋다. 옷장 아래쪽은 습기가 많으므로 면 종류를 넣고, 캐시미어 같은 고급 소재의 옷은 위쪽으로 수납한다. 팔을 내리고 섰을 때 눈높이에서 손끝까지가 물건을 꺼내기 쉬운 위치이므로 이 범위에 자주 입는 옷을 넣어 둔다.

● 옷장 속 공간을 활용한다

1. 행거에 수납 … 수납장을 짜지 않고 봉을 설치하려면 키보다 높은 위치에 봉을 걸고 아래쪽 공간에 수납 박스와 바구니 등을 둔다.

2. 옷장에 수납 … 보통 옷을 하나 걸면 어깨 너비만큼의 폭이 나오는데 붙박이장은 대부분 그보다 폭이 더 깊다. 따라서 안쪽 깊은 곳에 선반 수납장을 설치하고 봉을 선반의 폭만큼 앞으로 빼 달아 준다. 선반에는 소품이나 자주 입지 않는 옷을 수납하고 봉에는 행잉 바스켓과 옷걸이를 걸어 수납한다.

3. 문 뒷면에 수납 … 옷장 문까지 수납 공간으로 활용한다. 벽에 거는 수납 고리를 달아 모자나 가방 등 자주 쓰는 소품을 걸

어준다. 또는 네트를 달고 행잉 바구니나 S자 고리를 이용해 간단한 소품을 수납한다.

031~032 | 공간을 많이 차지하는 **니트와 패딩류의 수납과 보관 방법**을 알려 주세요.

IDEA 1 　니트류

카디건이나 스웨터 등 니트류는 옷걸이에 걸면 처지거나 옷걸이 자국이 그대로 남게 되므로 반으로 접어 돌돌 말아서 통풍이 잘되는 바구니에 담아 두면 옷을 변형 없이 보관할 수 있다. 말지 않고 접어 보관할 때는 옷 사이사이에 같은 크기의 종이를 넣어 주면 습기 예방에 도움이 된다. 단 이렇게 보관한 뒤 다시 꺼내 입으려 하면 주름이 잡혀 형태가 매끄럽지 못하므로 스팀을 쏘여 통풍이 잘되는 곳에 걸어 말린다. 스팀다리미가 없다면 샤워 후 뜨거운 스팀이 있는 욕실에 걸어 두는 것도 좋은 방법이다. 이렇게 말아서 보관할 만한 수납공간이 없다면 옷걸이에 걸어 보관한다. 옷걸이에 걸 때는 옷을 펼친 상태에서 반을 접은 다음 겨드랑이 쪽으로 옷걸이를 놓고 팔과 몸통 부분을 옷걸이의 한 면씩 걸쳐 놓으면 늘어짐 없이 걸어 보관할 수 있다.

IDEA 2 　패딩류

패딩 옷들은 부피가 커서 그렇지 자국이 별로 남지 않기 때문에 수납이 그리 까다롭지 않다. 패딩을 수납할 만한 공간이 없다면 압축 백을 이용해서 부피를 줄인 다음 수납한다. 하지만 옷장 안은 의외로 데드스페이스가 많다. 옷을 걸어 둔 행거 아래 공간이나 하드케이스 여행 가방 안도 패딩 옷을 수납하기에 좋은 공간이 될 수 있다. 패딩은 오랫동안 걸어 놓으면 털이 아래로 모여 뭉치기 때문에 옷걸이에 걸지 말고 최대한 돌돌 말아서 끈으로 묶어 옷장의 한켠에 말린 부분이 보이게 수납하거나 가볍게 접어 쇼핑백에 담아 옷장 아래에 보관한다.

033 인테리어에 방해가 되지 않는 **자연스러운 의류 수납공간이 필요해요.**

1. 데이 베드 두기 … 소파 대신 커다란 수납박스 모양의 데이 베드를 두어 잘 꺼내지 않는 철 지난 옷을 수납한다. 그 위에 방석과 쿠션을 두어 소파 기능을 대신한다.

2. 책장·거실장 활용하기 … 문이 달리지 않은 책장에 바구니를 넣어 거실장으로 활용해 본다. 롤 형태의 커튼을 달아 지저분한 부분을 가려 주면 이곳에 많은 소품이나 의류를 수납할 수 있다.

3. 데드스페이스 활용하기 … 화장대 아래 작은 수납장을 넣어 작은 옷을 수납한다. 속옷이나 양말, 스타킹 등 자잘한 아이템을 수납하기 좋다. 칸마다 항목을 표시해 두고 서랍 안에 작은 박스로 칸을 나눠 서로 섞이지 않게 수납한다.

4. 낮은 수납장 활용하기 … 거실의 남는 공간에 낮은 수납장을 두어 협탁처럼 사용한다. 수납장이 낮기 때문에 공간이 답답해 보이지 않으며 수납장 위에 작은 소품들로 장식하면 인테리어의 효과도 있다.

5. MDF박스 활용하기 … 거실의 테이블 아래 MDF 수납 박스를 사이즈에 맞춰 제작한다. 3면이 막힌 박스 안에 옷을 수납하고 소파 쪽으로 입구를 돌려 겉으로 수납한 면이 보이지 않게 해 주면 또 하나의 수납 공간 탄생.

6. 베란다 창가에 벤치 수납함 짜기 … 베란다 앞에 낮은 수납 벤치를 짜 넣는다. 뚜껑처럼 여닫을 수 있는 문을 만들어 철 지난 옷을 수납하고 평소에는 벤치로 활용한다.

034

화장대 공간은 넓지 않은데 필요한 소품은 참 많아요. **자잘한 소품들을 깔끔하게 정돈하는 방법**을 알려 주세요.

● **휴지통 준비하기** ··· 화장대의 필수품은 작은 쓰레기통. 화장을 하거나 지우면서 사용한 화장솜과 면봉, 화장품 쓰레기 등이 의외로 많으므로 바로 바로 버릴 수 있어야 깔끔함을 유지할 수 있다.

● **샘플 정리하기** ··· 화장품을 새로 구입하면 얻게 되는 샘플들도 화장대를 어수선하게 만든다. 일단 이런 샘플들을 정리할 수 있도록 칸이 많은 작은 수납함을 구입해 보관한다. 뚜껑이 있는 플라스틱 그릇에 종류별로 넣어 꼬리표를 붙여 서랍에 보관하는 것도 좋다.

● **화장품 수납하기** ··· 크기도 천차만별이고 사용 횟수도 각기 다른 화장품들을 수납하기 위해서는 우선 사용 빈도에 따라 구분을 하는 것이 중요하다. 자주 사용하는 기초 제품과 색조 화장품은 작은 바구니나 수납함에 넣어 화장대 위에, 그 외에 잘 사용하지 않는 화장품은 용도를 나누어 화장대 서랍 안에 보관한다. 서랍 속에 보관할 때도 공간을 작게 분할한 다음 수납해야 흐트러지지 않고 깔끔하다. 부엌에서 사용하는 그릇이나 컵을 활용해 수납해도 예쁘다.

plus ★ tip

035 옷장의 습기를 제거하려면

옷장 속에 옷을 오래 두면 습기가 차서 옷 형태에 변형이 오기도 한다. 때문에 숯이나 제습제를 항상 넣어 두는 것이 좋다. 미처 제습제를 준비하지 못했다면 신문지를 돌돌 말아서 못쓰는 스타킹에 넣은 다음 한켠에 걸어 습기를 제거한다.

036~038
자잘한 소품들을 두는 **서랍장. 공간을 100% 활용할 수 있는 방법**을 알려 주세요.

IDEA 1 · 액세서리 & 넥타이 수납

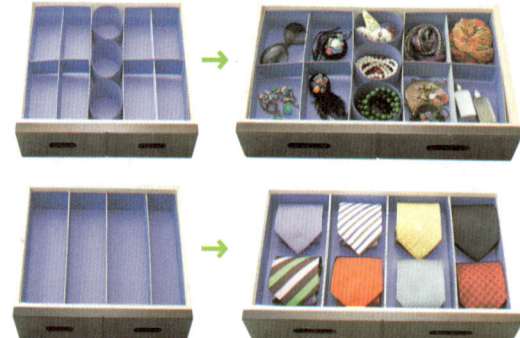

액세서리나 넥타이 등 자주 꺼내 쓰는 물품들은 첫 번째 칸에 정리해 주는 것이 좋다. 십자 모양으로 만든 하드보드지로 칸을 나누고 가운데 부분에는 종이를 동그랗게 말아 넣어 액세서리를 수납할 수 있는 공간을 만든다. 선글라스나 브로치, 향수, 스카프 등을 이곳에 수납하면 깔끔하게 정리된다. 서랍장을 길게 나누어 넥타이를 수납해도 좋다. 넥타이를 동그랗게 말아 하나씩 수납하면 구겨지지 않고 꺼내기 쉽게 보관할 수 있다.

IDEA 2 · 잡동사니 물품 수납

모자나 작은 핸드백, 카메라 등 딱히 구분하기 어려운 물건들이 있다. 이런 소품을 깔끔하게 수납하기에 서랍장만큼 좋은 공간은 없다. 소품 크기에 맞추어 칸막이를 나누고 한눈에 알 수 있게 디스플레이하듯 넣는다. 모자나 핸드백은 꾹꾹 눌러 담을 수 없기 때문에 깊고 넉넉한 공간에 넣어 둔다.

IDEA 3 · 아이 소품 수납

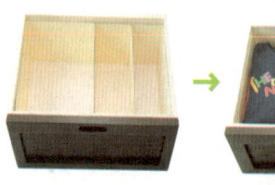

아이 옷은 작기 때문에 서랍장이 더 산만해질 수 있다. 따라서 아이들의 상의나 하의, 잠옷과 벨트, 헤어밴드 등 자잘한 소품을 칸을 나누어 수납한다.

039 | 가죽옷은 잘못 보관하면 눌려서 형태가 틀어지는데 **손상 없이 수납하는 방법** 없을까요?

가죽옷은 입고 다닐 때보다 보관에 더 신경을 써야 한다. 입던 상태 그대로 옷장 안에 넣어 보관을 하면 알게 모르게 묻어 있던 오염물질에 의해 탈색이 되거나 곰팡이가 생길 수 있다. 따라서 가장 먼저 가죽에 묻어 있는 먼지나 오염을 털어낸 다음 어깨 넓이에 맞는 옷걸이에 걸어 그늘에서 충분히 통풍해준다. 가죽을 콜드크림이나 우유로 한 번 닦으면 갈라지지 않고 원상태를 유지할 수 있다.

가죽에 배어 있는 냄새나 습기가 어느 정도 제거되면 부직포나 천으로 된 덮개를 씌워 바람이 잘 통하는 곳에 두었다가 옷장 속에 보관한다. 가죽옷을 걸었을 때도 옷 사이사이에 여유 공간이 있는 것이 좋다.

가죽 스커트나 바지를 보관할 때는 천이나 종이를 집게 사이에 끼운 다음 집어 주어야 자국이 남지 않는다. 기본적으로 가끔씩 옷장 문을 열어 통풍해주면 모든 옷들을 손상 없이 보관할 수 있다.

---

plus ★ tip

040 옷에 밴 방충제 냄새를 없애려면

오랫동안 옷장에 넣어 두었던 옷들은 방충제 냄새 때문에 바로 입지 못하는 경우가 종종 있다. 이 방충제 냄새는 통풍이 잘되는 곳에 걸어 충분히 바람을 쏘여 주면 완전히 없어진다. 하지만 꺼내서 바로 입어야 하는 경우라면 드라이어를 옷 전체에 쏘여 주도록 한다. 세탁기의 건조 코스가 있다면 열은 가하지 않은 채 가동해 건조한 바람만 쏘여 주어도 된다.

041

서랍장 속을 아무리 깔끔하게 정리해 두어도 금방 뒤죽박죽 되기 일쑤. **옷을 쉽게 꺼내 입을 수 있도록 정리하는 방법**을 알려 주세요.

● **1단** ⋯ 가장 자주 여닫게 되는 칸으로, 속옷과 양말을 수납한다. 가로와 세로를 10~15cm 크기로 칸을 나누어 브래지어와 팬티, 양말 등을 넣을 수 있는 개별 공간을 만든다. 서랍 속의 내용물이 한눈에 보이고 섞이지 않아 실용적이다.

● **2단** ⋯ 두 번째 단은 주로 상의나 니트류의 옷을 수납한다. 이때 두꺼운 터틀넥부터 얇은 면 니트까지 두께에 따라 나눠 정리하면 꺼내 입기 편하다. 상의를 접어 크기를 재어 본 다음 서랍장의 칸수를 정한다. 대부분 2~3칸 정도가 적당하다.

● **3단** ⋯ 마지막 단은 무게감이 있는 하의를 수납한다. 일단 하의는 옷걸이에 걸어둘 옷과 서랍장에 넣을 것을 구분한다. 바지와 치마를 구분하여 수납하고 2~3회 정도 접어 계단식으로 정리하면 한눈에 찾기 편하다. 너무 많이 채워 넣으면 옷이 흐트러지기 쉬우므로 공간을 여유 있게 사용하는 것이 좋다. 또한 하의는 가장 부피가 큰 옷이므로 칸을 넉넉하게 나누는 것이 좋다. 서랍장의 크기에 따라서 바지 넣을 공간에 조금 더 여유를 주는 것이 좋다.

042 | 미니어처 모으는 것을 좋아합니다. 하지만 모으기만 했지 제대로 수납할 공간이 없네요. 어떻게 수납해야 좋을까요?

MDF 박스를 선반 형태로 맞춘 다음 과감하게 벽에 달아 선반 겸 수납장의 형태로 걸어 둔다. 어차피 이런 수납장은 자주 넣었다 뺐다 하는 제품을 넣어 두는 것이 아니다. 예쁜 소품을 모아만 두고 제대로 전시를 하지 못했다면 이렇게 선반을 만들어 단 다음 그 위에 예쁘게 진열해 보자. 수납과 동시에 훌륭한 인테리어 효과를 낼 수 있다. 쓰다 남은 앤티크한 소품, 작은 책 등을 함께 진열하면 색다른 공간이 연출된다.

043 | 와인 박스를 수납장으로 활용할 수 있는 방법 없을까요?

와인 박스는 그 자체로도 분위기 있는 인테리어 소품이다. 와인 박스도 크기에 따라서 용도를 달리 활용할 수 있다. 가장 흔한 크기의 와인 박스는 아이 방에 여러 개를 포개 배치해 간이책장으로 활용할 수 있다. 와인 박스의 앤티크한 느낌과 알록달록한 아이 책이 어우러져 다른 장식 없이도 훌륭한 인테리어 효과를 낸다.

단품의 와인 박스라면 현관 한 쪽에 두고 실내용 슬리퍼를 담는 수납 박스로 활용하거나 협탁이나 콘솔 위에 두고 소품을 담아 두는 용도로 활용하는 것도 좋다. 자투리 공간의 벽면이 있다면 와인 박스의 바닥면을 벽 쪽으로 부착하여 선반으로 활용해 본다. 안에는 작은 책이나 인형을 넣어 두고 미니 화분이나 소품을 올려 장식하면 멋진 2단 선반이 된다.

044

자잘해서 어수선한 **색조 화장품,** 어떻게 하면 **쓰기 쉽고 깔끔하게 수납**할 수 있을까요?

● 계절별로 수납하기

색조 화장품은 계절에 따라 주로 쓰는 색상이 달라진다. 때문에 서랍에 들어갈 만한 사이즈의 박스로 칸을 나누어 시즌별 메이크업 박스를 만들어 둔다. 골드나 퍼플 계열의 가을용 메이크업 아이템을 한 박스에 모아 담고, 컬러풀한 아이섀도나 워터프루프 마스카라 등 여름 메이크업 아이템을 따로 박스에 담아 보관한다. 이렇게 하면 계절이 바뀔 때마다 찾거나 다시 사는 일 없이 깔끔하게 수납할 수 있다.

● 팬시용품 활용하기

길쭉한 아이템은 연필꽂이에 세워 수납하는 것이 가장 편한 방법. 브러시나 펜슬, 라이너 등의 아이템은 그냥 두면 굴러다니기 쉬운 것들이기 때문에 꽂이형 수납함을 활용한다. 이런 꽂이형 소품 수납함과 화장 솜이나 면봉을 함께 수납하면 어수선하게 찾는 일 없어 화장도 빨라지고, 화장대도 깔끔하게 쓸 수 있다. 화장도구에 먼지가 쌓이는 것이 싫다면 필기구를 놓아 두는 납작한 필통에 융이나 천을 깔고 화장도구를 넣어 둔다.

● 종류별로 수납하기

분기별 메이크업 박스 안에 담기 애매한 섀도나 립스틱은 한군데 모아 정리한다. 이때 아이섀도는 아이섀도끼리, 립스틱은 립스틱끼리 담아

두어야 한눈에 보고 골라 쓸 수 있다. 립스틱을 수납할 때는 거꾸로 세워 보관하면 라벨 색이 보여 찾아쓰기 편하다.

● **헤어제품 분류하기**

헤어제품도 만만치 않게 화장대의 공간을 차지하게 된다. 때문에 헤어 롤이나 빅 브러시, 실핀, 고무줄 등 헤어제품만 모아 두는 칸을 만들어 보관한다. 다른 것과 섞이지 않도록 각각의 칸을 나눠 둔다면 훨씬 깔끔하게 정리할 수 있다.

045 | 집에 굴러다니는 밀폐용기나 페트병을 활용한 수납법이 있을까요?

● **작은 유리병 → 잡곡 용기**

작은 유리병에는 여러 가지 잡곡을 담아 사용해 본다. 밥을 지을 때 손쉽게 찾아쓸 수 있도록 싱크대 선반 위에 올려놓으면 잡곡의 다양한 모양이 그대로 보여 인테리어 효과도 낼 수 있다. 약간의 손재주만 있다면 병을 조금만 꾸며도 인테리어 소품 역할을 톡톡히 한다.

● **큰 페트병 → 행잉바스켓**

큰 페트병은 적당한 크기로 잘라 좋아하는 색상으로 칠한다. 칠판 페인트를 이용해 네임텍처럼 칠하는 것도 예쁘다. 양쪽 옆 부분에 구멍을 내어 마 끈으로 걸이를 묶어준 후 작은 식물을 담아 행잉 바스켓을 만든다.

● **플라스틱 고추장 용기 → 소품 정리용 수납함**

플라스틱 고추장 용기도 수납용으로 안성맞춤. 스티커를 떼어 낸 다음 예쁜 천을 접착제로 붙여서 아이들 머리 방울이나 자주 쓰는 문구류, 정리되지 않은 크레파스나 물감 등을 종류별로 담아 책상 위나 책꽂이 한 켠에 놓아 준다. 뚜껑을 열고 닫기가 편해서 유용하게 쓰인다.

046

마트에서 장보고 오면 쌓이는 **비닐봉투,**
깔끔하게 보관할 수 있는
아이디어 좀 알려 주세요.

● 헝겊주머니를 만들어 수납한다

하나씩 쏙쏙 뽑아 사용할 수 있게 헝겊 주머니를 만든다. 먼저 직사각형의 헝겊 양 끝을 박음질해 원통형으로 만든다. 비닐을 꺼내 쓰는 아래쪽은 고무줄 단을, 비닐을 넣는 위쪽은 끈을 끼워 여닫을 수 있도록 주머니 입구를 만든다. 주머니 끈을 이용해 걸어두고 비닐봉투가 필요할 때마다 하나씩 뽑아서 쓰면 된다.

● 제일 작은 부피로 접어 보관한다

받아온 비닐봉투를 깨끗하게 수납하려면 우선 접는 방법이 중요하다. 구겨진 봉투를 평평하게 편 다음 가운데 묶는 끈이 있는 쪽으로 모이게 접어 준다. 길게 일자로 접혔다면 봉지 아래부터 돌돌 말아 올라온 후 가운데 묶는 부분을 한 바퀴 돌려 묶어 주거나 테이프로 살짝 붙여 주면 봉투의 부피가 작아진다.

● 재활용 소품을 활용한다

플라스틱 세제통은 의외로 훌륭한 수납도구다. 뚜껑도 있고 손잡이도 있어 쓰기가 편하기 때문이다. 손잡이를 이용해 세탁실이나 다용도실 벽면에 걸어 두고 그 안에 비닐봉투를 넣어 두면 보이지 않게 깔끔하게 수납할 수 있다. 빈 티슈 케이스에 크기가 비슷한 것끼리 모아놓고 엇갈리게 반으로 접어 넣어 두면 티슈 뽑아 쓰듯이 한 장씩 꺼내 쓸 수 있다.

전선 케이블 타이

전선 케이블 타이

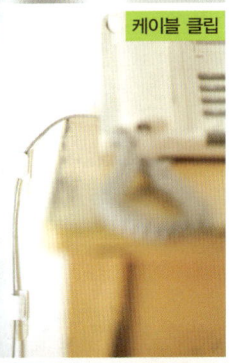
케이블 클립

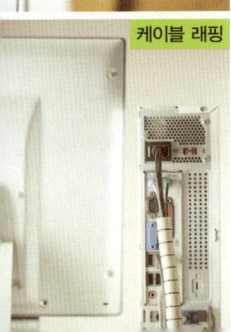
케이블 래핑

047

전선들 때문에 집 안이 어수선해요.
전선을 깔끔하게 정리할 수 있는 아이디어 없나요?

시중에서 파는 케이블 타이를 이용하는 것이 가장 좋은 아이디어. 요즘은 케이블 타이도 용도에 따라 다양한 디자인으로 출시되고 있다. 또 전선을 깔끔하게 벽에 부착하거나 한꺼번에 묶어 주기 때문에 다양한 전선들로 어수선했던 책상 위나 주방의 콘센트 주변을 깔끔하게 정리할 수 있다.

가늘고 길게 늘어져 있는 전선은 **전선용 케이블 타이**를 이용해 돌돌 말아 정리한다. 이때 사용하는 케이블 타이는 길이 조절이 가능해 이동이 많은 가전제품의 전선을 정리하는 데 효과적이다.

벽면에 고정하는 **케이블 클립**도 유용하다. 클립을 부착하기 전 알코올과 헝겊으로 부착할 벽면을 깨끗이 닦아내고 클립을 부착한다. 그리고 한 시간 뒤에 전선을 걸어야 쉽게 떨어지지 않는다.

전선이 굵은 것들은 **케이블 래핑**을 활용한다. 특히 컴퓨터에 사용되는 많은 전선과, 마우스 줄, 프린터기의 케이블 선을 한데 모아 두는 케이블 래핑은 컴퓨터 주변을 깔끔하게 도와준다. 한군데 고정시켜 정리할 수 없는 전선은 떼었다 붙였다를 자유롭게 할 수 있는 **케이블 벨크로 테이프**를 이용한다.

plus • tip

048 책꽂이가 부족할 때 수납법

책꽂이가 부족할 때는 선반을 활용한다. 창문 위쪽에 선반 두세 개를 달고 자주 보는 책은 아니지만 소장하고 싶은 책을 꽂아 둔다. 창턱 아래쪽, 창틀 옆쪽도 책꽂이 선반을 달기에 적당한 장소. 위에서 창문의 반 정도 되는 곳까지는 가려져도 채광과 환기에 큰 문제가 없다. 또 선반 바로 아래쪽으로 봉 커튼을 달면 분위기도 살아난다.

049 | 집 안 곳곳에 **간이 서재 느낌을 연출하고 싶어요.** 어떻게 꾸며야 할까요?

● **베란다 서재** ··· 베란다에 책장을 두고 서재로 이용해 본다. 공간 박스만 몇 개 쌓아 놓아도 간이 서재 느낌은 충분히 살릴 수 있다.

● **파티션 서재** ··· 거실에서 주방식탁이 놓이는 벽 옆면에 낮은 책장을 세워둔다. 공간에 여유가 있다면 책장 두 개를 등을 대어 붙여 세우고 거실 쪽 면은 책을 수납하고 부엌 쪽 면은 주방에 필요한 소품을 정리하면 수납장으로도 손색이 없다.

● **거실 서재** ··· TV를 올려놓는 장식장을 책을 꽂을 수 있는 가구로 선택한다. 또한 근사한 아트월 형태로 붙박이 수납장을 짜고 그 안으로 TV를 넣어 서재 분위기를 만들 수 있다.

050 | **책장 정리를 쉽고 깔끔하게 할 수 있는 요령**을 알려 주세요.

책도 분류를 해야 정리가 쉽다. 가족별, 장르별, 크기별, 높이별, 사용빈도별로 나누어 수납하면 보기에도 깔끔하고 꺼내 보기에도 편하다. 점점 늘어나는 월간지들은 새로운 것이 한 권 늘면 지나간 것은 한 권 버리는 식으로 일정량을 유지하는 것이 좋다. 대신 꼭 필요한 부분은 따로 발췌해 파일에 보관한다. 두께가 얇은 책들은 책장 안에 끼어 있으면 지저분해 보이므로 파일 케이스에 여러 권씩 담아 네임보드를 붙여 보관한다. 같은 종류와 크기의 파일을 사용하면 깔끔하다. 책장을 구입할 때 아랫부분에 문이 달린 제품을 구입하면 잘 보지 않는 책이나 두꺼운 앨범 등을 보이지 않게 수납할 수 있어서 좋다.

051~054 | 다양한 크기와 종류의 책
깔끔 수납법

IDEA 1 · 크기별, 용도별로 분류하기

일단 책을 정리했을 때 가장 깔끔하게 보일 수 있도록 하는 방법은 키가 같은 책끼리 나열하는 것이다. 공간을 많이 차지하는 책장에는 주로 키가 크고 부피가 있는 책들로 수납을 하고 부피가 작거나 크기가 작은 책들은 집 안의 버려진 벽면 공간에 선반을 달아 책을 수납, 정리한다. 또한 책을 굳이 한 장소에만 모아 놓는 것보다는 자주 보는 책, 아이가 보는 책, 잠자기 전에 읽는 책 등 용도별로 나누어 동선에 가까운 곳에 수납장소를 마련한다.

IDEA 2 · 공간박스 이용하기

온라인 쇼핑몰이나 인테리어 매장에서 쉽게 볼 수 있는 공간박스는 수납력을 높이기 위한 가장 실용적인 아이템. 책을 스타일리시하게 수납하는 데도 공간박스만큼 간편한 것이 없다. 게다가 약간의 감각만 더한다면 자신만의 특별한 서재를 만들 수도 있다. 쌓는 방법에 따라 디자인을 달리 할 수 있으며 중간중간 소품 등을 함께 디스플레이하여 책을 이용한 인테리어 공간을 만들 수 있다.

IDEA 3 · 재활용 상자에 수납하기

와인 박스, 사과 궤짝 등은 책을 수납하기 튼튼한 공간박스이다. 그 자체의 질감이나 색감이 예쁘기 때문에 박스의 거친 부분만 다듬은 다음 쉽게 꺼내 볼 수 있는 테이블 밑, 소파 옆 공간에 두면 분위기 있는 책 수납 공간이 될 것이다.

IDEA 4 · 자투리 공간 이용하기

활용도가 높지 않은 모서리 부분에 맞춤 가구를 넣어 책꽂이 공간으로 만드는 것도 좋은 아이디어. 아래쪽은 부피가 크고 무거운 잡지 위주로 수납하고 위쪽은 작고 자주 꺼내 볼 수 있는 것들로 수납하는 것이 보기에도 깔끔하고 안정감이 있다.

plus ★ tip

<u>055</u> **공간박스 둘 공간 찾기**

수납을 위한 최선의 방법은 틈새 공간을 찾는 것이다. 수납을 위한 공간박스를 둘 만한 공간을 우선 찾아보자. **아이 책상 안쪽**에는 공간 박스 한두 개 들어갈 공간은 충분히 나온다. 게다가 눈에 잘 띄지 않는 공간이므로 적절히 활용할 수 있다.

침대 끝 부분의 공간이 어느 정도 남아 있다면 이곳에 공간박스를 나란히 세 개 정도 붙여 의자 겸 책장으로 활용한다. 이곳에 공간박스를 두고 책꽂이로 이용하면 방 분위기를 해치지 않고 깔끔하게 수납할 수 있다.

someday
i will
fly away

056 | 각종 메모리칩이나 USB, 연결선들 때문에
컴퓨터 주변이 항상 지저분해요.

책상에 컴퓨터 관련 선과 메모리칩만 따로 보관할 수 있는 미니 서랍을 놓아 두자. 일단 작은 선들은 고무 밴드로 묶어 부피를 줄인 다음 서랍의 한 칸에 모아 둔다. USB나 각종 메모리칩들은 서랍 한 칸에 스펀지를 꽉 차게 넣은 다음 칼집을 그어 마치 반지를 꽂듯이 꽂아 보관한다. 이렇게 꽂아 두면 서랍 한 칸만 할애해도 많은 양을 수납할 수 있으며, 칩을 보호하는 데도 효과적이다. 컴퓨터 선들은 모아 비닐랩으로 촘촘하게 말면 풀리지 않고 엉키지 않기 때문에 깔끔하다. 또 다 쓰고 난 쿠킹호일 심을 시트지로 예쁘게 붙인 다음 그 안에 선들을 넣어 정리하면 많은 컴퓨터 관련 선들을 한번에 깔끔하게 정리할 수 있다.

057 | 책꽂이가 모자라요. 책장 없이 책을
정리하는 방법을 알고 싶어요.

● **수납네트 활용하기** … 아이들 책은 사이즈가 작고 가벼운 것이 많다. 이렇게 얇고 가벼운 책은 방문 뒤에 수납네트를 걸고 그 안에 넣어 두면 공간도 많이 차지하지 않아 효과적이다.

● **침대 주변에 선반 설치하기** … 침대 주변에 선반을 설치하여 자주 보는 책들을 올려 두면 미니 책장의 효과를 거둘 수 있다. 또 잠자기 전 쉽게 책을 꺼내어 볼 수 있어 좋다.

● **책상 아랫공간 활용하기** … 책상 아랫공간은 놓치기 쉬운 데드스페이스. 책상 아랫공간에 선반을 달아 책을 수납하면 많은 양의 책을 꽂을 수 있다. 또한 책 정도의 폭은 의자에 앉았을 때 방해받지 않는다.

058

이것저것 모은 주방용품이 한 가득입니다.
주방을 정리할 때 꼭 버려야 할 살림 도구에 어떤 것들이 있을까요?

무심코 사용하는 주방용품들 중에서도 이미 수명을 다해 가족의 건강을 해치고 있는 것들이 많다. 버려야 할 물건들을 제때 버리는 것도 현명한 살림법.

● **닳아버린 나무수저** … 구입한 지 오래되어 코팅이 벗어지고 색이 바랬다면 버려야 할 목록 일순위. 오래 사용한 목기나 나무수저에 젖은 음식이 닿게 되면 수분이 흡수되어 균이 번식할 수 있다.

● **오래된 플라스틱 용기** … 뜨거운 음식을 담았을 때 플라스틱 냄새가 나는 그릇은 그 향이 음식에 스며들어 음식의 맛을 변질시킨다. 또한 흠집이 난 사이사이에 때가 끼고 균이 번식할 확률이 높다.

● **코팅이 벗겨진 팬이나 냄비** … 코팅이 벗겨진 팬이 좋지 않다는 것은 다 아는 사실. 하지만 아까워 버리지 못하고 있다면 이번 기회에 미련 없이 버린다. 코팅이 벗겨지거나 얇아진 틈으로 보이지 않는 유해 성분이 나와 가족들 입속으로 들어가고 있다는 사실을 잊지 말자.

● **플라스틱 소재의 조리도구** … 플라스틱으로 된 뒤집개나 국자, 집게, 스푼 모두 환경호르몬 노출이 염려되는 것들. 아직 한 가지라도 플라스틱 조리도구가 주방에 남아 있다면 아깝더라도 열이 닿지 않는 다른 용도로 활용하거나 과감하게 버린다.

● **칼집이 많이 난 도마** … 칼집 하나 없는 도마는 없을 것이다. 때문에 도마는 낡을 때까지 교체할 생각도 못 한 채 마냥 쓰는 경우가 있다. 하지만 칼집으로 인한 홈은 각종 세균의 온상. 도마를 항상 햇볕에 바싹 말려둔다면야 괜찮겠지만 그렇지 않다면 교체한다.

059 | 부엌은 건강, 금전운과 밀접한 관련이 있다고 들었어요. **복이 들어오는 부엌 수납법**이 있을까요?

● **부엌에 돈이나 지갑을 두지 않는다**

부엌은 조리를 하는 공간이기 때문에 가스레인지, 조리도구 등 불 기운이 강한 것들이 많다. 불(火)은 금(金)을 연소하므로 부엌에 동전이나 지갑을 두면 금전운이 떨어진다. 돈과 관련된 것은 안방 침실 서랍에 보이지 않게 보관하는 것이 좋다.

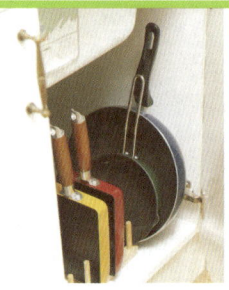

● **수저, 포크는 항상 제자리에 보관한다**

수저와 포크, 가위 등을 아무렇게나 두면 대인관계가 나빠져 집을 찾는 손님이 줄게 된다. 때문에 제자리에 보관하는 습관을 들이도록 한다.

● **자석이나 메모지를 냉장고에 붙이지 않는다**

냉장고 문에 자석이나 메모지를 붙이면 산만하고 지저분해져 기운이 떨어지기 때문에 항상 깔끔하게 유지한다. 또 키 작은 냉장고 위에 전자레인지를 올려 두면 물과 불의 부조화로 분쟁이 끊이지 않는다.

● **약봉지를 식탁 위에 두지 않는다**

식탁 위에 약봉지를 올려 두면 잔병을 유발하기 쉽다. 약은 한데 모아 구급함에 수납한다.

● 공기 정화 식물을 둔다

공기 정화 기능이 있는 식물을 조리대와 개수대 앞에 두면 음식 냄새 없는 청결한 부엌을 만들 수 있다. 또 부엌 창가에 선인장을 놓아 두면 재물운이 상승한다.

● 조리도구는 싱크대 아래 수납한다

냄비, 프라이팬 등 불 기운이 강한 조리도구는 물 기운이 강한 싱크대 아래에 수납하면 물과 불이 조화되어 복이 들어온다.

● 나무 제품을 사용한다

수저나 젓가락은 금속 제품을 사용해도 상관없지만 이왕이면 부엌에 재물을 불러들이는 나무 제품을 사용한다.

● 녹색 발 매트는 행운을 부른다

싱크대 밑에 녹색 매트를 깔아 두면 재물이 들어오고 남편의 성공운이 상승한다.

060 | 싱크대 하부장의 배수관 옆 공간을 수납선반을 설치하지 않고 깔끔하게 정리하는 방법을 알고 싶어요.

싱크대 안쪽으로 수납선반을 둔다 하더라도 처음부터 설치한 붙박이장이 아니라면 공간이 남게 된다. 이 남는 공간을 이용해 냄비뚜껑이나 쟁반 등을 수납하면 싱크대 안이 깔끔하게 정리된다. 요즘은 종이 쇼핑백도 꽤 튼튼하게 나오기 때문에 따로 수납박스를 만들 필요 없이 쇼핑백을 이용해 공간을 나눈다. 쇼핑백의 손잡이 줄을 뺀 다음 글루건을 이용해 싱크대 벽면에 붙여 사용하면 냄비 뚜껑이나 쟁반 등을 담아 수납해도 흐트러지지 않고 튼튼하게 사용할 수 있다.

IDEA 1 서랍형 김치냉장고

● 서랍 칸마다 다른 식재료를 보관한다

서랍형은 보관한 김치나 식품을 쉽게 꺼낼 수 있다는 장점이 있다. 때문에 종종 김치 외에도 다른 식품을 함께 보관하게 된다. 하지만 문을 자주 여닫으면 김치 맛을 지키기 어렵다. 김치와 다른 식품은 서랍칸을 달리해서 보관하는 게 김치를 맛있게 보관하는 방법이다. 만약 상부에 간접 냉각방식을 적용한 스탠드형 김치냉장고를 가지고 있다면 상부에는 채소나 과일 등의 식품만을 보관하고 김치는 따로 보관하도록 한다.

● 자주 먹는 식품은 앞에 넣는다

서랍식 김치냉장고라 하더라도 깊이감이 있기 때문에 안쪽 수납칸까지 활용하기 어렵다. 따라서 자주 꺼내야 하는 과일이나 채소, 식재료는 앞쪽에 보관해야 편리하게 꺼내 쓸 수 있다.

● 무거운 것은 아래쪽에 보관한다

김치냉장고에서 김치를 꺼내다 보면 무거워서 바닥에 놓거나 싱크대에 올리게 된다. 때문에 무거운 김치는 하단에 보관하는 것이 좋다. 만약 김치를 넣고도 공간이 남는다면 쌀이나 잡곡 등의 무거운 것을 보관하는 것도 좋다.

IDEA 2 뚜껑형 김치냉장고

● 용기 위에 목록을 적어 둔다

안이 투명하게 보이는 용기를 사용했어도 윗면만 봐서는 어떤 식재료를 담아 놓았는지 구분하기 어렵다. 따라서 통 위에 담겨 있는 식품 목록을 적어 놓으면 여러 개의 통을 열어 보면서 확인하는 과정을 거치지 않아도 된다.

● 보관 시 온도, 습도, 탈취 조절 기능을 확인한다

김치는 물론 채소와 과일도 최적의 보관 온도가 있다. 김치냉장고에 넣어만 둔다고 무조건 신선하게 보관되는 것이 아니다. 적정 온도와 습도를 유지하고 탈취 기능을 가동해야 냄새없이 신선하게 보관할 수 있다. 무조건 김치냉장고를 믿기보다 조절 기능을 알고 원하는 맛을 위해 꼼꼼하게 체크하는 것이 중요하다.

● 채소나 과일을 통에 담아 보관한다

깊이가 있어서 채소와 과일 등을 비닐백에 담아 보관하면 식재료를 찾을 때 꽤 번거롭다. 따라서 남은 김치통을 이용하여 과일은 과일끼리, 채소는 채소끼리 분류해 담아 넣어 두면 필요할 때 찾아 쓰기가 편하다.

063

김장김치를 다 먹고 나면 김치냉장고에 여유가 생겨요. **김치냉장고를 알뜰하게 활용하는 방법**을 알려 주세요.

● 잡곡을 넣어 둔다

쌀, 현미, 콩 등 잡곡을 넣어두면 수분을 뺏기지 않고 보관할 수 있다. 밥맛을 좌우하는 것은 쌀의 수분 함유률이기 때문에 김치냉장고를 활용하면 곡물의 수분 함량을 적절하게 유지돼 맛있는 밥맛을 지킬 수 있다.

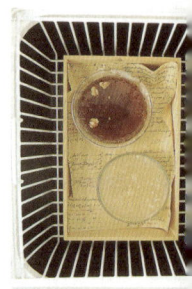

● 식혜 · 수정과를 넣어 둔다

살얼음이 동동 뜬 식혜를 먹고 싶을 때도 김치냉장고를 이용해본다. 김치냉장고의 온도 조절 기능을 0℃로 맞춰 놓고 보관하면 살얼음이 살짝 있는 식혜나 수정과를 즐길 수 있다.

● 야채를 넣어 둔다

수분이 많은 야채는 냉장실 안에서 자칫 수분을 빼앗기거나 얼어버릴 위험이 있다. 김치냉장고는 야채를 수납하기에 최적의 장소. 시들기 쉬운 야채는 바구니에 담아 눕혀서 보관하는 것이 좋다.

● 과일을 넣어 둔다

껍질이 두꺼운 파인애플은 바구니에 담아 보관하고 껍질이 얇은 복숭아, 포도 등은 신문지에 싸서 보관한다. 신문지는 과일이 숨을 쉴 수 있게 하고 온도를 적절하게 유지해주므로 과일을 오랫동안 신선하게 보관할 수 있다. 사과는 '에틸렌' 가스를 방출해 다른 과일을 쉽게 상하게 하므로 다른 과일과 분리해서 보관하는 것이 좋다.

● 꽃을 넣어 둔다

꽃꽂이를 하기 전 꽃을 김치냉장고에 하루 동안 넣어 두면 싱싱한 상태가 더욱 오래간다. 꽃을 보관할 때는 바구니 바닥에 신문지나 종이를 깔고 꽃을 얹은 다음 물을 충분히 뿌려 둔다.

064 정리를 한다고 해도 **항상 어수선한 느낌이 드는 냉장고 속,** 뭐가 문제일까요?

● 봉지째 두지 말고 잘 보이게 보관한다

시장에서 담아 준 대로 식재료를 까만 봉지에 넣어 그대로 보관하는 경우가 많다. 까만 봉지는 내용물이 보이지 않고 재료에 따라 다듬어 보관해야 오래가는 것도 있으므로 반드시 봉지에서 꺼내 밀폐용기나 지퍼백, 랩 등에 담아 보관한다. 또 이렇게 식재료를 정리해 두어야 냉장고 속이 지저분해 보이지 않는다.

● 보관방법에 따라 체크해 넣는다

식재료를 무조건 냉장고에 넣는 것도 문제. 냉장고도 70%이상 차면 냉장 효과도 줄고 전기 소비량만 늘어난다. 따라서 상온에서 보관해도 되는 것은 따로 보관하고 조금 남은 음식은 차라리 버리는 것이 낫다.

● 형태가 없는 것들은 바구니 등 수납용품을 이용한다

냉장고도 서랍장과 마찬가지로 공간 분할이 필요하다. 형태가 없거나 그릇에 담아 보관하기 어려운 것들은 바구니에 담아 넣어 두면 공간 분할도 되고 깔끔하다.

—— plus ● tip

065 냉장고 효율적으로 사용하기

냉장고를 효율적으로 사용하려면 냉장실의 냉기가 나오는 부분은 비워 두는 것이 좋다. 냉각기는 냉장고 속의 온도를 평균 4℃ 정도로 유지하기 위해서 0℃에 가까운 냉기를 내보낸다. 때문에 수분을 많이 함유한 두부 등은 그 앞에 놔두면 얼어버린다. 또 이곳에 키가 큰 물건을 놔두면 냉기가 퍼지지 못해서 냉장고 속이 차갑지 않다. 때문에 냉각기 앞은 되도록 비워두는 것이 효율적이다.

066

식사 때마다 냉장고에 넣어 둔 반찬통을 모두 꺼냈다 넣었다 하게 됩니다. **냉장고에 음식을 깔끔하게 보관하는 요령**이 있을까요?

● **투명용기를 사용한다**

냉장고는 오래 열어 두지 않는 것이 좋다. 때문에 담긴 음식을 바로 알아볼 수 있도록 투명한 용기를 사용한다. 또한 그릇의 모양과 크기가 같은 것을 사용하여 같은 모양과 크기별로 포개 놓으면 깔끔해 보인다.

● **양을 나눠 보관한다**

반찬을 큰 용기에 담아 놓으면 끼니때마다 꺼냈다 넣었다 하면서 공기와 접촉을 많이 하게 된다. 때문에 가급적이면 한 번에 먹을 양만큼 나눠 작은 용기에 담아 두면 음식을 더 신선하게 보관할 수 있고 덜어 먹는 불편함도 없다.

● **야채를 분류 보관한다**

자투리 채소를 하나씩 비닐봉지에 담아 보관하면 사용할 때마다 꺼내야 하는 불편함이 있으며 냉장고 안도 혼잡해지기 쉽다. 쌈 채소와 향신 채소 등 채소를 종류별로 나누어 플라스틱 통에 담아 놓으면 편리하다.

● **손잡이 바구니에 수납한다**

맨 위칸은 키보다 높기 때문에 안쪽에 들어 있는 것은 쉽게 꺼낼 수 없다. 때문에 자칫 공간을 제대로 활용하지 못할 수 있으며 한번 넣어둔 음식에는 잘 손이 가지 않게 된다. 이럴 때는 손잡이가 있는 바구니에 한꺼번에 담아 두면 손잡이만 잡아 꺼내 쓸 수 있으므로 편하다. 바구니 앞에 목록을 적어 두어 무엇이 들어 있는지 알기 쉽게 해 두는 것도 좋다.

067~070

냉동실 재료를 찾기가 너무
힘들어요. **냉동실 수납 요령**
좀 알려 주세요.

IDEA 1　수납 바구니 활용하기

냉동고에 넣어 두는 식품은 대체로 오래 두고 먹게 되는 데 시간이 흐르면 뭐가 들었는지 헷갈릴 수 있다. 따라서 안이 잘 보이도록 비닐백이나 지퍼백 등에 담아 보관하는 것이 좋다. 단, 이러한 것들이 뒤죽박죽 섞이게 되면 악순환이 반복되므로 한꺼번에 담을 수 있는 수납 바구니가 필요하다. 바구니에 세워 보관하면 냉동고가 깔끔해진다.

IDEA 2　문쪽 공간 활용하기

칸칸 사이에 남은 공간을 활용해 보자. 냉동고 도어 칸의 위나 아래에 의외의 여유 공간이 있다. 작은 용기에 벨크로 테잎을 붙인 다음 이렇게 남는 공간에 붙이면 냉동고가 어수선해 지는 것을 막을 수 있다.

IDEA 3　서랍칸 공간 분할하기

냉동고 서랍도 여러 가지를 넣다 보면 정리가 잘 되지 않는 공간 중 하나이다. 코팅된 두꺼운 종이나 폼포드지 등을 이용해 칸을 나눈 다음 칸칸이 보관하면 다른 식재료가 섞이는 것을 막을 수 있다. 또 이렇게 구분을 해 두면 나중에 꺼내 쓰기도 편하다.

IDEA 4 투명용기 활용하기

치즈가루나 선식 등 가루 형태의 식품은 중간 크기의 투명용기에 담아 내용물을 쉽게 확인할 수 있도록 해 냉동고 문에 깔끔하게 수납한다. 뚜껑에 내용물의 이름을 적어 두면 찾기가 쉽다.

071~072 | 냉장고 도어칸 활용 아이디어를 알려 주세요.

IDEA 1 페트병 활용하기

도어칸은 음료를 꽂을 수 있도록 만든 공간이기 때문에 우유팩이나 페트병이 들어가면 딱 맞는다. 따라서 우유팩과 페트병을 수납용기로 이용하면 도어 부분을 깔끔하고 효율적으로 사용할 수 있다. 쓰다 남은 재료들을 재료별로 묶어 각각 다른 페트병에 모아 두면 한눈에 알아 볼 수 있어 찾아 쓰기 쉽다. 한편, 세워 두기 힘든 아이스바도 페트병에 꽂아서 보관하면 냉동실 공간활용에 도움이 된다.

IDEA 2 집게 활용하기

핫소스, 케첩, 피자치즈 등 배달 주문 시 여유롭게 따라오는 일회용 소스들은 활용도 못 하고 굴러다니다 냉장고 청소할 때 모두 버리게 된다. 이런 것들을 지퍼백에 담아 도어칸에 집게로 집어 보관한다. 카레가루나 수프 등 개봉한 봉지 식품도 이런 방법으로 보관하면 깔끔하다.

plus ★ tip

073 파스타나 국수의 실용적인 보관법

예쁘게 유리병에 보관해 둔 스파게티나 마카로니, 국수 등을 막상 사용하려고 보면 삶는 시간을 잊어버려 곤란해지는 경우가 있다. 이럴 때는 유리병 표면에 삶는 시간과 유효기간, 간단한 조리 방법 등을 적어 붙여 두면 편리하다.

074~076 | 수납공간도 부족하고 그릇 하나 찾아 쓰려 해도 힘든 상태가 된 **우리 집 싱크대**, 어떻게 정리해야 할까요?

처음부터 구획을 정해놓지 않고 싱크대를 사용하면 넓어 보이던 싱크대도 어느새 늘어나는 주방도구들로 꽉 차게 된다. 요즘은 뒤죽박죽이 돼버린 싱크대를 손쉽게 정리해 줄 아이디어 수납도구들이 많다. 이런 수납도구를 잘 활용하면 싱크대 안도 금방 정리가 된다.

IDEA 1 2단 수납 도구

싱크대 하단에는 주로 프라이팬이나 냄비 등을 쌓아 놓고 쓰게 된다. 하지만 무작정 쌓아 두기만 하면 꺼내 쓰기도 힘들고 공간도 산만해진다. 높이가 있는 2단 선반을 활용해 보자. 싱크대 안에 선반을 놓고 프라이팬이나 냄비를 수납한다. 이렇게 하면 냄비와 팬을 포개 놓지 않아도 되기 때문에 편하게 꺼내어 쓸 수 있고 싱크대 안도 정돈이 된다.

IDEA 2 벽걸이 네트

싱크대 문짝은 자잘한 소품을 수납하기에 적당한 곳이다. 수납하고자 하는 물건의 모양과 크기를 고려하여 문이 닫힐 수 있도록 문짝보다 작은 철망을 달아 준다. 여기에 여러 종류의 영양제나 자잘한 소품을 넣어 두면 식탁 위를 깔끔하게 정리할 수 있다.

IDEA 3 긴 수납함

싱크대는 깊이가 있기 때문에 구석까지 활용하기가 힘들다. 길이가 긴 수납함을 활용해 본다. 안쪽의 물건이 잘 보이지 않고 꺼내기 힘들면 활용도가 떨어지므로 싱크대와 비슷한 길이의 사각 플라스틱 함을 두고 그 안에 식재료를 담아 보관한다. 눈에 잘 띄는 부분에 보관 품목을 적어 두면 필요한 경우 통을 잡아 당겨 쉽게 꺼내 쓸 수 있다.

077~079 | 싱크대의 데드스페이스
어떻게 활용할까요?

IDEA 1 옷걸이 활용 → 냄비 뚜껑 수납하기

옷걸이를 활용해 싱크대 문 뒷면에 냄비 뚜껑을 수납해 보자. 팬이나 냄비를 수납하다 보면 크기가 맞지 않아 남는 뚜껑이 있다. 둘 곳이 마땅치 않은 이런 뚜껑을 걸어 두면 수납이 수월해진다. 얇은 철제 옷걸이를 나사못으로 박은 다음 뚜껑 크기에 맞춰 구부리면 뚜껑을 걸 수 있다.

IDEA 2 파일박스 활용 → 주방 용품 보관하기

파일박스를 싱크대 문 안쪽에 붙여 수납공간으로 활용해 본다. 싱크대 문 뒷면은 의외로 활용도가 높은 수납공간이다. 파일박스를 문 뒷면에 달아 지퍼백이나 비닐백 등 주방에서 주로 사용하는 용품들을 담아 두면 사용하기도 편리할 뿐 아니라 주방 공간을 넓게 활용할 수 있다.

IDEA 3 철제 망 활용 → 와인잔 수납하기

비어 있는 싱크대 천장을 활용해 본다. 사용하지 않는 싱크대 천장에 철제 와인잔 렉이나 ㄷ자형 철제 망을 달면 와인잔을 수납할 수 있다. 와인잔 렉은 마트보다 인터넷 사이트를 이용하면 다양한 사이즈와 모양의 제품을 고를 수 있다.

080

그릇을 쌓아서 보관하다 보니 큰 그릇을 쓰려면 위에 얹어진 그릇들을 전부 꺼내야 해요. **쉽게 꺼내 쓸 수 있는 그릇 수납법** 없을까요?

파일박스는 서류를 깔끔하게 수납하는 데 주로 쓰이는 것이지만 납작한 접시나 그릇들을 수납할 때도 유용하게 쓰인다. 사기로 된 그릇을 보호하기 위해 파일 박스 안에 접착식 쿠션을 깐 다음 세로로 세워 접시를 수납한다. 크기별, 용도별, 디자인별로 나눠 담아 두면 정리도 깔끔하고 꺼내 쓰기도 쉽다. 작은 접시들은 칸막이가 있는 작은 수납함에 책을 꽂듯 세로로 세워 보관하고, 자주 쓰지 않는 큰 접시는 세워서 얇은 파일 박스에 하나씩 담아둔다.

081

주방에서 필요한 물품들을 싱크대 서랍에 넣다 보니 서랍 안이 뒤죽박죽이에요. **싱크대 서랍 수납법**을 알려 주세요.

서랍 안을 가장 깔끔하게 수납할 수 있는 방법은 수납하는 물건에 맞게 칸을 나누는 것이다. 두꺼운 종이나, 우유팩, 수납 바구니를 이용해 일단 서랍장의 칸을 나누었다면 수납의 반은 완성된 것. 자잘한 물건들을 많이 담게 되는 서랍 안에 담는 물건의 크기에 맞춰 두꺼운 종이로 칸을 나눠준다. 4~5칸으로 나눈 칸에 물건이 섞이지 않도록 보관하면 서랍 안을 항상 깔끔하게 유지할 수 있다.

싱크볼이 있는 **싱크대 하부장은**
배수관 때문에 사용하지 않게 되요.
이 공간을 **어떻게 활용**할까요?

IDEA 1 ᐧ 싱크대 문 안쪽

싱크대 문 안쪽으로 수납 바구니를 달아 주방용품들을 담아둔다. 행주나
투명 비닐봉지, 지퍼백이나 소다 등 작은 물건들을 수납하면 찾아 쓰기
도 편하고 깔끔하게 수납할 수 있다. 또는 네모난 플라스틱 요구르트병
의 위아래를 잘라내고 줄줄이 이어 붙인 다음 싱크대 문 안쪽에 글루건
으로 부착한다. 각 통에 행주를 말아 넣으면 깔끔하게 수납할 수 있다.

IDEA 2 ᐧ 하부장 안쪽

안쪽에 보조 선반을 달아 프라이팬이나 샐러드 볼 등 자주 쓰지 않는
부엌용품을 정리해 둔다. 큰 살림과 작은 살림을 나누어 보관하는 방법
은 수납공간을 넉넉하게 만드는 방법 중 하나이다. 큰 살림은 튼튼한
선반에, 작은 살림은 자투리 공간을 활용하고 접시는 바구니에 담아 세
워서, 냄비 뚜껑은 본체와 따로 분리해 보관한다.

067

수납 ● 부엌 수납

— plus ᐧ tip —

084 얇은 부엌 서랍에 조미료통 수납하기

조금씩 덜어서 사용하는 작은 조미료통. 밖에 꺼내 놓자니 어수선해 보이고 그릇장
한 켠에 놓자니 공간만 차지한다면 서랍에 보관하는 것이 가장 좋다. 하지만 사이즈
가 맞지 않아 문이 닫히지 않는다면 두꺼운 종이나 스티로폼을 이용해 비스듬하게 받
침대를 만들어 눕혀서 보관한다. 칸막이 역할을 하면서 내용물도 한눈에 들어오기 때
문에 사용하기 편리하다.

085 자주 사용하지 않는 나이프나 포크 보관법

손님용 숟가락과 젓가락, 양식용 나이프와 포크 등은 서랍에 칸막이를 해 보관해도
금방 서로 뒤섞이게 되는 경우가 많다. 이럴 때는 다 쓰고 남은 랩 케이스를 활용해
본다. 칼날 부분을 떼어낸 후 나이프, 포크 등을 따로 분리해 보관하면 뚜껑까지 달려
있어 수납함으로 그만이다.

086~088 | 자잘한 양념통이나 작은 장식품을 깔끔하고 보기 좋게 수납할 수 있는 방법 없을까요?

IDEA 1 미니 수납장 두기

수납공간이 부족하다면 빈 벽면을 적극 활용해 보자. 부피를 많이 차지하지는 않지만 너무 자잘해 흐트러지기 쉬운 양념통과 장식품들은 폭이 넓지 않은 미니 장식장을 짜 벽면에 부착한 다음 그 위에 수납한다. 수납장의 폭이 넓지 않아 공간 차지가 적을뿐더러 작은 양념들이 수납장 안에서 인테리어 효과를 더할 수 있다. 예쁜 컵이나 찻잔 등을 함께 수납한다면 더욱 아기자기한 분위기를 연출할 수 있다. 또한 그냥 세워 두기 힘든 자잘한 소품들은 바구니에 담아 보관해도 좋다.

IDEA 2 붙박이 양념통 만들기

망치와 못, 또는 송곳을 이용해 양념통 병뚜껑에 구멍을 뚫는다. 드라이버를 이용해 싱크대 상부장 아랫부분에 병뚜껑을 대고 나사못 2개를 박아 고정한다. 양념을 쓸 때는 병만 돌려 꺼내면 되므로 항상 깔끔하게 정리할 수 있다.

IDEA 3 MDF 박스 활용하기

싱크대 쿡 탑 위에 MDF 패널로 직사각형 상자 틀을 만들고 조리할 때 즐겨 사용하는 양념장을 쪼르르 올려놓으면 편리하게 사용할 수 있다.

plus · tip

089 요리에 필요한 레시피 보관법

요리할 때 요긴하게 쓰이는 레시피. 하지만 물을 사용하는 주방에서 레시피나 메모 등을 보기는 쉽지 않다. 이럴 때 한 장짜리 투명 파일 시트를 양면테이프를 이용해 보기 좋은 곳에 붙여 둔다. 때마다 필요한 레시피나 메모 등을 꽂아 두면 되므로 편리하다. 물이나 양념이 튀어도 젖은 행주로 닦기만 하면 된다.

090 | 우유나 음료수를 마시고 남은 플라스틱 통은 버리기 아까워요. 수납에 활용할 수 있는 방법 알려 주세요.

● **잡곡을 담아 보관** ··· 사각 플라스틱 통에 잡곡을 담아 보관하면 벌레가 생기지 않아 깔끔하게 오래 보관할 수 있다. 이런 통은 면이 사각이라 켜켜이 쌓아 둘 수 있어 수납공간을 줄일 수 있다는 장점이 있다. 또한 뚜껑에 내용물의 이름을 레터링 해 붙이면 한눈에 알아볼 수 있어 꺼내 쓰기 편하다.

● **자투리 식재료 보관** ··· 페트병을 잘라 수납 통을 만든 다음 조리를 하고 남은 적은 양의 식재료를 넣어 보관한다. 음식을 하다 보면 찔끔찔끔 남는 식재료 들이 있다. 이런 재료들을 냉장고나 냉동실에 그냥 두면 냉장고 속이 혼잡해진다. 이럴 때 페트병에 남은 재료를 넣어 두면 안의 내용물이 다 보이기 때문에 찾아 쓰기 쉬울뿐더러 냉장고 안도 깔끔하게 정리된다. 재료들을 종류별로 분류해 담아 두면 찾기 편하다.

● **비닐봉지나 채소 담아 보관** ··· 사각 페트병의 길이를 잘라 서랍칸에 여러 개를 넣으면 자잘하게 공간을 분류할 수 있다. 여기에 식재료를 담은 비닐봉지나 채소를 한두 개씩 담아 주면 깔끔하게 정리된다. 크기가 큰 채소를 담을 만한 작은 바구니를 같이 넣어 주면 다양한 크기의 식재료를 깔끔하게 보관할 수 있다.

● **홀더로 활용** ··· 음료수를 마시고 난 꼭지도 수납할 때 유용하다. 재활용 페트병의 입구 부분을 짧게 잘라 두었다가 채소를 담은 비닐봉지를 묶을 때 사용한다. 페트병 입구 구멍에 비닐봉지를 끼운 다음 뚜껑을 닫으면 밀폐력이 높아져 채소가 마르는 것을 막을 수 있을 뿐 아니라 서랍칸도 깔끔하게 정리할 수 있다.

잡곡 담아 보관

자투리 식재료 보관

홀더로 활용

091 | 세면대 주변이 항상 지저분해요.
눈에 띄지 않고 깔끔하게 수납할 수 있는
욕실 안 숨은 공간을 찾아주세요.

욕실은 의외로 자잘한 소품과 목욕용품, 생활용품들이 많은 곳이기 때문에 수납장이 있다 해도 항상 공간이 부족하다고 느껴지는 곳이다. 쉽게 놓칠 수 있는 틈새 공간이 어떤 곳이 있는지 먼저 확인한 다음 이런 자투리 공간을 공략해야 한다.

샤워커튼 안쪽

변기 뒷부분 / 변기 옆부분

● **변기 뒷부분** … 변기의 뒷부분에 선반을 설치해서 정리한다. 작은 바구니를 놓거나 비누, 탈취제 등 욕실에 필요한 물품들을 수납한다.

● **욕조의 샤워커튼 안쪽** … 밖에서는 잘 보이지 않는 곳이기 때문에 활용도가 높은 공간이 된다. 커튼 안쪽으로 모서리형 거울 달린 수납장이나 유리 선반을 설치하여 샤워할 때 필요한 용품들을 수납한다.

● **문의 윗부분** … 문을 여닫을 때 문 윗부분은 대체로 시선이 잘 가지 않는다. 따라서 문 안쪽의 윗부분에 선반을 달아 바구니나 작은 박스를 두고 꺼내 놓을 수 없는 여성용품이나 여분의 휴지 등을 수납한다.

● **문 뒷부분** … 주머니를 문 뒤쪽에 걸어 수납보관함으로 활용한다.

● **세면대 아랫부분** … 대체로 세면대 아랫부분에는 여유 공간이 있다. 때문에 이곳에 후크를 달아 욕실 청소용품을 걸어 두면 욕실이 깔끔하다.

● **변기 옆부분** … 여분의 두루마리 휴지를 넣을 수 있는 케이스를 만들어 휴지걸이 옆에 나란히 걸어 둔다. 패브릭 2장을 맞대고 위·아래·중간을 한 번씩 박음질해 주면 쉽게 완성할 수 있다.

092 | 청소할 때 사용하는 **걸레, 빨고 난 후 깨끗하게 보관**하는 방법 없을까요?

문 뒤나 눈에 잘 보이지 않는 벽면에 짧은 압착봉을 부착한 다음 바지걸이를 이용해 걸어 두면 건조가 쉽게 되고, 많은 양의 걸레를 걸어 놓을 수 있다. 또 걸레를 담을 수 있는 수납주머니를 문 뒤에 걸어 두고 마른 후 바로 접어서 주머니에 넣어 두면 쉽게 꺼내 쓸 수 있다.

093 | **다양한 길이의 우산들**이 신발장 안에서 엉키는 일이 잦아요. **깔끔하게 수납**할 수 있는 방법 없을까요?

신발장 한쪽 칸은 항상 길게 두 세 칸으로 나누어져 있다. 이 부분은 주로 긴 부츠와 우산을 수납할 수 있는 공간이 된다. 이 공간에 적당한 사이즈의 플라스틱 통을 두고 우산을 꽂아 세워 둔다.

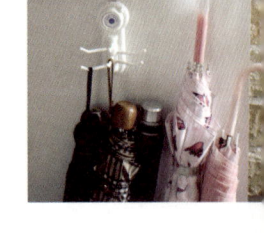

깊이가 얕은 플라스틱 통이라면 우산대가 흐트러질 수 있으므로 체인형태로 된 끈으로 양 끝을 잡아 고정시킨다. 문 안쪽으로 네트를 달아 준다음 S자 고리를 걸어 접이식 우산을 수납하거나 압착식 고리를 달아우산을 걸어 두는 방법도 공간 차지를 많이 하지 않고 깔끔하게 수납할수 있는 방법이며, 신발장 안쪽에 고리를 부착해서 접이식 우산들을 걸어 두는 것도 우산이 한눈에 보이게 수납하는 방법이다.

plus✻tip

094 젖은 우산 처리법
벽돌을 현관 한 모퉁이에 두고 밖에서 털고 들어온 우산을 그 위에 올려 두면 벽돌이 습기를 빨아들여 우산을 펼쳐서 말리지 않아도 되므로 빠르게 잘 마른다.

095~097 | 다양한 신발들은 어떻게 분류해서 보관·수납하는 것이 좋을까요?

IDEA 1 슬리퍼 보관·수납법

슬리퍼는 발을 끼우는 부분에 신문지나 종이를 끼워 넣어 형태를 유지해 보관하는 것이 좋다. 신지 않는 슬리퍼가 많다면 헝겊 천을 돌돌 만다음 기둥형태를 만들어 두고 차곡차곡 포개어 놓으면 수납도 많이 되고 슬리퍼의 발등도 변형도 되지 않는다.

또한 슬리퍼는 가볍기 때문에 통풍이 잘되는 망에 담아 현관 코너나 신발장 안쪽에 걸어 수납해도 좋다.

IDEA 2 운동화 보관·수납법

가끔 신는 운동화는 신발의 모양을 잡을 수 있도록 신발 안을 채운 다음 통풍이 잘되는 헝겊 주머니 안에 넣고 이름표를 단다. 운동화의 재질은 상처가 잘 나지 않기 때문에 안을 채워 형태만 잡아 준다면 주머니 안에 넣어 신발장 한쪽에 걸어 두어도 손상되지 않는다.

IDEA 3 계절 신발 보관·수납법

부츠나 샌들 같은 한 계절에만 신을 수 있는 신발들은 수납 상자를 준비해 그 안에 담아 깔끔하게 보관하는 것이 좋다. 다시 신을 때 수납상자에 든 신발 목록을 알기 쉽게 하기 위해서 상자 옆면에 신발의 목록을 적어 두거나 사진을 찍어 붙여놓으면 수납장 속의 인테리어 효과도 있다. 또한 굽 낮은 플랫슈즈나 여름용 조리, 슬리퍼 같은 계절 신발은 굽이 없기 때문에 신발장의 남는 공간이 생긴다. 이럴 때는 철제 바구니로 덮어 보관하면 그 위로 한 단의 신발을 더 수납할 수 있기 때문에 공간을 200% 활용할 수 있다. 구멍이 뚫린 철제 바구니는 통풍이 잘되기 때문에 신발이 손상될 염려가 없다.

098 | 실내로 들어갈 때 신는 **실내화는 어떻게 수납**하면 깔끔할까요?

실내 슬리퍼가 그리 많지 않다면 현관 한쪽에 세워서 꽂는 슬리퍼 전용 정리대를 이용하거나 수건걸이 형태의 봉을 현관 한쪽 공간에 낮게 설치해 나란히 꽂아 둔다. 실내용 슬리퍼를 이렇게 꽂아 두는 것만으로도 현관 분위기가 정돈되어 보인다. 정리해야 할 슬리퍼가 많다면 나무 바구니나 와인 박스 등에 자연스럽게 담아 두는 것도 좋은 방법.

099 | **아이 신발**을 **예쁘게 수납**할 좋은 방법 없을까요?

작은 아이들의 신발을 신발장 안에 수납하면 온전히 자리는 차지하지만 공간은 많이 남게 된다. 따라서 신발장 안의 수납공간이 넉넉지 않다면 아이 신발은 보이게 수납해 보자. 현관의 한쪽 벽면에 선반을 설치하여 아이들 신발을 올려놓는다. 대체로 아이들 신발은 귀엽고 컬러풀하기 때문에 지저분하거나 복잡해 보이지 않는다.
또 양쪽에 벽돌을 놓고 그 위에 나무판자를 올려 신발 수납장을 두세 칸 만들어 본다. 벽돌은 은근히 인테리어 아이템으로 많이 쓰이는 재료로 현관을 분위기 있게 만드는 데 효과적이다.

plus tip

100 아이 신발 신발장 속 정리법

아이 신발은 신발장 안에서도 따로 분류해 수납하는 것이 좋다. 오픈형 철제 선반을 준비한 다음 신발장 천장에 고정시켜 준다. 오픈형 철제 선반은 아기 신발 전용 수납장으로 활용하고 선반 아래쪽에 S자 고리를 이용해 바구니를 달면 신발장에서 필요한 자잘한 소품들을 넣어둘 수 있다.

101 | 가족들 신발이 뒤죽박죽 섞여서 정돈이 안 돼요. 신발을 깔끔하게 많이 수납할 수 있는 방법 있나요?

● 신발 종류에 따라 구역을 나눈다

어른 신발과 아이 신발은 차지하는 부피가 다르다. 때문에 아이 신발을 넣을 구역과 어른 신발을 수납할 구역을 나눠 주는 것이 중요하다. 가족별로 신발을 구분했다면 스니커즈, 구두, 부츠, 샌들, 슬리퍼, 운동화 등 신발 종류별로 차지하는 높이가 다르기 때문에 구분하여 수납한다.

● 신발장 구조를 변경한다

신발장의 구조가 수납의 양을 좌우한다. 때문에 가족들이 가지고 있는 신발의 특성에 따라 신발장의 구조를 변경해 본다. 신발장 칸의 버리는 부분이 없도록 신발의 높이별로 칸을 새로 만들면 훨씬 많이 수납할 수 있다. 신발장 구조를 변경할 수 없다면 신발을 지지할 수 있는 두꺼운 종이를 신발장의 크기에 맞게 자른 다음 신발과 신발 사이에 비스듬히 세워 넣어 보자. 지그재그의 형태로 모양이 잡히면서 신발과 신발 사이에 수납공간이 생긴다.

● 봉을 달아 신발을 걸쳐 둔다

압착봉 2개를 앞뒤로 나란히 달아 수납에 다양하게 활용할 수 있다. 신발장 맨 윗부분에 봉을 달아 신발의 굽 부분을 세우듯이 걸쳐 놓으면 신발의 앞부분이 보여 찾아 신기도 편하다.

● 박스를 이용해 수납한다

뚜껑이 있는 박스를 준비해 뚜껑은 그대로 두고 박스는 한쪽 면을 잘라 낸다. 옆면을 잘라 낸 박스를 뒤집어 놓고 그 위에 뚜껑 안쪽이 위로 오도록 올려놓으면 신발을 위아래 2단으로 정리할 수 있다.

구조 변경

봉 설치

박스 수납

102 | 신발 관리할 때 필요한 **구두솔, 걸레, 약품 등 자잘한 소품들은 어떻게 수납해야** 좋을까요?

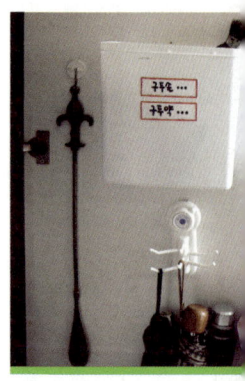

● **박스 수납** ⋯ 신발장 안의 자잘한 소품들은 없어서는 안될 물건들이지만 그렇다고 자주 사용하는 것은 아니다. 때문에 뚜껑이 있는 신발 박스 하나에 칸을 나누어 용품을 수납하는 것이 가장 깔끔하다. 내용물을 한눈에 알 수 있도록 꼬리표나 사진을 붙여 박스를 꾸며 주면 헤매지 않고 찾아 쓸 수 있다.

● **공간 활용 수납** ⋯ 박스를 수납할 만한 공간이 없다면 신발장 문 뒤를 활용해 보는 것도 좋은 아이디어. 신발장 문 안쪽에 고리를 부착하고 플라스틱 사각 통을 달아 수납함으로 이용해 보자. 이렇게 하면 공간도 많이 차지하지 않을뿐더러 바로 보이는 곳에 용품들이 있기 때문에 찾아 쓰기 편하다. 보관해야 할 수납용품이 많다면 문 뒤쪽으로 네트를 설치한 다음 고리 박스나 S자 고리 등을 이용해 수납할 용품들을 걸어 정리한다.

103 | **여름 내내 신은 샌들과 슬리퍼,** 발바닥이 닿는 부분에 까맣게 낀 때를 깨끗하게 지워서 보관하고 싶어요.

신발에 끼는 때는 유지 성분이기 때문에 수건에 세탁비누를 묻혀서 닦아내고 물로 씻어내면 지워진다. 이런 방법으로도 지워지지 않는다면 수건에 벤젠을 묻혀서 닦아내면 깨끗하게 지워진다. 이때 사용하는 벤젠은 모노크로로벤젠으로 약국에서 쉽게 구입할 수 있다. 이렇게 깨끗하게 닦은 다음 말려서 신문지나 부드러운 종이로 속을 채워 보관한다.

보관할 때는 상자에 담아 습기가 적고 통풍이 잘 되는 곳에 둔다. 수납
장에 두었다면 가끔 수납장의 문을 열어 환기해 주도록 한다.

104 │ 신발을 신고 벗을 때 생기는 손때 때문에 현관 벽지와 신발장이 늘 지저분해요. **현관을 깔끔하게 관리하는 노하우** 없을까요?

신발을 신고 벗다 보면 벽면에 손 자국이 남아 지저분해지는 경우가 종
종 있다. 특히 아이들이 있는 집일 경우엔 매일 닦아도 늘 지저분해 질
것이다. 이럴 땐 수납을 겸한 의자를 놓아 보자.

벤치 형태로 앉을 수 있도록 가구를 맞춘 다음 다리 부분에는 신발을
수납할 수 있도록 선반을 짜 넣는다. 또는 박스 형태의 수납장을 의자
형태로 활용해보자. 의자 자체가 뚜껑이 되도록 만든 다음 방석을 두어
인테리어 효과를 낸다. 수납 상자 안은 철 지난 신발이나 잘 쓰지 않는
공구 등을 보관할 수 있는 수납공간으로 활용한다.

만약에 수납 의자를 의뢰해서 제작하려면 의자 다리부분의 수납장은
미닫이문으로 열고 닫을 수 있도록 만들면 공간을 효율적으로 사용할
수 있다.

plus • *tip*

105 실용적인 현관 인테리어

현관은 신발을 벗어 두는 곳이기 때문에 항상 어수선할 수밖에 없다. 모든 식구가 항
상 열을 맞춰서 신발을 벗어 두면 좋겠지만 그렇지 못하다면 신발을 벗어두는 공간을
따로 만들어 주는 방법밖엔 없다. 수납장을 현관 바닥에서 15cm 정도 띄워두고 설치
하고 벗고 들어오는 신발은 그 안으로 밀어 두면 현관이 항상 깔끔하다.

106 | **다용도실에 수납장**을 넣어 좁은 공간을 **최대한 활용하고 싶어요.** 어떻게 활용해야 할까요?

창문의 위아래 부분이나 문 뒷공간, 세탁기 옆 공간을 이용해 철저하게 계획을 세워 수납장을 짠다. 되도록 수납장의 문은 미닫이문으로 만들어야 문을 열면서 필요한 공간을 최대한 활용할 수 있다. 다용도실은 그야말로 다용도로 이용하는 공간. 메인이 되는 붙박이장 외에는 필요에 따라 변형할 수 있는 DIY 가구나 바퀴가 달린 철재 가구를 두어 활용도를 높이는 것이 좋다. 또 플라스틱 가구도 가벼워서 수납장으로 많이 활용된다.

107 | 세탁할 때 필요한 용품들이 꽤 많아요. **각종 세제들과 세탁용품을 한 번에 수납**하는 방법을 알려 주세요.

세탁실에도 의외로 수납해야 할 물품들이 많다. 세탁실에서 가장 많은 공간이 남게 되는 세탁기 윗부분의 공간에 붙박이장을 짜 넣고 수납장으로 활용한다. 수납장을 짜 넣기가 번거롭다면 압착봉을 이용해 수납 행거를 설치하는 것도 깔끔하다. 단 수납행거를 설치할 때는 철저하게 계획해서 네트 선반을 천장 윗부분까지 설치해야 수납공간이 확실해진다. 세탁실로 나가는 문의 뒷면도 활용하기 좋다. 두꺼운 비닐로 된 포켓형 수납 주머니나 튼튼한 옥스퍼드지로 만든 수납 걸이를 문 뒤에 걸어 두고 세탁실 주변의 자잘한 소품들을 넣어 두면 한결 깔끔하게 변할 것이다.

108~110 | 베란다의 화초를 깔끔하게 정리할 수 있는 아이디어가 필요해요.

집 안에 식물을 키우면 환경적인 측면에서도 좋을 뿐 아니라 밋밋한 집 안 분위기를 생동감 있게 바꿔준다. 하지만 다양한 식물들을 되는 대로 놓아 두면 자칫 정신없어 보일 수 있기 때문에 식물들을 정리해 놓아 두는 요령이 필요하다.

천장 공간 활용

IDEA 1 　계단식 화분대 활용하기

가장 쉽게 정리할 수 있는 방법이 계단식 화분 수납대를 들이는 것. 계단식으로 되어 있어 정리하기 힘든 고만고만한 화분들을 얹어 두기만 해도 한층 정돈된 분위기가 난다.

IDEA 2 　천장 공간 활용하기

베란다 천장도 화분을 이용해 꾸밀 수 있는 공간. 하나하나 못을 박기 힘들기 때문에 쇠 파이프를 천장에 길게 부착해 화분을 걸어 두면 정돈도 되고 인테리어 효과도 누릴 수 있다. 아파트 베란다의 경우 천장에 부착된 건조대를 활용하는 것도 좋다.

IDEA 3 　미니화단 만들기

방부목으로 박스를 크고 길게 짜서 여러 가지 화초를 넣어 심으면 훌륭한 미니화단이 된다. 나무박스 자체도 멋진 분위기를 연출하고 자잘한 잎들도 그 안에 떨어지면 깔끔하고 근사한 낙엽으로 보이기 때문에 인테리어 효과도 만점.

02

톡톡
아이디어
리모델링
부럽지 않다!

인테리어

우리 집에 어울리도록 공간에 그림을 그려
넣는 것이 인테리어다.
어떤 공간에 어떤 그림을 그려 넣을
것인가를 너무 어렵게 생각하지 말자.
기본적이면서도 참신한 몇 가지
아이디어만 있다면 우리 집 상황에 맞춰
충분히 응용할 수 있다. 또 그 아이디어
하나만 있으면 리모델링보다 훨씬 큰
효과를 얻을 수 있다.

공간별 **인테리어** 포인트

현관 인테리어 포인트

포인트 1 … 집의 첫인상을 결정하는 곳. 때문에 현관은 무조건 밝고 깔끔한 분위기로 만드는 것이 중요하다. 현관에서 유일한 가구는 신발장. 현관 끝까지 장의 높이를 높여 수납공간을 늘리고 대신 바닥에서 거실 턱까지는 공간을 띄워 벗어 둔 신발을 정리해 둔다.

포인트 2 … 현관 바닥은 타일로 까는 것이 청소도 쉽고 관리도 쉽다. 대신 먼지가 타일 사이사이에 껴 지저분해 보일 수 있으므로 페인트 붓을 준비해 신발에 따라오는 흙먼지를 그때그때 쓸어 늘 깔끔하게 정리한다.

포인트 3 … 현관이 좁을 때는 신발장과 마주 보는 곳에 거울을 달거나 거울 역할을 하는 유리 타일을 설치해 공간을 넓어 보이게 한다.

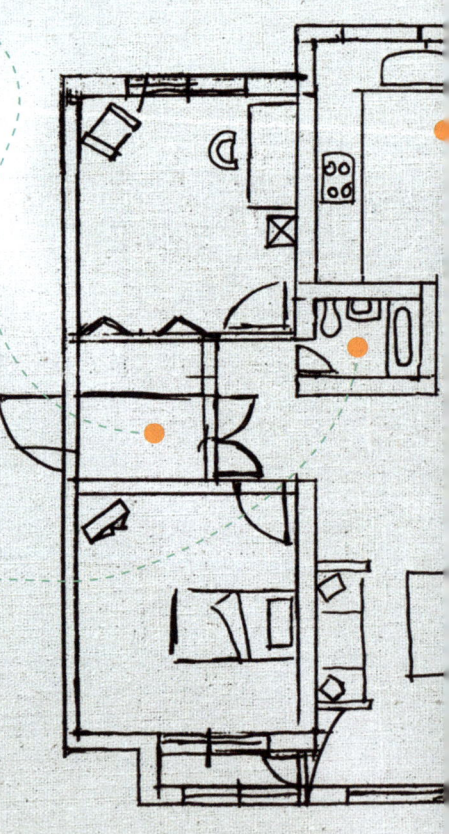

욕실 인테리어 포인트

포인트 1 … 샤워부스를 이용해 욕실과 화장실을 분리하면 아무리 좁은 공간도 활용도 있게 사용할 수 있다.

포인트 2 … 욕실은 깔끔한 인테리어가 우선. 화이트 욕실에 한 벽면만 포인트 컬러를 주거나, 벽면을 화이트로 하는 대신 바닥을 블랙으로 하는 등 화이트로 맞추되 포인트 컬러는 하나만 주는 것이 깔끔해 보인다.

포인트 3 … 세면대, 양변기, 욕조 등의 톤을 맞추는 것이 심플하다. 또 조명은 거울 위쪽으로 달아 주는 것이 전체적으로 더 밝아 보인다.

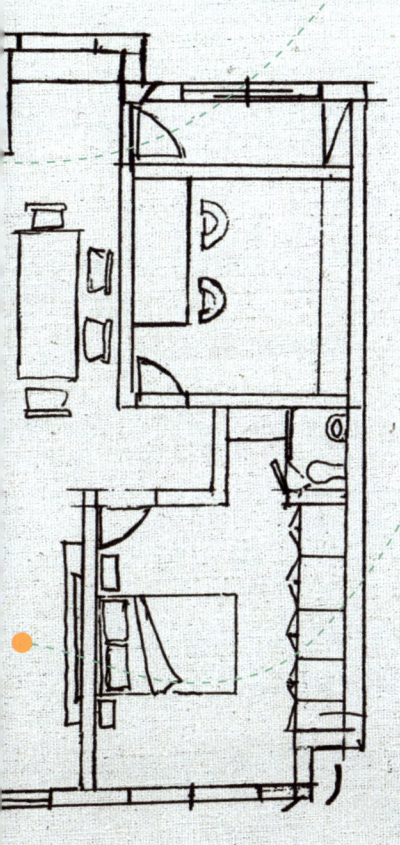

부엌 인테리어 포인트

포인트 1 ··· 요리를 하는 공간이므로 예쁜 인테리어보다는 동선이나 환기가 잘되도록 설계를 하는 것이 더 중요하다.

포인트 2 ··· 음식을 다루는 곳이기 때문에 청결과 깔끔함이 가장 중요하다. 따라서 인테리어도 이런 분위기에 맞게 깔끔하게 해야 한다.

포인트 3 ··· 싱크대의 상부장과 하부장을 모두 설치할 필요는 없다. 주방이 좁아 어떻게 꾸며도 답답해 보인다면 과감하게 상부장을 없애고 수납장을 하나 더 두는 것이 훨씬 도움이 된다. 빌트인 수납장도 부엌 공간을 깔끔하게 꾸밀 수 있는 아이디어다.

거실 인테리어 포인트

포인트 1 ··· 소파와 벽 꾸밈의 매치가 가장 돋보이는 곳. 벽지와 패브릭을 이용해 집 안의 포인트 벽을 만들고 그에 어울리는 가구를 배치해 전체적인 분위기를 아늑하게 만든다.

포인트 2 ··· 거실 모서리 부분에 대는 몰딩은 벽지의 이음새를 자연스럽게 마무리해 주고 벽지가 쉽게 지저분해지는 것을 막을 수 있다. 하지만 집이 좁아보이게 만들므로 설치나 색상을 신중히 고려해야 한다.

포인트 3 ··· 거실 바닥을 나무로 깔 때는 나무결 방향을 어디로 할지 신중하게 선택해야 한다. 아늑해 보이는 거실을 원한다면 가로로, 넓어 보이는 효과를 얻고 싶다면 세로 방향으로 결을 깔아 준다.

포인트 4 ··· 조명 역시 인테리어에서 지나치기 쉬운 부분. 하지만 거실 인테리어의 핵심 부분은 조명이다. 주조명과 간접조명을 적절히 조화해 입체감을 주고 분위기를 살린다.

111

꽃무늬 패턴을 인테리어에 활용하고 싶은데,
너무 화려하거나 튀지 않을까 걱정입니다.
**자연스러운 플라워 인테리어
아이디어**를 알려 주세요.

● 플라워 패턴으로 벽에 포인트를 준다

벽 전체를 플라워 패턴으로 시공하기가 망설여진다면 액자를 이용해 부
분 포인트를 준다. 원하는 패턴을 프린트한 다음 액자에 끼워 식탁 위에
나란히 걸어 두면 밋밋한 공간에 꽃의 화려한 느낌을 넣을 수 있다.

● 플라워 장식 소품을 활용한다

식기나 화기에 꽃과 나무 등 식물 모티브가 프린트된 것을 사용한다.
식탁에 머무는 내내 기분이 좋아질 것이다. 또 스탠드 커버나 쿠션을
화려한 플라워 패턴의 패브릭으로 커버링해도 효과 만점.

● 바닥에 플라워 시트지를 붙인다

화려한 패턴을 벽에만 이용하란 법은 없다. 베란다나 게스트룸 거실 한
모퉁이 바닥에 플라워 시트지를 붙여 주면 포인트 공간이 만들어진다.

● 플라워 패턴의 패널 커튼을 단다

커튼 전체가 강한 느낌의 플라워 패턴이라면 부담스러울 수 있겠지만
한 폭 정도만 강한 패턴이 들어가면 집 안 전체의 분위기가 경쾌해진다.

● 포인트 시트지로 벽면을 갤러리처럼 꾸민다

요즘은 벽지나 포인트 시트지의 디자인이 다양하게 나온다. 허전한 침대 헤드 뒷면이나 수납장 옆 벽 한면에 벽화 벽지나 포인트 시트지를 붙이면 힘들이지 않고 플라워 인테리어를 할 수 있다.

112

포인트 벽지를 붙이고 벽지가 남았어요.
패턴이 예쁜 자투리벽지 활용법을
알려 주세요.

요즘은 벽지도 패브릭 못지않게 다양한 패턴과 재질, 디자인이 나오고 있다. 그래서 때론 벽만 꾸미기 아까울 때가 있다. 일단 벽지를 방문에 이용해 보자. 방문에 적당한 크기로 나무 쫄대를 나누어 칸을 만들고 그 안에 포인트가 될 만한 벽지를 발라 준다. 싫증이 날 때마다 바꿔주면 지루하지 않게 집 안 분위기를 바꿀 수 있다.

안이 훤하게 들여다보이는 싱크대 장이나 그릇장이 있다면 압정을 이용해 문 안쪽에 자투리벽지를 붙인다. 지저분한 수납을 간단하게 가릴 수 있으며 언제든지 쉽게 떼낼 수 있어 비용이나 시간을 줄일 수 있다. 벽지의 그림을 오려내서 장식하는 것도 한 방법. 여러 가지 그림을 정교하게 오려낸 다음 방의 한쪽 벽면을 장식해 보자. 아마도 도배를 새로 한 느낌이 들 것이다. 또한 꽃무늬는 같은 무늬를 여러 개 오려 겹겹이 겹쳐 붙여 주면 꽃이 핀 것처럼 입체적으로 꾸밀 수 있다.

113

그릇 사는 것을 좋아해서 조금씩 구입하다 보니 독특한 그릇이 많아졌어요. **그릇을 이용한 인테리어 방법**을 알려 주세요.

유난히 그릇 욕심이 많아 예쁜 그릇만 보면 그냥 지나치지 못하는 사람들이 있다. 하지만 무겁거나 다른 그릇과 어울리지 않아 수납장만 차지하고 있는 경우가 종종 있다. 이런 접시들을 인테리어 소품으로 활용해 보자. 비싸고 훌륭한 그릇이 아니어도 괜찮다. 일단 보기에 예쁘고 독특한 접시를 선택한다. 부엌 쪽 자투리 벽면에 걸어 두면 독특한 아트월이 된다. 자투리 벽면이 없다면 식탁 위에 걸어 놓아도 훌륭한 인테리어 효과를 얻을 수 있다.

114

자투리천을 이용해 소품을 만들어 활용하고 싶은데, 무엇을 만들면 좋을까요?

● **자수를 놓거나 레이스를 덧대 주머니를 만든다**

주머니에 자수를 놓거나 분위기 있는 레이스를 덧대면 나만의 아주 감각적인 소품으로 변할 수 있다. 주머니 안에 필요한 물건을 수납해도 좋고 향이 나는 포푸리를 가득 담아 두면 문을 열고 닫을 때마다 은은한 향기가 퍼져서 좋다. 포푸리 주머니는 현관 입구나 방문 손잡이에 걸어 둔다.

● **액자에 사진 대신 패브릭을 넣어 장식한다**

패브릭 액자 장식은 사진을 넣는 것과는 또다른 분위기가 있다. 침구와 같은 느낌의 천을 넣어 침대 옆 벽면에 걸어 두면 통일된 느낌도 들면서 훌륭한 아트월이 된다. 아이들 방에도 앙증맞은 귀여운 체크 패브릭을 시리즈로 넣어 걸면 분위기가 달라진다.

● 같은 크기로 잘라 이어 붙여 쿠션을 만든다

패치워크 느낌의 쿠션은 발랄한 분위기의 인테리어 소품으로 다양하게
활용할 수 있다.

115 | 크고 작은 화분을 이용해 공간에 변화를 주고 싶어요. **화분을 이용한 인테리어 비법**이 있을까요?

● 식물을 꼭 베란다에 두어야 한다는 고정관념을 버리자

집 안의 공기를 정화하고 좋은 기운을 뿜어내는 식물을 활용한 그린 인
테리어가 이슈가 되고 있다. 집의 공기도 맑게 하고 분위기도 바꾸어
볼 겸 집 안에 식물들을 들여 보자. 현관 한켠에 벽돌을 놓아 그 위에
올려 두면 들어서면서부터 보이는 푸릇함에 기분이 좋아진다.

● 싱크대 위나 식탁 위에 올려 두자

식사를 할 때나 요리를 할 때 생동감을 불어 넣어 줄 것이다. 부엌 싱크
대 위에 놓을 공간이 없다면 부엌 조그만 창 위쪽으로 작은 선반을 달
아 그 위에 올려놓는다.

● 허전한 공간에 장식해 생기를 불어넣자

에어컨 윗부분이나 TV 위의 허전한 벽면에 선반을 달아 늘어지는 식물
을 조르르 놓아 주면 훌륭한 인테리어 소품이 된다.

● 행잉 바스켓을 이용해 천장에 걸어 두자

햇살이 들어오는 방 창가에는 행잉 바스켓을 이용해 천장에 걸어 놓으
면 분위기가 한층 밝아진다. 주방에는 산뜻한 색의 그릇에 화분을 쏙
넣어 두면 주방과 연결되는 느낌이 들면서 깔끔하다.

116~119 | 따뜻하고 **아늑해 보일 수 있는 겨울 인테리어 아이디어**를 알고 싶어요.

IDEA 1 카펫 깔기

카펫은 겨울 인테리어에 큰 역할을 한다. 우선 복슬복슬한 파일(카펫의 조직을 구성하는 털)이 있는 것을 골라 포근한 분위기로 만든다. 겨울철에는 환기가 잘 안 되기 때문에 물세탁이 가능한 면 소재를 선택해 자주 세탁하는 것이 좋으며, 매일 1회 정도 진공청소기로 먼지를 빨아들여야 카펫에 기생하는 집먼지 진드기가 생기지 않는다.

IDEA 2 가구 커버링하기

벨벳이나 모직 소재로 커버링된 암체어는 보기만 해도 따뜻하고 아늑해 보인다. 질감이 차가운 가구라면 등받이나 시트에 패브릭을 덮어씌우고 도톰한 소재로 커버링한 쿠션을 두어 시각적으로 따뜻해 보이는 효과를 노린다. 의자 위 쿠션을 놓을 공간이 부족하다면 의자를 커버링 할 때 도톰한 울이나 모직류의 원단을 선택한다.

IDEA 3 소품 활용하기

보온성이 뛰어난 펠트 소품을 만들어 장식한다. 양모펠트로 소품을 만드는 방법은 동대문 종합시장이나 온라인 강좌 펠트 전문 숍에서 한 시간이면 배울 수 있다. 액자나 덧신, 소품박스 커버링 등에 활용하면 소품만으로도 따뜻한 분위기를 만들 수 있다. 부직포를 이용해 화분을 싸 주어도 차가운 식물의 느낌을 따뜻하고 포근한 느낌으로 바꿔 줄 수 있다.

IDEA 4 **공간의 변신**

침실을 따뜻한 기운이 깃든 아늑한 공간으로 바꿔 본다. 침실 분위기를 바꾼다고 하면 침구를 떠올리기 쉽다. 하지만 침대 헤드나 헤드 뒤의 벽을 바꾸는 것도 효과적이다. 차가운 스틸 느낌이나 나무 느낌의 침대 헤드를 패브릭 헤드로 교체만 해 주어도 분위기가 달라진다. 또 헤드 뒤 벽 한 면만 겨울에 어울리는 따뜻한 채도의 컬러로 패브릭을 붙여 주고, 니트 패브릭을 이용해 조명 갓 하나만 바꿔 주어도 따뜻한 겨울 인테리어로 완성된다.

120 | **카펫이나 러그의 밀림현상**을 없애고 고정할 수 있는 방법이 있나요?

보통 마 소재 카펫을 나무마루나 장판 위에 깔았을 때 잘 밀린다. 밀림현상이 심하다면 논 슬립매트를 깔고 그 위에 카펫을 깔면 강하게 힘을 주지 않는 이상 잘 밀리지 않는다.

요즘은 파일의 복원력이 좋아 무거운 가구 밑에 깔아도 자국이 남지 않기 때문에 카펫을 소파 다리 아래에 깔아서 밀리지 않게 하는 것도 좋은 방법이다. 바닥에 밀림을 방지할 수 있도록 실리콘 처리가 되어 있는 카펫도 있으므로 이런 기능을 잘 살펴 구입한다.

plus⋆tip

121 자투리 니트를 이용한 겨울 인테리어 노하우

자투리 니트 원단이나 퍼, 벨벳 소재의 원단을 살림 곳곳에 이용하면 집 안이 따뜻해 보인다. 우선 퍼나 니트 소재의 원단으로 쿠션을 커버링 하는 것은 겨울 인테리어에 빠질 수 없는 아이템. 이 외에도 식탁 유리 아래에 러그 형식으로 깔아도 좋고, 실내용 슬리퍼에 덧붙여 주어도 따뜻해 보인다. 또 콘솔이나 선반 위에 퍼나 니트 원단을 매트 형태로 깔아 놓아도 실내 분위기가 아늑하게 바뀐다.

122 | 블랙 인테리어를 해보고 싶어요. 어둡지 않으면서 심플하고 세련되게 할 수 있는 방법을 알려 주세요.

● 블랙이 어울리는 공간은 따로 있다

블랙 인테리어는 심플하고 모던한 스타일을 만들 수 있기 때문에 젊은 층에서 인기 있는 인테리어 코드이다. 하지만 느낌이 강한 컬러이기 때문에 선뜻 인테리어에 활용하기가 쉽지 않다. 블랙 인테리어를 하기로 마음먹었다면 일단 우리 집에 어울리는지 진단해 볼 필요가 있다. 첫째, 자연 채광이 좋아야 한다. 채광이 안 좋은 집을 블랙으로 꾸몄을 경우 무거운 느낌을 줄 수 있다. 둘째, 천장이 높아야 한다. 천장이 낮은 집은 더 좁아 보이기 때문에 블랙으로 스타일링을 하면 답답하게 보인다. 셋째, 몰딩에 컬러가 있으면 안 된다. 체리 컬러나 베이지 등 몰딩이 있다면 산만해 보일 수 있다. 단, 월넛 컬러 몰딩은 블랙과 잘 어울린다.

● 아이디어로 블랙 스타일을 살린다

패브릭 활용 ⋯ 화이트 컬러의 소파에 블랙이나 브라운 쿠션을 놓아 따뜻하고 포근하게 연출한다. 쿠션과 함께 블랙 패턴 원단으로 소파를 장식하면 모던한 느낌의 블랙 스타일링을 할 수 있다.

소품 활용 ⋯ 흑백 사진이나 엽서를 블랙 인테리어 소품으로 활용해도 분위기가 난다.

MDF 박스 활용 ⋯ MDF 박스 몇 개만 있어도 블랙 스타일링을 할 수 있다. 화이트 박스를 테이블로 두고 그 앞에 블랙 방석을 깔아 공간을 꾸며 본다.

패브릭 활용　　소품 활용　　MDF박스 활용

123~126

봄을 맞아 집 안을 **화사한 분위기**로 바꾸고 싶어요. **봄맞이 인테리어 노하우**를 알려 주세요.

IDEA 1 · 컬러 소품 활용

봄 인테리어에서 가장 중요한 것은 컬러 포인트와 꽃무늬 프린트이다. 또한 빠질 수 없는 소품은 봄 느낌을 한껏 살려 줄 꽃과 식물이다. 우선 공간 전체를 바꾸려 하지 말고 집에서 시선이 가장 많이 가는 곳, 가족들이 가장 많이 모이는 곳에 꽃을 꽂아 두거나 꽃무늬 스티커를 붙여 집 안의 기운을 밝게 한다. 봄의 색이라고 할 수 있는 파스텔 컬러의 소품 하나만 두어도 집 안에서 봄 기분을 느낄 수 있다.

IDEA 2 · 벽 꾸밈 아이디어

벽을 어떻게 꾸미느냐에 따라서 집 안 분위기가 180° 달라진다. 거실의 TV옆이나 복도 끝 벽면에 컬러를 입히고 나뭇가지를 하얗게 페인팅해 벽면에 붙인다. 이렇게 나뭇가지 형태의 오브제를 달아 포인트를 주면 입체감이 느껴지면서 봄 냄새가 물씬 풍기는 갤러리 분위기가 연출된다.

IDEA 3 · 커버링 효과

소파를 흰색으로 커버링한 다음 소재와 패턴이 다양한 패브릭 쿠션으로 포인트를 준다. 또 거실 선반이나 협탁, 테이블에 파스텔톤 소품을 두면 기분까지 환해진다.

IDEA 4 · 플라워 리폼

부엌 식탁 위에 걸린 샹들리에가 다소 무겁게 느껴진다면 제품을 바꾸지 말고 꽃으로 꾸며 본다. 조화를 이용해 샹들리에 사이사이에 달아 보자. 생각보다 훨씬 쉽게 봄 느낌을 낼 수 있다.

천연소재를 이용한 친환경 인테리어 & 생활법

IDEA 1 · 천연소재 잠자리

편안한 휴식과 숙면을 위해 잠자리를 천연소재로 바꿔보자. 침구 전체를 친환경 소재로 바꾸지 못한다면 베개만이라도 천연 소재로 바꿔 준다. 베갯잇뿐만 아니라 베개 속 역시 천연재료를 넣어 보자. 말린 국화를 넣으면 기억력을 회복하고 소화를 도와주며 정서적으로도 안정이 된다. 결명자는 만성 두통과 눈의 피로를 잊게 하고 녹두는 해열과 해독 작용을 한다. 특히 눈이 밝아져 성장기 아이들에게 좋다. 이렇게 베개에 천연재료를 넣으면 몸에 자연의 기운이 스며들어 머리가 맑아진다.

IDEA 2 · 친환경 인테리어

콘크리트 벽에 둘러싸인 도시에서 건강한 풍수지리적 조건을 찾기란 쉽지 않다. 하지만 주거지를 선택할 때 햇빛과 바람을 염두에 둔다면 충분히 웰빙한 생활을 만끽할 수 있을 것이다. 가능하면 남향이나 동향집을 선택하되 기가 너무 왕성한 정남향집보다는 서남향이 무난하다. 하지만 개인주택에 살지 않는 이상 집의 방향을 고려하여 창을 내기란 쉽지 않은 것이 사실이다. 이럴 때는 창을 열어 자주 환기를 시키고 커튼을 가볍게 달아 빛을 최대한 많이 들어오게 한다. 또한 가구로 창을 가리는 일이 없도록 해 주자. 양초를 30분 정도 켜 자연스럽게 공기를 정화하고 사과나 귤 등 과일껍질을 한데 모아 끓이면 과일향이 집 안에 은은하게 퍼져 나쁜 냄새를 없애 준다. 레몬과 오렌지를 잘라 유리병에 담은 뒤 햇볕이 잘 드는 창가에 두면 과일이 마르면서 내는 향을 3~4일 정도 즐길 수 있다.

IDEA 3 · 식물 공기청정기

실내에 식물을 두면 공기가 맑아지고 특히 겨울철에는 적당한 습도를 유지해 쾌적한 공간으로 만들어 준다. 잎이 넓고 많은 식물일수록 공기 정화와 가습 효과가 좋은 편. 아디안텀, 산세베리아, 벤자민, 행운목, 테이블야자 등도 집 안의 잡냄새를 없애 주고 공기를 맑게 해 준다. 발포 스티로폼이나 와인 박스에 고구마, 감자, 무, 고추, 오이 등 모종을 심고 베란다에 두고 키우는 것도 좋다. 창문을 열어 환기를 자주 하고 진딧물이 생겼다면 양파즙을 따뜻한 물에 희석해 분무기에 넣고 잎사귀 뒷면에 뿌려 주면 없어진다.

IDEA 4 · 숯의 활용

숯을 사용하는 데도 순서가 있다. 새 숯을 구입했다면 먼저 먹고 마시는 데부터 사용한다. 끓는 물에 10분 정도 끓인 다음 건조시켜 밥이나 물, 요리에 넣어 숯의 미네랄 성분을 섭취한다. 이렇게 3개월 정도 사용한 다음에는 집 안 구석구석에 두고 활용해 본다. 냉장고나 신발장, 옷장 등에 두면 탈취와 습기제거용으로 활용할 수 있다.
전자레인지와 컴퓨터 근처에 두면 전자파 차단 효과가 있고, 가루를 내어 화분이나 화단의 흙 속에 묻어 두면 식물이나 야채가 잘 자란다. 숯을 씻을 때는 세제를 쓰지 말고 깨끗한 물에 씻어 직사광선을 피하고 통풍이 잘 되는 곳에서 말린다. 먹는 용으로 쓸 때는 10분 정도 끓인 뒤 하루 정도 말렸다가 쓴다.

IDEA 5 · 천연세제 사용

옷이나 침구 등에 사용하는 패브릭은 염색과 여러 가지 가공 과정을 거쳐 완성된다. 이런 가공 과정에서 인체에 해로운 화학약품이 쓰인다. 때문에 집에서라도 되도록 천연섬유로 된 옷을 입는 것이 좋다. 천연섬유라도 구김 방지, 방부처리 같은 가공 과정에서 화학물질을 사용하는 경우가 많으므로 순면, 순모라도 새로 산 것은 천연세제로 깨끗이 빨아서 쓴다. 직접 인체에 닿는 샴푸, 치약, 세제 등에 포함된 계면활성제는 인체에 해를 줄 수 있으므로 세제를 고를 때는 자연분해가 되는 것, 염소가 없는 것을 따져 보고 골라 쓰는 것이 좋다.

132~134 | 선물로 받은 **꽃다발, 포장을 풀고 예쁘게 장식하는 방법**을 알려 주세요.

IDEA 1 계단식 꽃다발

계단식으로 묶은 꽃다발은 포장을 풀어 꽃병에 꽂으면 모양이 흐트러지게 된다. 이때는 오아시스를 장만하여 꽃을 크기대로 꽂아 두면 예쁜 형태로 오래간다. 먼저 오아시스를 물에 3분 정도 담가 충분히 물을 흡수하도록 한 다음 송이가 큰 꽃부터 오아시스를 삼등분한다는 느낌으로 삼각형 구도로 꽂는다. 이때 꽃의 방향은 바깥을 향하도록 하는 것이 좋다. 이 세 송이의 꽃을 중심으로 주변 꽃들의 크기를 맞춰가며 빈틈없이 꽂다 보면 자연스런 구 모양이 된다. 오아시스에 꽂은 꽃은 그릇에 담아 두어도 멋지다.

IDEA 2 장미 꽃다발

장미와 안개꽃을 조합한 꽃다발은 너무 흔한 것이 흠. 변화를 주어 색다르게 연출하고 싶다면 포장을 풀고 장미만 분류하여 길이를 짧게 자른 후 낮은 유리 화기에 담아 장식한다. 또 장미의 줄기는 튼튼해서 데코에 응용하기 좋다. 와이어를 이용해 장미 줄기를 바둑판 모양으로 만든 다음 가운데 장미 송이가 들어가도록 길이를 조절한다.

길에서 싸게 파는 장미 꽃다발은 금방 시드는 경우가 많다. 이럴 때는 꽃잎만 뜯어 화기 바닥에 깐다. 투명한 화기 속에 양초를 넣어 선반에 올려 두면 자연스럽게 로맨틱한 양초로 연출할 수 있다.

안개 꽃다발

안개꽃을 화기에 안쪽부터 돌려가며 담은 뒤 물을 붓는다. 안개꽃은 넓게 펼쳐 두는 것보다 꽃송이를 뭉쳐 두어야 고급스럽다.

135 | 디지털 카메라로 찍은 사진은 항상 데이터 상태로만 보관하게 돼요. **사진을 활용한 인테리어 방법** 없을까요?

사진은 나 또는 우리 가족의 모습을 담은 것이기 때문에 집 안 어느 곳에 두어도 공간의 생명력을 불어 넣는 신비한 힘을 가지고 있다. 때문에 굳이 액자에 넣어 세워 두지 않더라도 공간 곳곳을 꾸미는 데 다양하게 활용할 수 있다.

● 파티션 형태의 액자를 이용한다

집 안 어디나 세워 두기 편하고 언제든지 새로운 사진으로 교체해서 끼워 둘 수 있기 때문에 오다가다 보는 즐거움이 있다.

● 나무집게를 이용한다

나무로 된 집게를 마 끈으로 연결해서 중간 중간 사진을 집어 창가나 현관의 중문 등에 걸어 둔다. 재밌는 추억이 담긴 사진이나 식구들의 어린 시절 사진 등 쉽게 진열할 수 있어 편하고, 언제든지 새로운 사진을 걸 수 있어서 분위기 전환용으로 좋다.

● 냉장고 문에 자석으로 붙여 둔다

폴라로이드 사진은 그 자체로도 충분히 감각적이고 이색적인 소품이라 붙여 놓는 것만으로도 OK. 냉장고 문에 자석으로 붙여 놓거나 보드판에 꽂아 두어도 재미있는 코너가 된다.

136 가장 흔하게 볼 수 있는 플라워 · 스트라이프 · 도트 패턴 **패브릭을 이용해 집을 경쾌하게 꾸미고 싶어요.**

● **꽃무늬 패턴 → 최대한 심플하게 매치한다**

좁은 공간의 화려한 패턴은 공간에 포인트를 준다. 포인트가 될 만한 좁은 공간에 꽃무늬 천을 붙이고 남은 천으로 쿠션을 커버링 해 세트로 준비하면 세련된 느낌을 살릴 수 있다. 또 한 면에 포인트를 주었다면 주위에는 심플한 가구를 두고 나머지 면은 패턴과 어울리는 한가지 톤으로 부담스럽지 않게 배치한다. 패턴이 다른 꽃무늬 천을 섞어 매치할 경우에는 큰 꽃무늬는 커튼으로 자잘한 패턴의 꽃무늬는 의자 커버로 매치해 미세한 차이를 주어 세련되게 연출한다.

● **스트라이프 패턴 → 좁은 공간에 활용한다**

스트라이프 패턴은 시선을 위아래, 좌우로 확장해 좁은 공간을 넓어 보이게 한다. 스트라이프는 같은 패턴에 색감만 약간씩 달리한 소품을 매치해 놓으면 다른 장식 없이도 경쾌한 분위기로 바뀐다. 스트라이프로 벽면을 시공했다면 작은 물방울 무늬 소품을 함께 매치해도 잘 어울린다.

● **도트 패턴 → 소품과의 컬러를 통일한다**

벽면을 도트 무늬로 장식했다면 그 주변에 두는 소품은 최대한 심플한 것을 선택하는 것이 좋다. 패턴 자체로도 산뜻하고 발랄한 느낌이 있기 때문에 너무 많은 장식보다는 컬러감을 통일한 단색의 소품이 좋다. 벽면을 도트 무늬로 시공했다면 러그나 소파는 단색으로 매치하는 형태이다.

137 | 식탁에 **펜던트 조명**을 설치하고 싶어요. 조명 **선택 요령**을 알려 주세요.

펜던트 조명은 음식을 맛있게 보이게 해 주기 때문에 주방 식탁 위에 설치하기에 좋다.

우선 조명을 선택할 때는 색감을 잘 표현해 주는 백열 램프나 할로겐 램프를 고른다. 이런 조명들은 모두 빛이 강해 눈부심이 있기 때문에 빛이 식탁을 향하도록 설치하는 것이 좋다. 2~4인용 식탁의 경우 식탁 중심을 비춰주는 펜던트 조명 하나면 되지만 'ㄱ'자 형태의 변형 식탁이거나 폭이 넓은 식탁의 경우엔 중심 조명 하나만으로 식탁 전체로 빛이 전달되지 않는다. 따라서 소형 펜던트를 여러개 사용해 심플한 느낌을 주면서도 분위기 있는 공간을 만들어 주는 것이 좋다. 음식을 다루는 식탁용 조명이므로 전등갓이 통째로 분리되어 청소하기 쉬운 디자인이나 플라스틱 소재로 되어 있어서 중성세제로 닦아낼 수 있는 것을 고르고 식탁을 정리할 때 전등에 부딪히지 않도록 높낮이를 조절할 수 있는 것이 좋다.

138 | 욕실이 너무 어두워요. **욕실은 어떤 조명을 사용해야 할까요?**

욕실을 밝게 하고 싶다면 할로겐이나 백열 램프를 사용하는 것이 좋다. 백열 램프는 광이 따뜻하면서도 태양광선에 가장 가까운 자연스러운 빛을 내기 때문에 분위기를 아늑하게 해 준다. 하지만 형광등에 비해 수명이 짧기 때문에 욕실같이 점등시간이 짧은 공간에서 사용하기 딱 좋다. 단, 습하고 물을 사용하는 곳이기 때문에 조명을 설치할 때 반드시 방습형 제품인지 체크해 보고 선택해야 한다.

조명을 새로 바꾸려고 하는데 필요한
조명과 명칭을 잘 모르겠어요.

● **브래킷** … 벽에 부착하는 보조 조명을 말한다. 조명이 비춰지는 방식에 따라 스콘스(위쪽이 오픈되어 있는 업라이트 방식), 브래킷(선반에 달려 있는 방식), 반사램프(아래쪽이 오픈되어 있는 다운라이트 방식)로 나누는데 통칭하여 브래킷이라고 부른다.

● **실링라이트** … 천장에 직접 달아 공간 전체를 고르게 비추는 조명 기구로 보통 방에 기본적으로 설치되어 있는 조명이다. 공간 전체를 고르게 비추기 때문에 눈의 부담이 적다.

● **펜던트** … 전선이나 체인을 이용해 천장에서 아래로 늘어뜨리는 조명. 재질과 디자인이 다양해 인테리어에 효과적인 역할을 한다. 천장 가운데에 달아서 반투명인 것은 전체 조명용으로, 빛이 차단되는 것은 부분 조명을 사용할 때 적합하다.

● **다운라이트** … 조명 기구 본체가 나오지 않은 매입형으로 천장에 넣어 한정된 공간이나 포인트만 비추는 조명. 미술관이나 전시 공간에 주로 사용한다. 하지만 인테리어에 관심이 높아지면서 요즘에는 주거 공간 인테리어에도 많이 사용한다.

● **샹들리에** … 유리구슬, 크리스털 등 다양한 자재로 화려하게 장식한 조명. 조명 하나만으로도 인테리어 포인트가 되며 주로 손님을 접대하는 장소인 거실이나 가족이 함께 모이는 식탁에 설치한다.

● **스포트라이트** … 사물이나 그림 등을 돋보이게 할 때 사용하는 조명으로 장식물에 직접 비춰 스포트라이트를 준다. 조명기의 헤드 부분을 움직여 빛의 방향을 자유롭게 바꿀 수 있으며 벽면에 비추어 간접조명으로 활용할 수 있다.

140 | 조명 하나만 바꿔도 분위기가 바뀐다고 하는데 **거실을 은은한 분위기로 바꾸려면** 어떤 조명을 설치해야 할까요?

간접조명은 따뜻하고 부드러운 인테리어 효과를 낸다. 거실 천장이 높다면 간접조명을 설치하고 샹들리에 같은 조명 기구를 설치하면 그야말로 로맨틱한 거실 분위기를 연출할 수 있다. 샹들리에 조명을 설치하기에 공간이 마땅치 않다면 벽에 부착하는 조명을 설치하는 것도 좋다. 벽에 부착하는 브래킷 조명은 어른 키 높이에 다는 것이 가장 좋은 위치이며, 빛을 직접 비추기보다는 천장이나 바닥을 향하도록 설치하는 것이 더 은은한 분위기를 낼 수 있다. 조명은 밋밋했던 벽이나 공간에 로맨틱한 변화를 줄 수 있는 간단한 원 포인트 아이템이다.

141 | 여름과 겨울 모두 활용할 수 있는 **실크 카펫**을 장만하려고 합니다. **선택할 때 주의해야 할 사항**들을 알려 주세요.

카펫은 겨울 아이템이지만 실크카펫은 시원하고 몸에 잘 달라붙지 않으므로 여름에도 많이 사용한다. 또 요즘은 실내 냉난방 시설이 잘되어 있으므로 일반 카펫도 4계절 사용이 가능하다. 특히 바닥재가 대리석인 경우는 사계절 카펫이 필요하다. 사계절 내내 사용하기 때문에 너무 튀는 색상보다는 파스텔톤이나 베이지 컬러를 선택하는 것이 좋다. 실크카펫은 매우 고가인 반면 관리가 어려우므로 세심한 주의가 필요하다. 또 염색성과 마모성이 떨어지고 오염에도 약해서 특별히 조심해서 관리해 주어야 하는 제품이다. 따라서 아이가 있다면 구입을 나중으로 미루는 것이 좋다. 종종 세탁업체에 맡겨도 손상되는 경우가 있으므로 세탁은 전문 클리닝 업체에 맡기는 것이 안전하다.

142 │ 집 분위기를 업그레이드 하는 데 도움이 되는 카펫의 종류가 궁금해요.

그레이, 화이트, 아이보리, 블랙 등 무채색의 카펫은 예나 지금이나 여전히 인기 아이템이며 무난하게 오랫동안 사용할 수 있는 색상이다. 하지만 요즘은 가구와 벽지, 바닥재까지 완벽하게 조화를 이룬 토털 인테리어 개념이 확대되면서 카펫 컬러도 다양해지고 있다. 패턴 역시 한층 화려하고 과감해지는 경향을 보이면서, 대담한 기하학 무늬나 플라워 패턴 등 모던한 스타일 카펫이 인기를 얻고 있다. 반대로 현대적인 패턴으로 재탄생한 페르시안 카펫도 급부상하고 있으므로 이를 염두에 두고 카펫을 구입한다. 또 매끈한 합성소재를 활용한 메탈릭한 느낌의 카펫이나, 파일이 길게 늘어져 푹신한 느낌을 주는 섀기 스타일 모두 인기를 끌고 있다.

카펫을 깔면 집먼지가 많아져 건강에 좋지 않다는 선입견을 깨듯이 다양한 친환경 카펫이 출시되고 있기 때문에 이러한 기능적인 면을 주시할 필요도 있다. 천연소재 카펫의 경우 천연염료로 염색하거나 염색 과정을 생략해 건강에 유해한 요소를 줄였고, 또 기계직 카펫의 경우 방충, 방수, 정전기 방지, 먼지 날림 현상 감소 등 기능을 첨가시킨 제품들도 있다. 그러므로 자신이 원하는 기능을 갖춘 제품인지 먼저 확인하고 구입하는 것이 좋다.

143~147 | 커튼을 대신할 수 있는
아이디어

IDEA 1 **실 커튼** 실 특유의 재질감을 이용한 커튼으로 창을 완전히 가리지 않고 빛과 조명에 따라 다양한 느낌을 준다. 답답하지 않아 파티션으로도 활용도가 높은 아이템이다. 실 커튼 자체로 화려한 느낌이 나므로 함께 매치할 가구는 심플한 것이 좋다.

IDEA 2 **패널 커튼** 너비를 취향대로 조절해 커튼 봉에 끼운 붙박이 형식의 커튼. 정통 패널 커튼은 레일을 장착한 뒤 벨크로 테이프로 고정해 완성하는 것을 말한다. 하지만 이렇게 커튼 봉에 끼워 늘어뜨리는 것만으로도 집에서 간단하게 패널 커튼의 분위기를 맛볼 수 있다.

IDEA 3 **파티션** 창과 코너 벽 사이, 침실, 심심한 베란다의 창 앞에 두어 커튼처럼 활용해 보자. 파티션의 중심이 되는 패브릭 부분만 잘 어울리도록 꾸며 주면 힘들이지 않고 분위기를 바꿀 수 있는 아이템이 된다. 단, 창 전체를 가리지는 못하므로 패널 커튼 같은 심플한 커튼과 함께 세팅하면 색다른 분위기가 연출된다.

IDEA 4 **실사 프린트** 원하는 그림이나 사진을 실사 프린트한 시트지를 창문에 붙이는 방법. 동일한 패턴을 연속적으로 붙이면 팝아트처럼 경쾌한 느낌을 살릴 수 있다. 너무 빼곡하게 붙이면 답답한 느낌이 들 수 있으므로 여백을 살려 붙이도록 한다. 직접 찍은 사진이나 인터넷 사이트에서 원하는 이미지를 찾아 실사 출력 전문점에서 출력해 붙이면 쉽게 완성할 수 있다.

IDEA 5 **포인트 스티커** 개성 있는 나만의 공간을 연출하고 싶거나 아기자기한 느낌을 살리고 싶을 때 사용할 수 있는 방법으로 자신이 원하는 포인트 스티커를 구입한 뒤 창에 붙이면 끝! 햇빛 양을 조절하는 것보다 장식 쪽에 포인트를 둔 아이템이므로 출입에 방해가 되지 않을 만큼의 높이까지 내려오는 심플한 밸런스를 달아 함께 연출하면 더욱 좋다.

idea.1

MY WISH

idea.2

MY WISH

idea.3

idea.4

idea.5

dow-shopping

148 | 커튼 대신 블라인드를 설치하려고
합니다. 블라인드의 종류도 참 다양하던데,
각각의 특징을 알고 싶어요.

1 롤 스크린 ··· 블라인드 원단을 튜브에 감아올리고 풀면서 내리는 차양 제품이다. 빛의 각도보다는 밝기를 조절하는 데 사용한다. 3m 이상의 높은 창에 적합한 아이템으로 시공이 간편하다. *가격대 _ 1m²당 2~16만 원 정도*

2 베네시안 블라인드 ··· 기본적인 블라인드로 끈을 이용해 길이 조절이 가능하며 블라인드의 각도를 조절해 빛 차단과 동시에 밖을 볼 수 있다. *가격대 _ 1m²당 5~16만원 정도*

3 플리티드 블라인드 ··· 플리티드는 '주름' 블라인드를 말한다. 대체로 폴리에스테르 원단에 주름가공을 해 주름이 펴지고 접히는 동작에 의해 상하로만 움직이는 블라인드이다. *가격대_ 1m²당 6만~17만원 정도*

4 우드 블라인드 ··· 참파목 혹은 소나무로 얇게 슬릿을 만들어 베네시안 블라인드처럼 사용하는 블라인드이다. 우드 블라인드가 천연소재라서 친환경 제품이라고 생각하기 쉬우나, 잡목 가루를 접착제로 붙여 만든 것이어서 피부나 호흡기를 자극할 수 있으므로 꼼꼼히 알아보고 구입한다. 무거운 만큼 빛 차단 효과는 확실하다. *가격대 _ 1m²당 6~24만원 정도*

5 셀 블라인드 ··· 제품을 옆에서 보았을 때 육각형의 셀이 형성되어 셀 블라인드라고 부른다. 이 육각형의 셀이 공기 완충작용을 하기 때문에 단열 기능을 한다. 폴리에스테르로 만든 부직포원단으로 다른 블라인드보다는 구김이 없는 편이다. *가격대 _ 1m²당 8~15만원 정도*

6 넌타겟 셰이드 ··· 앞뒷면의 투명한 원단 사이에 수평으로 베인이 가로질러 있는 형태의 블라인드로 커튼과 블라인드의 장점을 모두 살린 제품. 베인을 열어 채광 양을 조절할 수 있다. *가격대 _ 1m²당 22만원 정도*

149 | 액자를 인테리어에 활용하는 방법에 어떤 것이 있을까요?

● **한곳에 모아서 한쪽 벽면을 장식한다**

꼭 같은 재질, 같은 느낌의 액자일 필요는 없다. 크기나 프레임의 형태가 다른 액자를 이용하면 오히려 더 감각적으로 벽면을 연출할 수 있을 것이다. 액자 안에 있는 사진을 흑백으로 통일하면 독특한 분위기가 된다.

● **소파 뒤에 액자를 걸어 갤러리처럼 꾸민다**

크기가 다른 액자를 걸 때는 가장 큰 것을 먼저 걸고, 나머지는 높낮이를 조절해 어울리게 자리를 잡아 주어야 배치가 자연스럽다. 프레임의 소재나 컬러는 2~3가지 정도가 적당하다.

● **콘솔 위에 세워 장식한다**

콘솔보다 크지 않은 액자를 준비해 콘솔에 올려 두기만 해도 분위기가 달라진다. 이때 오래 사용해 싫증이 난 나무 쟁반을 리폼해 액자처럼 활용하는 것도 공간을 재미있게 꾸밀 수 있는 아이디어다.

150 | 갤러리 형식의 벽 인테리어를 하고 싶어요. 액자를 따로 구입하지 않고 꾸밀 수 있는 아이디어 없을까요?

유화용 캔버스에 그림을 붙여 액자처럼 사용한다. 캔버스는 벽에 고정하고 그림만 교체하면 매번 새로운 분위기를 연출할 수 있어 실용적이다. 또 장식이 없는 벽이라면 액자 프레임을 직접 벽에 그려 본다. 아이가 직접 그린 그림을 프레임 안에 붙여 보는 것도 재밌는 아이디어. 아이와 함께 프레임 안에 직접 그림을 그려 보는 것도 좋다.

151~153 | 포인트 스티커를 이용한 인테리어 노하우가 궁금해요.

IDEA 1 벽 데코

데코 스티커가 인기인 이유는 간편하게, 힘 들이지 않고 분위기를 바꿀 수 있기 때문이다. 요즘은 장소나 용도에 따라 감각적으로 디자인 된 포인트 스티커가 다양하게 선보이고 있다. 또 종이벽지 위가 아니라면 떼었다 붙였다 할 수 있어 쉽게 공간에 변화를 줄 수 있다. 마음에 드는 디자인을 발견했다면 너무 망설이지 말고 구입해서 벽면 한쪽에 붙여 포인트를 주어 보자. 여백의 미를 살려 심심한 듯 붙이면 오히려 심플한 멋이 살아난다.

IDEA 2 욕실 데코

욕실 타일은 데코 스티커로 꾸밀 수 있는 최적의 장소. 청결함을 강조한 화이트 욕실이라면 큰 스티커를 붙여 포인트를 준다. 많은 스티커를 사용하기보다는 포인트를 준다는 느낌으로 색상과 디자인을 결정한다. 타일에 스티커를 붙일 때는 붙일 곳을 깨끗이 닦은 다음 분무기로 살짝 물을 뿌린 후 붙인다. 이때 헤라를 이용해 기포가 들어가지 않도록 밀착해 가면서 붙여나간다.

IDEA 3 가구 데코

식탁, 싱크대, 주방가구, 수납가구 등에 스티커 하나만 붙여도 데코 효과가 충분하다. 식탁매

트 디자인의 스티커를 식탁 위에 붙여 매트를 깐 착시 효과를 낸다거나 포크나 나이프 스티커를 식탁 위에 붙여 식탁에 경쾌한 느낌을 준다. 또 밋밋한 작은 수납도구 위에 붙이면 입체감이 살아난다.

154~157 | 접착 시트지를 인테리어에 활용하는 방법을 알고 싶어요.

IDEA 1 컬러 시트지

컬러 시트지는 색감이 예쁘고 디자인이 디테일한 것이 특징. 때문에 오래 사용해서 지루해진 가구에 붙여 리폼한다. 유행이 지난 낡은 침대 헤드도 시트지를 붙여 분위기를 바꿔볼 수 있다. 침대커버에 맞춰 색상을 고르고 포인트 패턴을 넣어 붙여 주면 또 다른 느낌의 가구로 리폼할 수 있다. 또한 서랍장에 각각 다른 패턴의 시트지를 붙이면 아기자기한 느낌의 가구로 바뀔 것이다.

IDEA 2 벽지 시트지

벽지를 떼어내고 다시 붙이는 작업이 번거롭다면 포인트 벽을 정한 뒤 한 면만 시트지를 붙여 분위기를 바꿔본다. 벽지 패턴과 비슷한 시트지를 붙여 공간을 꾸미는 것도 좋지만 벽돌 무늬나 실사 프린팅이 되어 있는 강한 느낌의 시트지를 활용해도 색다른 느낌을 줄 수 있다.

IDEA 3 띠 시트지

띠 시트지는 벽의 모서리, 유리문, 유리창, 밋밋한 면에 붙여 생기를 준다. 띠 시트지를 유리에 붙여 장식할 때는 유리면 안쪽에 붙인다.

IDEA 4 글라스 & 타일 시트지

창 전체에 글라스 시트지를 붙인다. 안방에는 부드러운 느낌의 패턴 시트지를, 아이 방 창문에는 구름 모양 시트지를 선택한다. 창 전체에 시트지를 붙인 다음 양 옆으로 폭이 좁은 포인트 커튼만 달아 줘도 겹겹이 레이어드한 느낌이 든다. 또한 주방의 싱크대 벽면이나 화장실의 포인트 벽면에 타일 느낌의 시트지를 붙이면 타일 시공을 하지 않아도 같은 효과를 낼 수 있다.

158

나무 마루를 새로 깔았어요. 그런데 너무 쉽게 긁혀 조심스러워요. **바닥이 긁히는 것을 막는 방법** 없을까요?

가구끼리 마찰해 긁히는 것을 완전히 막을 수는 없다. 하지만 소음이나 긁힘을 막아 주는 제품을 이용해 어느 정도의 긁힘 현상은 막을 수 있다.

● **도어 스툴** … 문이 열릴 때 손잡이가 벽에 부딪혀 소음을 내거나 벽지에 손상을 입히는 것을 방지할 수 있는 제품으로 손잡이와 일직선이 되는 벽에 붙여 두기만 하면 된다.

● **고무캡** … 책상 다리, 식탁 의자 등에 끼워서 바닥재와 가구를 보호하는 제품. 고무 재질로 되어 있어 잘 빠지지 않고 바닥이 닿는 면에는 부직포가 덧대어져 있어 소음은 물론 바닥 긁힘도 방지할 수 있다.

● **부직포 데코보드** … 부직포 데코보드는 접착성이 강하고 소음이나 긁힘 방지에도 탁월한 효과가 있다. 얇고 가볍기 때문에 무거운 가구보다는 도자기나 유리 등 가벼운 인테리어 소품에 이용한다. 테이블 위에 올려 두는 소품의 바닥에 붙여 두면 바닥이 긁히는 것을 막을 수 있다.

● **플라스틱 데코보드** … 플라스틱 데코보드는 식탁의자, 테이블같이 무겁고 움직이는 가구의 다리에 붙여 두면 바닥이 긁히거나 홈이 파이는

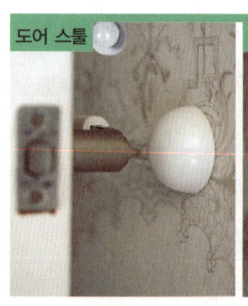
도어 스툴

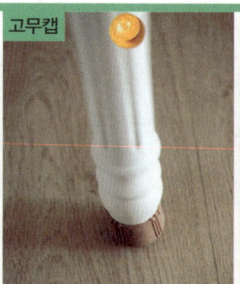
고무캡

부직포 데코보드

플라스틱 데코보드

것을 방지할 수 있다. 마룻바닥, 타일, 비닐장판 등 바닥재가 긁히기 쉬운 재질일 때 사용하면 좋고 습기에 강하기 때문에 부엌이나 욕실 가구에도 사용할 수 있다.

159 | 강화마루와 룸바닥재(장판)를 방과 마루에 깔려고 합니다. **시공 전에 주의해야 할 사항**에 대해 알려 주세요.

강화마루는 시공할 때 접착제를 사용하지 않고 마루 쪽을 끼워 맞추는 공법을 사용하기 때문에 접착제에 의한 환경호르몬이 발생되지 않는다. 또한 접착제가 마를 때까지 기다릴 필요가 없어 시공 후 바로 입주가 가능하다. 단 목질 바닥재인 만큼 세균이 번식하지 않도록 항균처리가 중요하다. 때문에 항균·방충 기능을 추가한 강화 마루 제품인지 꼼꼼히 확인하고, 가족들이 가장 많이 활동하는 거실에 시공하는 것이 좋다.

룸바닥재(장판)는 스팀청소기 같은 고열에 오래 노출되면 얼룩이나 주름, 균열이 생길 수 있는 단점이 있으므로 주의해야 한다. 요즘은 이러한 단점을 보완해 표면에 특수 처리를 하고 내구성을 강화한 제품이 출시되고 있으므로 잘 확인해 보고 선택해야 한다.

이 외에도 항균 효과가 있는 은나노 장판, 탈취 효과가 뛰어난 황토성분의 장판, 전통한지나 천연옥돌 등 천연재료를 원료로 한 장판 등 다양한 장판이 출시되어 있기 때문에 자신이 원하는 기능을 갖췄는지 살펴 선택하는 것이 좋다.

160 | 습기에 약한 **나무 바닥재를** 베란다나 주방 등 **물을 많이 쓰는 공간에** 깔아도 될까요?

나무재질로 된 바닥재는 표면에 코팅처리가 되어 있기 때문에 어느 정도의 습기는 견딜 수 있다. 하지만 베란다나 주방 싱크대 아래, 욕실 앞 등 습기에 자주 노출되는 곳은 특별한 주의가 필요하다. 이런 곳에는 바닥에 방수 매트를 설치하고 수분이 남지 않도록 자주 닦아 주어야 한다. 또한 방수매트나 카펫 등은 장시간 깔아 두면 나무마루에 변형이나 변색이 올 수 있기 때문에 자주 걷어내 환기를 해주어야 한다. 습도가 높은 장마철에는 최소한 3~4일에 한 번씩 30분 정도 난방을 가동하여 습기를 제거해 주는 것이 좋다.

161 | 바닥을 새로 깔려고 합니다. **바닥재의** **종류와 가격대**를 대략 알 수 있을까요?

● **륨바닥재**(장판) … PVC(폴리염화비닐)를 주원료로 만든 바닥재. 최근 원목이나 나무 바닥재의 인기로 수요가 주춤하는 추세이긴 하지만 방이나 긁힘 우려가 많은 곳에서는 여전히 가장 많이 쓰이고 있는 바닥재이다. 최근에는 다양한 기능성 제품들이 출시되고 있다. *가격대 _ 3.3㎡당 3~6 만원대*

● **데코타일** … 데코타일은 PVC바닥재와 나무, 카펫 등의 재료가 결합된 바닥재로 재료에 따라 가격과 치수가 다양하다. 우드타일은 거실에 많이 쓰이고, 카펫 타일은 기존에는 상업용으로 주로 사용되었지만, 층

간의 소음을 효과적으로 줄여 주기 때문에 요즘은 가정에서도 많이 사용한다. 특히 접착식 데코타일은 소비자들이 손쉽게 시공할 수 있어 인기가 높고 친환경 수성접착제를 사용하기 때문에 유해물질이 발생하지 않는다는 장점도 있다. *가격대_ 3.3m²당 3~8만원대*

● **목질 바닥재** … 크게 합판·강화·원목 등 세 가지 종류로 나눌 수 있다. **합판마루**는 합판 위에 0.5mm의 천연 무늬목을 접착하고 도장한 제품으로 원목마루에 비해 값이 싸면서도 천연목의 질감을 그대로 살릴 수 있으며 수분이나 열에 의한 변형이 적다. *가격대_ 3.3m²당 10~15만원대*

강화마루는 고밀도의 섬유판 위에 나뭇결 무늬 모양지를 입히고 하드 코팅한 바닥재로 온도나 습도 변화에도 뒤틀리거나 휘어지는 등 변형이 없는 실용적인 바닥재이다. 또한 바이오세라믹 처리를 하여 향균·방충

기능은 물론 정전기 방지 효과도 우수하다. 최근에는 친환경과 실용성 등을 고려해 강화마루가 가장 많은 인기를 얻고 있다. *가격대_ 3.3m²당 7~13만5천원대*

원목마루 기본 구조는 합판마루와 같으나 합판마루가 0.5mm 정도의 천연 무늬목을 사용하는 것에 비해 원목마루는 최소 2mm이상의 원목을 사용해 만드는 제품. 쿠션감과 촉감이 좋으나 긁힘이 심하다. 하지만 긁히더라도 보수할 수 있어 수명이 길다. *가격대_ 3.3m²당 55~70만원대*

---

plus · tip

162 **끈적이는 마룻바닥 닦기**

물걸레질을 해도 끈적거림이 남아 있는 마룻바닥을 보송보송하게 하려면 시금치 삶은 물을 이용하자. 거무스름해진 찌든때까지 깨끗하게 닦을 수 있다. 걸레에 시금치 삶은 물을 넉넉하게 묻혀 골고루 문질러 닦는다. 또 맥주나 우유를 사용해도 효과가 있다. 맥주의 알코올 성분이 더러운 때를 분해하는 작용을 하며, 우유의 유지방은 마룻바닥에 윤기를 더해 준다.

163~166 집 안에 들여 놓은 정원,
그린 인테리어

IDEA 1 · 베란다 정원 만들기

베란다는 햇볕과 바람이 충분한 공간이기 때문에 식물을 키우기에 적합하다. 본격적으로
집 안에 정원의 분위기를 느끼고 싶다면 이 공간을 활용해 실내정원으로 꾸며 본다. 요즘
은 실내 조경을 전문으로 하는 업체가 많기 때문에 상담을 통해 원하는 크기나 분위기, 활
용 용도에 맞게 정원을 만들 수 있다.

IDEA 2 · 플랜터에 꾸미기

플랜터는 식물을 심기 위해 만든 용기로 방수 처리된 목재를 이용하여 물이 흘러나오지
않도록 만든 미니 화단이다. 최근에는 방수뿐 아니라 배수 문제도 해결된 플랜터가 개발
되어 판매되고 있다. 플랜터 사이즈에 따라 원하는 식물을 한 곳에 담아 기를 수 있으며
이동이 가능하기 때문에 집 안 어느 곳이든 원하는 곳에 미니 화단을 만들 수 있다.

IDEA 3 · 작은 화분 활용하기

작은 화분은 집 안 곳곳에 싱싱한 식물을 기운을 느낄 수 있게 해 주고 이동이 쉽고 다양하게 꾸밀 수 있기 때문에 그린 인테리어로 톡톡히 한몫을 한다. 나무로 엮은 바구니에 미니 화분을 담아 베란다에 두어도 좋고, 화분을 화이트로 칠한 다음 창가에 나란히 놓아도 인테리어 효과가 충분하다. 선반이나 수납장에 올려 장식할 때는 펠트 천으로 화분싸개를 만들어 화분을 장식하면 소품 장식이 따로 필요 없다. 독특한 디자인의 미니 화병이나 투명한 화병을 활용해 창가에 걸어 두는 것도 산뜻하다.

IDEA 4 · 공간별 그린 아이디어

● **현관** … 집의 첫인상을 결정짓는 작은 공간이므로 너무 무겁지 않게, 하지만 식물의 싱그러운 분위기가 느껴지도록 꾸미는 것이 좋다. 심플한 디자인의 작은 화분 3개 정도 준비한 다음 신발 수납장 위에 나란히 두거나 콘솔 위에 올려 현관 분위기를 부드럽게 만든다. 단, 잎이 늘어져 있거나 너무 커서 통행에 불편함을 주는 것은 피한다.

● **거실** … 포인트가 되는 큰 식물과 선반, 수납장 위에 놓아 인테리어 효과를 낼 수 있는 작은 화분 몇 개를 이용해 그린 인테리어 효과를 낸다. 벤자민, 아레카야자, 푸밀러고무나무, 행운목, 아이비 등 페인트와 접착제의 냄새를 빨아들이는 식물을 거실에 놓아 두면 좋다. 산세베리아, 인도고무나무, 셰플레라, 아디안텀 등은 공기를 맑게 해 주는 식물이므로 거실과 방에 놓아 두는 것이 좋다. 화분에 따라 분위기가 달라지므로 거실 인테리어에 잘 어울리는 화분을 고르는 것도 잊지 말 것.

● **주방** … 주방은 음식을 다루는 곳이기 때문에 너무 큰 식물은 피하고 작은 식물을 들여놓되 식욕을 일으킬 정도로 싱그럽고 깔끔하게 꾸며 주는 것이 좋다. 흙이 보이지 않도록 화분 위를 조약돌이나 유리구슬, 아이드로볼 등으로 덮어 깔끔하게 보이도록 한다.

● **욕실** … 잎이 많아 잘 떨어지는 것은 피하고 암모니아 냄새를 빨아들일 수 있는 칼라데아, 행운목, 관음죽, 아잘레아, 크로톤 등을 놓는다. 네프롤레피스는 담배연기를 흡수하는 식물이므로 가족 중 흡연자가 있다면 하나쯤 집 안이나 욕실에 들여놓는 것이 좋다.

167 | 인테리어를 할 때 염두에 두어야 하는
기본 원칙이나 노하우는 어떤 건가요?

● 기본 컬러와 포인트 컬러를 정한다

기본 컬러와 악센트 컬러를 정하는 것은 인테리어에 가장 중요한 포인트. 연하고 부드러운 컬러는 싫증나지 않고 어디에든 무난하게 어울리기 때문에 주로 기본 컬러에 많이 쓰인다. 또한 악센트 컬러가 2가지 이상 쓰지 않아야 집 전체적인 분위기가 산만해 보이지 않는다. 너무 심심한 느낌이 들면 소품이나 다양한 인테리어용품들을 활용해 나머지 악센트를 주는 것이 더 효과적이다.

● 분위기를 통일한다

어떤 분위기로 꾸밀 것인지 먼저 정한 후 나머지 소품들도 결정해야 한다. 예쁘다고 이것저것 사다 보면 자칫 너무 산만해지거나, 예쁜 소품들을 100% 활용하지 못할 수 있다.

● 필요 없는 물건은 과감하게 버린다

방 안을 둘러보고 평상시 사용하지 않는 물건이나 가구들은 눈 딱 감고 버려야 한다. 나중에 또 쓰게 될까 봐, 혹은 아까워서 버리지 못한다면 집안이 늘 어수선하기 때문에 인테리어를 멋있게 한다 해도 그 멋을 제대로 살릴 수 없을 것이다.

● 보여 줄 물건과 숨기고 싶은 물건을 분류한다

내놓고 자주 쓰는 물건과 인테리어에 도움이 되는 소품은 꺼내어 놓고 나머지는 안 보이게 수납한다. 만일 오픈되어 있는 수납장이라면 천을 이용해서 가리개를 만들어 준다. 이렇게 보일 것과 숨길 것을 확실히 구분해 두어야 시선이 분산되는 것을 막아 깔끔해 보인다.

● **공간별로 인테리어 주제를 정한다**

보여 주고 싶은 아이템이 많다면 한 공간에 포인트를 여러 개 두지 말고 각각 공간별로 한 가지 주제를 정해 보여 주고 싶은 코너를 만든 다음 정해진 코너에 주제별로 소품들을 정리해 보여 준다. 부엌의 그릇코너, 서재의 책장, 안방의 패브릭 소품들, 거실의 장식품 등 이렇게 정리해서 보여 주면 한결 정돈된 느낌을 얻을 수 있다.

168 | 가구 배치에 따라서 집 안의 분위기도 달라지는 것 같아요. **이상적인 가구 배치 노하우**를 알려 주세요.

가구를 어떻게 배치했는지에 따라 공간의 분위기가 달라져 넓어 보이기도 하고 실제로 넓게 쓸 수도 있다. 가구를 배치할 때 가장 먼저 고려할 것은 동선을 원활하게 하는 것. 거실 소파는 코너 쪽에 ㄱ, ㄴ 형태로 열리게 놓으면 동선을 짧게 할 뿐 아니라 공간을 넓게, 더 효과적으로 이용할 수 있다. 또한 배치 후 앉았을 때 시선이 어디로 향하는지도 중요한 포인트가 된다. 눈앞이 막혀 있거나 어수선한 살림살이가 보이지 않도록 되도록 창밖이나 깔끔한 공간이 보이는 쪽으로 가구를 배치한다. 좁은 방에서는 바닥 공간이 최대한 많이 보이도록 가구를 배치해야 공간이 좀 더 넓어 보인다. 때문에 수납 가구는 한쪽 벽면으로 몰아서 두는 것이 좋다. 높이가 각각 다른 수납장은 한쪽 벽면에 대칭이 되도록 두고 낮은 가구는 위에 작은 화분이나 시계, 조각 등을 두어 장식성을 살린다.

169 | 벽지를 새로 했는데 방문을 닫고 보니 문과 분위기가 안 맞아요. **방문 안쪽을 꾸미는 아이디어**가 필요해요.

침실은 대체로 아늑하고 포근한 분위기로 꾸며지기 때문에 방문 안쪽에 벽과 같은 벽지를 바르면 문이 잘 드러나지 않아 한결 아늑해진다. 벽지가 아니면 파스텔톤 페인트를 칠해 분위기를 살리거나 분위기에 어울리는 포스터나 사진을 낮게 걸어 두는 것도 좋다. 이렇게 하면 문을 닫았을 때도 벽과 차단된 느낌이 들지 않아 훨씬 아늑해 보인다.

아이 방의 문도 너무 단조로운 것보다는 파랑·노랑·분홍 등 벽지색과 어울리게 산뜻한 색으로 칠을 하거나 동화 속에 나오는 집처럼 몰딩으로 지붕과 들창, 펜스를 만들어 붙이는 등 연령에 맞게 아이가 원하는 색과 디자인을 선택하면 정서적으로 안정감도 주고 색 감각도 키워 준다. 아이의 개성에 맞게 포스터나 사진을 크게 인화해 붙여 주는 것도 창의력을 키워 주는 효과가 있다.

170 | 깔끔한 인테리어가 좋아서 최대한 심플하게 꾸몄더니 약간 **허전한 느낌**이 드네요. **생기 있게 바꾸는 방법** 없을까요?

● **너무 정돈된 느낌이라면** ··· 소파나 다른 가구, 벽지를 베이지나 화이트톤으로 맞추고 나무 질감의 바닥재를 깔면 전체적으로 밝고 넓어 보이지만 너무 정돈된 느낌이어서 재미가 없다. 이럴 때는 쿠션이나 러그, 액자에 강한 색을 넣어 포인트를 준다.

● **내추럴톤에서 지루함을 없애려면** ··· 같은 계통이지만 명암이 다른 색을

선택하면 된다. 가령, 짙은 베이지색과 옅은 밤색, 조금 진한 밤색 체크 무늬 쿠션을 놓는다. 연한 황토색 쿠션을 하나 더해도 좋다.

● **생동감 있는 공간을 원한다면** … 와인색·올리브 그린·네이비 블루· 은행색·주황색 등 채도가 낮은 원색의 쿠션을 섞어 본다. 지나치게 튀지 않으면서도 리듬감이 생겨 실내 분위기가 경쾌해진다.

● **시원하게 연출하고 싶다면** … 흰색이나 파란색 계열의 시원한 색상으로 바꾸고, 노랑이나 태양에서 느껴지는 강렬한 주황색을 옅은 색에서 짙은 색 순으로 톤만 달리해 쿠션을 만들어 악센트를 주면 바닷가 별장 같은 시원함이 느껴진다.

171 | **아이 방 가구는 어떻게** 꾸며 주는 것이 좋을까요?

아이 방의 가구는 무엇보다 아이가 쓰기 편해야 한다. 옷장 문이 너무 뻑뻑하다거나 손이 닿지 않는 곳에 옷걸이나 책꽂이가 있으면 모처럼 정리하고 싶은 마음도 포기하게 만든다.

아이가 쉽게 꺼내고 정리하기 쉬운 높이는 바닥에서 40~90cm 정도, 서서 허리를 구부리거나 힘들이지 않고 팔을 뻗어 사용할 수 있는 높이의 가구가 좋다. 또 이 높이 안에 옷걸이나 선반을 두어 스스로 정리할 수 있게 한다. 장난감 상자는 가볍고 움직이기 쉬워야 좋아하므로 밑에 바퀴를 달아 주는 것이 공간활용도를 높일 수 있는 방법.

수납공간은 문을 다는 것보다는 오픈된 것이 좋다. 깔끔한 느낌은 덜하지만 아이들은 금세 싫증을 내고 눈에 띄지 않으면 다시 사 달라고 조를 수 있기 때문이다. 아이들은 자기가 가지고 있는 물건들을 한눈에 볼 수 있는 것을 좋아한다.

172 | 허전해 보이는 **자투리벽면, 실용성 있게 활용할 수 있는** 아이디어를 알려 주세요.

자투리벽면 활용법은 그 공간이 어느 위치에 있느냐에 따라 달라진다. 우선 벽면의 주변에 어떠한 공간이 있는지 확인한다. 동선이 자연스럽게 연결될 수 있도록 공간을 활용하는 것이 좋다.

● **화장실과 안방 사이 벽면** … 실용성에 중점을 두지 말고 분위기 있는 공간으로 활용한다. 요즘 많이 선호하는 아트월을 만들어 로맨틱하게 꾸며 주면 방 안 분위기가 달라질 것이다.

● **베란다 벽면** … 아래는 수납 겸용 벤치를, 위에는 선반을 걸어 포인트가 되는 알찬 코지 코너를 만든다.

● **현관 입구 벽면** … 콘솔과 거울을 달아 두어 미니 파우더룸으로 꾸며 본다. 이런 공간은 단순한 인테리어 효과 외에 바쁜 아침 외출 준비에도 도움이 된다.

● **부엌 쪽 벽면** … 롤로 판매되는 코르크를 붙여 압정을 이용해 메모나 스케줄 표를 부착해 두면 실용적인 메모 보드로 활용할 수 있다.

173 | 오래된 집이어서 그런지 싱크볼이 나뉘어져 있어서 설거지를 할 때 불편해요. **싱크볼만 교체가 가능할까요?**

싱크볼은 상판 가운데 하나로 길게 매입된 형태와 따로 분리되는 형태로 나누어진다. 분리형의 경우에는 싱크볼만 따로 교체할 수 있다. 가격은 싱크볼 가격과 시공비를 포함해 10~20만원 정도. 싱크볼은 여러

구로 나누어진 것보다 원볼 형태가 사용이 편리하다. 한때 화이트 컬러 대리석 싱크볼이 유행하기도 했었지만 스크래치에 약하고 김치 등 음식물의 색이 착색되어 관리가 힘든 단점 때문에 최근에는 다시 스테인리스 싱크볼을 선호한다.

174 | 집 전체가 밋밋한 느낌이 들어서 **포인트 컬러를 인테리어에 활용하려 해요.** 어느 곳에 어떻게 활용해야 할까요?

요즘은 가구나 벽지, 소품 등에 포인트를 주어 과감한 컬러를 시도하는 사람들이 늘고 있다. 같은 분위기의 아이템들로만 집 안 전체를 꾸미다 보면 자칫 밋밋해지거나 심심해질 수 있는데 그런 단점을 컬러로 커버

할 수 있기 때문이다. 하지만 지나치게 튀거나 도드라진 색은 시각적으로 불안하고 산만해 보이므로 자제하는 것이 좋다. 또 너무 넓은 면적에 강한 컬러감을 주면 자칫 기존에 있던 가구들과 매치가 안 될 수 있으므로 고려해 보아야 한다.

컬러를 잘 쓰려면 감각도 중요하겠지만 연습을 통한 경험이 더 중요하다. 때문에 아직 가구나 벽면 전체를 강한 컬러로 바꾸기 망설여진다면 작은 소품부터 하나씩 바꿔 보는 것도 좋다. 컬러감이 있는 소품 하나만 두어도 의외의 효과를 가져 올 수 있다. 비슷한 계열의 톤으로 매치하면 무난하게 어우러질 수 있다. 쿠션이나 전등 갓, 러그, 소파 커버, 액자, 테이블 매트 등에 포인트 컬러를 사용하면 큰 리모델링 공사 없이 집의 분위기를 경쾌하게 바꿀 수 있다.

175 | 부엌이 좁고 답답해 보여요,
넓어 보이게 하는 인테리어 방법 없을까요?

벽면 전체에 상부장을 빽빽하게 채우면 수납공간은 많지만 부엌이 좁
고 답답해 보이게 마련. 때문에 요즘은 상부장을 없애고 아예 수납장을
들이는 추세이다. 상부장을 없애더라도 맞춤장이나 아일랜드 테이블,
다용도실 등을 이용해 얼마든지 수납공간을 넓힐 수 있다. 아일랜드 테
이블의 경우 하부에 슬라이딩 바를 설치하면 밥통이나 전자레인지 등
을 보이지 않게 수납할 수 있다. 자주 사용하지 않는 조리도구는 꼭 부
엌이 아니더라도 집 안의 남는 공간에 수납장을 두고 수납할 수 있다.
상부장을 아예 없애기가 부담스럽다면 상부장 윗쪽으로 약간의 공간을
남겨 두고 작은 조명을 설치하면 벽면 전체에 수납장이 있는 것보다 부
엌 공간이 여유 있어 보일 것이다.

176 | 이사 갈 집의 주방이 좁아 뒷베란다를
확장하려고 합니다. 뒷베란다 확장 시
어떤 것들을 고려해야 할까요?

베란다를 확장하면 일단 주방 공간이 넓어지기 때문에 집 안의 전체적
인 느낌이 여유로워 보이는 장점이 있다. 또 공간이 넓어지면 수납장이
나 아일랜드 식탁 등 수납할 공간이 넓어져 비좁은 주방에서 가장 골칫
거리였던 수납 문제를 해결할 수 있다. 아파트의 경우 베란다를 확장하
면 창이 바로 부엌과 맞닿아 있기 때문에 훌륭한 조망권을 확보할 수
있으며 자연광이 부엌 전체로 들어와 아늑한 느낌을 받을 수 있다. 하
지만 베란다 확장에 따른 불편함도 있는 것이 사실이다. 분리수거 쓰레

기나 식재료 등 보이지 않는 공간에 두어야 할 것들의 처리가 애매해지기 때문이다. 이럴 때는 베란다를 반만 확장하는 방법도 고려해볼 만하다. 베란다를 반만 확장하면 부엌공간은 조금 넓히면서 뒷베란다는 그대로 활용할 수 있기 때문이다. 또 확장하지 않고 뒷베란다에 보조주방을 설치하는 것도 주방을 넓게 쓰는 방법이다. 베란다에 가스오븐레인지를 설치해 두면 냄새나는 음식을 조리하거나 오래 끓여야 하는 국을 요리할 때 요긴하게 사용할 수 있다.

177 | 주방을 리모델링하려고 합니다. **편리하고 실용적인 주방 리모델링 원칙**들을 알려 주세요.

● **수납공간 확보** … 살림을 하다 보면 싱크대만으로 수납공간이 부족함을 절실히 느낀다. 또한 필요할 때만 사용하는 소형가전들도 처치 곤란. 아일랜드 조리대를 설치하거나 수납장을 짜 넣어 수납공간을 최대한 확보하는 것이 포인트.

● **동선 체크** … 동선을 'ㄷ'자로 짜면 주부들이 좀 더 편리하고 효율적으로 사용할 수 있다. 하지만 작은 평수라면 오히려 더 비좁고 답답할수 있으므로 집 안 분위기와 평수를 고려해서 동선을 체크한 다음 싱크대와 식탁, 수납장을 두는 것이 좋다.

● **다용도실 활용** … 다용도실이 넓고 주방이 어둡다면 상부장을 떼어내고 타일로 윗면을 꾸며 넓어 보이게 한다. 대신 상부장은 다용도실에 놓아 수납공간으로 활용한다. 싱크대 컬러는 밝고 넓어 보이는 화이트로 맞추고 벽면은 주방 인테리어를 살릴 수 있는 컬러 타일로 리모델링한다.

● **포인트 컬러 사용** … 올 화이트는 넓어 보이는 시각적 효과를 얻을 순 있으나 지루한 느낌을 줄 수 있고, 스틸 컬러 싱크대는 세련돼 보이긴 하지만 차가운 느낌이 든다. 또 오크색은 어두워 보일 수 있기 때문에 그린이나 옐로, 오렌지, 레드 등 포인트 컬러를 주방 한쪽 공간에 주어 산뜻하게 연출한다.

178~182 | 시원해 보이는 여름 인테리어 방법을 알려 주세요.

IDEA 1   간이 창 만들기

거실 한쪽 벽면을 뚫어 창문 효과를 낸다. 여건상 실제로 뚫을 수 없다면 창을 뚫은 것 같은 인테리어 효과를 내 준다. 창 앞 소파 커버링 역시 여름에 어울리는 시원한 화이트 패브릭으로 바꾸어 주면 답답한 느낌이 사라질 것이다.

IDEA 2   타일 벽 만들기

주방 한켠, 데드스페이스인 벽면에 시원한 느낌의 타일을 붙여 포인트를 만든다. 무채색이었던 주방이 한결 시원해 보일 것이다.

IDEA 3   페인팅하기

시원한 민트 컬러로 페인팅해 침실 분위기를 확 바꿔본다. 침구 역시 시원한 화이트톤 여름 침구로 바꾸고, 침대 헤드 부분에 데크를 붙이면 여름 별장에 온 느낌이 들 것이다.

IDEA 4 소품 활용하기

소품 색상도 집 전체의 분위기를 바꾸는 데 톡톡한 역할을 한다. 벽면에 시원한 민트 컬러를 칠한, 크기가 다른 액자 프레임을 걸어 밋밋했던 벽면에 포인트를 준다.

IDEA 5 커튼 활용하기

답답하고 무거운 커튼은 떼어버리고 가벼운 느낌의 커튼으로 바꿔 단다. 굳이 창을 다 가리려 하지 말고 창의 한 폭 정도만 가려 주어도 한결 가볍고 시원해 보인다. 베란다 쪽 창에 블라인드를 달아 햇빛이 들어오는 것을 조절해 주면 거실에는 이렇게 포인트 커튼만 달아 주는 것도 좋다.

183 | 현관이 어두워서 더 답답해 보이는 것 같아요.
현관이 시원해 보이는 인테리어 아이디어 없을까요?

공간을 늘리거나 리모델링하지 않는 이상 좁은 현관을 넓게 쓸 수 있는 방법은 없다. 하지만 현관 컬러에 변화를 주면 넓어 보이고 시원해 보이는 효과를 낼 수 있다. 현관 컬러를 바꾸는 방법은 벽지 교체나 타일 마감 등 다양하지만 그중 가장 손쉽고 효과적인 것이 페인팅이다. 여름이니만큼 시원한 느낌을 줄 수 있는 블루톤으로 페인팅해본다.

신발장 색상이 우드톤이라면 화이트 필름지를 입혀 깨끗하고 깔끔한 느낌이 나도록 교체한다. 블루&화이트의 느낌을 살린 감각적인 소품 역시 깔끔하면서 트렌디한 역할을 한다. 현관 벽면에 액자를 걸 수 있는 벽걸이 훅을 달아 포인트 소품을 걸어 두어도 현관의 분위기가 달라진다.

184 | 현관이 좁아서 **집의 첫인상이 답답해 보여요.** 리모델링 없이 넓어보이게 할 수 있는 아이디어를 알려 주세요.

불편함은 없지만 좁은 현관이 답답하게 느껴질 때는 시각적인 효과를 노려 보는 것도 좋은 방법이다. 신발장이 마주 보이는 벽면에 거울을 붙여 보자. 거울 인테리어는 좁은 공간에서 그 효과를 제대로 발휘할 수 있기 때문에 양 옆으로 공간이 막혀 있는 현관에 효과적으로 활용할 수 있으며, 시공 후에 훨씬 넓어진 느낌을 받을 수 있을 것이다. 또한 거울을 그냥 붙이는 것보다 거울 효과를 내는 타일로 리모델링하면 훨씬 세련되고 감각적인 인테리어 효과를 얻을 수 있다.

185 | **수납 문제를 해결**하면서 **인테리어 효과**도 얻을 수 있는 **현관 꾸밈 방법**을 알고 싶어요.

신발장 맞은편에 콘솔을 하나 두어 그 공간을 색다르게 꾸며 본다. 현관에 콘솔을 둘 때는 우선 현관 넓이를 고려해 부담스럽지 않은 크기로 선택하고 콘솔 아래에 선반을 두세 칸 정도 짜 두면 공간을 효율적으로 활용할 수 있다. 콘솔 위에는 칠판이나 보드를 걸어 간단하게 일정을 메모할 수 있도록 한다. 또 콘솔과 밸런스를 맞춰 벽걸이 훅을 달아 인테리어와 수납을 동시에 해결한다. 콘솔 선반에는 박스를 두어 신발장 안을 어수선하게 만드는 공구나 소품을 담아 두는 것도 좋다. 또 이렇게 트인 선반은 신발을 넣었다 빼기 편하기 때문에 신발을 현관에 그냥 벗어 두지 말고 선반에 올려 두면 현관이 정돈되어 보인다.

186~189

침대 헤드를 없애고 **벽면을 활용해 침실 분위기를 바꾸고 싶어요.**

침대는 방 인테리어의 대부분을 좌우한다. 하지만 인테리어에 중요한 요소인 이 가구는 한 번 사면 바꾸기가 어려워 공간을 다양하게 바꿀 수가 없다는 단점이 있다. 때문에 요즘은 헤드 없는 침대를 구입해 원하는 대로 공간을 디자인하는 사람들이 늘어나는 추세이다.

IDEA 1 패널 벽 만들기

침대 헤드 부분에 해당하는 벽면에 나무 느낌의 패널을 붙여 마치 벽면 전체가 침대 헤드가 되는 것처럼 꾸민다. 이 공간에 액자를 붙여 갤러리처럼 만들거나 스탠드 하나만 놓아 주어도 심플하고 모던한 공간이 연출된다.

IDEA 2 포인트 월 꾸미기

단색의 컬러로 침대 헤드 쪽 벽면을 페인팅하거나 벽지를 붙인 다음 포인트 스티커로 트렌디하게 꾸며 본다. 포인트 스티커는 공간을 다양하게 꾸며 볼 수 있어서 한 번쯤 시도해 볼 만한 아이템이다. 또 공간 연출의 효과도 뛰어나기 때문에 취향에 맞춰 선택하면 침대 헤드보다도 공간을 감각적으로 디자인할 수 있다. 포인트 스티커를 활용할 때는 침대 옆 협탁의 키를 높여 벽면의 단조로움을 없앤다.

IDEA 3 입체감 있는 가벽 붙이기

벽 위로 가벽을 설치해 침대가 있는 공간만 입체감을 준다. 또 큰 공사 없이 공간에 변화를 줄 수 있는 방법이다. 원하는 크기만큼 MDF 나무판을 재단해 패브릭이나 벽지를 붙여 준다. 도배풀 대신 양면테이프나 타커를 이용해 뒷면에 고정해 주어도 된다. 가벽에 심플한 패턴을 붙이고 벽시계나 액자 등으로 장식하는 것도 좋은 아이디어.

IDEA 4 캐노피 설치하기

캐노피는 그 자체로도 로맨틱한 분위기를 갖고 있기 때문에 침대 헤드 없이 꾸미는 것이 더 깔끔하다. 벽면이나 캐노피의 레이스 부분에 나비나 꽃 장식을 붙이면 더욱 사랑스런 느낌의 공간이 만들어진다.

190 | 다용도실이 복잡하고 어수선해요.
이 공간을 100% 활용하는 방법을 알고 싶어요.

● 다용도실을 확장해 주방 공간을 넓힌다

다용도실까지 주방을 확장하면 다용도실에 있던 세탁기나 수납공간이 줄어들게 된다. 이럴 때는 주방 한켠에 수납장을 짜 넣고 세탁기, 냉장고, 전자레인지 등 주방 가전제품을 빌트인 형식으로 한곳으로 몰아 깔끔하게 정리한다. 수납장은 글로시한 화이트 컬러를 선택해 깔끔하고 넓어 보이는 효과를 노린다.

● 다용도실을 수납 공간으로 최대한 활용한다

다용도실을 깔끔하고 정돈된 느낌으로 사용하려면 수납장을 계획적으로 짜 넣고 최대한 활용한다. 식료품을 저장하는 공간과 세탁을 위한 공간, 분리수거를 위한 공간을 확실하게 구분해 수납 선반이나 수납장을 짜 넣는다. 공간 분할은 수납의 기본 원칙이다.

● 다용도실을 제 2의 주방으로 활용한다

한쪽 벽면에 싱크대와 개수대를 설치한 다음 보조 주방으로 사용한다. 냄새나는 요리를 하거나 빨래를 삶을 때, 또 주방에서 하기 어려운 꽃을 다듬거나 작은 화분에 물을 줄 때 활용하기 좋다. 싱크대 안에는 다용도실에 수납하는 자질구레한 용품들을 넣어 정리하면 된다.

191~194 | 방에서 방으로 이어지는 벽이 허전해요. 이 공간을 쉽고 감각적으로 꾸밀 수 있는 방법 없나요?

IDEA 1 소품으로 꾸미기

요즘 유행하는 이니셜 스티커나 우드 이니셜 장식, 양철 이니셜 장식을 골고루 이용해 벽면을 꾸며 준다. 복잡한 시공이 필요한 방법이 아니기 때문에 쉽게 꾸밀 수 있으며 인테리어 효과도 크다. 가족 이름 이니셜이나 특별한 사연을 담은 단어 등 붙이기에 따라서 이야기가 만들어질 수 있다. 아이 방과 부부침실이 마주 보고 있다면 그 사이의 벽 공간을 이용해 만들 수도 있고 현관에서 방까지 오는 복도나, 주방의 허전한 벽도 손쉽게 꾸밀 수 있다. 마음에 드는 이니셜이나, 서체 등이 있다면 프린트를 한 다음 우드락이나 폼보드지 등에 붙여서 만들 수도 있다.

IDEA 2 가구로 꾸미기

컬러 캐비닛 하나만 두어도 공간 분위기가 달라진다. 나지막한 높이의 캐비닛을 두고 그 위에 수납함을 올려 두어도 좋고 큼직한 액자를 그냥 세워만 두어도 은근한 분위기가 있다. 컬러 캐비닛은 경쾌한 느낌이 들어 신혼집의 공간 꾸밈에 활용하기 좋다. 캐비닛 옆에 포인트가 될 만한 의자를 하나 두어 미니서재로 활용해도 좋다.

IDEA 3 선반으로 꾸미기

나무패널을 이용해 이동이 가능한 책꽂이 겸 선반을 만들어 보자. 을지로나 홍대, DIY 공구 사이트에 들어가면 쉽게 구할 수 있는 패널을 여러 겹 쌓으면 선반 겸 책꽂이로 활용할 수 있다. 썰렁하게 비어 있는 복도 벽이나 모서리에 남는 벽 등에 다양하게 시도해 볼 수 있다.

IDEA 4 패브릭으로 꾸미기

패브릭을 굳이 벽에 붙이지 않고도 충분히 느낌을 살릴 수 있다. 천장에 봉을 달아 패브릭을 걸쳐 걸어 준다. 마치 커튼 느낌처럼 활용할 수 있으며 계절에 따라 패브릭을 바꿔 달면 그때마다 색다른 분위기를 낼 수 있다. 좁은 공간에 포인트를 줄 때는 악센트가 될 만한 러그를 긴 나뭇가지에 걸쳐 달아 주어도 분위기 있다.

195 | 선반을 활용한 인테리어 아이디어를 알려 주세요.

공간에 그림을 걸거나 포인트 벽지를 붙여 변화를 주어도 좋겠지만 조금 더 활용성을 높이고 싶다면 무지주 선반을 달아 공간 스타일링을 시도해 본다. 한쪽 벽면 전체를 선반으로 메우면 수납 효과는 물론 장식 효과까지 얻을 수 있다.

우선 집에 남는 공간이 있는지 찾아보자. 테이블 옆이나 식탁 위, 거실 정면, 소파 뒤 등 어디라도 좋다. 각 공간에 잘 맞는 디자인이나 색상, 재질의 선반을 선택해 벽에 설치한다. 그 선반 위에 어떤 것들을 수납하느냐에 따라 집 안 분위기가 달라진다.

책을 수납할 수 있는 공간이 부족하다면 책을, 그릇을 수납할 수 있는 공간이 부족하다면 그릇이나 작은 식재료들을, 자잘한 수납장이 부족하다면 선반 위 작은 박스를 올려 수납하면 수납과 장식, 일석이조의 효과를 얻을 수 있다.

196~200 | 베란다를 특별한 공간으로 꾸미고 싶어요.

IDEA 1　홈바로 활용

베란다에 수납장을 짜서 넣고 음료와 그릇을 수납하고 긴 테이블과 의자를 놓아 근사한 홈바로 활용할 수 있다. 전망이 좋은 곳이라면 창 밖으로 시선이 가도록 테이블을 창 쪽으로 붙여 홈바를 꾸며도 좋다. 긴 테이블 안쪽으로 작은 개수대를 설치해 차를 끓이거나 과일을 바로 씻을 수 있게 공간을 활용하면 더욱 편리하게 사용할 수 있다.

IDEA 2　미니 가든으로 활용

화단을 만들고 기르기 쉬운 식물들이나 공기 정화 효과가 있는 식물들을 심어 미니 가든을 만들어 보자. 햇볕을 가장 많이 받는 곳이기 때문에 식물들이 잘 자랄 뿐 아니라 집 안 분위기를 생동감 있게 해 준다.

IDEA 3　작업실로 활용

패브릭 D.I.Y를 즐겨 하는 주부라면 베란다 한켠을 작업실로 이용해도 좋다. 큰 테이블 하나를 두고 재봉틀을 올려 작업대로 활용하고 공간박스를 두어 각종 재봉 용품을 정리해 둔다.

IDEA 4　세탁실로 활용

빨래 건조대와 세탁기가 있는 베란다 공간을 세탁실로 꾸며 본다. 다리미판과 의자를 두고 다림질을 하거나 간단한 손바느질을 할 수 있는 공간으로 만들면 된다. 창가 쪽으로 다리미판을 두고 벽면이나 천장에 롤러 형식의 빨래 건조대를 달아 다린 옷을 걸어 둘 수 있도록 한다.

IDEA 5　수납공간으로 활용

수납공간이 부족하다면 베란다를 수납공간으로 활용하는 것도 좋다. 그릇장을 'ㄱ'자 형태로 두고, 예쁜 그릇들을 넣어 정리한다. 또 칸칸이 나무로 된 트레이를 두어 실온 보관이 가능한 야채나 곡물을 보관한다.

201 | 베란다에 서재를 꾸미고 싶어요.
어떤 식으로 공간을 활용할 수 있을까요?

베란다를 서재처럼 꾸미는 것은 크게 어렵지 않다. 또 거창한 시공 없이 소품 몇 개만 두어도 서재를 만들 수 있다. 일단 베란다의 공간이 분할되어 있는 경우 한쪽 공간만 활용해 서재로 꾸며본다. 벽면은 화이트를 기본 컬러로 하고 바닥에 데크를 깐다. 그 위에 책상이나 책상 서랍장, 선반을 두면 금방 분위기가 달라진다. 한쪽 벽면에 가벽을 세우고 책장을 넣어 주면 좋겠지만 너무 번거롭다면 벽돌과 나무 패널을 준비해 4~5단으로 선반을 만들어 쌓아도 훌륭한 책장이 완성된다.

베란다를 트고 카페 같은 독서공간을 만들려면 베란다 쪽 바닥을 약간 높인 상태에서 마루와 베란다의 경계에 울타리를 쳐 독립된 공간으로 만든다. 여기에 작은 협탁과 클래식 의자 하나만 놓아 두어도 은은한 북카페 분위기가 난다. 독서 공간으로 활용할 때는 스크린 롤을 달아 햇볕을 적당히 가려주는 것이 좋다.

---

plus·tip

202 베란다를 이용해 아이 놀이방 만들기

하나. 일단 놀이를 하면서 아이들이 다치지 않아야 되고 아랫집이 있다면 뛰어도 울리지 않도록 신경 써 주어야 하기 때문에 두껍게 고무 매트를 깔아 준다. 매트가 너무 조각이 나 있으면 청소할 때 구석구석 신경 써야 하므로 한 번에 깔 수 있도록 넓은 매트가 좋다.

둘. 아이들의 장난감을 함께 수납할 수 있는 수납장을 설치한다. 수납장을 낮게 놓으면 의자 역할도 하면서 수납 효과도 있어 일석이조다. 아이들 장난감은 알록달록 다양해서 한 곳에 정리한다 하더라도 어수선해지게 마련. 때문에 문을 닫아 깔끔하게 정리할 수 있는 수납장이 좋다.

셋. 베란다 붙박이장 문이나 허전한 벽 한면을 칠판시트로 리폼한다. 간단하게 아이들의 놀이장소로 바꿀 수 있다. 아이들이 사용하는 칠판은 분필 대신 물처럼 나오는 물백묵 펜을 사용한다.

좋은 기운을 부르는
풍수 인테리어

IDEA 1 · 현관

● 현관에 들어섰을 때 앞이 뚫려 있는 것이 좋다 … 현관은 외부의 기운이 오고가는 통로이다. 따라서 현관이 깨끗하고 막힘없이 뚫려 있는 것이 좋으며 만약 현관에 들어서자마자 앞이 꽉 막혀 있다면 큰 거울을 달아 밝은 기운을 돋워 준다.

● 현관에서 안방이나 화장실, 부엌이 정면으로 보이는 것은 좋지 않다 … 이는 좋은 기운이 집 안에 머물지 않고 밖으로 빠져나가는 형상이기 때문에 이럴 경우 안방, 부엌, 화장실 앞에 칸막이나 발을 달아 주는 것이 좋다.

IDEA 2 · 공부방

● 아이들의 책상은 문과 등지고 앉지 않게 배치한다 … 책상은 항상 문과 대각선상에 배치해 문을 열었을 때 시야를 넓게 확보해 주는 것이 좋다. 만약 구조상 어쩔 수 없는 경우라면 책상 앞에 거울을 놓아 주도록 한다.

● 공부방에 반짝이는 크리스털 소품을 놓아 두면 행운이 온다 … 뇌파를 안정시키는 피라미드, 수정도 좋다. 책꽂이나 책상 위에 이런 소품들을 하나쯤 놓아 둔다.

창가

● **창문 밖으로 움직이는 풍경이 보여야 좋다** 사람이든, 차든, 강이든 움직이는 것이 창문 밖으로 보이는 것이 좋다. 만일 움직이는 것이 보이지 않는다면 창문에 풍경이나 모빌 같은 것을 달아주면 된다.

거실

● **소파의 배치는 일자나 ㄱ자, ㄴ자로 한다** … 탁자를 사이에 두고 마주 보도록 의자를 배치하면 가족 간에 대립, 경쟁하게 만드는 기운이 있어 원만한 가족 관계를 방해한다.

● **인테리어 소품은 팔각형이 좋다** … 팔각형은 우주 원리상 나쁜 기운을 쫓는 도형이다. 나쁜 기운이 감도는 집터도 이러한 팔각 조형물을 세워 기의 흐름을 바꿀 수 있다. 거울이나 테이블, 연필꽂이, 시계, 액자 등 작은 소품까지 신경 쓴다면 나쁜 기운을 차단할 수 있다. 차 안에도 좋은 기운과 나쁜 기운이 있다. 차에 좋은 기운이 머물게 하기 위해서는 팔각이나 육각형의 소품을 두고 룸미러에 종을 다는 것이 좋다.

● **집 안에 화분을 키운다** … 화초는 집 안의 공기를 정화해 주는 것은 물론 좋은 기운을 북돋워 준다. 또 풍수가 좋지 않은 곳에 화분을 두면 나쁜 기운을 차단할 수 있다.

● **산이 그려진 그림이나 사진을 두면 돈이 들어온다** … 가장 좋은 것은 자신이 바라봐서 마음이 편한 그림이다. 마음이 편안해지는 사진이나 그림을 거실이나 공부방, 침실에 놓아 두면 좋은 기운을 받을 수 있다.

주방과 욕실

● **주방의 칼은 안 보이는 곳에 둔다** … 주방에 칼을 내놓으면 위험할 뿐 아니라 돈과 관련된 고민이 끊이지 않는다. 사용 후 보관함에 넣어 보이지 않는 곳에 두는 것이 좋다.

● **욕실에 물을 받아 두지 않는다** … 집 안에 물이 고여 있는 것은 좋지 않다. 흐르지 않는 물은 이틀만 지나면 썩기 시작한다. 썩은 물을 집 안에 받아 놓으면 풍수적으로 좋을 이유가 하나도 없다.

208~209 | 창문 시트지를 자국 없이 떼어 내고 깔끔하게 붙이는 방법을 알려 주세요.

IDEA 1 유리에서 시트지 떼어내기

인테리어 공구 중에 '밀칼'이라는 것이 있다. 밀칼은 시트지를 제거할 때 쓰이는 칼이기 때문에 끈적임 없이 깨끗하게 떼어낼 때 사용하면 효과적이다. 이런 밀칼과 스티커 제거제만 있으면 유리에 붙은 시트지나 스티커 흔적을 쉽게 제거할 수 있다.

우선 유리에 부착되어 있는 시트지나 스티커에 스티커 제거제를 뿌린 다음 밀칼로 밀어 주면 깨끗하게 제거된다. 이런 공구가 없다면 헤어 드라이어의 뜨거운 바람을 떼어낼 부위에 쏘인 다음 천천히 떼어낸다. 또한 분무기로 뜨거운 물을 담아 떼어낼 부분에 충분히 뿌려 준 뒤 주방세제 푼 물을 다시 한 번 뿌려 밀칼로 밀어내면 깔끔하게 떨어진다.

IDEA 2 유리에 시트지 붙이기

시트지를 붙일 때는 먼저, 분무기에 주방세제를 한두 방울을 넣어 잘 섞은 다음 창에 뿌려 이물질을 제거해 붙일 면을 깨끗하게 닦아낸다. 그 다음 시트지 뒷면을 제거하고 접착력이 있는 부분에 세제물을 뿌려 유리창에 붙인다. 시트지의 겉에서 다시 한 번 세제물을 뿌린 후 밀대를 이용해 안에서 밖으로 밀면서 물기를 제거한 다음 자를 창에 대고 칼로 유리창에 맞게 재단한다. 마지막에 밀대로 다시 한 번 물기를 제거한 다음 마른 천으로 닦아낸다.

210~211 | 싱크대와 타일에 시트지를 붙이려고 합니다. 깔끔하게 붙이는 방법이 궁금해요.

IDEA 1 싱크대에 붙이기

가장 먼저 싱크대에 묻은 먼지나 오염물질을 깨끗이 닦아낸다. 흠집이 있으면 매끄럽게 붙지 않으므로 흠집 난 곳을 퍼티나 메꿈이(필러)로 메운다. 실제 싱크대의 사이즈보다 2cm 정도 여유 있게 재단을 한 다음 손잡이를 떼어내고 프라이머(접착력을 높이고 접착면을 매끈하게 만들어 주는 재료)를 바른다. 표면이 울퉁불퉁 하지 않고 깨끗할 때는 바르지 않아도 된다. 프라이머를 바르고 1시간 정도 후 시트지의 후지를 조금씩 벗겨가면서 붙여간다. 시트지를 붙일 때는 싱크대 문짝 상단부터 시작하고, 모서리 끝 부분에서 넓은 부분으로 붙여 나가는 것이 좋다. 시트지의 남은 부분을 잘라 낼 때는 칼을 45° 각도로 눕혀서 자연스러운 각이 만들어지도록 한다. 마지막에 손잡이를 달아 완성한다.

IDEA 2 타일에 붙이기

타일에 붙일 때 가장 먼저 해야 할 것은 타일과 타일 사이를 메워 주는 일이다. 시트지는 접착식이기 때문에 흠집이 있거나 공간이 떠 있을 경우 깔끔하게 붙지 않는다. 때문에 프라이머나 흠집을 메울 수 있는 메꿈이(필러)로 떠 있는 공간이나 흠집을 메워 표면을 매끈하게 해 준 다음 붙여야 깔끔하게 붙는다.

plus • tip

212 시트지 붙이기 좋은 시기

비 오는 날은 습기가 많기 때문에 시트지가 잘 붙지 않고 살짝 뜨게 된다. 따라서 시트지 시공은 기온이 15℃ 이상 화창한 날이 가장 좋다. 또 시트지를 붙이다 공기가 들어갔다면 시침핀으로 눌러 공기를 뺀 다음 뜬 부분을 손가락으로 눌러 붙이면 감쪽같다.

213 벽에 포인트로 **시트지**를 붙이려고 하는데 **종류별 특징과 가격이 궁금해요.**

시트지의 종류는 무척 다양하다. 컬러 시트지는 일반적으로 실내에 사용하는 일반 무광 시트와 옥외에 사용하는 유광 시트, 간판에 사용하는 조명용 시트, 시공이 간편한 데코 시트, 벽에 포인트를 줄 수 있는 포인트 시트로 나눌 수 있다. 또 주방 가스레인지 부분에 부착할 수 있도록 호일로 특수 처리된 호일 시트도 있다. 시트지의 가격은 폭과 사이즈에 따라 다르지만 대부분 1m당 2천원~8천원 정도에 구입할 수 있다. 요즘에는 인테리어 필름지를 많이 선호하는데 인테리어 필름지는 기존 시트지보다 두껍고 방염(불에 잘 타지 않도록 하는 화학처리)처리가 되어 있어 더 안전하다. 시트지보다 두껍기 때문에 필름지끼리 붙거나 기포가 생기는 일이 적어 시공도 편하다.

필름지나 시트지 두 종류 모두 큰 힘들이지 않고 집 안 분위기나 가구를 트렌디하게 연출할 수 있기 때문에 인테리어 전문가들뿐만 아니라 일반인들에게 큰 인기를 얻고 있다. 단, 온라인으로 주문할 때 모니터 화면과 실제 배달되는 제품의 색상과 재질이 다를 수 있으므로 오프라인 매장에서 직접 색상과 모델을 살펴본 다음 구입하는 것이 제일 좋다.

214 방의 벽지를 교체하려고 합니다. **어디서 어떤 벽지를 사야 할 지** 막막해요.

일단 벽지를 시공하기로 마음먹었다면 가장 중요하고도 힘든 과정이 벽지를 고르는 일일 것이다. 무턱대고 인터넷으로 주문을 한다면 색상이나 질감을 제대로 살피지 못해서 후회하기 쉽고, 무작정 벽지를 산다고 시장으로 가자니 아무런 정보가 없어 막막하다. 하지만 후회없이 벽지를 선택하기 위해서는 직접 보는 수밖엔 없다.

벽지 전문점은 대부분 방산시장과 을지로 4가역 부근에 밀집해 있다. 하지만 그곳에 간다 해도 샘플북을 모두 볼 순 없다. 때문에 대략 어떤 디자인과 질감, 색상을 살 것인지 염두에 두고 가야 원하는 디자인의 벽지를 구입할 수 있다. 먼저 온라인을 통해 벽지를 쭉 훑어본 다음 마음에 드는 벽지 몇 개를 메모한 후 그 벽지 위주로 실물을 확인하는 것이 가장 좋은 구입 방법이다. 하지만 포인트 벽지 한두 롤만 구매할 생각이라면 온라인 사이트를 이용해도 무난하다.

215 │ 작은 방 **포인트 벽지**를 교체하려고 합니다. 직접 시공하려 하는데 **실패 없이 깔끔하게 붙이는 방법** 있을까요?

● 패턴을 연결한다

패턴이 있는 벽지는 그 패턴을 연결해 주는 것이 가장 중요하다. 벽지의 무늬가 엇갈리거나 폭에 따라서 어긋나 있으면 벽면이 산만해지기 쉽다. 따라서 무늬 벽지를 붙일 때는 무늬를 맞춰 주어야 깔끔하게 시공할 수 있다.

● 벽면을 고르게 한다

벽지를 바르기 전에 우선 바르는 벽면을 고르게 손질해 두어야 한다. 못 구멍이나 금이 간 곳, 깨진 곳을 우선 평평하게 수선한 다음 벽지를 발라 주어야 깔끔하다.

● 초배지를 바른다

벽지를 바르는 면이 고르지 못할 경우에는 초배지를 먼저 붙여서 면을 고르게 한 다음 벽지를 바르면 된다. 벽지를 붙일 때는 위에서 아래로, 넓은 면에서 좁은 면으로 붙여 나가야 쉽게 붙일 수 있다. 처음에는 약간 우는 것 같아 보여도 시간이 지나면 풀 먹은 벽지가 건조해지면서 팽팽해지기 때문에 너무 신경 쓰지 않아도 된다.

●**적절한 공구를 사용한다**

공구만 잘 사용하면 전문가 못지않게 깔끔하게 마무리할 수 있다. **헤라**(주걱)는 벽지를 붙이고 고르게 정리할 때 사용한다. **큰 주걱**은 벽지를 붙이고 남는 부분을 잘라낼 때 사용한다. 큰 주걱으로 잘라내야 할 모서리를 누르고 칼로 잘라내면 깔끔하게 마무리된다. **풀솔**은 벽지를 깔끔하게 붙일 때 사용하는 도구이며, 벽지와 벽지가 맞붙는 부분은 **롤러**로 눌러 밀착해 주면 이음새가 깔끔하게 붙는다.

216 | 벽지 시공을 하려고 하는데, 벽지를 얼마만큼 사야 하는지 또 비용은 얼마나 드는지 알고 싶어요.

●**벽지 양 가늠하기** … 처음 도배를 하는 사람이라면 벽지의 양을 가늠하는 것이 힘들 수 있다. 제조회사마다 조금씩 틀리기는 하지만 53cm의 소폭 벽지는 6.6㎡(2평) 단위로, 93~106cm의 광폭 벽지는 대부분 16.5㎡(5평) 단위의 롤로 생산된다. 벽지를 바를 때는 벽과 천장을 모두 발라야 하기 때문에 바닥 면적에 3~4배를 곱한 평수로 계산하면 된다. 예를 들어 한 면이 붙박이 장으로 설치된 16.5㎡(5평)의 방의 벽지 양을 계산하면 5평×3=15평이므로 6.6㎡(2평)짜리 벽지 약 8롤이 필요하다.

●**비용 견적 내기** … 부자재 비용은 면적 3.3㎡(1평)을 기준으로 실크 벽지는 약 2천5백원, 합지 벽지는 약 1천5백원 정도를 예상하면 된다. 인

건비 역시 도배 비용에서 빠질 수 없다. 인력의 숙련도에 따라 다르지만 대략 1인당 12~13만원 정도 예상할 수 있다. 도배의 규모가 너무 크거나 옮겨야 할 가구가 많을 때는 더 많은 인력이 필요하다. 따라서 전체적인 벽지 시공가격은 상황에 따라 달라질 수 있다.

217 | 천장이나 창문 주위, 모서리, 스위치 부분의 벽지를 깔끔하게 바를 수 있는 노하우가 궁금해요.

● **천장** ⋯ 천장은 아무리 전문가라 해도 혼자서 작업하기 힘들다. 때문에 한 명은 벽지를 밀착해 주는 역할을 하고 한 명은 중심을 잡아 주어야 한다. 도배 작업의 순서상 천장을 가장 먼저 하는 것이 편하며, 모서리 부분은 항상 여유를 남겨 두고 발라야 한다. 다 바른 후 여유분은 칼을 모서리에 대고 잘라낸다.

● **창문 모서리** ⋯ 창문 주변은 길이가 다른 곳보다 짧다. 따라서 재단할 때 이 부분을 잘 염두에 두고 벽지를 준비해 둔다. 창틀을 덮을 수 있을 정도의 여유분을 주어 붙인 다음 창틀 모서리에 자를 대고 남은 벽지를 똑바로 잘라 준다.

● **모서리** ⋯ 벽과 벽이 만나는 모서리 부분은 살짝 겹쳐 주어야 깔끔하다. 겹쳐지는 부분이 들뜰 수 있으므로 롤러를 이용해 눌러 주거나 접착제를 발라 붙여 준다.

● **스위치 · 콘센트** ⋯ 스위치나 콘센트 부분은 벽지를 덮어 바른 다음 나중에 잘라 주는 것이 더 깔끔하다. 콘센트의 직사각 부분을 대각선으로 이어 X자로 자른 다음 가로 세로 각 부분을 조각조각 잘라낸다.

인테리어 ● 셀프인테리어

218 | 벽지 시공을 하고 난 다음 후회하지 않으려면 **벽지를 고를 때도 노하우**가 필요할 것 같아요.

벽지도 공간과 분위기에 따라 궁합이 맞는 디자인이나 질감이 있다. 때문에 벽지를 고를 때는 벽지 자체가 예쁜 것보다는 집에 잘 어울릴 수 있는 것을 선택하는 것이 중요하다. 그러기 위해서는 집의 바닥, 몰딩, 문, 커튼, 가구 등을 먼저 살펴본다. 클래식 가구거나 광택이 있는 가구가 있는 공간에는 내추럴한 직물 느낌이나 광택이 적은 것을 선택하는 것이 좋다. 또한 포인트를 줄 곳과 심플하게 갈 곳을 명확하게 구분하는 것 또한 벽지 선택할 때 고려해야 할 부분. 거실의 경우 가족 모두가 좋아할 만한 디자인으로 선택하고 주방의 경우 나뭇잎, 플라워, 식기류, 과일 등 주방과 관련된 디자인을 선택하면 무리가 없다. 침실의 경우 주로 안정을 취해야 하는 공간이므로 편안하면서 아늑함을 느낄 수 있는 파스텔 컬러와 심플한 디자인을 선택한다. 복도나 현관은 면적이 좁고 어수선한 공간이므로 시선을 확 잡을 수 있는 과감한 컬러와 패턴의 벽지를 시도해 보는 것이 좋다.

219~220 | 주방 인테리어를 바꾸고 싶어요. **타일이나 조명을 구입할 수 있는 곳**을 알려 주세요.

IDEA 1 **조명 구입**

다양한 디자인을 보고 싶다면 조명가게가 밀집되어 있는 을지로나 청계천이 좋다. 하지만 조명가게들이 거래하는 공장이 대부분 같으므로 매장에 없는 물건도 사진이나 카탈로그를 보여 주면 구해 준다. 따라서 자신이 원하는 디자인의 사진이나 시안을 준비해 가는 것이 발품을 덜 파는 방법이다. 또 일정 금액 이상 구매하면 무료로 조명을 설치해주는 곳도 있으므로 한 곳에서 몰아서 사는 것이 좋다. 간혹 조명가게에 의뢰를 하면 조명 설치 전문가를 보내 주기도 한다.

IDEA 2 **타일 구매**

다양한 샘플과 디자인, 색상의 타일을 원한다면 논현동이나 을지로가 좋다. 타일은 운임 절감과 가격 흥정을 위해 한 곳에서 몰아 주문하는 것이 좋다. 또한 타일 시공을 하기 위해 필요한 타일접착제와 백시멘트, 고무주걱 등 부자재도 함께 구입해야 한다. 타일을 구매하기 전 판매하는 사람에게 타일 시공 범위와 장소를 알려 주면 대략의 자재 소모량을 알 수 있다.

221 | 셀프 리모델링을 하면 비용을 절약할 수 있나요?

많은 사람들이 셀프 리모델링을 하면 비용이 훨씬 절감될 것이라고 생각한다. 하지만 이것은 위험한 생각. 인테리어 업자가 가져가는 마진을 줄이고자 셀프 인테리어에 도전하지만 전문가가 아닌 일반인이 자재를 구입하고 공사 인부를 구하는 경우 오히려 바가지를 쓸 수 있다. 일단 자재상이나 인부들은 업자에게는 자재 값과 인건비를 도매가로 제시하지만 일반인에게는 그보다 2배에서 많게는 3배 정도 비싼 소비자가격으로 제시한다. 게다가 공사 스케줄을 체계적으로 잡지 않으며 오히려 공정이 뒤죽박죽되어 쓸데없는 비용지출이 늘어나게 된다. 때문에 업자에게 마진을 다 주고 공사를 일임한 것보다 비용이 더 드는 경우도 생긴다. 때문에 자재상에서 바가지 쓰지 않고, 공사 스케줄을 제대로 짜고, 공사 중 실수를 따져 물을 수 있으려면 철저한 공부가 필수이다. 또 "이 타일은 헤배(1㎡)당 얼마예요?" 하는 식으로 공사장에서 통하는 전문 용어와 전문 지식을 미리 공부하고 도전하는 것이 저렴한 셀프 리모델링 효과를 얻을 수 있는 방법이다.

222~224 | 인테리어에 파벽돌을 활용하는 경우가 많아요. **파벽돌, 어디에 어떻게 활용**하면 되나요?

IDEA 1 화분 장식

파벽돌을 이용해 화분함을 만들어 본다. 파벽돌을 헝겊주머니에 넣고 고무망치로 깨 화분에 붙일 파벽돌을 만든다. 화분이 들어갈 만큼의 크기로 나무상자를 만든 후 깬 파벽돌을 붙인다. 이 화분 장식을 거실에 두면 집 안에 화단을 들여놓은 것 같은 분위기가 연출된다.

IDEA 2 벽 데코

자신만의 감각을 살려 벽에 붙여준다. 거실의 모서리 벽, 침대 헤드 위 등 자투리로 남은 벽에 붙여서 밋밋한 공간을 재미있게 바꿔 본다.

IDEA 3 보드 장식

다양한 소품 장식에도 파벽돌을 활용할 수 있다. 원하는 크기의 나무판을 준비한 다음 칠판 페인트를 칠한다. 칠판의 용도가 아닌 게시판용 보드로 사용할 때는 원하는 색상의 아크릴 물감으로 칠한다. 나무판 주변 테두리를 파벽돌로 장식하면 메모가 가능한 내추럴한 분위기의 보드가 완성된다. 나무집게, 지끈을 활용해 사진이나 간단한 소품을 걸어 두면 인테리어 소품으로 활용할 수 있다.

225 파벽돌 시공하는 방법

1단계 ➡ 준비하기 ··· 파벽돌, 줄눈 시멘트, 코팅제, 줄자, 접착제, 헤라

2단계 ➡ 시공하기

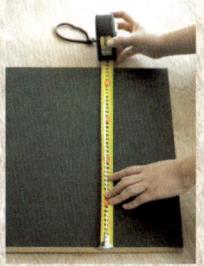

1 파벽돌을 붙이고자 하는 면의 수치를 재 필요한 수량만큼 파벽돌을 구매한다. (파벽돌 하나의 크기는 대략 200×60×15mm, 무게는 0.3kg)

2 파벽돌을 붙일 곳에 먼저 파벽돌을 얹어 파벽돌의 모양과 자리를 잡는다.

3 파벽돌을 깨서 사용할 경우에는 두꺼운 헝겊이나 담요를 감싸서 두드려 깬다. 파벽돌을 일자로 자르고 싶다면 원하는 곳에 자를 세워 놓고 망치로 자의 윗부분을 때리면 똑바로 깨진다.

4 파벽돌 붙일 곳의 먼지나 이물질을 제거한 후 헤라로 파벽돌 접착제를 골고루 펴 바른다. 접착제를 바를 때는 톱니 모양의 헤라를 이용하는 것이 좋다. 톱니 모양의 홈이 접착력을 강하게 한다.

5 접착제를 골고루 바른 후 파벽돌을 붙인다. 이때 파벽돌 사이사이에 줄눈 시공할 간격은 일정하게 남겨 두고 붙인다.

6 줄눈 시멘트와 물을 3:1의 비율로 되직하게 섞어 준 다음 간격을 띄어 놓은 부분에 채워 넣어 줄눈 시공을 한다. 시멘트가 다 마르면 방수제 혹은 코팅제를 발라야만 시멘트 가루가 떨어져 지저분해지는 것을 막을 수 있다.

226 | 페인팅 전에 **젯소**(또는 프라이머)를 바르라고 하던데 **왜 발라야 하나요?**

전처리 없이 페인트 작업을 하면 색도 제대로 나지 않으며 페인트의 접착력이 떨어지기 때문에 페인트 칠한 부분이 말끔하지가 않다. 페인트칠을 하기 전 젯소를 먼저 칠해 주면 페인팅하고자 하는 부분과 페인트의 접착성이 좋아지고 페인트 색을 원래대로 예쁘게 표현해 준다. 단 페인트 전용 젯소인지 확인하고 구입해야 한다.

젯소와 같은 역할을 하는 것이 프라이머다. 초벌 페인팅용 프라이머를 사용해 초벌 작업을 해 두면 거의 모든 페인팅 작업이 가능하다. 부분 리폼이 아니라 전면적으로 페인트칠을 할 경우에는 젯소 대신 프라이머로 전처리를 하는 경우가 더 많다.

집의 리모델링이나 본격적인 시공에 있어서는 젯소나 프라이머를 사용하지 않는 경우가 있다. 이는 이러한 초벌제 대신 샌딩작업(벽면을 고르게 갈아 처리하는 방법)을 먼저 하고 페인트칠을 여러 번 하기 때문이다.

이런 작업들은 모두 페인트칠을 하기 전 페인트가 들뜨지 않고 발색을 깔끔하게 하기 위한 전처리 방법이다. 때문에 어떠한 방법이든 전처리를 해 준 후 페인팅을 해 주어야 깔끔하고 완성도가 높아진다.

227 낡은 장식장을 파스텔 그린으로 페인팅하고 싶어요. **원하는 컬러는 어떻게 만드나요?**

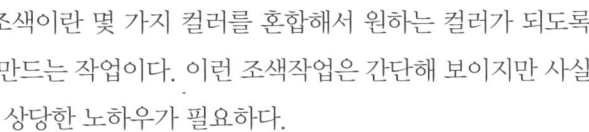

조색이란 몇 가지 컬러를 혼합해서 원하는 컬러가 되도록 만드는 작업이다. 이런 조색작업은 간단해 보이지만 사실 상당한 노하우가 필요하다.

대부분의 페인트 회사에서 컬러 시뮬레이션이나 조색 서비스를 하고 있으니 페인트 색상을 선택하기 전 페인트 회사의 홈페이지를 방문해 자신이 원하는 컬러를 알아보는 것이 좋다. 컬러를 정한 후 페인트 전문점에 가면 조색 시스템을 이용해 원하는 색상을 그 자리에서 바로 만들어 준다.

이러한 조색 서비스를 이용하지 않고 직접 색을 만들 수도 있다. 바탕이 되는 페인트에 색상을 낼 수 있는 조색제를 넣어 섞어가면서 색을 만들면 된다. 하지만 시중에서 파는 조색제는 그 종류가 적은 편이라 다양한 색을 만들기에는 한계가 있다. 또한 조색한 페인트의 경우 용액에서의 색상과 건조 후의 색상이 서로 다를 수 있기 때문에 생각했던 색이 표현이 안 될 수도 있다. 따라서 넓은 면적에 사용하거나 정밀한 색이 필요하다면 페인트 전문점의 조색 서비스를 이용하는 것이 좋다.

plus・tip

228 헐거워진 방문의 경첩 조이기

목재로 된 문이 잘 닫히지 않을 때는 경첩 나사를 확인해보자. 느슨하게 풀려 있는 경우가 대부분이다. 이럴 때는 우선 문을 열고 문 밑에 무언가를 받쳐 문이 움직이지 않도록 한다. 헐거워진 나사를 빼고 접착제로 구멍을 메운 다음 나사를 끼우고 완전히 굳을 때까지 그대로 둔다. 현관 문이 잘 여닫히지 않을 때도 자세히 살펴 보면 문기둥에 있는 자물쇠 구멍의 나사가 헐거워져 쇠붙이가 움직이기 때문인 경우가 많다. 이때도 나사가 빠진 자리에 접착제를 메우고 나사를 끼워 넣어 고정하면 해결된다.

229 | 코팅이 벗겨지고 흠집이 나 있는 **책상을 새로 페인팅하려고 합니다.** 깔끔하게 페인팅하는 방법이 궁금해요.

기존 책상이나 가구에 페인트가 칠해져 코팅이 되어 있다면 사포로 문질러 코팅을 벗겨 주어야 한다. 또 오래된 목재가구일 경우 흠집이 생기거나 나무 사이사이에 금이 가고 벌어져 있는 경우가 있다. 이런 경우 메꿈 기능이 있는 퍼티나 메꿈이(필러)로 표면을 고르게 만들어 준다. 헤라를 이용해 약간 불룩하게 홈을 메운 뒤 1시간 정도 말린 다음 사포로 문질러 표면을 평평하게 해 준다. 이렇게 표면을 고르게 만들고, 페인팅을 한 후 마지막에 코팅제인 바니시를 발라 마무리하면 깔끔하게 페인팅 리폼이 완성된다. 하지만 전체적으로 사포작업을 하는 것은 여간 힘든 것이 아니다. 이럴 땐 프라이머나 젯소를 발라 전처리를 해준다. 프라이머나 젯소는 쉽게 발리고, 페인트가 들뜨지 않게 접착력을 더해 주기 때문에 초벌 작업에 많이 쓰인다. 먼저 페인팅이 들어갈 곳의 표면을 깨끗하게 닦고 마른 상태에서 프라이머나 젯소로 초벌 칠을 한다. 1~2시간 경과 후 어느 정도 초벌 칠이 마르면 원하는 컬러의 페인트로 칠을 하면 쉽게 리폼 할 수 있다.

230 | **아이 방**을 페인팅하려고 해요. **페인트 양이 얼마나 필요할까요?**

원하는 색을 얻으려면 페인트는 적어도 두 번 정도 칠을 해 주어야 한다. 페인트 1ℓ 당 6㎡(2회 기준) 정도 칠할 수 있다. 예를 들어 거실 한쪽 면이 가로 10m, 세로 2.4m일 경우 총 면적은 24㎡이 나온다. 제품에 따

라 다를 수 있지만 페인트 칠을 두 번 한다면 필요한 페인트의 양은 총 4ℓ가 된다.

아이 방을 페인팅하려면 친환경 제품을 구입해 칠하는 것이 좋다. 친환경 자재의 국가 인증 표시인 크로바마크인증 표시가 되어 있는 제품을 선택해야 믿을 수 있다. 또는 송진, 오동기름 등 천연소재를 이용해 만들어 중금속을 함유하고 있지 않은 천연페인트를 선택하는 것이 좋다. 물론 일반 페인트에 비해 비싸지만 환경호르몬의 위험에서는 조금은 벗어날 수 있으며 아토피 걱정을 줄일 수 있다.

231 | 방문이 진한 갈색이라 집이 전체적으로 어두워 보여요. 밝은 아이보리로 바꾸고 싶은데 어떤 페인트를 사용할까요?

목재에 사용하는 페인트로는 유성페인트, 바니시, 에나멜, 래커, 수성페인트가 있다. **유성페인트**는 신나 성분이 들어 있어 냄새가 강하고 바르기도 까다로운 편이다. **래커**는 건조 속도가 매우 빠르고 내구성이 강한 편이지만 마찬가지로 냄새가 강해 집 안에서는 사용하지 않는 것이 좋다. **에나멜**이나 **바니시**는 유성페인트 중 가장 순하고 냄새가 적은 편이지만 냄새에 민감한 사람이라면 이것 역시도 냄새가 강하게 느껴질 수 있다.

수성페인트는 냄새도 거의 없고 친환경적이라 처음 접하는 사람들도 다루기 쉬운 편이다. 벽지나 가구, 현관 문 등 가정에서 사용할 수 있는 DIY 제품들이 시중에 많이 나와 있다. 하지만 방문처럼 가구에 사용하려면 **가구 전용 페인트**를 사용하는 것도 좋다. 아크릴계 수용성이면서 에나멜 페인트의 기능을 가지고 있어 내구성이 우수하다. 어떤 페인트

를 사용하더라도 가장 먼저 방문의 칙칙한 갈색이 아이보리 컬러에 비치지 않도록 프라이머를 꼼꼼히 칠해 초벌작업을 해 주어야 한다. 프라이머가 마른 다음 아이보리 컬러로 1~2회 정도 칠하면 깔끔하게 마무리할 수 있다.

232 간단한 방법으로 **가구나 소품의 분위기를 바꾸고 싶어요.** 어떤 방법이 있을까요?

● 페인팅을 활용한다

기존에 있는 가구들을 과감하게 페인팅해 본다. 전체적으로 화이트톤으로 페인팅을 한 다음 포크아트나 정크 스타일로 꾸며 가구의 분위기를 바꿔 준다. 전체를 페인팅할 자신이 없다면 가구 하나를 정해 강한 색상으로 칠을 해 시선을 끌 수 있는 포인트 가구로 만들어 본다.

● 부속 액세서리를 교체한다

가구 손잡이, 문 손잡이, 서랍장 손잡이 등을 독특한 모양으로 교체해 준다. 이렇게 작은 것들만 바꿔 줘도 집 안의 분위기가 확 달라진다. 몰딩을 이용해도 분위기를 쉽게 바꿀 수 있다. 천장이나 모서리, 패널의 마감에 몰딩을 바꿔 붙여도 인테리어 전체가 달라보인다.

---

plus ★ tip

233 현관 분위기를 바꾸는 방법

현관 입구나 들어서자마자 보이는 벽 윗부분에 문패를 거는 것도 작은 소품 하나로 분위기를 바꿀 수 있는 방법. 요즘은 포크아트, 철제, 황동 등 다양한 소재와 디자인의 문패가 나와 있다. 집 분위기에 맞는 제품을 구입해 걸어 두면 카페같은 분위기도 느낄 수 있을 것이다.

234 | 업자에게 의뢰해 인테리어 리모델링을 하려고 합니다. 특별히 주의하고 체크해야 할 것은 무엇일까요?

인테리어 공사를 하면서 공사 내내 업자와 싸웠다는 사람들을 흔히 볼 수 있다. 하지만 몇 가지 기본적인 정보만 알아 두면 이런 상황은 충분히 피할 수 있다.

● 보양재 시공 여부를 확인하자

부분 공사를 할 때는 공사하지 않는 곳을 보호하기 위해 보양재를 깔아 준다. 때로는 아주 부분적으로만 보양재를 설치한 채 공사를 하기도 한다. 때문에 부분 공사라면 보양재 시공 여부를 반드시 확인해야 한다. 견적을 저렴하게 제시해 고객을 유치하는 데만 혈안이 된 일부 업자들은 계약서 작성 시 보양재 부분에 대해 언급하지 않고 견적서에 포함시키지 않는다. 이런 경우 착공 후 보양재 설치를 요구하게 되면 추가요금을 요구하기 마련이다. 때문에 계약서를 작성할 때 보양재 시공 여부와 함께 보양재를 어느 부분에 시공할 것인지 확실하게 해 두는 것이 좋다. 문짝이나 문틀에도 보양재를 시공해 줄 것을 요구한다.

● 샘플 확인은 필수다

도배지와 타일, 몰딩과 이외 디테일한 부분까지 샘플을 보고 직접 선택한다. 그렇지 않았을 경우 인테리어 시공 후 가장 트러블이 생기기 쉬운 부분이다. 착공 후 또는 시공이 끝난 다음에 마음에 들지 않는다고 해 봐야 해결할 수 있는 방법은 철거뿐이다. 철거를 할 때는 그 비용이 추가되기 때문에 예산 초과로 이어지는 것은 당연한 일이다.

● 공사 일정표를 요구하자

공사 일정표를 미리 받아 두는 것이 여러모로 좋다. 공사 진행 상황이 한눈에 보이기 때문에 조급해지지 않을뿐더러 공사 중 뒤늦게 생각나

150

는 추가 공사 항목이 생겼을 때도 각 공정이 시작되기 전에 미리 요구할 수 있기 때문이다. 예를 들어 전기 공사를 끝내고 도배까지 마쳤는데 콘센트 자리를 새로 만들어 달라는 요구는 실행 불가능하다. 소소한 추가 공사 요구를 거절한다고 항의하기 전에 스케줄을 먼저 체크해 두는 것이 공사 효율성도 높이고 갈등의 소지도 줄이는 방법이다.

● 너무 촉박하게 스케줄을 짜지 않는다

공사를 하루 빨리 끝내기 위해 공사 기간을 단축시켜 달라고 무리하게 요구한다면 실수가 많아지는 것은 당연한 일. 하루에 너무 많은 공사를 시행하면 작업의 집중도도 떨어지며 이는 완공 후 하자로 이어질 수 있다.

235 | 리모델링 견적서를 받아 보았는데, 알 수 없는 전문용어들이 많았어요. 알기 쉽게 설명해 주세요.

● **허리 몰딩** ⋯ '걸레받이'라고도 불리는 공간 분할용 졸대이다. 벽을 상하로 분리할 때 주로 쓰인다. 리모델링 전 허리 몰딩이 둘러져 있으면 철거비용이 추가된다.

● **덧방 시공** ⋯ 이미 붙여 놓은 타일 위에 다시 타일을 붙이는 시공방법으로 철거비가 들지 않아 공사비가 저렴하고 시공 시간도 절약된다.

● **보양재** ⋯ 마루나 벽면이 인테리어 공사 때문에 손상되는 것을 막기 위해 깔거나 덧대는 것. 한 겹보다는 두 겹 시공이 안전하다.

● **멤브레인** ⋯ MDF 패널의 표면을 매끄럽게 연마한 다음 데코시트를 씌워 열로 흡착 시킨 문. 가격은 저렴하지만 열에 약하고 수명도 3년 정도로 짧다.

236 | 리모델링을 시작하기 전에 **진행과정**을 미리 알아 두고 싶어요.

1. 철거 … 공사의 시작 단계. 바닥재와 벽지, 욕실의 도기와 타일, 주방 싱크대, 조명과 천장 몰딩 등 새것으로 교체하는 부분을 뜯어낸다. 구조 변경을 원할 경우 관할 구청에 구조 변경을 신청해야 한다.

2. 배관 및 난방공사 … 욕실과 주방, 확장한 거실 베란다 등의 배관 작업이 이뤄진다.

3. 목공 … 천장 몰딩, 벽 막음, 문짝, 창문, 맞춤 가구까지 큰 공사는 일주일 정도 걸린다.

4. 전기공사 … 조명 계획에 따라 전기공사 및 전선 설치를 위한 선 작업을 한다. 할로겐이나 매입등은 각 위치별로 타공 처리해 둔다.

5. 타일 시공 … 욕실과 주방의 타일 시공, 마지막으로 바닥 타일을 시공한다.

6. 도장 시공 … 방문, 천장 몰딩 등 목공 도장과 현관문 리폼 등 수성 도장 작업으로 나눠 진행한다.

7. 조명 및 도기 발주 … 조명, 욕실용품을 준비한다.

8. 바닥시공 … 각 공간별로 바닥재를 시공하고 거실 바닥재를 마지막에 깐다.

9. 싱크대, 붙박이장 설치 … 바닥 시공이 끝나면 싱크대와 붙박이장을 설치한다. 하루 정도 시간을 빼 두는 것이 좋다.

10. 도배 … 기존의 벽지를 뜯어낸 후 기초 작업을 통해 벽면을 고르게 한 다음 초배를 하고 도배지를 바른다.

11. 도기 … 조명이나 콘센트를 설치한다.

237 | 리모델링 전 각 공간별로 계획을

세우고 싶어요. 일반적인 리모델링 경향과 꼭
챙겨야 할 부분이 어떤 게 있을까요?

1. 부엌 … 주부가 가장 오래 머무르는 공간인 만큼 제대로 활용할 수 있는 방법을 찾아보아야 한다. 주방의 면적에 따라 리모델링 형태가 달라질 수 있겠지만 공간을 최대한 활용할 수 있도록 식탁과는 별도로 아일랜드 작업대나 가전제품을 모두 한 번에 수납할 수 있는 수납장, 다용도실 확장 등을 고려해 본다. 그 다음 주방을 산뜻하게 꾸며 줄 포인트 색감이 들어간 타일 시공, 주방의 전체적인 분위기를 만들어 줄 싱크대를 선택한다.

2. 거실 … 거실은 가장 중요한 가족 공간. 가족 모두가 편안하게 사용할 수 있도록 바닥재나 벽지 등을 선택한다. 거실 공간이 좁다면 베란다 확장을 고려해 보는 것도 좋다. 단 베란다를 확장할 때는 단열과 난방을 체크해 주어야 한다.

베란다의 턱을 없애고 확장한 다음 소파 등 거실가구를 배치하고 남은 공간에 중문을 설치하는 것도 공간을 효율적으로 사용할 수 있는 방법이다. 중문은 집 안의 열기를 빼앗기지 않는 방법이기도 하다.

3. 욕실 … 요즘은 평수가 작은 아파트라 하더라도 욕실이 2개인 경우가 많다. 식구 수가 많지 않다면 욕실 2개 중 하나는 다른 공간으로 활용해 보는 것도 좋다. 욕실을 파우더룸이나 드레스룸으로 꾸미면 집 안의 수납 문제를 쉽게 해결할 수 있다.

4. 침실 … 장롱과 침대가 주가 되는 침실은 가구 배치를 색다르게 하거나 패브릭을 잘 선택하는 것만으로도 새로운 분위기를 연출할 수 있다. 방쪽으로 난 베란다를 확장할 경우에는 섀시와 바닥 난방을 꼼꼼히 체크하도록 한다.

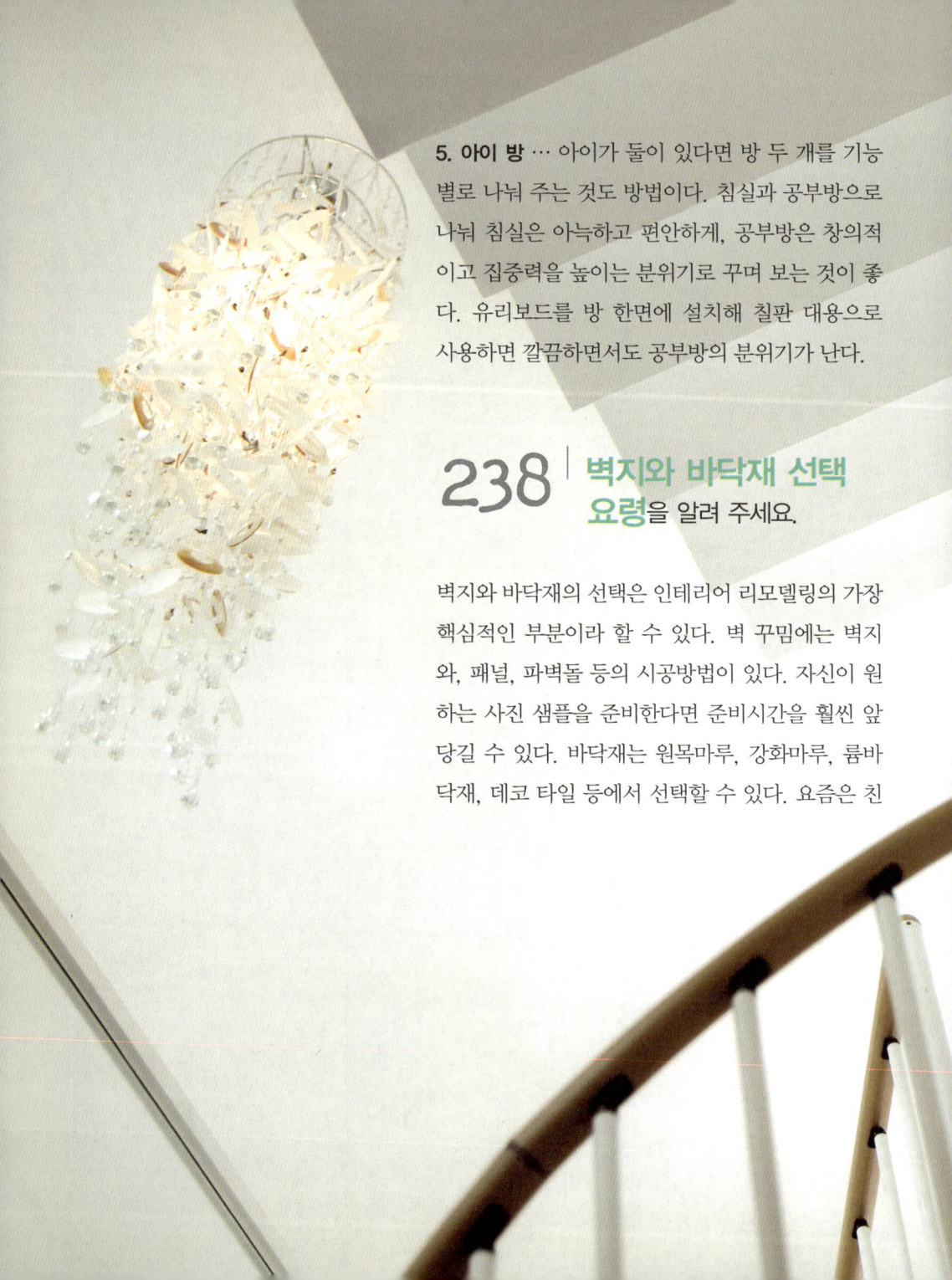

5. 아이 방 ⋯ 아이가 둘이 있다면 방 두 개를 기능별로 나눠 주는 것도 방법이다. 침실과 공부방으로 나눠 침실은 아늑하고 편안하게, 공부방은 창의적이고 집중력을 높이는 분위기로 꾸며 보는 것이 좋다. 유리보드를 방 한면에 설치해 칠판 대용으로 사용하면 깔끔하면서도 공부방의 분위기가 난다.

238 | 벽지와 바닥재 선택 요령을 알려 주세요.

벽지와 바닥재의 선택은 인테리어 리모델링의 가장 핵심적인 부분이라 할 수 있다. 벽 꾸밈에는 벽지와, 패널, 파벽돌 등의 시공방법이 있다. 자신이 원하는 사진 샘플을 준비한다면 준비시간을 훨씬 앞당길 수 있다. 바닥재는 원목마루, 강화마루, 륨바닥재, 데코 타일 등에서 선택할 수 있다. 요즘은 친환경 인테리어가 인기를 얻으면서 본드를 사용하지 않는 원목마루나 강화마루를 선호하는 사람들이 늘고 있다.

239 │ 각 방마다 **조명은 어떤 기준으로** 선택해야 할까요?

● **침실** ⋯ 휴식을 취할 수 있도록 아늑한 조명을 설치하는 것이 좋다. 주조명 외에 스탠드나 스콘스 조명을 설치하여 분위기를 꾸며 준다.

● **아이방 & 서재** ⋯ 눈이 편안하고 밝은 것이 좋으므로 500룩스 이상의 조도가 필요하다. 때문에 삼파장 형광등을 사용하는 것이 좋다.

● **주방** ⋯ 음식을 다루는 곳이므로 그림자가 생기지 않는 밝은 것이 좋다. 따라서 조리대가 있는 곳에는 형광등을 설치하고 식탁 위에는 샹들리에나 펜던트형 조명을 설치해 요리가 먹음직스럽게 보이도록 한다.

● **현관** ⋯ 집의 첫인상을 좌우하는 곳이므로 밝은 느낌을 주어야 한다.

● **거실** ⋯ 사람들이 가장 많이 모이는 공간으로 주조명과 부분조명을 나눠 설치해 전체적인 분위기는 주조명으로 밝게 하고, 장식이 되는 부분에는 부분조명으로 포인트를 주는 것이 좋다.

240 | 아파트 발코니를 확장하고 싶어요.
리모델링 시작 전 필요한 과정과 **합법적인 시공법**에 대해 알고 싶어요.

● **1단계 주민 동의서 받기**

가장 먼저 할 일은 주민의 2/3이상의 동의서를 받는 것. 요즘은 반상회를 통해 한번에 동의서를 받는 경우가 많으므로 관리사무소로 문의한다.

● **2단계 확장 도면과 동의서 제출**

건축사무소에서 발코니 확장 전후 도면과 행위허가 신청서를 작성한 다음 주민의 동의서와 함께 구청 주택과에 제출하면 일단 발코니 확장 신청이 접수된다. 대부분 이 단계는 인테리어 업체에서 대행해 준다.

● **3단계 합법적 시공법 알아 두기**

첫째, 대피 공간을 마련한다 … 혹시 모를 안전사고에 대비해 안방 발코니 정도는 대피 공간으로 남겨 두어야 한다. 하지만 같은 아파트 단지 내에서도 대피 공간 마련 여부가 다르므로 시공 전 관리사무소에서 확인하는 것이 가장 정확하다.

둘째, 대비공간에는 방화문을 달아야 한다 … 일정시간 화재를 견딜 수 있는 금속 재질 방화문을 달아 주어야 한다. 하지만 답답해 보인다는 이유로 방염 필름지를 붙이는 것으로 대신하는 경우도 있는데, 허용되지 않는 경우도 있으므로 해당 구청 주택과에 문의해 보고 설치한다.

셋째, 확장한 발코니에는 방화판이나 방화유리를 설치한다 … 화재 시 불길이 번지는 것을 막기 위해 설치해야 하지만 스프링클러가 설치되어 있는 16층 이상의 경우는 생략해도 된다.

● **4단계 사용 승인 받기**

공사 후 구청에 전화해 사용승인 신청을 하면 구청직원이 공사현장을 방문해 행위허가서의 내용과 맞춰본 뒤 사용승인을 해 준다.

<u>241</u> 낡고 오래된 손잡이 교체 방법

손잡이 하나만 바꿔 달아도 집안 분위기가 한결 달라진다. 직접 재료를 구하기
어렵다면 인터넷에 '손잡이'라고 검색만 하면 가구 손잡이부터 시작해 각종
손잡이를 구할 수 있는 쇼핑몰이 뜬다. 그중 마음에 드는 손잡이를 골라 구입한
다음 다음과 같은 방법으로 교체한다.

1단계 ➡ 준비하기 ⋯ 교체할 손잡이, 드라이버, 나사

2단계 ➡ 교체하기

1 손잡이를 교체할 때는 우선
드라이버로 래치판을 분리한
뒤 손잡이의 철제 커버를 풀어
기존의 손잡이를 떼어낸다.

2 바깥쪽에서 안쪽으로 키
구멍에 래치를 끼운다.
문으로 봤을 때 문의
옆면에 해당하는 부분이다.

3 래치 끝 부분에 중앙바를
끼워 넣는다.

4 래치판에 나사를 끼우고
드라이버로 고정한다.

5 손잡이 한쪽을 문에
끼운다.

6 반대쪽 문에 나머지
손잡이를 끼운 뒤 나사로
고정한다.

242
실크 벽지 위에 화이트로 페인팅하려고 합니다. **벽지 위에 페인팅하는 방법**을 알려 주세요.

기본 페인팅 방법은 다르지 않다. 하지만 기존 틀을 보호하기 위해 전처리에 신경을 써 주어야 한다. 먼저 문틀, 창틀 등은 페인트가 묻지 않도록 마스킹테이프나 커버링테이프를 붙인다. 바닥에는 신문지를 깔고 가구나 가전제품도 벽면에서 떼어 커버링테이프나 비닐, 천 등을 씌워 페인트가 묻거나 튀지 않도록 한다. 페인팅은 천장부터 시작하고 경계면과 구석진 부분, 문틀 주변, 창틀 주변 등 소재가 분리되거나 롤러로 칠하기 어려운 곳은 먼저 붓으로 칠한 다음 롤러작업을 시작한다. 롤러작업을 할 때는 롤을 W자 형식으로 굴려 준다. 1차 페인트 작업을 하고 1~2시간 정도 지난 후 페인트가 마르면 2차로 칠을 해 마무리한다. 페인트칠이 끝나면 바로 마스킹테이프를 떼어내야 깔끔하게 마무리된다.

243
화장실 문 안쪽 아랫부분이 물기 때문에 부풀었어요. **문짝을 새로 갈지 않고 깔끔하게 보수해 쓸 방법** 없을까요?

● **원목 문** … 문을 열어 손상 부분을 깨끗하게 닦아 내고 사포로 문질러 매끈하게 해 준 다음 바싹 말려 준다. 이렇게 정리한 문에 같은 색상으로 칠을 해 마무리한다.

● **합판 소재의 문** … 합판 소재의 문이라면 썩어버린 합판만 뜯어낸 후 뜯어낸 자리를 끌 등으로 정리해 준다. 단순히 합판만 들뜬 경우라면 잘 말린 다음 목공용 본드를 꼼꼼히 발라 정리해 주면 되겠지만 썩는 등의

손상이 있다면 합판을 뜯어내는 것이 훨씬 쉽다. 이렇게 뜯어낸 자리에 방수용 시트지를 붙인다. 그 위에 목공용 본드를 붙인 다음 바닥에 바르고 남은 나무 느낌의 장판을 사이즈에 맞게 잘라 본드로 잘 붙여 준다. 한 번 손상된 문은 제대로 복구하기가 힘들다. 따라서 문이나 문턱에 묻은 물기는 바로 닦고, 물기가 빨리 마르도록 문을 열어 두는 등 물이 묻은 상태로 오래 두지 않는 것이 제일 좋은 방법이다.

손상이 너무 심한 경우라면 문짝만 교체할 수 있다. 이 경우 목재 문보다 ABS-Door로 바꾸는 것이 좋다. 일명 '발포 도어'라고 하는데 플라스틱 종류로 제작되어 습기에 강하다.

244 | 못 구멍이 많아 벽이 지저분해졌어요. 어떻게 커버하면 좋을까요?

●**폐지 활용** … 구멍이 조금 크게 났다면 폐지를 하룻밤 정도 물에 불린 다음 구멍에 넣어 메워 준다. 이렇게 메울 때는 구멍보다 약간 볼록 올라올 정도로 넣어 주고, 마르고 난 뒤 사포질을 해 주면 움푹 파였던 부분이 감쪽같이 없어진다.

●**벽지 활용** … 벽지에 패턴이 있다면 벽지 문양을 오려내어 자연스럽게 몇 개 덧붙이는 것도 좋은 해결 방법이다.

●**폼 활용** … 작은 틈새를 메우는 시판 제품인 '폼'을 이용한다. 폼은 접착력이 뛰어나 못자국은 물론 각종 틈새나 홈을 완벽하게 메워 주는 역할을 한다. 요즘은 실생활에서도 쉽게 쓸 수 있도록 나오기 때문에 인테리어에 관심이 많다면 하나쯤 구비해 두고 사용하는 것도 좋다.

245 | **현관 타일이 깨졌는데** 다 뜯고 새로 하려니 비용이 만만치 않아요. **혼자서 예쁘게 고치는 방법** 없을까요?

깨진 부분 주위의 타일 몇 장을 함께 떼어 낸다. 이때 현관의 전체적인 디자인을 생각하면서 떼어내는 것이 좋다.

떼어낸 타일을 비닐 주머니에 넣고 망치로 잘게 깨 준다. 이렇게 깨어진 타일은 타일을 떼어낸 자리에 다시 붙일 재료가 된다. 재료 준비가 다 되었다면 타일을 떼어낸 자리에 타일본드를 바른 후 잘게 만든 타일을 붙여 말린다. 타일 본드가 마르면 줄눈 마감을 해 준다. 그러면 일부러 처음부터 시공한 것처럼 감쪽같이 보수가 된다. 요즘은 줄눈용 백시멘트도 소량 포장되어 마트에서 판매한다.

246 | 오래 사용을 안 해서인지 방문과 현관의 **열쇠구멍이 뻑뻑해요.** 어떻게 해결하죠?

● **모기약을 뿌린다**

열쇠구멍이 뻑뻑해지면 열쇠를 끼우고 빼기가 힘들다. 이럴 때 부드럽게 하기 위해 기름을 치는 경우가 있는데 기름에는 먼지가 잘 묻게 되므로 처음에는 좋아진 것 같아도 나중에는 더 뻑뻑해진다. 이럴 때는 스프레이 모기약을 살짝 뿌려 준다. 액은 날아가고 흘러내리는 지저분함 없이 열쇠가 잘 들어간다.

● **연필심을 묻힌다**

연필심을 곱게 갈아서 열쇠에 고루 묻힌 다음 열쇠구멍에 넣고 돌린다. 이렇게 여러 번 반복하면 열쇠와 열쇠구멍 모두 매끄러워진다.

247

집 안의 자잘한 고장들을 직접 고치고 싶은데
기본적으로 어떤 공구를 갖춰 놓아야 할까요?

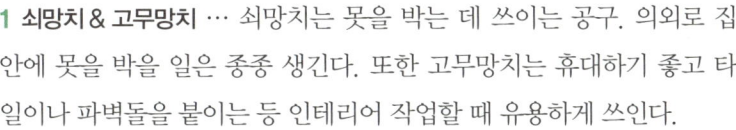

1 쇠망치 & 고무망치 … 쇠망치는 못을 박는 데 쓰이는 공구. 의외로 집 안에 못을 박을 일은 종종 생긴다. 또한 고무망치는 휴대하기 좋고 타일이나 파벽돌을 붙이는 등 인테리어 작업할 때 유용하게 쓰인다.

2 드라이버 … 나사를 조이거나 풀 때 사용하는 도구로 흔들리는 식탁 다리나, 문짝, 풀린 서랍장 등을 조일 때 없어서는 안 될 공구이다. 요즘 은 인테리어 소품이나 가구를 직접 제작해서 사용하는 제품들이 많이 나오기 때문에 십자와 일자 드라이버 하나쯤 갖춰 두는 것이 좋다.

3 글루건 … 글루건 스틱이 녹아서 끈끈한 액체 형태로 변해 접착제 기 능을 해 주는 것으로 각종 소품이나 액세서리, 액자걸이 등을 붙일 때 유용하다.

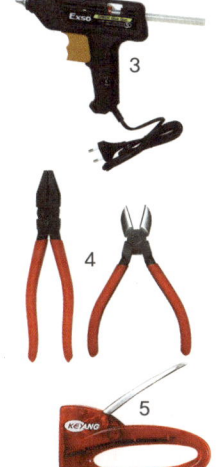

4 펜치 & 니퍼 … 비슷하게 생기긴 했지만 두 가지 공구의 기능은 전혀 다르다. 우선 펜치는 앞 부분이 두툼하고 무뎌서 물건을 고정해 가며 작업할 때 편리하다. 또 힘이 좋기 때문에 박혀 있는 못이나 철심을 빼 낼 때 쓰인다. 니퍼는 힘이 좋은 가위라고 생각하면 된다. 날이 짧고 날 카로워 전선, 철 등을 자를 때 쓴다.

5 타커 … 힘이 센 스테이플러라고 생각하면 된다. 패브릭을 벽에 붙이 거나 소파에 커버를 씌울 때 등 제품을 단단하게 고정시킬 때 사용하면 편하게 작업할 수 있다.

6 첼라 & 스패너 … 볼트를 풀고 조일 수 있는 스패너와 첼라는 배관과 관련한 문제를 해결해 줄 수 있다. 물이 새는 수도꼭지를 조일 때나 세 면기의 배관을 풀어 문제를 해결할 때 사용한다.

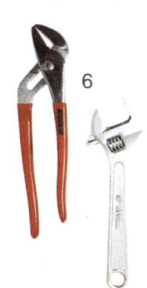

인 테 리 어 ● 하 우 스 클 리 닉

248 | 시간이 지나니 **타일에 균열**도 생기고 사이사이 **오염**도 심해요. 문제 있는 타일 **보수하는 방법** 없을까요?

● **타일 사이의 줄눈이 오염되었을 때** … 타일 사이에 줄눈이 오염되었을 때는 세제로 닦아 준다. 그래도 해결이 되지 않는다면 드라이버나 망치 등을 이용해 긁어내고 화이트 시멘트를 개어 메워 준다.

● **타일에 금이 갔을 때** … 미세하게 금이 갔을 경우는 순간접착제를 사용하여 때운다. 금이 간 즉시 바르면 갈라지는 것을 막을 수 있다. 타일이 깨진 시간이 오래됐다면 실리콘으로 메워 준다. 실리콘을 타일 위에 바르고 깨진 틈새에 밀어 준 다음 굳으면 겉면을 매끄럽게 정리해 주면 된다.

● **타일이 패었을 때** … 지점토 타입의 에폭시 접착제로 타일 면이 메워지도록 패인 곳을 채운다. 완전히 굳으면 사포를 이용해 정리하고 아크릴 물감이나 타일 페인트로 색을 입히면 된다.

249 | 셀프 인테리어를 하다 보면 못 박을 일이 많은데 아직 서툴러요. **못을 박는 데도 노하우가 있나요?**

못 박기에 능숙한 사람이라면 몰라도 보통 사람들은 못을 박다가 잘못해서 손을 치기도 하고 못 자체가 구부러져 버리기도 한다. 게다가 높은 곳, 천장 구석 같은 곳에 못을 박는 것은 정말 힘든 일이다. 이럴 때는 나무젓가락을 둘로 완전히 가르지 말고 끝 부분만 살짝 벌린 다음에 그 사이에 못을 끼운다. 그리고 나무젓가락 아랫부분을 꼭 붙들고 망치질을 하면 손가락을 다칠 염려도 없어지고 못이 구부러지는 일도 없다.

못을 박다가 시멘트 벽의 구멍이 커지거나 구멍난 주위가 부서졌을 때는 접착제를 바르고 어느 정도 마른 뒤 못을 박으면 더 단단하게 고정이 된다. 나사못이 헐거워졌을 때도 접착제를 넣고 나사를 끼우면 접착제가 굳으면서 나사못이 단단하게 박힌다. 석고보드 위에 못을 박을 때는 석고 보드가 갈라지면서 깨질 수 있으므로 테이프를 열십자형으로 붙인 뒤 테이프가 교차하는 지점에 못을 박으면 된다.

250 | 배수관에 문제가 생겼는지 물이 막혀 내려가지 않아요 간단하게 해결할 수 있는 방법 없을까요?

배수관이 막혀 물이 내려가지 않거나 배수관 어디선가 물이 새는 경우가 있다. 우선 배수관이 막혔을 때는 세면대나 싱크대 구멍을 살펴보고 물길을 막을 만한 것이 없으면 배수관의 U자관을 떼어내고 솔에 화장실 청소용 세제를 묻혀 관 속에 집어 넣은 다음 꼼꼼하게 문질러 오물을 깨끗이 훑어내고 물로 깨끗이 씻어낸다. 배수관에서 물이 샐 때는 배수관을 말린 다음 물을 흘려 보내면 새는 곳을 알 수 있다. 새는 곳의 나사를 스패너로 세게 조여본다. 그래도 물이 새면 이음새 부분의 고무가 닳았는지 살펴본다. 고무가 닳았으면 나사까지 함께 갈아 준다. 비닐 수선 테이프로 배수관을 감아 주어도 물이 새는 것을 막을 수 있지만 문제를 근본적으로 해결하는 것이 안전하다.

힘들이지 않고
깔끔 떠는
청소의 기술!

청소

시작부터 마무리까지 청소기로 끝내는
기존의 청소법. 하지만 버리는 데에도
기술이 필요하고, 정리에도 법칙이
있으며, 청소에도 노하우가 있다.
최소의 힘으로 최대의 효과를 노리는
상황별, 공간별 청소의 기술.
이제 청소도 합리적인 아이디어가
필요하다.

3 6 5 일 깔 끔 하 게 !

1월 침구, 속옷, 잠옷부터 정리 시작

새로운 새해의 시작. 우리 몸에서 가장 가까운 곳부터 청소를 시작한다. 침구, 베개, 잠옷, 속옷을 깨끗이 빨아 햇볕에 보송보송하게 말린다. 서랍장을 깨끗이 비우고 지난 먼지를 털어 깔끔하게 정리한다.

2월 집 안의 묵은 먼지 제거

3, 4, 5월 황사에 대비해 집 안 구석구석 쌓인 먼지를 깔끔하게 제거하고, 소금을 이용해 카펫과 소파 등 먼지를 깨끗이 없앤다.

3월 베란다·창문·창틀 청소, 옷장 정리, 봄옷으로 교체

눈과 비에 더러워진 창틀과 방충망, 유리창을 깨끗이 닦아내고 겨우내 먼지가 쌓인 베란다와 다용도실 구석구석을 깨끗이 청소한다. 겨울옷을 옷장 깊숙이 넣고 가벼운 옷들을 쉽게 꺼낼 수 있는 곳으로 옮긴다. 자주 쓰는 서랍장의 옷들을 봄옷으로 교체한다.

4월 집 안 대청소, 냉장고 청소

습도와 온도가 가장 적절한 시기이기 때문에 청소하기 가장 좋은 계절. 각 공간별로 한 군데만 정해놓고 하루에 한 곳씩 돌아가면서 청소를 해 준다. 특히 봄 야채가 많이 나오고 식탁의 반찬이 한 번 바뀌는 시기이므로 냉장고 청소를 깨끗이 해 둔다.

5월 침구 교체시기, 그릇·조리기구 청소

청소로 집 안의 싱싱한 기운을 불어 넣는 시기. 침구를 가벼운 것으로 교체하고 음식 냄새로 가득한 주방을 대청소한다. 깨끗이 씻어 둔 주방 조리기구들을 봄볕에 바짝 말리는 것도 이 시기가 적기.

6월 환기, 냉방기 청소, 제습용품 준비, 여름옷으로 교체

황사가 지나가고 잎이 싱그러워지는 시기로 환기를 충분히 해 주는 것이 좋다. 여름을 맞이하기 위해 준비하는 시기로 에어컨, 선풍기 등 냉방기를 청소하고 집 안 곳곳에 습기 제거를 위한 제습용품 두어 장마에 대비한다.

12개월 **청소 캘린더**

7월
악취 제거, 주방 청소, 개수대 청소, 싱크대 수납정리
장마가 이어지는 달이기 때문에 늘 눅눅하고 여기저기서 악취가 나기 쉽다. 때문에 이 시기는 제습에 가장 신경을 써야 하고 주방은 평소보다 더 깨끗하게 관리해야 한다. 또, 개수대 청소나 싱크대 수납에 신경을 쓴다.

8월
곰팡이 제거, 화장실·배기구 청소
장마가 한 차례 지나가고 강한 햇빛을 볼 수 있는 날이 늘어난다. 때문에 눅눅했던 집 안을 보송보송하게 말리는 것에 중점을 두고 청소를 한다. 욕조와 세면대, 배수관·배 기구·환기구 청소, 신발장, 현관도 깔끔하게 청소한다.

9월
옷 교체, 옷장 청소, 겨울침구로 교체
가을·겨울옷으로 교체해야 하는 시기. 옷 먼지 쌓인 수납장을 정리하고 옷장을 청소 한다. 또 오래 보관했던 옷에서 악취가 날 수 있으므로 옷장을 환기하고 옷장 속에 탈 취제를 넣어 둔다. 월말 즈음에는 도톰한 침구로 교체한다.

10월
현관·거실 대청소, 블라인드&커튼 청소 및 세탁
명절이 있으므로 손님이 많은 달이다. 현관과 거실을 대청소해 첫인상을 깔끔하게 남 긴다. 또 실내 환기가 어렵고 공기가 건조해 먼지가 많아지는 겨울에 대비해 블라인드 나 커튼, 카펫을 청소해 둔다.

11월
난방기구 손질
쌀쌀한 바람이 시작되는 계절. 본격적인 겨울에 대비해 난방기구를 미리 손질해 두고 보일러도 꼼꼼하게 점검한다.

12월
환기, 집 안 곳곳의 먼지 제거, 찌든때 제거
1년 동안 쌓인 집 안 곳곳의 먼지를 제거한다. 손이 잘 닿지 않는 텔레비전 뒤, 소파 아 래, 가구와 가구 틈 사이, 냉장고 위 등 잘 보이지는 않아 손길이 닿지 않았던 곳을 찾아 청소한다. 스위치, 천장 등 무심히 지나쳤던 곳의 찌든때도 깨끗이 제거한다.

251 | 청소를 다 끝내고 돌아섰는데 다시 청소해야 할 곳이 눈에 띌 때가 있어요. **빠르고 완벽한 청소법** 없나요?

청소는 어디서 시작해서 어디에서 끝내느냐가 중요하다. 청소의 동선을 생각하지 않고 무작정 시작하면 했던 곳을 다시 해야 하는 경우가 생기고 닦았던 곳에 다시 먼지가 앉는 허무한 경험을 하게 된다.

● **동선 짜기**

청소를 할 때는 위에서 아래로, 안에서 바깥쪽으로 하는 것이 원칙이다. 예를 들면 천장, 조명, 벽 순서로 청소를 해 나가고 바닥청소로 마무리하면 된다. 또 침실, 거실, 현관 순서로 동선을 짜 마무리 하면 두 번 힘들이지 않고 청소를 끝낼 수 있다.

● **얼룩 제거 노하우**

작은 때부터 더러움이 심한 곳으로 넓혀 가면서 청소를 해야 한다. 가벼운 때를 먼저 청소하고, 심한 때는 필요에 따라 세제를 이용하면서 청소한다. 오염물질을 닦아낼 때도 처음엔 물로, 다음은 천연세제로, 그래도 쉽게 지워지지 않는다면 용도에 맞는 세제를 사용한다. 단 창을 닦을 때는 더러움이 심한 바깥부터 닦는다.

● **먼지가 많은 곳은 우선 걸레질부터**

먼지는 무조건 먼지떨로 떨어야 한다고 생각하는 사람이 많다. 하지만 많이 쌓인 먼지를 떨어내는 것은 오히려 그 먼지를 분산시킬 따름이다. 젖은 걸레를 준비해 먼지를 한 번 닦아낸 후 청소하거나 청소기로 먼지를 우선 빨아들인 후 떨어내는 것이 좋다.

● **청소 후 환기는 필수**

청소를 하고 나서는 미처 빠져나가지 못한 먼지가 나갈 수 있도록 약 15분 정도 창을 열어 환기를 한 다음 청소를 마무리한다.

252 | 청소에도 단계가 있을 것 같아요. **청소의 기본 순서를 알려 주세요.**

● **1단계 환기하기** ··· 방 안에는 사람에게서 나온 열과 이산화탄소, 먼지가 떠다닌다. 창을 열어 집 안 공기를 바꾸는 것이 청소의 첫 단계이다.

● **2단계 버리기** ··· 언젠가 필요할지도 모른다는 생각에 쌓아 두고 버리지 못하는 물건들은 결국 창고에서 잠자기 마련. 필요 없는 물건을 과감히 버리는 것도 청소의 한 단계이다.

● **3단계 청소하기** ··· 본격적인 청소의 시작. 집 안 전체를 하루에 모두 몰아서 청소하려면 몸도 마음도 피곤하다. 때문에 하루가 끝나는 시점에 그날의 스트레스나 피로를 푼다는 생각으로 딱 한 군데만 정해 청소한다.

● **4단계 정리정돈하기** ··· 정리정돈이 되어있지 않으면 청소가 끝난 후에도 한듯 안한듯 뭔가 개운하지 않다. 필요한 곳에서 쉽게 꺼내어 쓸 수 있도록 청소가 끝나면 물건을 정리정돈한다.

● **5단계 제습·탈취하기** ··· 숯이나 소금, 소다, 전문 탈취제 등을 필요한 곳에 놓아 청소를 마무리한다. 습기를 제거하기 위해서는 볶은 소금을 구석구석 뿌리고 잠시 그대로 두었다가 청소기로 빨아들이면 소금이 습기를 빨아들여 보송보송하게 만들 수 있다. 냄새 나는 신발장, 냉장고, 부엌, 다용도실 등 곳곳에 소다나 숯, 시판용 탈취제를 두는 것까지 하면 완벽하게 청소 끝.

---

plus·tip

253 신문지나 폐휴지를 간단히 처리할 수 있는 방법

신문지나 폐휴지 등은 따로 수납박스를 준비해 보관하는 것이 깔끔하다. 또 수납 박스 바닥에 십자 모양으로 끈을 미리 준비해 두고, 박스 각면의 중앙에 홈을 만들어 끈을 끼워 두면 나중에 위에서 쉽게 묶어 간편하게 처리할 수 있다.

254~258

세제로 청소를 하고 나면 머리가 지끈지끈 아파와요. 주변에서 쉽게 구할 수 있는 **천연 재료를 세제로 활용하는 법**을 알려 주세요.

재료	효과	어디에	어떻게
IDEA 1 **식초**	식초의 시큼한 맛을 내는 요소는 구연산. 구연산은 알칼리성 오염물질을 중화해 세균 발생을 억제시킨다.	● 물때가 많은 곳 ● 용기의 찌든때 ● 욕실청소 시 ● 마루&목재가구 ● 스팀청소기	● 분무기에 담아 사용 ● 키친페이퍼나 타월에 묻혀 사용 ● 청소 물탱크에 원액을 그대로 넣어 사용
IDEA 2 **소다**	소다는 청소에 가장 유용한 천연재료. 금속 이온과 흡착해 물을 부드럽게 만들고 물에 녹으면 찌든때를 불려 주는 세정 효과가 뛰어나 세탁 시 활용해도 좋다. 음식물 쓰레기, 배수구 냄새, 구취, 담배 냄새 등 불쾌한 악취를 중화해 흡수하는 효과가 있어 탈취제로도 효과 만점이다.	● 기름때가 낀 그릇 ● 각종 얼룩 ● 곰팡이 핀 욕실 ● 패브릭 소품 ● 악취가 심한 곳	● **가루** … 젖은 천이나 스펀지에 묻혀 사용 ● **소다수** … 분무기에 담아 사용 ● **소다페이스트** … 천이나 스펀지에 묻혀서 찌든때에 사용

흔히 구할 수 있는 자연 재료에는 집 안 구석구석을 윤이 나게 청소할 수 있는 것들이 많다. 그 재료들이 어떤 효과를 가지고 있는지 알아두면 웰빙 생활을 만끽할 수 있다.

재료	효과	어디에	어떻게
IDEA 3 **쌀뜨물**	냄새나 기름기 제거에 효과적이어서 주방청소에 많이 활용한다. 쌀뜨물에는 미세한 전분입자가 들어 있는데 이것이 강한 흡착력을 지녀 때를 구성하는 기름입자를 흡착, 제거해 준다.	● 냄새가 밴 그릇과 도마 ● 유리창, 목재가구 청소 ● 비린내 나는 생선 ● 우엉, 죽순의 아린맛 제거 ● 흰 빨래	● 분무기에 담아 사용하고 마른걸레로 닦아낸다. ● 흰 빨래의 헹굼물로 사용한다.
IDEA 4 **소 금**	소금은 먼지를 흡수하는 성질이 있기 때문에 천연 먼지 흡수기의 역할을 한다. 또한 입자가 굵은 소금은 찌든때를 없애는 효과가 있다.	● 카펫이나 패브릭 소파 ● 식기의 찌든때	● 패브릭에 뿌려 둔 다음 청소기로 빨아들인다.
IDEA 5 **커피가루, 홍차, 녹차 찌꺼기**	차의 사포닌 성분은 세균감염을 막아 주고 폴리페놀 성분은 악취를 없애 방향제 역할을 해 준다.	 ● 욕실, 신발장, 냉장고 등 탈취가 필요한 곳	● 차 찌꺼기를 말린 다음 종이봉투나 그릇에 담아 사용한다.

259~262 | 집에서 쉽게 구할 수 있는 청소 도우미에 어떤 게 있나요?

IDEA 1 신문지

신문지는 청소에 가장 다양하게 활용할 수 있는 아이템. 습기를 잘 빨아들이기 때문에 유리문이나, 유리창 청소 마무리 단계에 사용하면 반짝반짝하게 닦아낼 수 있다. 또 소금물을 살짝 적시면 주방의 기름때나 찌든때를 닦는 데도 효과적이다. 방충망에 달라붙은 먼지도 신문지와 청소기를 이용해 없앤다. 방충망 바깥 부분에 신문지를 대고 안쪽에서 청소기를 돌려 먼지를 흡수하면 쉽게 제거할 수 있다.

IDEA 2 채소·과일

채소의 잘린 면을 활용하면 싱크대 구석구석의 때를 긁어낼 수 있다. 또 사과, 배, 귤 등 과일껍질을 모아 두었다가 올이 나간 스타킹에 넣어 싱크대를 닦으면 묵은때도 잘 지워질 뿐 아니라 과일 향이 남아 일석이조의 효과를 얻을 수 있다. 과일껍질로 닦은 다음 뜨거운 물을 뿌려 남아 있는 과일 성분을 없앤다.

IDEA 3 레몬·식초

레몬이나 식초는 예로부터 알려진 일등 청소 도우미. 살균 작용은 물론 세균을 억제하는 성분이 있어 도마나 칼 등을 닦을 때 세제 대신 사용하면 좋다. 식초나 레몬으로 닦은 후 물로 헹궈 주기만 하면 OK!

IDEA 4 스타킹

스타킹 안에 신문지를 구겨 넣거나 못 쓰게 된 레코드 테이프의 필름을 넣은 다음 철제 옷걸이에 끼우면 먼지제거기로 활용할 수 있다. 손이 닿지 않는 냉장고 위나, 가구와 가구 틈새, 조금씩 떠 있는 바닥과 가구 사이 등 손이 닿기 어려운 곳에 먼지를 쉽게 닦아낼 수 있다.

263

침대나 소파의 집먼지진드기가 걱정돼
**청소대행 서비스를 이용해보려고
해요.** 집먼지진드기가 완전히 제거될까요?

집먼지진드기는 알레르기성 천식이나 비염, 아토피성 피부염 등의 주원인이다. 보통 50~100℃ 사이의 고온에서 박멸되고 몸체가 작기 때문에 일반 물걸레 청소나, 가정용 스팀청소기, 진공청소기로는 완전하게 제거할 수 없다. 때문에 아이가 있는 집에서는 이런 청소대행서비스를 많이 염두에 둔다.

청소대행업체에서는 160℃ 이상의 스팀을 이용해 집먼지진드기를 제거함은 물론 곰팡이, 세균 등 알레르기를 일으키는 원인을 제거한다. 또는 초음파를 사용하여 이물질을 흡입하는 건식 청소법, 자외선-오존 살균기, 천연 세제 사용 등 다양한 방식을 사용해 집 안을 살균 청소한다. 때문에 한 번씩 이런 대행업체에 맡겨 청소를 해 주는 것이 건강상 좋다. 하지만 서비스 이용료가 좀 비싼 것이 문제. 침대 퀸(더블)사이즈는 4만원대, 천 소파 3인용은 5만원대, 가죽 소파는 6만원 정도이다. 또 가구의 크기에 따라 가격대가 정해지며 가격대는 업체마다 약간씩 다르다. 침대 매트는 가격에 포함되지 않거나 오염 정도에 따라서 가격이 달라질 수 있으므로 계약할 때 서비스 내용과 이용 요금을 꼼꼼히 살핀다.

plus ★ tip

264 안심클릭, 청소대행 서비스

영구크린 www.mcygclean.com / 클린토피아 www.3040cleantopia.co.kr
아이두클린www.idoclean.co.kr / 뉴클린 www.newclean.co.kr
거서퓨리티 http://gspurity.com / 매직크린 www.magicclean.co.kr
하나로환경 www.hanaroclean.com / 크리미 www.climi.co.kr
청소왕국 www.cleankingdom.co.kr / 친환경청소 www.cleanup4u.com
청소마법사 www.cleanmagic.co.kr / 참누리 www.cleaning4u.co.kr
현대크린 www.hyundaiclean.co.kr / 세미 www.semii.co.kr

265

유난히 설거지하는 시간이 오래 걸려요.
설거지를 빠르게 끝내는 방법을
알려 주세요.

● 1단계 **기름기가 있는 것과 없는 것으로 분류한다**

우선 설거지를 하기 전 기름기가 있는 것과 없는 것으로 나누고, 그릇 위에 남겨진 음식물 찌꺼기는 흐르는 물로 씻어내 간단히 애벌설거지를 한다. 그런 다음 설거지통에 미지근한 물을 받고 세제를 미리 푼 다음 기름기가 있는 그릇과 수저류를 담가 불린다.

● 2단계 **컵 ▶ 볼 ▶ 수저류 ▶ 그릇 순으로 씻는다**

설거지에도 순서가 있다. 우선 기름기가 없는 컵이나 볼 등을 씻고, 물에 불려둔 숟가락, 젓가락, 나이프, 포크 등을 닦는다. 그 다음 기름기가 적은 밥그릇이나 오목한 접시들을 닦고 마지막으로 설거지통의 부피를 많이 차지하는 접시류를 닦으면 된다. 이미 세제를 풀어놓았기 때문에 따로 세제를 사용할 필요는 없다.

● 3단계 **헹굴 때는 큰 식기부터 닦는다**

식기를 헹굴 때는 물온도를 약간 높게 하여 따뜻한 물로 헹구고 식기를 닦을 때와는 반대로 큰 것부터 헹군다. 그래야 씻은 다음 건조대에 차곡차곡 차례대로 넣을 수 있다.

---

plus ★ tip

266 그릇에 밴 양념장 얼룩 없애기

양념장을 담았던 작은 그릇은 진한 양념 색 때문에 물이 드는 경우가 있다. 이럴 때는 쌀뜨물에 잠시 담가 두면 얼룩이 빠진다. 단, 마요네즈를 담았던 그릇은 찬물에 씻어야 한다. 따뜻한 물은 마요네즈 속에 들어 있는 단백질을 응고시키므로 찬물로 씻어야 미끈거림 없이 깨끗하게 닦인다.

267 | 헌집증후군이 더 심각하다는 얘기를 들었어요. **헌집증후군을 막을 수 있는 방법**을 알고 싶어요.

헌집증후군은 집을 지은지 오래돼 집 안에 곰팡이가 번식하고 그로 인해 해로운 물질이 인체에 노출되는 것을 말한다. 때문에 평소 집 안에 습기가 차는 곳이 어디인지를 확인해서 습기를 제거해주고 수시로 청소를 해 곰팡이를 사전에 예방하는 것이 중요하다.

● **벽** ⋯ 습기가 생겨서 눅눅해진 벽은 마른걸레로 닦아내고 드라이어로 말린 후 습기제거제를 뿌린다. 이미 곰팡이가 피었을 경우에는 마른걸레에 식초를 묻혀 닦아낸 다음 통풍시켜 말린다. 그래도 곰팡이가 제거되지 않을 경우에는 브러시나 칫솔, 결이 고운 샌드페이퍼로 긁어 없앤 다음 말리고 습기제거제를 뿌려 둔다.

● **베란다 & 욕실** ⋯ 통풍이 무엇보다 중요한 곳. 타일이나 실리콘 사이에 곰팡이가 피었다면 분무기에 락스를 희석시킨 물을 담아 뿌리면 깨끗이 제거된다. 이렇게 제거한 다음 문을 활짝 열어 환기한다.

● **방** ⋯ 장판 아래에 습기가 찬 경우에는 마른걸레로 닦고 바닥에 신문지 몇 장을 겹쳐 깔아서 습기를 빨아들인다. 옷장에는 제습제를 넣어 두고 옷장 바닥에 신문지를 깔아 놓으면 습기 제거는 물론 해충도 방지하는 효과가 있다. 침구류는 햇볕이 나는 날을 택해 바짝 말린다.

● **주방** ⋯ 주방의 배수관은 U자나 P자 형태로 물이 약간 고이도록 설계되어 가스나 냄새가 역류하는 것을 막는다. 그러나 집이 오래되면 낡은 배수관에서 올라오는 메탄가스나 암모니아 등으로 메스꺼움이나 두통, 소화 장애, 천식, 알레르기 등을 일으킬 수 있다. 이런 경우에는 배수관을 새것으로 교체하는 것이 좋다. 교체가 어려울 경우에는 배수할 때를 제외하고는 항상 배수구 뚜껑을 닫아 놓는다. 또한 주방의 환기를

담당하는 가스레인지 후드는 자주 청소하고 필터도 새것으로 자주 교체하는 것이 좋다.

● **현관** ··· 현관 선반에 작은 공기정화식물을 두어 신발의 쾨쾨한 냄새나 구두약의 휘발성 냄새를 완화한다.

268 ┃ 나무 질감이 좋아 원목으로 마루를 깔았는데 긁히거나 얼룩이 생길까봐 조심스러워요. 어떻게 관리해야 할까요?

● **얼룩 청소** ··· 볼펜이나 잉크 자국은 솜에 아세톤을 살짝 묻혀 바로 지운다. 신문지나 스케치북 등 종이가 눌러 붙은 경우, 종이를 떼어낸 후 남은 종잇조각 위에 올리브오일을 떨어뜨린 후 1~2분 정도 그대로 두었다가 마른걸레로 닦아내면 쉽게 없어진다.

● **물 얼룩** ··· 물 얼룩 주변에 치약을 짜서 살살 바른 다음 물기를 꼭 짠 걸레로 부드럽게 문지르며 닦아낸다. 마지막에 마른걸레로 한 번 더 닦으면 얼룩이 감쪽같이 지워진다. 음료나 우유, 물 등을 마룻바닥에 흘리면 마루에 스며들기 전에 즉시 휴지로 닦아내고 마른걸레로 한 번 더 닦아 수분을 없앤다. 색이 있거나 끈적이는 음료의 경우 미지근한 물에 걸레를 적셔 꼭 짠 다음 닦아낸다.

● **긁힘 관리** ··· 살짝 긁힌 정도의 홈이라면 아이들의 크레파스로 해결한다. 비슷한 색상의 크레파스로 긁힌 부분을 살짝 칠하고 평평하게 카드로 긁어낸 다음 전용 코팅액으로 코팅하면 긁힌 자국이 감쪽같이 없어진다. 깊이 손상된 마룻바닥은 원목 마루와 비슷한 색상의 경성 메꿈제로 홈을 메우고 주변을 평평하게 깎아낸 다음 코팅제로 마무리한다.

269 처음에는 **맑고 투명하던 유리컵**이 시간이 지나면서 세제로 닦아도 **투명해지지가 않네요.** 어떻게 씻어야 할까요?

투명함이 청량감을 느끼게 해주는 유리컵. 그러나 꼼꼼하게 씻지 않으면 씻은 다음에도 안쪽의 더러움은 제거되지 않는다. 또 오랫동안 사용하면 처음의 투명한 느낌이 없어지기 쉽다. 때문에 가끔씩 천연재료를 이용해 닦아주는 것이 필요하다. 심하게 더러울 때는 감자 껍질을 이용하면 좋다. 컵 속에 감자 껍질을 넣고 물을 붓는다. 그리고 손바닥으로 컵을 막고 세게 흔든다. 이렇게 하면 감자 껍질이 스펀지 역할을 해서 더러움을 흡수해 준다. 그런 다음에 찬물에 깨끗이 헹구고 좀 뜨겁다 싶은 물에 마지막으로 넣었다 빼면 반짝이는 컵이 된다. 또 소금을 스펀지에 묻혀서 유리컵을 닦으면 투명하게 빛나면서 처음처럼 다시 깨끗해진다.

270 세제를 사용하지 않고 **식기의 기름때를 제거**할 수 있는 방법을 알려 주세요.

기름 요리를 할 경우 그릇에 기름때가 묻기 때문에 설거지가 힘들다. 세제를 듬뿍 사용하게 되면 기름때야 빠지겠지만 헹굼의 문제도 있고, 수질오염이 심각해지기 때문에 망설여진다. 그렇다고 해서 세제를 사용하지 않으면 기름때가 빠지지 않아 걱정이다. 이럴 경우에는 접시를 씻을 때 커피 찌꺼기를 사용하도록 한다. 접시에 커피 찌꺼기를 뿌려 두었다가 스펀지로 잘 문질러 주면 커피가루가 기름때를 흡수해 깨끗하게 닦인다. 마지막으로 따뜻한 물에 헹구면 세제를 쓰지 않아도 깨끗하게 닦을 수 있다.

271 | 환기는 창문만 열어두면 되는 건가요? 집 안의 나쁜 먼지가 제대로 빠져 나가고 있는지 궁금해요.

문을 꼭꼭 닫아두고 공기 청정기를 하루 종일 돌리는 것보다는 창을 열어 환기시키는 것이 집 안 공기를 맑게 하는데 더 효과적이다. 그만큼 실내공기와 외부공기를 교차시켜주는 환기는 중요하다. 환기는 단순히 문만 열었다 닫는 것이 아니다. 때문에 집의 구조나 배치, 또 가구의 배치까지 고려해서 환기를 시켜 주어야 한다.

모든 가구는 벽에서 5~10cm, 바닥에서 2cm 정도 떨어뜨려 통풍이 잘 되도록 배치를 해 주어야 하며, 아침 10시 이후부터 저녁 9시 이전까지 최소 30분 이상 문을 열어 집 안 전체에 새로운 공기가 들어올 수 있도록 환기를 해야 한다. 창을 열어도 주방이나 욕실은 환기가 잘 되지 않기 때문에 환기팬을 설치해 강제로 환기를 시켜야 하며 유해가스가 배출되는 주방은 되도록 창문도 함께 설치해 환기팬과 환기창을 모두 이용하도록 한다. 가능하다면 맞바람을 통한 통풍이나 선풍기를 바깥쪽으로 틀어 환기를 시켜주는 방법도 좋다.

이런 환기 방법은 집 안의 습도를 낮춰주기 때문에 헌집증후군의 피해를 줄일 수 있다. 하지만 황사나 강한 바람, 오존주의보가 내려진 날은 환기를 피하고, 어쩔 수 없이 해야 한다면 북서쪽 문보다는 남동쪽 문을 여는 것이 좋다.

272~274

집 안 곳곳에 곰팡이가 생겼어요.
곰팡이를 제거할 수 있는
방법을 알려 주세요.

IDEA 1 화장실

곰팡이가 생기기 가장 쉬운 곳이 화장실이다. 특히나 화장실 벽면 타일이나 바닥은 곰팡이 쉽게 생기고 눈에 잘 띈다. 때문에 되도록 생기지 않게 자주 청소를 해주어야 하며 생기면 바로바로 없애는 것이 좋다. 곰팡이가 생기지 않게 하기 위해서는 김이나 약, 과자봉지 등에 들어 있는 건조제를 모았다가 부직포 주머니에 담아 욕실에 매달아놓으면 습기를 없애 곰팡이 발생을 막아 준다.

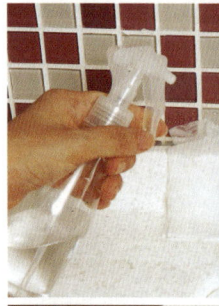

곰팡이가 낀 욕실 바닥은 헝겊에 소다 푼 물을 적셔 닦는다. 그런 다음 세제에 식초를 섞어 다시 한 번 닦아낸다. 소다와 식초를 함께 사용하면 오래된 곰팡이 얼룩을 쉽게 제거할 수 있다.

IDEA 2 부엌

실리콘 이음새에 생긴 곰팡이가 보기 흉하다고 실리콘을 덧바르면 더 지저분해진다. 락스 원액을 분무기에 넣고 실리콘 부분에 뿌린 다음 티슈를 붙여 하루 동안 두었다가 떼어낸다. 그릇과 맞닿는 부분은 락스를 사용하기보다는 소다를 희석한 물을 붓고 랩을 붙여 때를 불린 다음 떼어내고 물로 씻어낸다.

IDEA 3 에어컨

에어컨도 물기가 있어 곰팡이가 생기기 쉽다. 에어컨 필터는 칫솔로 솔질해 먼지를 털어낸 다음 전용 클리너를 이용해 깨끗이 세척한다. 세척한 필터는 바람이 통하는 곳에 말려 사용한다. 에어컨 날개도 유심히 보아야 할 부분. 작은 빗자루를 이용해 먼지를 털어내고 걸레로 닦아낸다. 이때도 걸레에 소다를 희석한 물을 묻혀 닦아 주는 것이 좋다.

275

장마철에는 가죽신발이나, 의류 등 습기로 인해 손상되는 것들이 많아요. **집 안 구석구석 습기를 제거하는 방법** 없나요?

장마철에는 공기 순환이 잘 되지 않기 때문에 집 안 곳곳에 습기가 생기게 된다. 하지만 조금만 신경을 쓰면 작은 소품들을 적절이 활용해 습기를 제거할 수 있다. 장마철, 현관에 벽돌을 몇 개 놓은 뒤 젖은 신발을 올려 두면 벽돌이 신발의 습기를 흡수해서 젖은 신발이 금방 마른다. 우산도 벽돌 위에 올려 두면 현관이 지저분해지는 일 없이 물기를 빨아들인다. 또 신고 난 신발 속에 신문지를 넣어 두면 습기를 빨아들일 뿐 아니라 형태의 변형없이 그대로 마른다. 스티로폼 조직은 탄력이 있어서 습기가 많을 때는 빨아들이고, 적을 때는 뱉어내는 성질이 있다. 때문에 스티로폼 위에 오디오 등 작은 가전제품을 올려 두면 습기로 인한 손상을 예방할 수 있다.

숯의 제습 효과는 이미 대부분 아는 사실. 옷장 속에 숯을 챙겨 넣어 두는 것도 좋다. 습기에 약한 폴리에스테르나 모직은 옷장의 위쪽에 수납하는 것이 좋으며 옷장 문을 열어 가끔씩 환기를 시켜주어야 습기로 인한 옷의 손상을 막을 수 있다. 옷장 속 수납공간이 넉넉하지 않아 옷을 접어 보관해야 한다면 접은 옷 사이사이 신문지를 끼워 습기를 흡수할 수 있도록 한다.

plus ∙ tip

276 싱크대 문 안쪽의 습기를 제거하는 방법

하부장 싱크대 안은 배수관 때문에 물방울이 맺히거나 곰팡이가 생기고, 악취가 나는 경우가 많다. 이때 요긴하게 사용할 수 있는 것이 숯이다. 흡습성이 뛰어날 뿐 아니라 공기 정화 작용까지 하므로 일석이조. 숯 2~3개를 싱크대 구석에 넣어 두었다가 가끔 꺼내어 흐르는 물에 씻어서 햇볕에 말려 사용하면 오래 사용할 수 있다.

277~281

집 안 곳곳에 냄새와 악취가 부쩍 심해졌어요. **퀴퀴한 냄새 없애는 방법** 없을까요?

IDEA 1 개수대

설거지가 끝난 뒤에는 개수대에 뜨거운 물을 붓거나, 물 반 컵에 식초 2큰술을 섞은 뒤 몇 번에 걸쳐 나눠 부어 주면 식초의 살균력으로 배수구의 악취를 없앨 수 있다. 또 먹고 남은 녹차 티백과 10원짜리 구리 동전 역시 탈취작용을 하기 때문에 망에 담아 배수구 망에 걸어 두면 악취가 나지 않는다. 쓰고 난 행주는 항상 뜨거운 물에 삶거나 표백제로 소독한 다음 바짝 말리면 주방의 퀴퀴한 냄새는 걱정할 필요 없다.

IDEA 2 냉장고

숯과 레몬, 원두커피와 녹차는 탈취작용을 하기 때문에 냉장고에 두면 음식물 냄새를 없앨 수 있다. 또는 식빵을 마른 팬에 숯이 될 정도로 태운다. 식빵을 태우는 과정에서 집 안의 악취를 제거할 수 있으며 이렇게 태운 식빵을 그릇에 담아 냉장고 속에 넣어 두면 악취가 사라진다.

IDEA 3 신발장

과자나 김 봉지에 들어 있는 건조제나 숯을 넣어 두면 퀴퀴한 냄새가 사라지고 세균 번식을 막아 준다. 또 신발을 보관하기 전 화장솜에 에탄올을 묻혀 구두 안쪽을 닦으면 찌든때가 제거되면서 냄새도 사라진다.

IDEA 4 세탁기

세탁기에 물을 가득 받아 놓고 락스를 한 컵 넣은 뒤 헹굼과 탈수기능을 빼고 한 번 돌린다. 하루 동안 그대로 둔 다음 다시 세탁기를 돌리면 세탁조의 찌든때가 사라지면서 냄새도 함께 없어진다. 평소 세탁이 끝난 뒤 1시간 정도 뚜껑을 열어 두는 습관을 들이면 세탁기에서 나는 냄새를 예방할 수 있다.

화장실은 사람의 피지 분비물과 높은 습도나 온도 때문에 쉽게 더러워질 수 있는 곳이므로 청소가 무엇보다 중요하다. 물을 가장 많이 사용하는 변기와 세면대는 먹고 남은 탄산음료나 맥주를 붓고 2~3시간 그대로 두어 때를 불린 다음 물을 뿌려 주면 항상 깨끗하게 사용할 수 있다. 베이킹소다를 붓고 뜨거운 물을 부어 줘도 효과적이다. 또 숯과 원두커피 가루는 욕실 탈취제로도 훌륭하다.

282 | 음식물 쓰레기통 악취가 너무 심해요. 통을 비울 때도 음식물이 달라붙어 잘 떨어지지 않아 처리가 힘들어요.

음식물 쓰레기는 가장 처리하기 힘든 것 중의 하나. 각종 음식물들이 부패하면서 생기는 악취 때문에 최대한 빨리, 손이 덜 가게 처리하려는 것이 모든 사람들의 바람이다. 일단 쓰레기통에 신문지를 깔고 분무기로 물이나 소주를 뿌려 둔다. 그러면 한 번에 음식물을 버릴 수 있고, 음식물 쓰레기통에 묻은 이물질도 손쉽게 처리할 수 있다.

음식물 악취가 덜 나게 하려면 신문지를 깔고 탈취작용을 하는 커피가루나 소다를 뿌려 둔다. 이 두 가지 재료 모두 탈취작용을 하기 때문에 어느 정도 냄새를 흡수한다. 하지만 완벽하게 냄새를 없애는 것은 불가능한 일. 때문에 평소에도 관리가 중요하다. 음식물 쓰레기를 비운 후에도 냄새가 사라지지 않는다면 쓰레기통에 원두커피, 홍차, 녹차 등의 티백을 넣어 둔다. 통을 물로 닦고 말린 다음 소독용 에탄올을 뿌려 두면 악취도 없어지고 음식물로 인해 벌레가 생기는 것도 막을 수 있다. 이 방법은 쓰레기봉투를 사용할 때도 활용할 수 있다.

283~287
장마철에는 집 안이 눅눅해 불쾌해요.
**장마철에도 보송보송
생활하는 법**을 알려 주세요.

IDEA 1 신문지 활용하기

옷장, 서랍장, 이불장 등에 습기 제거제와 함께 신문지를 넣어 두면 두 배의 효과를 볼 수 있다. 이불 사이사이에도 신문지를 펴서 깔아주고, 습기로 인해 가죽 신발의 모양이 변하지 않도록 신문지를 뭉쳐 신발에 끼워 둔다. 또 서랍 밑바닥에 신문을 깔고 남는 구석 공간에 신문지를 뭉쳐 두는 것도 좋은 방법이다.

IDEA 2 숯 활용하기

숯은 수분이 거의 없이 바짝 마른 상태이고 또한 미세한 구멍이 고밀도로 분포되어 있기 때문에 제습효과가 뛰어나다. 반대로 습도가 부족한 공간에서는 숯을 적셔 두면 가습 효과도 있다. 습기가 많은 여름철에는 바짝 마른 숯을 집 안 곳곳에 놓아 두면 눅눅한 기운을 없앨 수 있으며 곰팡이가 피는 것을 방지할 수 있다. 숯의 효과가 떨어졌다 싶을 때는 흐르는 물로 깨끗이 씻어낸 다음 햇볕에 바짝 말리거나 전자레인지에 넣어 말려서 사용하면 다시 효과를 볼 수 있다.

IDEA 3 침구 일광 건조하기

햇볕이 좋은 날을 골라 이불장의 침구를 꺼내어 일광 건조시킨다. 여름 내내 사용하지 않는 침구는 습기가 차서 곰팡이가 생기기 쉽다. 때문에 한 번씩 햇볕에 널어 습기를 제거하고 옷장과 이불장의 문을 열어 자주 환기해 주어야 한다.

IDEA 4 난방하기

더운 여름이라 하더라도 습기가 많은 장마철에는 잠시 동안 난방을 해 주는 것이 좋다. 장마철에는 바닥, 벽지, 가구 할 것 없이 습기가 차서 눅눅해지기 때문에 아무리 성능이 좋은 제습용품이라 하더라도 집 안 전체를 감당하기엔 역부족이다. 이럴 땐 잠시라도 난방을 해 눅눅해진 집 안의 습기를 없애 주도록 한다.

IDEA 5 환기하기

햇볕이 좋은 날은 무조건 집 안의 문을 열어 환기를 해준다. 특히나 물을 가장 많이 사용하는 욕실은 곰팡이가 생기기 쉽기 때문에 수시로 문을 열어 습기가 빠져나갈 수 있도록 한다.

288 | 가구와 가구 사이, 가구 아랫공간은 틈이 좁아서 청소하기가 힘들어요. 먼지가 가득 쌓인 틈새 공간 어떻게 청소해야 할까요?

냉장고 밑이나 침대 밑, 소파 밑이나 가구와 가구의 틈새는 청소기의 노즐도 들어가지 못할 정도로 공간이 좁기 때문에 물건을 들어 내지 않고는 청소하기가 힘들다. 이럴 때는 긴 자나 세탁소 옷걸이를 이용한다. 옷걸이 아랫부분을 밑으로 잡아당겨 길게 막대기 형태로 만든 다음 끝에 헌 스타킹을 씌워 틈 사이로 넣어 청소를 하면 묵은 먼지를 손쉽게 제거할 수 있다. 스타킹 안에 신문지를 말아 넣고 막대에 고정시켜도 된다. 스타킹의 정전기 때문에 먼지가 스타킹에 붙어 깔끔하게 처리할 수 있다. 효자손을 활용하는 것도 좋은 방법. 효자손에 낡은 양말을 끼우고 좁은 틈 사이사이, 손이 닿지 않는 냉장고 위 같은 곳을 청소하면 쉽게 끝낼 수 있다. 청소하기 힘든 냉장고 위나 가구 위는 랩을 씌워두고 먼지가 많이 쌓이면 랩만 벗겨 교체하는 것도 좋은 아이디어다.

289 │ 아이들이 **집 안 곳곳에 스티커를 붙여 놨어요.** 대청소를 하면서 제거하려고 하는데 좋은 방법 없을까요?

● **창문** … 창문에 붙은 스티커는 납작한 플라스틱 카드를 사용해 유리에 흠이 생기지 않게 벗기고 끈끈한 접착제 흔적은 매니큐어 리무버를 이용하면 쉽게 떼어낼 수 있다.

● **벽** … 벽지에 붙은 스티커는 헤어드라이어의 뜨거운 바람을 이용한다. 스티커 위에 뜨거운 바람을 쏘인 후 떼어내면 끈적임 없이 깔끔하게 제거할 수 있다.

● **가구** … 가구에 붙은 스티커는 잘 떼어지지 않는다. 하지만 천에 식초를 묻히고 스티커 위에 1~2분간 붙여 두면 손쉽게 제거할 수 있다.

● **플라스틱** … 우유에 적신 탈지면을 스티커 위에 대고 1~2분간 붙여 두었다가 닦아내면 깨끗하게 제거할 수 있다.

● **유리면** … 스프레이 모기약을 스티커가 젖을 정도로 뿌려준 다음 1~2분 후에 떼어내면 쉽게 떨어진다. 이렇게 하면 유리에 흠집이 남지 않으므로 차유리에 주차금지 딱지가 붙었을 때도 유용하게 활용할 수 있다. 요즘은 스티커 제거용 스프레이도 따로 판매한다.

---
plus ★ tip

290 크레파스 낙서 지우기

유리창에 크레파스로 낙서를 한 경우 걸레로 닦으면 잘 지워지지 않는다. 이럴 때는 유리에 콜드크림을 바른 뒤 마른걸레로 닦아낸다. 콜드크림이 없다면 식용유로 대신해도 된다. 크레파스 낙서를 지운 다음 세정제를 뿌려 신문지로 닦아낸다. 신문이 기름기를 흡수해 뽀득뽀득하게 닦인다.

거실 바닥이나 **식탁, 가구**에 낙서를 했다면 소다와 물을 2:1로 되직하게 섞어 손가락으로 살살 문지른다. 크레파스의 색소와 유분이 소다 페이스트에 스며들어 주위에 번지지 않으면서 깨끗이 닦인다.

291 | 손때, 기름때, 먼지가 가득한 유리
를 깨끗하게 닦고 싶어요.

부엌 유리창에 묻은 기름때는 요리할 때마다 닦는 것이 좋다. 요리하는 도중이라도 기름때를 발견하면 바로 레몬이나 무, 양파 조각으로 한번 문지르면 금방 기름때가 없어진다. 오븐이나 오븐 토스터의 유리면도 이런 방법으로 그때 그때 닦으면 청소하기가 편하다.

거실 테이블의 유리나 거실 창을 닦을 때는 젖은 신문지를 이용한다. 걸레로 닦는 것보다 훨씬 깨끗하게 닦이며 닦은 후에 먼지가 남지 않는 다. 젖은 신문지를 유리창에 붙여 때를 불린 다음 떼어내면서 닦는 방법도 좋다.

창문에 소다물을 약간 뿌린 다음 물을 적신 스펀지로 문질러 주면 얼룩과 묵은 때가 싹 없어진다. 창틀도 같은 방법으로 닦은 다음 젖은 걸레로 다시 한 번 닦아 마무리하면 검게 착색된 찌든때까지 한번에 해결할 수 있다.

무늬가 있거나 불투명 유리를 닦을 때는 헌 칫솔과 랩을 이용한다. 헌 칫솔에 세정제를 묻혀 유리 틈 사이사이를 닦는다. 찌든때나 곰팡이가 끼어 있고 많이 지저분한 상태라면 세정제나 곰팡이제거제를 충분히 뿌린 후 랩을 붙여 둔다. 세제가 건조되지 못하고 랩 안에서 때를 불리기 때문에 힘들이지 않고 닦아낼 수 있는 좋은 방법이다. 한두 시간 그대로 두었다가 랩을 벗겨내고 물걸레로 깨끗이 닦은 다음 마른걸레로 마무리한다.

plus * tip

292 화장실 냄새가 밴 변기 청소하기
살균 효과가 뛰어난 식초를 물과 1:5로 섞어 변기에 골고루 뿌린 후 욕실용 세제를 사용해 청소한다. 식초는 암모니아를 중화시키는 작용을 하므로 화장실 특유의 냄새를 말끔히 없애 줄 뿐 아니라 찌든때도 쉽게 닦인다.

293

가습기에서 좋지 않은 냄새가 나네요.
가습기 청소법과 나쁜 냄새 없앨 수 있는 방법을 알려 주세요.

실내 습도 조절을 위해 많이 사용하는 가습기. 하지만 항상 물을 담아 두는 것이기 때문에 하루에 한 번씩, 적어도 이틀에 한 번씩은 깨끗이 청소해 주어야 한다. 이렇게 관리하지 않으면 오히려 곰팡이와 세균의 온상이 될 수 있다.

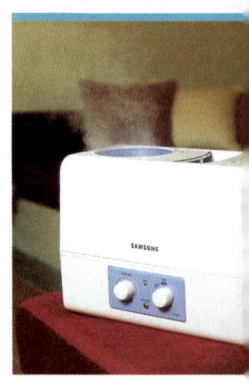

가습기를 청소할 때는 세제를 사용하지 말아야 한다. 제대로 씻겨나가지 못한 세제 성분이 수증기에 섞여서 분무될 수 있기 때문이다. 세제 대신 굵은소금, 소다, 식초 같은 천연세제나 가습기 전용 세제를 넣고 손으로 문질러 닦아낸다. 입구가 좁아 손이 들어가지 않는 가습기라면 굵은소금이나 식초를 넣고 흔들어 씻는다. 가습기의 진동자 부분은 내장솔로 청소할 때마다 닦아주고 이물질이 묻어 있을 때는 솜에 식초를 묻혀 닦아낸다.

가습기에는 정수된 물을 사용하는 것이 좋으며 수돗물을 사용할 경우는 물을 받아 불순물을 가라앉힌 다음 윗물만 떠서 넣는다. 이 때 청정제를 함께 넣으면 세균과 물때를 방지할 수 있다. 가습기에서 불쾌한 냄새가 날 때는 물속에 3~4작은술 정도의 레몬즙을 넣어주면 악취가 제거되고 은은한 향이 난다.

---

plus·tip

294 소파나 쿠션에 배어 있는 냄새 제거법

방안에서 나는 원인 모를 냄새는 소파나 쿠션, 커튼, 카펫 등 천 제품에 배어 있는 여러 종류의 냄새가 복합적으로 작용해서 생기는 경우가 많다. 패브릭 제품의 나쁜 냄새를 없앨 때는 소다가루가 효과적이다. 각각의 천 제품에 소다가루를 골고루 뿌린 후 잠시 그대로 두었다가 청소기로 말끔히 빨아들인다. 소다가 탈취작용을 하기 때문에 효과적으로 청소할 수 있다.

295 | 항상 젖은 채로 사용하는 행주.
매일 삶을 수도 없고 그냥 사용하자니 왠지
찜찜해요. 어떻게 관리해야 할까요?

흐르는 물에 얼룩진 행주를 매일 빤다고 행주가 깨끗할 거란 생각은 위험한 착각. 행주 속에는 셀 수 없이 많은 세균이 번식하고 있고, 식생활과 밀접한 관련이 있는 행주가 지저분하면 당연히 가족들의 건강은 위협받게 된다. 행주를 사용하기 위해서는 반드시 지켜야 할 체크사항들이 있다.

먼저, 용도별로 행주를 따로 사용해야 한다. 보통 하나의 행주로 식탁도 닦고 식기도 닦는 경우가 많은데 하나의 행주를 여러 용도로 사용했을 때는 세균이 곳곳에 퍼지게 된다. 따라서 행주를 사용할 때는 용도별, 구역별로 나누어서 사용하도록 한다.

또한 행주는 삶아 쓰는 것이 기본이다. 행주를 전용 세제로 빨아 살균한 뒤 사용하고 삶는 시간은 10분 이상이 적당하다. 삶는 것보다 좋은 것이 햇볕에 말리는 것이다. 주방세제로 깨끗하게 빤 뒤 10분 정도 삶아 볕이 잘 드는 곳에 널면 행주 속에 남아 있던 균들까지 완벽하게 소독할 수 있다. 소독해야 할 행주가 많지 않다면 전자레인지를 적극 활용해 보는 것도 좋다. 젖은 행주를 전자레인지에 넣은 뒤 2분 정도만 강하게 돌리면 박테리아와 바이러스는 물론 기생충까지 없앨 수 있다.

plus★tip

296 도마를 청결하게 유지하는 방법
도마는 소다를 골고루 뿌린 후 5분 정도 두었다가 스펀지로 문질러 닦는다. 고기나 생선 냄새가 신경이 쓰일 때는 소금을 사용한다. 중요한 것은 이때 반드시 냉수를 사용해 헹궈내야 한다는 것이다. 따뜻한 물을 사용하면 단백질이 응고되어 역효과가 난다. 레몬이나 오렌지 껍질로 문지른 후 물로 닦아내도 효과가 있다.

297 가스레인지 주변의 **타일 틈새가 누렇게 변했어요.** 타일 틈새에 낀 먼지 어떻게 닦아내야 깨끗해질까요?

● **식초 이용법** ··· 조리를 할 때 튀는 기름이나 먼지로 누렇게 변한 타일의 틈새는 물과 식초를 1:1로 희석한 다음 분무기에 담아 골고루 뿌려 마른 행주로 닦아 준다. 식초는 살균력이 강해 부엌 청소할 때 부담 없이 효과적으로 사용할 수 있다.

● **소다와 에탄올 이용법** ··· 때가 찌들어 잘 지워지지 않을 경우에는 소다를 스펀지에 묻혀 문지른 다음 젖은 행주로 닦아낸다. 소다의 가루는 기름때나 찌든때를 중화시키는 작용을 하기 때문에 기름때가 많은 부엌 청소에 요긴하다. 부엌의 냄새가 심할 경우에는 분무기에 에탄올을 넣고 공중에 뿌려 주면 부엌의 잡냄새를 없앨 수 있다.

● **랩 이용법** ··· 세제를 넣은 분무기를 타일에 뿌리고 랩을 씌워두는 것도 한 방법이다. 10분 뒤에 랩을 떼어내고 행주로 닦으면 타일이 새것처럼 빛난다.

● **칼날 이용법** ··· 타일에 말라 붙은 얼룩은 면도칼로 긁어 내고 세제 푼 물을 바른 후 행주로 닦아 준다. 타일 벽면은 일주일에 한 번 정도 극세사 행주로 가볍게 문질러 주면 찌든때 없이 깔끔하게 유지할 수 있다.

plus·tip

298 가스레인지의 기름때 없애기

맥주의 당분은 기름때를 분해하기 때문에 먹고 남은 맥주는 찌든 기름때를 지우기 좋은 재활용 재료이다. 천에 맥주를 묻혀 문질러 주는 것만으로 놀랄 만큼 효과가 나타난다. 기름때가 찌들어 잘 닦이지 않을 때는 키친페이퍼에 맥주를 묻혀 잠시 덮어 두었다가 닦는다. 맥주 특유의 냄새는 10분 정도 지나면 저절로 없어진다.

299 냉장고 청소를 하려니 무엇부터 해야 할지 모르겠어요. **쉽고 빠르게 냉장고 청소를 할 수 있는 노하우** 없을까요?

● 청소하기 전, 청소 순서를 정한다

냉장고 청소를 하기 전 우선 코드를 뽑아 청소하는 동안의 전기 소모량을 줄인다. 냉장고에 있는 식품들을 모두 꺼낸 다음 위에서부터 아래로, 왼쪽에서 오른쪽, 선반에서 문 쪽으로 이동하면서 청소의 동선을 짠다.

● 성에를 제거한다

냉동실을 청소할 때는 성에 제거가 필수. 성에를 없앨 때는 분무기에 뜨거운 물을 담아 냉동실 안쪽에 골고루 뿌린다. 뜨거운 물이 닿은 성에가 녹은 뒤 마른걸레로 닦아내면 쉽게 제거할 수 있다.

● 본격적인 냉장고 클리닝을 한다

달걀 케이스, 선반 등 분리가 가능한 것은 중성세제를 푼 물에 담가 불린 다음 스펀지로 부드럽게 닦아 헹군다. 이사 등의 이유로 냉장고를 대청소해야 한다면 중성세제를 이용하지만 평소 가볍게 냉장고를 청소할 때는 식초수만으로도 충분하다. 식초수를 뿌린 다음 부드러운 스펀지나 행주를 이용해 닦아낸다. 얼룩이 짙거나 지저분한 부분은 소다수나 소다와 물을 2:1로 섞은 페이스트로 문지른 다음 식초수로 다시 닦아낸다. 냉장고 문에 붙어 있는 고무 패킹은 곰팡이로 인한 검은 얼룩이 생기기 쉬우므로 소독용 알코올을 칫솔이나 면봉에 묻혀 꼼꼼히 닦는다.

---

plus ★ tip

300 냉장고 표면에 흠집 제거하기

흠집이 생겨 냉장고 겉 표면에 녹이 슬었다면 그 자리에 투명 매니큐어를 칠해 둔다. 녹이 슨 것을 그대로 방치하면 점점 흠집이 주위로 번져 나가게 되므로 발견한 즉시 조치를 취하는 것이 좋다.

301

냉장고 속 냄새가 없어지질 않아요. 청소를 한 다음에도 계속 남아 있는 **냉장고 냄새 어떻게 없애죠?**

냉장고는 음식을 넣어두는 곳이기 때문에 아무 탈취제나 사용하기 조심스럽다. 때문에 냉장고 속 탈취제로 천연 소재를 활용하는 것이 좋다.

탈취제 위치는 냉각기가 있는 곳, 즉 냉기가 통하는 길에 놓는 것이 가장 좋다. 냉기가 흐르면서 곳곳의 음식 냄새를 잡아줄 뿐 아니라 간혹 냉동실까지 옮겨가는 냉장실의 냄새를 잡을 수 있기 때문이다.

● **숯** … 탈취제로 가장 효과가 좋은 숯. 숯은 냉장고에 두면 탈취 효과 뿐 아니라 냉장고 속 음식 재료의 신선도를 조금 더 연장시키는 역할도 한다. 10cm의 숯을 적당한 크기의 그릇에 담아 3~4개 정도 냉장고 속에 넣어둔다.

● **커피가루** … 커피가루는 냄새를 빨아들일 뿐 아니라 자체적으로 좋은 향기를 가지고 있기 때문에 냉장고뿐 아니라 신발장, 옷장에 많이 쓰인다. 커피를 내리고 난 찌꺼기를 신문지 위에 펼쳐 말린 다음 탈취를 원하는 곳곳에 두면 냄새 걱정 끝.

● **녹차가루** … 남은 녹차 찌꺼기도 천연 탈취제로 손색이 없다. 플라보노이드라는 성분이 냉장고 속 냄새를 빨아들이기 때문이다. 차를 우려내고 남은 찻잎을 잘 말렸다가 망에 싸서 냉장고에 넣어 두면 된다.

---

plus ★ tip

302 **냉장고 문 고무 패킹에 낀 검은 때 지우기**

소금과 맥주를 각각 1작은술씩 섞어 칫솔에 묻힌 후 고무 패킹 사이사이를 골고루 문지른다. 찌든 음식물부터 먼지까지 말끔히 닦여서 원래 색깔을 찾을 수 있다.

303

냉장고 속 구석구석 찌든때가 많네요.
냉장고 속 묵은 얼룩을 쉽게 제거할 수 있는 방법을 알려 주세요.

● **1단계** ··· 냉장고 내부는 기본적으로 흰색이라 찌든때나 반찬 국물들이 흘러 얼룩이 생기면 금방 지저분해진다. 이럴 때는 물 1/2컵에 치약 4cm 정도를 섞어 세제를 만들어 닦아 준다. 일반 세제로 닦기 어려웠던 찌든때를 힘들이지 않고 말끔하게 지울 수 있다. 먹다 남은 맥주나 소주, 청주도 천연 세제 역할을 한다. 행주에 남은 술을 듬뿍 묻혀 구석구석 닦아내면 기름때까지 확실하게 제거할 수 있다.

● **2단계** ··· 말라붙은 달걀 얼룩은 잘 지워지지 않는다. 이런 곳에는 소금물이 그 어떤 세제보다 확실한 역할을 한다. 소금물을 행주에 적신 다음 딱딱하게 굳은 달걀 얼룩에 문질러 주면 쉽게 지울 수 있다.

● **3단계** ··· 냉장고 속에 배어 있는 반찬 냄새는 청소만으로 쉽게 없어지지 않는다. 이럴 땐 식빵을 프라이팬에 태운 후 용기에 담아 냉장고 안에 넣어 둔다. 까맣게 탄 식빵은 숯과 같은 역할을 하기 때문에 숯이 없을 때 임시방편으로 사용하기 좋다. 생선을 굽거나 고기를 구워 집 안에 냄새가 가득 찼을 때도 이 방법을 이용하면 효과적이다.

● **4단계** ··· 마지막 마무리는 냉장고 겉을 깨끗하게 닦는 것. 자극을 주지 않는 극세사 행주로 가볍게 닦는 것이 좋다. 극세사는 세제를 사용하지 않고도 기름때나 가벼운 얼룩을 지울 수 있다. 따라서 냉장고 겉에 묻은 손 얼룩이나 기름때를 큰 힘 들이지 않고 가볍게 닦아낼 수 있다.

304~306

개수대에 물때가 끼어있어 지저분해 보여요. 화학세제를 쓰지 않고 **물때를 말끔히 제거할 수 있는 방법**을 알고 싶어요.

IDEA 1 · 소다 활용해 물때 없애기

개수대는 늘 물을 사용하는 곳이기 때문에 아무리 깨끗이 닦아도 물때가 끼거나 하수관에서 악취가 올라오기 일쑤. 때문에 평소 관리가 중요하다. 일단 개수대 주변으로 소다 1컵을 뿌린 후 식초를 스프레이에 담아 개수대 구석구석에 뿌린다. 그러면 보글보글 거품이 올라오는데 이때 하수구 뚜껑을 닫고 2~3시간 쯤 불려둔다. 때를 어느 정도 불린 다음 부드러운 수세미로 닦아 주면 끝. 소다가 없다면 밀가루를 수세미에 묻혀 닦아도 좋다. 김 빠진 탄산음료도 그냥 버리지 말고 싱크대 청소할 때 활용하면 쉽고 깔끔하게 청소를 할 수 있다.

이렇게 한 번 대청소를 하고 난 다음에는 가벼운 소다수만으로도 항상 깨끗한 상태를 유지할 수 있다. 소다를 물에 녹여 소다수(소다와 물의 비율은 1:5정도)를 만든 다음 스프레이에 담아 설거지가 끝나고 한 번씩 뿌려 가볍게 닦아 주면 항상 깔끔한 상태로 사용할 수 있다.

IDEA 2 · 무 껍질 활용해 얼룩 지우기

무 껍질도 개수대 물때를 청소하는 데 좋은 재료. 무 껍질을 버리지 말고 모아 두었다가 개수대 주변을 닦아 주면 반짝반짝 윤이 난다.

IDEA 3 · 알루미늄 호일 이용해 물때 예방하기

평소에는 설거지 후 알루미늄 호일을 배수구 크기로 만들어 안에 넣어 둔다. 호일이 물과 반응하면 금속 이온이 발생하는데, 이것이 배수구 끈적임의 원인인 세균 발생을 억제하고 때가 개수망의 사이사이로 잘 붙지 않게 한다.

307 | 가스레인지 위에 부착된 후드에 기름때가 잔뜩 끼었어요. **눌어 붙은 후드의 기름때** 어떻게 해야 깨끗하게 없앨 수 있을까요?

가스레인지 후드를 청소할 때는 우선 흡입구의 필터망을 분리하고 미지근한 물에 세제를 조금 푼 다음 담가 때를 불린다. 때를 불린 필터망에 후드 전용 세제를 뿌려 닦아 준다. 또는 뜨거운 물로 필터망을 씻어 낸 다음 밀가루를 뿌리고 10분 정도 그대로 둔다. 밀가루는 기름을 흡수하는 탁월한 효과가 있기 때문에 뿌려 둔 상태에서 솔로 문질러 닦아 내면 새것처럼 깨끗해진다. 가스레인지 후드 본체는 식초에 2배의 물을 부어 만든 식촛물을 뿌린 다음 스펀지를 이용하여 위에서 아래로 문질러 닦는다. 환기팬과 환기통은 가스레인지 불을 3분 정도 쐬어 기름때를 녹인 다음, 전용세제를 묻힌 걸레로 닦는다. 세제를 희석한 물을 스프레이에 담아 분무한 다음 닦아내도 된다.

308 | 전자레인지 안이 누렇게 변했어요. **전자레인지를 깔끔하게 닦아내는 방법**을 알려 주세요.

전자레인지는 음식을 직접 담아 돌리는 곳이기 때문에 세제를 사용해 닦기가 꺼려진다. 또 세제로 닦아낸 부분을 물로 말끔하게 헹궈낼 수 없기 때문에 안심이 되지 않는다. 따라서 전자레인지 청소를 할 때는 최대한 식초나 물, 소다 등 천연 재료를 이용해 닦는 것이 좋다.

● **소다물의 증기 이용하기** … 물 1컵에 소다 1~2작은술을 넣어 희석시킨다. 소다물을 내열용기에 담아 전자레인지에 넣고 돌린다. 내부의 증

기로 인해 전자레인지 안에 물방울이 맺히게 되는데 이때 젖은 행주로 닦아 때를 제거하고 마른 행주로 마무리한다.

● **소다물 뿌려 닦기** … 소다물을 스프레이에 담아 전자레인지 안쪽으로 골고루 뿌린 다음 전자레인지를 돌려 내부를 뜨겁게 한다. 젖은 행주로 불린 때를 닦아내고 마른 행주로 마무리한다.

● **식초 활용하기** … 생선을 데우고 난 뒤 비린내가 가시지 않는다면 젖은 행주에 식초를 조금 묻혀 닦거나 식초 1큰술을 물에 희석시킨 후 용기에 담아 전자레인지를 가열하면 냄새를 쉽게 없앨 수 있다.

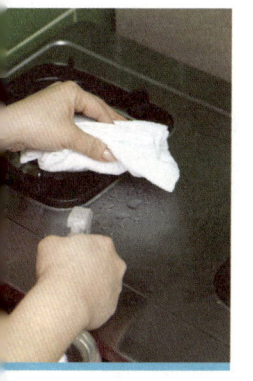

309 | 가스레인지는 닦아내도 찌든 얼룩과 기름때 때문에 항상 지저분해요. 새것처럼 말끔하게 씻을 수는 없을까요?

● **가스레인지 상판** … 이 부분은 조리 시 생기는 얼룩이 눌어 붙어 쉽게 닦이지 않는다. 이럴 땐 식초와 물을 1:1로 섞은 다음 팔팔 끓여 식힌다. 이렇게 만든 식촛물을 열기가 남아 있는 가스레인지 주변에 뿌리고 닦아내면 얼룩이 쉽게 지워진다. 기름때가 많다면 소다를 활용하는 것도 좋은 방법. 하지만 소다수를 뿌려 두면 건조 후 하얀 가루가 남기 때문에 소다로 기름때를 제거한 다음 식초수를 뿌려 닦아 마무리한다.

● **삼발이** … 삼발이의 얼룩은 요리 중 국물이 넘치거나 기름이 흐르면서 생긴 얼룩이 불에 건조되면서 찌든때로 변해 생기는 것이 대부분. 때문에 쉽게 깨끗해지지 않는다. 가스레인지 상판과 같은 방법으로 닦아내고, 그래도 잘 지워지지 않을 때는 소다를 푼 물에 담가 끓이면 때가 분해된다. 물얼룩이 남지 않도록 말리고 평소에는 소다수와 식촛물을 뿌려 가볍게 닦으면 깔끔하다.

310~315 | 구석구석 깔끔하게
부엌 청소 노하우

IDEA 1 개수대 청소

설거지는 그릇만 닦는다고 끝이 아니다. 설거지가 끝난 다음 개수대 청소를 잊지 말자. 개수대는 물에 젖어 있는 시간이 많아 곰팡이가 생기기 쉽기 때문에 늘 깨끗이 관리해야 한다. 개수대의 찌든때는 달걀껍질을 수세미에 묻혀 닦으면 손쉽게 없앨 수 있다.

IDEA 2 배수구 청소

수시로 음식물 찌꺼기를 비우고 솔을 이용해 이물질을 없앤 후 햇볕에 말린다. 배수구에 밴 냄새를 없애려면 식초를 이용해보자. 물 1컵에 식초 1/3컵을 희석해 배수구에 부으면 악취가 말끔히 사라진다.

plus★tip

316 부엌용 스펀지 청결하게 사용하기

설거지용 스펀지가 더러워져 있으면 오히려 그릇에 세균을 옮길 수 있다. 설거지통에 뜨거운 물을 받아 식초 2작은술을 떨어뜨린 후 하룻밤 그대로 담가 둔다. 그런 다음 물로 여러 번 헹궈 꼭 짠 후 완전히 말려서 사용하면 항상 깨끗한 상태에서 사용할 수 있다.

IDEA 3 서랍장 청소

숟가락이나 젓가락, 각종 조리도구와 행주 등 부엌에서 청결하게 사용해야 하는 용품을 보관하는 싱크대 서랍장. 하지만 통풍이 잘 안 되기 때문에 냄새가 날 수 있다. 싱크대 서랍장의 냄새를 없애려면 마른 커피찌꺼기나 숯을 이용하는 것이 좋다. 병에 담은 뒤 망으로 입구를 덮어 두면 향은 그대로 유지하면서 가루가 날리지 않아 보관하기도 편하다. 또 숯은 방습, 탈취 효과는 물론 세균을 없애는 청정 효과가 있기 때문에 음식을 다루는 주방에 하나쯤 두면 여러 가지 문제를 해결할 수 있다.

IDEA 4 행주 삶기

식기나 식탁을 닦는 행주는 자칫하면 세균의 온상이 되기 쉽다. 때문에 자주 삶아서 소독을 해주어야 한다. 행주를 삶을 때는 달걀껍질과 레몬 한 조각을 넣는다. 달걀껍질 속 단백질이 분해 작용을 일으켜 행주를 하얗게 만들어 주고 레몬 향이 행주에 밴 음식 냄새를 없애 준다. 행주를 삶은 뒤에는 물에 깨끗이 헹군 후 햇볕이 드는 곳에서 바짝 말린다.

IDEA 5 부엌 바닥 청소

부엌 바닥은 조리하다가 튄 음식 얼룩이나 설거지하다가 떨어뜨린 물 자국으로 지저분해지기 쉽다. 때문에 매일 닦아 주는 것이 좋다. 하지만 매일 물걸레로 닦아내기 힘들다면 쌀뜨물을 활용해 보자. 분무기에 쌀뜨물을 넣어 뿌린 후 닦아내면 묵은 때도 벗겨지고 윤이 난다. 강한 세정력이 필요하다면 쌀뜨물과 소주 반 잔, 설탕 3큰술을 넣고 5일 정도 발효시킨 다음 이용한다.

IDEA 6 음식물 냄새 제거

부엌은 조리를 하는 곳이기 때문에 구석구석 음식물 냄새가 배어 있다. 때문에 청소를 마친 후 마지막 단계에서 이런 음식의 잡냄새를 제거해 주는 것이 좋다. 차를 우려내고 남은 녹차 잎을 말려 두었다가 프라이팬에 볶으면 음식 냄새가 없어지고 은은한 녹차 향이 부엌 가득 퍼진다. 한 번 볶은 녹찻잎은 다시 볶으면 쉽게 타기 때문에 재활용하지 않는다.

317 | 유리그릇을 처음 샀을 때처럼 맑고 투명한 상태로 유지하려면 어떻게 관리해 주어야 할까요?

유리그릇에 생긴 얼룩이 잘 지워지지 않을 때는 젖은 스펀지에 소다 가루를 뿌려 닦아 준다. 얼룩은 물론 물때까지 말끔하게 지울 수 있다. 유리 밀폐용기도 다른 그릇과 마찬가지로 반찬을 오래 담아 두면 냄새가 배게 된다. 이럴 때는 설거지 마지막 단계에서 식초를 조금 푼 물에 잠시 담가 두었다가 물에 헹구면 효과적이다. 유리 밀폐용기를 깨끗하게 오랫동안 사용하려면 10%의 소금을 희석시킨 소금물에 넣고 끓여준다. 구입하자마자 이렇게 열처리를 하면 잘 깨지지도 않고 유리 자체도 맑아져 오래 쓸 수 있다. 또 설거지를 한 다음 레몬껍질을 띄운 깨끗한 물에 담가 두면 레몬의 산 성분 때문에 유리 표면에 윤기가 흐르게 된다. 귤껍질이나 오렌지껍질 안쪽 부분으로 닦아 주어도 같은 효과를 낼 수 있다.

318 | 커피메이커나 전기포트 같은 가전제품은 어떻게 씻어야 하나요? 전선이 몸체에 연결되어 있어 씻기가 조심스러워요.

커피를 내리는 바스켓 필터 부분과 커피를 담아 두는 유리 용기는 세제로 깨끗이 씻어낼 수 있지만 물을 담는 물받이 부분은 손을 넣어 씻기가 힘들다. 또 이 부분은 기기와 연결이 되어 있어 세제를 넣어 깨끗이 씻어낸다고 하더라도 헹구는 작업이 만만치않다. 또 전선이 기기에 연결되어 있어 자칫 합선의 위험도 따른다. 때문에 커피메이커를 씻을 때는 세제를 사용하지 말고 식초를 희석시킨 물을 물받이 부분에 담고 커피를 내리듯이 식초를 희석한 물을 그대로 여과시켜 주는 게 좋다. 식초는 살균작용은 물론 물때를 중화하는 역할을 하므로 세제를 사용하지 않고도 구석구석 깨끗하게 씻어낼 수 있다. 이렇게 식초로 씻어낸 다음 물로 한 번 더 여과시켜 깔끔하게 헹굼까지 완료한다. 전기포트도 같은 방법으로 식초를 넣고 끓인 다음 물로 여러 번 헹궈 주면 된다.

319 | 김치를 담았던 그릇이나 도마에 남아 있는 얼룩 어떻게 지워야 할까요?

밀폐용기에 밴 냄새, 도마에 밴 음식의 잡냄새를 없애는 데는 쌀뜨물이 가장 효과적이다. 김치를 담아 두었던 용기나 생선 비린내가 나는 그릇에 쌀뜨물을 부어 30~40분 정도 그대로 둔다. 김치의 얼룩은 물론 냄새까지 없앨 수 있다. 도마에 밴 김치 얼룩과 냄새는 역시 쌀뜨물에 30분 정도 담갔다가 수세미로 문질러 헹구면 깔끔해진다.

기름때를 닦을 때도 쌀뜨물이 효과적이다. 큰 그릇에 쌀뜨물을 받아 두었다가 설거지할 때 잠시 담가 두면 그릇에 묻어 있던 기름기가 제거되고 음식으로 인한 냄새 역시 사라진다. 쌀뜨물과 마찬가지로 청주, 각종 티백, 소금, 레몬을 물과 함께 밀폐용기에 넣은 후 잘 흔들어 반나절 정도 담가 두면 얼룩은 물론 각종 반찬 냄새까지 없앨 수 있다.

plus ★ tip

320 보온병이나 믹서기 닦기

달걀껍데기를 물로 씻은 뒤 잘게 부숴 보온병 안에 넣고 흔들면 물때가 깨끗이 없어진다. 믹서기 역시 달걀껍데기를 넣고 가루가 될 때까지 돌린 후 헹궈내면 칼날 사이사이 있던 찌든때도 말끔하게 제거될 뿐만 아니라 칼날 때문에 손대기가 힘들었던 구석구석까지 반짝반짝하게 씻어낼 수 있다.

321
프라이팬을 오래 쓰다 보니 **누렇게 찌든 기름때가 잘 안 지워지네요.** 깔끔하게 지울 수 있는 방법 없을까요?

코팅된 프라이팬은 자칫 잘못 닦으면 코팅이 벗겨지거나 상처가 생기기 쉬우므로 조심해야 한다. 일단 남아 있는 기름을 신문지로 닦아낸 다음 소다물을 부어 준다. 프라이팬이 뜨거운 상태가 아니라면 소다물을 붓고 물이 뜨거워질 정도로만 끓여 30분 정도 그대로 둔다. 소다가 기름때를 중화하고 분해하기 때문에 그대로 불려만 두면 살짝 문질러도 쉽게 때가 지워진다. 냄비가 검게 그을렸을 경우에도 같은 방법으로 닦아내면 반짝반짝 윤이 난다.

프라이팬을 닦다 보면 찌든 기름 때가 수세미에 엉겨 붙는 경우가 있다. 이럴 때는 우유팩을 삼각 크레이프 모양으로 잘라 두었다가 찌꺼기를 닦으면 긁힘 없이 쉽게 1차적인 처리를 할 수 있다.

322
스테인리스 팬을 구입했는데 사용 후 설거지가 힘드네요. **깔끔하고 손상 없이 닦는 방법 없을까요?**

● **일반 세척법**

스테인리스 팬 세척제로 가장 좋은 것은 식초다. 물과 주방세제 그리고 약간의 식초를 섞어 스펀지로 닦으면 처음 산 것처럼 반짝반짝하게 닦인다. 단, 철 수세미나 초록 수세미로 닦으면 팬에 흠집이 나거나 광택이 사라질 수 있으므로 꼭 스펀지나 그물 수세미를 사용한다.

● **음식이 눌어 붙었을 때**

심하게 타지 않은 경우라면 팬에 뜨거운 물을 붓고 반나절 동안 불려두면 탄 부분이 자연스럽게 떨어져 나간다. 그래도 잘 닦이지 않는다면 소다나 스테인리스 전용 세정제를 사용하여 씻어낸다. 마지막으로 음식이 눌어 붙어서 까맣게 타버렸을 때는 음식물을 대충 걷어내고 소다 푼 물을 붓고 20분 정도 끓인다.

● **팬 가장자리가 노랗게 변했을 때**

기름을 두른 팬이 과열되면서 생긴 것으로 스펀지에 소다를 묻혀 닦으면 깔끔하게 지워진다.

323 │ 입구가 좁은 물통은 닦기가 힘들어요. 설거지 솔을 이용해 닦아도 왠지 깨끗이 닦이지 않는 것 같아 찜찜해요.

물을 담아 쓰는 물통은 입구가 좁은 것이 많기 때문에 닦기가 힘들다. 또, 식수만 담아 쓰는 것이기 때문에 특별히 닦아야 할 필요성을 느끼지 못하는 사람들이 많다. 하지만 아무리 식수를 담아 두는 통이라 해도 물때를 무시할 수 없다. 이는 물통 속에 세균을 키우는 격.

손을 넣어 닦을 수 없는 물통은 식초를 희석한 물을 담고 뚜껑을 닫아서 세게 흔들어 준다. 흔들면서 생기는 물의 마찰로 물때 제거는 물론 식초의 살균 작용으로 인해 다른 오염물질도 깨끗하게 씻긴다. 마지막으로 깨끗한 물로 여러 번 헹궈 잘 말린 다음 다시 사용한다.

좀처럼 닦기 힘든 주전자 안쪽의 때도 식초를 이용하면 힘들이지 않고 손쉽게 제거할 수 있다. 주전자에 물을 가득 담고 식초를 넣은 다음 하룻밤 동안 불리면 때가 감쪽같이 없어진다.

324

나무 마루는 습기에 약해 스팀 청소하기가 겁나요. **나무 바닥재의 올바른 청소법**을 알려 주세요.

스팀 청소기로 나무 마루를 청소할 때 한 곳에 스팀을 집중 분사하면 변형을 가져올 수 있으므로 주의해야 한다. 또 나무의 무늬결 방향으로 청소를 해야 먼지를 깔끔하게 흡착할 수 있다. 마루 표면의 얼룩을 제거할 때는 시너와 솔벤트 같은 유기용제를 사용하면 표면이 변색될 수 있으므로 중성세제를 사용한다. 또한 페인트나 기름, 접착제 등이 묻었을 경우에는 강화마루 전용 클리너로 지우고 젖은 천으로 닦아 준다.

나무는 마찰이나 자극이 강할 경우 긁히거나 파이는 등 손상이 되기 쉽다. 때문에 청소용 파우더나 스틸 수세미같이 마루 표면을 손상시킬 수 있는 청소도구는 사용하지 않는 것이 좋다.

우리나라는 바닥난방을 하기 때문에 나무마루의 시공 후 온도 상승이나 습기에 의해서도 손상될 수 있으므로 주의가 필요하다. 난방을 하는 시기에는 대부분 카펫이나 러그 등을 함께 깔아 주는데 이는 마루의 온도 상승시키면서 습도를 높이는 요인이 된다. 이 경우 자칫하면 마루판이 수축돼 형태의 변형을 일으킨다. 또 오래 깔고 있으면 카펫이 깔렸던 곳과 아닌 곳에 색상의 차이가 난다. 따라서 가끔씩 걷어내어 환기를 시켜주는 것이 좋다.

---

plus ★ tip

325 뜨거운 컵 때문에 생긴 나무 테이블 위 동그란 자국 없애기

니스 칠을 한 테이블에 뜨거운 음료가 담긴 컵을 올려 두면 동그랗게 자국이 남는 경우가 종종 있다. 이럴 때는 소독용 에탄올을 천에 묻혀 밖으로 밀어내듯이 살살 문지르며 닦는다. 단, 이 방법은 에탄올이 니스를 녹이는 성질을 이용한 것이므로 지나치게 문지르면 니스가 벗겨질 수 있으므로 주의한다.

326 | 카펫이나 패브릭 소파는 청소기로 먼지를 빨아들여도 개운하지 않아요. 카펫을 속 시원하게 청소하고 싶어요.

진공청소기로 카펫을 아무리 깨끗하게 청소한다고 하더라도 카펫 모 사이사이에 붙은 먼지를 제거하기란 쉽지 않다. 또 카펫의 때 역시 잘 빠지지 않는다. 이럴 땐 굵은소금을 활용해보자. 카펫에 소금을 뿌리고 잠시 그대로 둔 다음 청소기로 빨아들이면 소금에 먼지가 달라붙어 효 과적으로 먼지를 제거할 수 있다. 또한 카펫 밑면에 습기가 차서 곰팡 이가 생길 수 있으므로 카펫 밑에 신문지를 깔아 두면 간단하게 습기를 예방할 수 있다. 소파도 카펫과 같은 방법으로 청소를 해 준다. 소파에 굵은소금을 뿌리고 손으로 살살 문지른 다음 15분쯤 후에 청소기로 걷 어내면 소금이 먼지를 흡착해 깔끔해진다.

327 | 커튼은 자주 세탁하기가 힘들어요. 커튼을 깨끗하게 사용하는 방법 있나요?

커튼은 깨닫지 못하는 사이에 집 안과 밖에서 들어오는 모든 먼지가 붙 어 더러워진다. 하지만 문제는 세탁이 어렵다는 것. 때문에 가능한 더 러워지지 않도록 사용하는 것이 좋다. 커튼이 깨끗할 때 방수 스프레이 를 전체적으로 뿌려준다. 방수 스프레이는 물은 물론 기름때나 먼지가 섬유 속으로 파고드는 것을 막아 주기 때문에 쉽게 더러워지지 않는다. 또 더러워져도 물빨래로 간단히 없앨 수 있다. 패브릭 소파 커버, 침대 커버 등 세탁하기 어려운 곳에 뿌려 주면 관리하기가 편하다.

328

벽면에 부착되어 있는 **스위치에 손때가 많이 묻어 있어요.** 젖은 걸레로 닦아도 잘 지워지지 않는데 어떻게 하죠?

가전제품이나 스위치는 신경 써서 자주 청소하지는 않기 때문에 손때가 쌓여 지저분해지기 쉽다. 이런 찌든때는 단순한 물걸레질만으로 쉽게 지워지지 않는다. 이럴 때는 마른 헝겊에 식초를 살짝 적셔서 가볍게 문지르면 깨끗해진다. 식초는 산성이기 때문에 물때나 비누찌꺼기, 사람에게서 나오는 피지 등 알칼리성 더러움을 없애는 데 효과적이다. 식초의 시큼한 냄새가 싫다면 아로마 에센셜오일을 약간 떨어뜨리면 닦은 후에도 은은한 향이 남는다.

329

아이들의 장난과 낙서로 벽지가 지저분해졌어요. **더러워진 벽지 깨끗하게 만들 수 있는 방법** 없을까요?

비닐이나 실크벽지에 생긴 얼룩은 대부분 젖은 걸레로 지울 수 있으며, 수성용 펜으로 한 낙서는 따뜻한 물이나 중성세제(주방용세제)를 이용해 닦으면 쉽게 지워진다. 벽지는 기본적으로 코팅이 되어 있기 때문에 물을 묻혀 닦는 정도로는 해지지 않는다. 손이나 발자국은 지우개로 지워지며, 유성용 펜 자국은 식빵을 이용해 문지르거나 아세톤을 헝겊에 살짝 묻혀 닦으면 쉽게 지울 수 있다.

오랫동안 걸어두었던 그림이나 사진 등이 싫증이 나 떼어 버리려고 해도 액자자국 때문에 못하는 경우가 많다. 이럴 때는 헝겊에 세제를 묻혀 닦아내면 된다. 하지만 한번 지저분해진 벽지는 완벽하게 원래 상태로 복구할 수 없다. 때문에 청소기를 이용해 자주 먼지를 제거해 주는 것이 좋으며 얼룩이 생겼을 때 바로 지우는 것이 좋다.

아이들의 낙서로 인해 벽지에 얼룩이 생겼을 때는 아예 포인트가 될 만한 컬러로 더러워진 부분만 칠해 주거나 다른 벽지에서 문양을 오려 덧대 주면 색다른 분위기를 연출할 수 있다.

330 아이들 책상 밑에 **러그**를 깔아 주려고 합니다. 하지만 먼지나 집먼지진드기가 걱정이에요. **어떻게 관리해야 할까요?**

진드기는 울, 면 등 천연섬유에 주로 살며 화학섬유에는 상대적으로 적은 편이다. 그리고 요즘 제작되는 대부분의 카펫은 항 진드기와 먼지, 정전기 처리가 되어 있기 때문에 너무 걱정할 필요는 없다. 단, 매일 진공청소기로 먼지를 빨아들이고 상태에 따라 1~2년에 한 번씩 드라이클리닝을 해 살균처리를 해주면 깔끔하게 사용할 수 있다. 이렇게 관리를 해 주어야 하는 카펫이 부담스럽다면 아이들 방에는 작은 러그를 깔아 주는 것이 좋다.

호흡기가 약하거나 아토피가 있는 아이들이라면 소재를 잘 선택해야 한다. 아이들 건강에 해가 없는 면이나 고급 나일론 소재를 선택하면 세탁이 편하기 때문에 훨씬 깨끗하게 사용할 수 있다. 카펫 뒷면의 제품 특성 표시에서 방충, 방진, 정전기 방지 처리가 된 제품인지를 확인하고 선택하도록 한다. 최근 극세사 열풍이 일면서 극세사 카펫을 많이 사용하는데, 극세사 카펫은 부드럽고 방열작용은 뛰어나지만 먼지 발생이 높은 편이기 때문에 아이 방에 까는 것은 피하도록 한다.

331 | 팬히터나 에어컨의 좁은 틈새는 어떻게 청소해야 하나요?

에어컨의 좁은 틈새, 팬히터 등 손을 넣을 수 없는 곳은 걸레로 닦기도 힘들고 청소기로 먼지를 빨아들이기도 힘들다. 이럴 때는 헌 칫솔로 쌓여 있는 먼지를 긁어낸다. 또 굵은 스트로우를 2~3개 준비한 다음 청소기의 노즐 끝에 꽂고 테이프로 고정시킨다. 스트로우가 청소기의 노즐 역할을 하기 때문에 아무리 작은 틈새라고 해도 먼지를 빨아들일 수 있다. 청소기 노즐을 빼고 다 쓰고 남은 랩 심이나 휴지 심을 꽂아 가구 사이사이, 구석구석 손이 닿기 힘든 부분의 먼지를 빨아들이는 것도 또하나의 청소 아이디어다.

332~334 | 화장실 여기저기에 물때가 끼여있어요. 물때를 깨끗하게 지우는 방법을 알려 주세요.

IDEA 1 개수구 청소

세면대 개수구는 수세미를 이용해 닦아도 때가 쉽게 빠지지 않는다. 수세미가 개수구 틈 사이까지 닿지 못하기 때문. 이럴 땐 롤 화장지 심지를 이용해 묵은 때를 제거한다. 롤 화장지의 심지는 대부분 개수구와 크기가 잘 맞는다. 따라서 심지를 개수구에 대고 돌리기만 해도 개수구 홈의 물때를 쉽게 제거할 수 있다.

IDEA 2 욕조 청소

욕조는 따로 시간을 내서 청소하려면 여간 번거로운 일이 아니다. 또 쉽게 때가 잘 지워지지 않아서 힘을 주어 청소하게 된다. 하지만 샤워

나 반신욕이 끝난 다음 온기가 남아 있을 때 샴푸를 이용해 물때를 씻어내면 욕조의 때를 쉽게 닦아낼 수 있다. 샴푸는 세정력이 뛰어날 뿐 아니라 일반 세제보다 향이 좋아 청소 후에도 개운한 느낌이 든다.

IDEA 3 　세면대 트랩

세면대 트랩은 항상 물에 젖어 있어 녹이 잘 슨다. 이럴 때는 땅콩 버터를 칫솔에 묻혀 세면대 트랩을 닦으면 녹이 쉽게 없어진다. 땅콩 찌꺼기가 트랩을 자극해 녹이 벗겨지는 것을 돕고 지방 성분의 기름이 물때로 슨 녹을 녹여주기 때문에 깨끗하게 닦을 수 있다.

335 욕실 거울의 **김서림을 막는 좋은 방법** 없을까요?

욕실 거울을 물로 닦아내면 마르고 난 뒤 물 얼룩이 생겨 깨끗하지 못하다. 또한 김이 서려 금방 지저분해진다. 욕실 거울에 김이 서리는 것을 막으려면 목욕탕 거울 표면에 비누칠을 한 다음 마른걸레로 닦아낸다. 이렇게 하면 유리 표면에 얇은 비누막이 생기므로 김이 잘 서리지 않을뿐더러 더러움도 쉽게 타지 않는다. 또 치약 푼 물을 헝겊에 적셔 닦아 주는 것도 좋다. 감자를 이용해도 거울을 깨끗하게 닦을 수 있다. 감자의 절단면으로 거울 표면을 닦으면 감자 전분이 하얗게 묻는데 이것을 마른걸레로 닦아 내면 거울이 말끔해진다.

plus・tip

336 화장실 타일 보수하기

타일에 못 자국이 났거나 금이 갔을 때는 다용도 실리콘을 이용해 본다. 실리콘 끝을 45° 정도 기울여 튜브를 누르면서 금이 간 타일 사이사이에 실리콘을 채워 넣은 후 커터칼이나 헤라 등으로 표면을 긁어서 매끈하게 정리해 주면 된다.

337~341 | 구석구석 깔끔하게
욕실 청소 노하우

IDEA 1 · **샤워기, 수도꼭지 광내기**

샤워기 구멍 속 물때는 샤워기의 물살을 약하게 한다. 때문에 샤워기 헤드 청소도 꼼꼼하게 해 주어야 한다. 샤워기를 물 1ℓ 에 식초 한 컵을 넣어 만든 식촛물에 한 시간 정도 담가 때를 불린다. 또는 그냥 락스를 희석한 물에 담가 주어도 좋다. 그 다음 헌 칫솔로 살살 닦으면 샤워기 속 물때가 없어진다. 닦기 어려운 수도꼭지의 틈새나 물때 낀 손잡이 등은 헌 칫솔에 치약을 묻혀 닦으면 곰팡이나 묵은때 등을 없앨 수 있다. 소독용 알코올로 닦아 주거나 스펀지에 식초를 묻혀 닦아도 깔끔하게 닦인다.

IDEA 2 냄새 제거하기

욕실은 단순한 탈취 기능보다는 탈취와 함께 방향제 역할을 해 주는 용품을 사용하는 것이 좋다. 욕실 한쪽에 선반을 만들어 아로마 향초나 허브 오일 등을 놓는다. 욕실 속 퀴퀴한 냄새 제거는 물론 목욕을 할 때 긴장된 몸을 이완해 일석이조의 효과를 얻을 수 있다.

IDEA 3 곰팡이 제거하기

욕실의 선반이나 닦아내기 쉬운 곳에 낀 곰팡이는 소다를 푼 물로 닦아내면 쉽게 제거된다. 하지만 실리콘 사이에 낀 곰팡이는 소다로도 쉽게 지워지지 않는다. 이럴 때는 곰팡이가 낀 실리콘 위에 곰팡이 제거 전용세제를 충분히 뿌린 후 화장지로 덮어 둔다. 5~6시간 후에 화장지를 떼어내고 솔로 문지르면 쉽게 없앨 수 있다. 벽면 타일에 낀 곰팡이는 식초를 이용해 제거한다. 일단 곰팡이가 낀 부분에 티슈를 대고 식초를 분무기로 뿌린 다음 랩으로 그 위를 감싼다. 티슈의 크기보다 크게 잘라 붙이면 타일 벽면에 랩이 붙어 고정이 된다. 어느 정도 시간이 지나 휴지를 떼내면 감쪽같이 사라진다.

IDEA 4 변기 닦기

티슈를 변기의 구석, 안, 겉에 붙인 다음 세제 원액이나 표백제 푼 물을 분무기에 담아 뿌린다. 티슈가 닦기 힘든 변기의 구석구석까지 때를 불려준다. 1~2시간 때를 불리고 난 후 티슈를 떼어내고 솔로 문지르면 구석구석 꼼꼼하고 쉽게 닦을 수 있다. 이런 단계가 번거롭다면 일회용 변기 전용 솔을 이용하는 것도 좋다. 일회용 청소 솔은 변기의 구석구석을 닦기 쉽게 디자인되어 있어 힘들이지 않고 닦아낼 수 있다. 변기는 사용 후 틈틈이 식초수를 뿌려 닦으면 항상 깨끗하게 사용할 수 있다.

IDEA 5 천장 닦기

욕실 청소할 때 많이 놓치는 부분이 천장이다. 하지만 습기가 천장부분까지 꽉 차기 때문에 빼놓지 말아야 할 부분이다. 손잡이가 달려 길이 조절이 가능한 창문 닦기 용 스펀지를 이용해 닦은 후 고무 부분으로 물기를 제거하면 된다.

342 블라인드에 때가 많이 타서 지저분해요. 대청소를 하면서 닦으려고 하는데 방법을 모르겠네요.

● **원단으로 된 블라인드** … 섬유 사이사이로 먼지가 들어가기 때문에 단순히 닦는 것만으로는 해결이 안 된다. 원단으로 된 블라인드의 경우는 세탁 전문 업체에 맡겨 수축 및 변형 없이 세탁하는 것이 낫다.

● **알루미늄 코팅 원단**(플리티드 블라인드 용) … 섬유로 된 원단과는 다르게 정전기 방지 처리가 되어 있어 가볍게 먼지만 털어내면 별도 관리가 필요 없다. 단, 깨끗하게 닦아낸다고 물기 있는 걸레를 사용하면 안 된다.

● **우드 블라인드** … 다른 블라인드에 비해 먼지가 많이 쌓이는 편이다.

매주 한 번씩 먼지를 털어 준다. 먼지가 많이 쌓였다면 마른걸레나 면장갑을 끼고 슬릿마다 먼지를 닦아 준다. 가구 닦을 때 사용하는 오일이나 스프레이를 이용해 마지막 단계에서 닦아 주면 원목의 광택을 살릴 수 있다.

● **베네시안 블라인드** … 가정에서 가장 많이 사용하는 블라인드로 마른 걸레로 먼지를 털어내고 면장갑을 끼고 슬릿마다 먼지를 닦아내면 된다. 단 슬릿이 꺾이지 않도록 주의한다.

● **롤 스크린** … 특성상 세탁을 하지 못한다. 단, 탈부착이 가능하고 세탁 가능한 특수 제품이 나오기 때문에 이 점을 염두에 두고 구입하는 것이 좋다. 특정 부분에 오염이 묻은 경우에는 물걸레로 닦아 준다.

● **베인셰이드** … 베인 공간 사이로 벌레가 들어가기 쉽다. 막대로 벌레를 제거하고 2주에 한 번 정도 가볍게 먼지를 털어낸다.

● **셀 블라인드** … 욕조에 중성세제를 풀어 살살 주물러 주고 샤워기로 충분히 헹궈 세탁이 가능하다. 상단 하드웨어에 물이 들어가지 않게 주의하고 하단 바에 들어간 물은 옆으로 뉘여 충분히 빼낸 후 말린다.

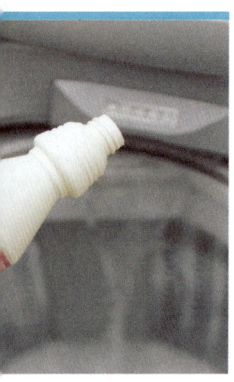

343

세탁기도 청소를 해야 한다고 들었어요.
세탁기 청소하는 방법이나 곰팡이 제거 요령을 알려 주세요.

항상 물을 사용하는 세탁기 역시 곰팡이가 생기기 쉽다. 눈에는 보이지 않지만 세탁조의 바깥부분에 생겨난 곰팡이가 세탁 시에 조금씩 묻어 나올 수 있기 때문에 1년에 3~4회 정도 주기적으로 곰팡이를 제거해야 한다.

시중에 세탁조 곰팡이를 제거할 수 있는 제품들이 많이 나와 있다. 각 제품마다 사용 방법이 다르므로 제조사가 제시한 방법으로 세탁조 청소를 한다. 이런 제품을 이용하지 않고 집에서 사용하는 세제나 천연 재료로 사용해 청소를 쉽게 하는 방법도 있다. 우선 세탁조에 뜨거운 물을 가득 받은 다음 빙초산을 300ml 정도 넣거나 가정에서 사용하는 옥시크린을 300ml 정도 넣어 반나절 정도 둔다. 그런 후에 물을 가장 많이 받아 일반코스로 세탁기를 한 번 돌리면 된다.

드럼세탁기의 경우 통살균 기능이 있으므로 매뉴얼을 조작해 세탁조 청소를 해 주거나 드럼 전용 세탁조 전용 세정제를 넣고 삶기 코스로 돌려 세탁조의 세제 찌꺼기와 곰팡이를 제거한다.

---

plus·tip

344 아이들 장난감 쉽게 세탁하는 방법

아이들이 늘 끼고 다니는 털이 있는 패브릭 장난감은 세탁하기도 어렵고 쉽게 마르지도 않는다. 이럴 때는 간편한 소금 클리닝을 이용해 본다. 비닐봉지에 장난감을 넣은 후 소금을 골고루 뿌리고 입구 부분을 꽉 잡은 채 30번 정도 흔들어 준다. 소금이 먼지와 때를 흡수해서 원래의 색깔로 돌아온다. 장난감을 꺼내 소금을 깨끗이 털어내면 세탁완료.

345~346 | 방충망과 창틀에 먼지가 너무 쌓여 지저분해요. 어떻게 청소해야 하나요?

IDEA 1 · 창틀

외부 먼지와 집 안의 먼지가 쌓여 어느 순간 까맣게 변해버린 창틀. 하지만 깊은 홈과 창틀 사이사이의 공간이 좁기 때문에 먼지를 깨끗이 닦아내기가 쉽지 않다. 우선 창틀에 물을 묻히기 전 창틀의 먼지를 없애 주어야 한다. 창틀이나 섀시 틈새에 켜켜이 앉은 먼지는 거친 붓을 이용해 쓸어낸다. 그런 다음 붓에 물을 적셔 다시 한 번 닦아 주면 된다. 먼지가 많은 경우에는 청소기로 빨아들인다. 하지만 창틀 사이 공간이 좁아 노즐이 망가질 수 있으므로 랩 심이나 두루마리 휴지 심을 청소기 노즐 부분에 끼우고 테이프로 고정한 다음 먼지를 빨아들인다. 찌든때가 창틀에 끼었을 경우는 단순히 먼지만 털어내는 방법으로 해결할 수 없다. 이럴 때는 세제를 푼 물을 창틀에 붓고 4~5시간 때를 불린다. 그런 다음 휴지나 걸레를 이용해 물을 빨아들이고 닦아내면 때가 쉽게 지워진다. 창과 창틀의 묵은때는 칫솔에 세정제를 묻혀 닦아내고 마른걸레나 헝겊으로 마무리한다.

IDEA 2 · 방충망

바람을 실어 주는 통로가 되는 방충망이 더러워지면 왠지 방충망의 먼지가 그대로 집 안으로 들어오는 것 같아 찜찜하다. 이럴 땐 망 한쪽 면에 신문지를 붙인 다음 반대편에서 진공청소기를 이용해 먼지를 빨아들이면 쉽게 먼지가 제거된다. 먼지가 많이 뭉쳐 있는 부분은 솔로 문지른 다음 다시 한 번 빨아들인다. 이렇게 먼지를 제거한 후에도 개운하지 않다면 스펀지에 세제를 묻혀 방충망에 살살 문지르고 물을 담은 스프레이로 방충망 앞쪽에서 밖을 향해 분무하면서 먼지를 깨끗이 씻어낸다.

347

집에 들어서면 가장 먼저 보이는 **현관.** 항상 깨끗이 하려고 하는데 신발에서 딸려 오는 **먼지 때문에 늘 지저분해요.**

현관 청소는 신문지를 이용하는 것이 가장 효과적이다. 신문지를 잘라 현관 가득 흩어 놓고 분무기를 이용해 물을 골고루 뿌려 둔다. 신문지가 바닥에 붙을 때가 어느 정도 불면 빗자루로 쓸어낸다. 먼지날림 없이 현관이 깨끗해진다. 차를 우려내고 남은 찌꺼기를 뿌려 주는 것도 방법. 빗자루로 녹찻잎을 쓸어내면 녹찻잎이 먼지와 작은 쓰레기를 흡착해 손쉽게 청소를 끝낼 수 있다.

현관에 찌든때가 가득하다면 신문지를 세제 푼 물에 적셔 바닥에 펴둔다. 어느 정도 시간이 지난 다음 걷어 내면서 현관 바닥을 닦는다. 이때 타일의 틈새 먼지는 칫솔로 닦아 내면 말끔해진다. 평소에 솔이 뻣뻣한 도배용 붓을 신발장에 비치해 두고 수시로 쓸어내면 타일 사이에 먼지가 끼는 것을 막을 수 있으며 현관을 항상 깨끗한 상태로 유지할 수 있다. 얼룩이 남기 쉬운 현관문 손잡이는 알코올을 묻혀 가볍게 문질러 닦는다.

plus ★ tip

348 가죽에 광택 내는 방법

가죽에 광택을 내는 데 가장 좋은 천연 재료는 바나나껍질. 바나나껍질의 미끈미끈한 부분(안쪽)으로 소파를 문지른 다음 마른 천으로 닦아주면 가죽 클리너를 써서 닦아 주는 것만큼의 효과가 있다. 또 천연 코팅 효과도 있고 가죽의 수명도 늘릴 수 있다. 가죽 구두는 우유를 마른 수건에 묻혀 닦으면 깨끗하게 닦인다. 우유로 닦은 뒤 얼룩이 생길 수 있기 때문에 반드시 마른 헝겊으로 다시 한 번 닦아 주어야 한다.

매일매일 버려도 쓰레기가 항상 가득해요.
음식물 쓰레기를 줄이는 노하우
정말 알고 싶어요.

● 음식량 줄이는 습관을 들인다

음식물 쓰레기를 줄이는 가장 첫 번째 방법은 음식 재료를 적당하게 사는 것. 간단한 일이지만 실천하기는 쉽지 않은 일이다. 대형 마트에 가면 저녁 무렵 타임 세일로 싸게 파는 행사가 많다. 싸다는 이유로 우선 사고 보자는 식의 장보기는 금물. 장보기 전에 구매해야 할 것을 메모하고 식단 계획을 짜 계획에 맞게 구매하는 것이 중요하다. 또한 장보기 전 냉장고의 음식 재료를 확인하고 나가는 것 역시 중요한 장보기 습관이다.

● 재료 손질 후 보관한다

음식 재료를 구매했다면 바로 손질해서 보관하도록 한다. 바로 먹을 것은 냉장, 오래 두고 먹을 것은 냉동 보관한다. 파나 마늘, 양파 등 양념용 야채도 상해 버리는 일이 잦을 때는 손질하여 냉동 보관한다.

● 냉장고 문에 식품리스트를 메모한다

냉장고 문에 냉장고에 들어 있는 식품을 적어 두면 남은 음식과 구입해야 할 재료를 한눈에 파악할 수 있기 때문에 좋다. 유통기한이 지나거나 깜박 잊고 소비하지 않은 음식을 체크할 수 있어 음식물 쓰레기도 줄이고 그만큼 식비도 줄일 수 있다.

● 쓰레기를 활용한다

남은 음식을 적절하게 활용하는 요리 노하우를 익혀 두는 것이 좋다. 또한 귤껍질, 달걀껍데기 등을 집 안 곳곳 찌든 때 청소하는 데 활용하는 등 살림의 지혜를 잘 익혀 둔다.

● 최대한 쓰레기를 줄인다

채소는 물기가 닿지 않게 다듬고, 과일 껍질은 말려서 버리면 음식물 쓰레기의 양을 조금이나마 줄일 수 있다. 또한 야채의 잎사귀나 껍질은 잘게 썰어 베란다나 옥상에서 말리면 부피도 줄고 퇴비로도 사용할 수 있다. 음식물 쓰레기는 수분을 함유하고 있기 때문에 악취, 부패의 원인이 된다. 때문에 가급적 잘게 썰어 체나 작은 구멍을 뚫은 비닐봉지 등에 담아 물을 뺀 후 버린다. 쓰지 않는 밀폐용기에 음식물 쓰레기봉투를 끼운 다음 뚜껑을 덮어 보관하면 냄새 없이 깔끔하게 버릴 수 있다.

350 | 괴로운 음식물 쓰레기 때문에 **음식물 쓰레기 처리기를 구입하려고 해요.** 어떤 처리기가 좋을까요?

요즘은 음식물 쓰레기를 버리는 노하우도 진화하고 있다. 그저 분리수거해서 통에 모아 뒀던 초반과는 달리 이제는 건조하거나 분쇄해 음식물 쓰레기의 부피를 줄이거나 퇴비로 재활용하고 있다.

첫째, 온풍과 열풍을 이용해 음식물 쓰레기를 말리는 건조식이 있다. 수분이 제거되어 쓰레기의 부피가 1/10로 줄어들기 때문에 음식물 쓰레기를 자주 비우지 않아도 된다. 단 음식물을 통째로 건조하기 때문에 시간이 오래 걸릴 수 있다. 두 번째로 음식물을 먼저 분쇄하여 말리는 방식이 있다. 단, 분쇄 과정에서 고장이 날 수 있기 때문에 뼈 등 딱딱한 쓰레기는 따로 분리해 주는 것이 좋다. 세 번째로 소멸식 음식물 분해기가 있다. 이는 음식을 분해해 주는 미생물을 이용하는 방법으로 분해된 음식물을 퇴비로 사용할 수 있다. 하지만 다른 기기에 비해 가격이 비싸고 미생물이 발효되면서 냄새가 날 수 있다는 것이 단점이다.

351 | 음식물 쓰레기 분류가 헷갈려요.
정확히 알아두었다가 부피를 줄이고 싶어요.

우리도 모르게 음식물 쓰레기가 아닌 것을 음식물로 분류하고 있는지
점검해볼 필요가 있다. 쪽파·대파·미나리 등의 뿌리, 고추씨, 고춧대,
양파, 마늘, 생강, 옥수수껍질, 옥수수 대는 음식물 쓰레기에 포함되지
않는다. 호두·밤·땅콩·파인애플 등의 딱딱한 껍질, 복숭아·살구·
감 등의 핵과류의 씨, 소·돼지·닭 등의 뼈, 패류껍데기, 갑각류의 껍
데기, 생선뼈 역시 음식물 쓰레기가 아니다. 알껍질이나 각종 차의 찌
꺼기, 한약재 찌꺼기도 음식물 쓰레기로 분류되지 않으니 잘 분류하여
음식물 쓰레기의 부피를 줄이도록 한다.

352 | 집 안이 늘 어수선한 느낌이 들어요.
정리정돈의 노하우를 알려 주세요.

● 화초를 정리한다
다양한 종류의 자잘한 화분은 집 안을 어수선하게 만들 수 있다. 이럴
땐 플랜터를 준비하여 작은 화초들을 한군데 모아 심는 방법으로 화분
의 수를 줄인다. 이미 죽어버린 화초는 흙을 비워 내고 깔끔하게 정리
한다. 이렇게 화분을 정리하면 집 안이 훨씬 정돈되고 깨끗해 보인다.

● 창고를 정리해 수납장을 확보한다
1년 이상 창고 속에 머물었던 물건은 미련을 두지 말고 버리는 것이 좋
다. 버리기엔 아까운 생각이 들지 몰라도 결국은 다시 창고 속에 쌓아
두게 마련이다. 이렇게 쌓여 있던 물건을 버리고 남은 공간은 수납장으
로 온전하게 사용할 수 있다.

● **식탁이나 장식장 위를 정리한다**

가장 어질러지기 쉬운 공간이 식탁 위나 TV 장식장 위, 선반 위이다. 약봉지나 과자봉지, 잡다한 조미료 통들로 어수선한 식탁. 동전이나 영수증, 열쇠 등이 널브러진 장식장 위, 예쁘다는 이유로 사 모은 자잘한 소품 등이 집 안을 어수선하게 만드는 데 한몫을 한다. 때문에 청소에 앞서 이런 것들을 먼저 정리한다. 필요하다면 작은 수납함을 놓아 체계적으로 한데 모아 두면 집 안이 한결 깔끔해진다.

● **필요한 곳에 제대로 버린다**

그냥 버리기 아까운 물건은 재활용센터를 이용한다. 소형 가전이나 스포츠용품, 중고가구, 헌옷은 리사이클 시티(www.rety.co.kr)를 이용하거나 오프라인 매장을 직접 방문해 처리한다. 비교적 새것이거나 고가의 물건은 경매 사이트를 이용해 직거래 하는 것도 괜찮다. 버리긴 아깝고 팔기도 애매한 것은 녹색가게(www.greenshop.or.kr)나 아름다운 가게(www.beautifulstore.org), 생활자원 재활용센터(www.recycle.or.kr)에 기부하자.

plus ★ tip

353 알아 두면 편리한 재활용센터

리싸이클시티 www.rety.co.kr / 재활용백화점 http://recycle21.com
재활용 센터 연합 www.zungo.co.kr / 한국재활용 센터 http://mc7149.cafe24.com
중고타운 www.t-recycle.co.kr / 베스트리싸이클 www.bestrecycle.com
강남재활용마트 www.gnrecycle.com / 알뜰존 www.aldlzone.com
서초구재활용센터 www.rdh7272.co.kr / 강남송파재활용센터 www.ks9900.com
용산재활용센터 www.secondhand.co.kr / G마켓 재활용센터 www.gmarket.co.kr

354 정돈된 상태를 오래 유지하는 노하우

집 안을 깨끗한 상태로 오래 유지하기 위해선 물건을 제자리에 두는 것도 중요하지만, 더 이상 물건을 늘리지 않는 것도 한 방법이다. 공짜라고 해서 덤으로 끼워 주는 불필요한 물건을 무조건 받지 않도록 하고 비슷한 물건이라면 재활용이 가능한 것, 다소 비싸더라도 마음에 꼭 드는 것으로 고른다. 또 한 달에 한 번, 집 안 정리의 날을 정해 집 안의 수납 상태를 점검하도록 한다.

재활용 분리수거
똑 소리 나게 하기

재활용 수거의 대상인지 아닌지를 가장 잘 확인할 수 있는 방법은 제품 포장재에 분리 배출 표시가 있는지 없는지 확인하는 것이다. 재활용이 가능한 제품은 의무적으로 분리 배출 표시를 하게 되어 있다. 때문에 일반 쓰레기로 분류해야 하는지 분리수거용 쓰레기로 분리 배출해야 하는지 헷갈린다면 그 제품의 포장재를 잘 살펴보도록 한다. 똑똑한 분리수거는 쓰레기 부피를 줄일 수 있을 뿐 아니라 환경을 보호할 수 있는 방법이라는 사실을 염두에 두고 요령과 원칙을 익혀 꼼꼼하게 실천한다.

IDEA 1 ·종이

신문지, 책자, 노트, 달력, 포장지, 우유팩, 음료수팩, 종이컵, 상자류 등이 포함된다. 하지만 주의해야 할 것은 비닐 코팅된 광고지나 책의 표지, 공책의 스프링, 종이가 아닌 다른 재질이 섞인 디자인 노트, 상자에 붙어 있는 테이프나 철핀 등은 재활용이 되지 않는다. 때문에 종이를 분류할 때 이러한 것들을 떼어내고 이물질이 섞이지 않도록 묶어 분리 배출한다. 우유나 음료수팩 역시 젖은 상태로는 재활용되지 않으므로 펴서 말린 후 배출한다.

플라스틱

플라스틱에 분리 배출 표시가 되어 있는지 확인한 후 내용물을 비우고 다른 재질로 된 뚜껑이나 은박지, 랩, 부착 상표 등을 제거한 후 배출한다. 또 스티로폼의 경우 깨끗한 것은 부착 상표를 제거한 다음 분리 수거한다. 단, 음식을 담았던 일회용 스티로폼은 음식물 등 이물질이 많이 묻어 재활용이 되지 않으므로 일반 쓰레기로 분류한다. 전자제품을 살 때 함께 오는 스티로폼은 제품 구입처에서 수거해 간다.

유리병

플라스틱이나 알루미늄 뚜껑을 제거한 다음 배출이 가능하다. 또한 유리 조각, 파병, 유리판 등 유리는 재활용이 가능하지만 폐타일, 도자기 병은 재활용되지 않기 때문에 법적 분리 배출 품목에 포함되지 않는다. 따라서 일반 쓰레기로 배출해야 한다.

철 · 알루미늄 캔

캔 속에 들어 있는 내용물을 깨끗이 비우고 물로 헹군 다음 분리수거 한다. 단, 캔에 부착되어 있는 고무나 플라스틱 뚜껑, 페인트 등 유해 물질이 묻어 있는 통은 재활용 대상이 아니다. 부탄가스, 살충제 등은 구멍을 뚫어 분리수거 한다.

의류

단추나 지퍼 등은 따로 떼어 보관하고 분리 수거할 옷을 모아 30cm 정도의 높이로 묶어 물기에 젖지 않도록 처리해 배출한다. 아파트의 경우는 의류수거함이 따로 있다. 단순히 싫증이 나서 버리는 것이거나 아이가 커져 작아진 옷이라면 아나바다 사이트를 활용해 서로 교환하여 입는 것도 좋은 방법이다.

형광등

깨어지지 않은 상태로 분리수거함에 배출한다. 신문지에 싸서 깨뜨려서 버리는 경우가 있는데 이는 형광등 안에 있는 유해물질에 노출될 수 있으므로 원 상태로 분리수거한다.

세탁의
달인에게
배우는
클린&클리어

세탁

세탁의 달인에게 물어본 세탁에 관한
101가지 궁금증. 옷의 형태별, 소재별,
종류별 세탁 방법에서부터
다양한 찌든때와 얼룩 제거, 세탁하기
까다로운 옷을 손상 없이 세탁하는
방법까지 궁금한 것만 쏙쏙 뽑아
꼼꼼하게 알려준다. 세탁 전문가도
몰래 보는 세탁 궁금증 Q&A

세제의 **종류** & **세탁법**

합성세제 VS 천연세제

석유계에서 추출한 성분으로 만든 세제는 모두 합성세제 범주에 들어간다. 일반적으로 세탁용 세제로 사용하는 세제는 대부분 합성세제에 속한다. 요즘은 식물성 오일을 주원료로 한 천연세제가 많이 시판되고 있으나, 대부분 석유계에서 추출한 합성계면활성제가 첨가되어 있으면 합성세제로 분류된다. 하지만 이런 세제의 경우 합성세제보다 피부에 자극이 덜하다. 세탁용 비누(빨래비누)는 동식물의 지방 성분에서 추출한 천연유지가 주원료이기 때문에 천연세제에 해당한다.

가루세제 VS 액체세제

가루세제와 액체세제의 가장 큰 차이점은 용해능력. 물에 쉽게 용해되면 세탁 후 세제 찌꺼기가 남지 않을 뿐만 아니라 세척력도 높아진다. 액체세제는 가루세제보다 쉽게 용해된다. 또한 가루세제처럼 의류에 직접 닿아 생기는 탈색 위험도 없다. 하지만 액체세제는 가루세제에 비해 값이 비싸다는 것이 단점. 가루세제를 사용할 때 물에 완전히 녹여서 사용한다면 액체세제와 같은 효과를 얻을 수 있다.

알칼리세제 VS 중성세제

일반적으로 세탁에 많이 사용하는 세제는 알칼리성 세제. 이는 외부의 다양한 오염과 찌든때를 제거하는 데 효과적으로 쓰이고 있다. 하지만 민감한 의류를 세탁할 때는 옷

의 색상이나 옷감을 상하게 할 수 있다는 단점이 있다. 이런 옷의 세탁을 위해 나온 제품이 중성세제. 세척 능력은 조금 떨어지지만 세탁이 조심스러운 옷을 손세탁할 때 사용하며 알칼리 세제 사용으로 인한 변형을 최소화할 수 있다.

드라이클리닝세제

드라이클리닝을 해야 하는 의류나 모나 실크 의류를 가정에서 손세탁할 때 쓰이는 세제. 세탁 후 옷감이 수축하거나 늘어지고, 보풀이 발생하거나 색이 빠져 번지는 이염의 문제가 생기지 않는다.

섬유유연제

섬유유연제는 세탁 후 섬유를 부드럽게 하고, 정전기를 방지해 주는 것이 목적이다. 대부분 세제는 알칼리 성분을 가지고 있기 때문에 잔여물이 남았을 때 옷감이 뻣뻣해지는 경향이 있다. 약산성 성분인 섬유유연제는 세탁 마지막 단계에서 섬유에 남아 있는 세제의 알칼리 성분을 중화해 주는 역할을 한다. 단 과하게 사용하는 경우, 의류의 흡수성을 방해하고 통기성이 나빠질 수 있으며 피부에 자극을 줄 수 있다. 물세탁용 유연제와 드라이클리닝 의류용 유연제 2가지가 있다.

산소계표백제

산소계표백제는 의류의 찌든때와 색소를 분해하고 살균 기능을 한다. 산소계표백제 역시 분말형과 액체형으로 나눠진다. 분말형 산소계표백제는 식물성 섬유와 합성세제의 찌든때 제거에 주로 사용되며, 액체형 산소계표백제는 과일 얼룩을 제거하거나 울이나 실크의 물세탁에 안전하게 사용할 수 있다.

● **분말형 산소계표백제** … 옥시크린, 오투액션 맥스, 매직 O_2분말, 크린에버 산소표백 등
● **액체형 산소계표백제** … 칼라모아, 오투액션 젤, 오투액션 스프레이, 옥시크린 리퀴드, 크린에버 와인킬러 등

다양한 **세탁 표시** 읽기

물세탁 방법

95℃	95℃의 물 온도로 세탁기에 넣어 세탁할 수 있음. 손세탁이 가능하며 세제 종류에 제한 없이 사용할 수 있음.	**약 30℃ 중성**	30℃의 물 온도로 세탁기에 넣어 약하게 세탁 또는 손세탁이 가능함. 세탁 시 중성세제로 세탁할 수 있음.
60℃	60℃의 물 온도로 세탁기에 넣어 세탁할 수 있음. 손세탁이 가능하며 세제 종류에 제한 없이 사용할 수 있음.	**손세탁 30℃ 중성**	30℃의 물 온도로 약하게 손세탁할 수 있음. 세탁 시 중성세제를 사용해 세탁할 수 있음.
약 40℃	40℃의 물 온도로 세탁기에 넣어 약하게 세탁 또는 손세탁이 가능하며 세제 종류에는 제한받지 않음.		물 세탁할 수 없음.

염소 표백	염소계표백제(락스)로 세탁할 수 있음.	**산소 표백**	산소계표백제로 세탁할 수 있음.	**염소 산소표백**	염소·산소계표백제로 표백할 수 있음.

건조 방법

 **약 하 게**	손으로 약하게 짜거나 탈수기에서 최대한 단시간에 짜야 함.	**옷걸이**	옷걸이에 걸어 그늘에서 건조할 수 있음.
옷걸이	옷걸이에 걸어 건조할 수 있음.	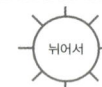 **뉘어서**	뉘어서 건조할 수 있음.
뉘어서	뉘어서 그늘에서 건조할 수 있음.		

드라이클리닝할 수 있음.

 석유계 용제로만 드라이클리닝할 수 있음.

섬유 특성에 따른 **다림질 방법**

천연 섬유

● **면 / 마** ··· 열·수분·마찰에 강해 180~200℃에서 다림질이 가능하다.

● **모** ··· 보온성이 좋으며, 감촉이 좋고 구김이 잘 안 가 다림질이 필요없다. 필요한 경우 스팀으로만 다려 준다.

합성 섬유

● **폴리에스테르** ··· 마찰에 강하고 가벼워 주름이 가지 않는다. 또 열에 잘 견디며 120~130℃에서 다림질이 가능하다. 단 때가 잘 타고, 흡수성이 약하며 정전기가 잘 일어난다.

● **나일론** ··· 세탁이 쉽고 건조가 빠르다. 하지만 열에 약하므로 반드시 120℃ 이하의 저온으로 다림질한다.

● **아크릴** ··· 보온성이 좋아 겨울 의류에 많이 쓰인다. 구김이 가지 않지만 꼭 다림질을 해야 할 때는 120℃ 이하에서 다림질한다.

재생 섬유

● **레이온** ··· 감촉이 부드럽고 광택이 나는 섬유로 물에 약하며 구김이 잘 간다. 80~120℃에서 다림질한다.

● **아세테이트** ··· 구김이 가지 않고 건조가 빠르며 늘어나도 쉽게 복구된다. 하지만 열과 마찰에 약한 직물이므로 120℃ 이하에서 다림질을 한다.

361

빨랫감을 한꺼번에 세탁기에 넣었다가 옷이 망가져 못 입게 된 적이 있어요. **빨래는 어떤 식으로 분류**해서 세탁해야 할까요?

세탁을 하기 전 세탁물을 분류하는 것은 기본. 조금 번거롭더라도 의류의 소재와 색상별로 분류해 세탁하면 형태나 색깔이 변하는 일 없이 오랫동안 입을 수 있다.

● **면, 마, 합성섬유의 의류를 분리할 때**

밝은색 의류 (흰색, 노랑, 하늘색 등) … 40℃ 정도의 온수에 합성세제를 풀고 30여 분간 담근 후 세탁기를 이용한다.

진한색 의류 (분홍, 녹색, 파랑, 검정 등) … 30℃ 미만의 미지근한 물에 중성세제를 넣고 담금 없이 바로 세탁기를 이용한다.

● **울 또는 혼방 섬유의 의류를 분리할 때**

밝은색 의류 (흰색, 노랑, 하늘색 등) … 30℃ 미만의 미지근한 물에 중성세제를 풀어 10분 정도 담근 후 손세탁한다.

진한색 의류(분홍, 녹색, 파랑, 검정 등) … 20℃ 전후의 찬물에 중성세제를 풀어 바로 손세탁한다.

---

plus ✦ tip

362 긴 소매 셔츠를 다른 빨래와 엉키지 않게 세탁하는 방법

긴 소매 셔츠는 소매 부분이 다른 빨래와 엉켜 탈수되어 나오는 경우가 대부분이다. 이러면 세탁 후 구김이 너무 많고 옷감에도 손상이 올 수 있다. 때문에 긴 소매 셔츠를 다른 빨래와 함께 세탁할 때는 셔츠 소매 단추를 몸판 단춧구멍에 끼워서 빨래를 한다. 그러면 소매가 따로 떨어져 있지 않으므로 다른 빨래에 엉키는 일이 없다. 단 말릴 때는 단추를 풀어 탁탁 편 다음 말린다.

363 | 목이나 소매 등은 세탁 후에도 찌든때가 남아 있어요. **특정 부분의 찌든때를** 효과적으로 **뺄 수 있는 방법** 없을까요?

부분적으로 오염이 심한 옷들을 깨끗하게 빨기 위해서는 세탁 전 그 부분만 먼저 전처리(애벌빨래) 작업을 해 주는 것이 좋다. 오염이 심한 옷들을 기준으로 세탁코스를 돌리게 되면 그렇지 않은 옷들까지 오래 빨아야 하므로 여러모로 낭비고, 자칫 옷감이 상할 수도 있기 때문이다.

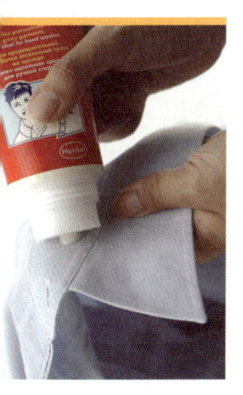

● **애벌빨래 노하우 1** ⋯ 시중에 파는 전 처리제(바르는 비트 등)는 액체세제 성분에 찌든때를 제거할 수 있는 효소 성분이 적절하게 혼합되어 있다. 세탁 전 찌든때 부분에 전 처리제를 골고루 바르고 따뜻한 물을 조금 적셔 두었다가 세탁한다.

● **애벌빨래 노하우 2** ⋯ 일반 액체세제를 따뜻한 물과 1:1 정도로 희석해 바른 다음 부드러운 솔로 적당히 문질러 준다. 솔질을 하면 찌든때 세탁이 손쉽다.

plus ⋅ tip

364 전처리에 필요한 준비용품

● **중성세제 또는 액체세제** ⋯ 전처리를 위해서 사용하는 세제는 액체가 적합하다. 가루세제에는 형광증백제가 다량 들어 있기 때문에 세제의 농도를 진하게 해 사용하는 애벌빨래에는 부적합하다. 일반 세탁용 액체세제는 알칼리성이기 때문에 밝은 색 의류는 문제가 되지 않지만, 진한 색 의류는 탈색 위험이 있다. 따라서 액체형 중성세제가 가장 적합하며, 효소가 첨가되어 있다면 더욱 좋다.

● **더운물** ⋯ 세제가 잘 침투하게 하려면 세제와 함께 더운물을 사용해야 한다. 더운물에 희석한 세제는 의류에 잘 스며들고, 1차적인 오염을 어느 정도 분해하는 데 큰 역할을 한다. 또 효소 성분이 들어 있는 세제에 더운물을 함께 사용하면 효과를 배로 높일 수 있다.

● **부드러운 세탁솔** ⋯ 세탁솔은 오염을 제거하기도 하지만, 의류 속으로 세제를 골고루 침투시키는 역할도 한다. 오염은 의류 소재의 겉에만 묻어 있는 것이 아니고 깊이 스며들어 있기 때문에 소재의 깊은 곳까지 세제가 침투해야만 효과적으로 제거할 수 있다.

365 | 세제는 얼마나 사용해야 할까요?

권장량보다 조금씩 더 넣게 되는데 세제
잔여물이 남는 건 아닌지 걱정이 됩니다.

모든 세제 제품에는 세제 회사에서 권장하는 표준사용량이 표시되어
있다. 이 표준사용량은 미지근한 물에 세제를 완전히 용해한 뒤 세탁을
하거나, 주기적으로 1~2회 사용하고 벗어내는 특별한 오염이 없는 세
탁물일 때 사용할 수 있는 양이다. 하지만 대부분 세제가 덜 녹은 상태
에서 세탁기를 돌리거나 세탁성이 좋지 않은 찬물을 이용하여 세탁하
기 때문에 항상 표준사용량 자체가 부족한 듯 느껴지는 것이다. 세탁물
과 함께 세제를 넣어 함께 회전하면 세탁이 끝날 때까지 세제가 녹지
않는 경우도 발생하게 된다. 세제가 제대로 녹지 않으면 의류의 때가
잘 빠지지 않을 뿐만 아니라, 세제가 직접 닿은 부분은 탈색이 생길 수
있다. 또 헹굴 때도 계속 거품이 생기고 의류에 세제 잔여물이 남아 피
부 트러블을 유발할 수도 있다.

● 세제 바르게 사용하기

첫째, 세탁기에 물을 먼저 받고 세제를 넣은 뒤 2~3분 공회전 해 세제
가 완전히 녹으면 세탁물을 넣는다. 하지만 세탁기의 자동 프로그램 코
스를 이용할 경우 이런 방식으로 세탁하는 것이 불가능한 경우가 있다.
그럴 때는 준비된 용기에 뜨거운 물을 1ℓ 정도 받아 세제를 넣어 잘 녹
인 후에 세제투입구로 넣어 주면 된다. 이런 방법이 번거롭다면 액체세
제를 표준사용량만큼 사용하는 것도 방법이다.

둘째, 애벌빨래를 한다. 세제의 표준사용량은 오염이 심하지 않은 의류
세탁에 해당하는 세제 양이다 보니, 오래 입어 찌든때가 있는 의류나
생긴 지 오래된 얼룩은 잘 지워지지 않는다. 따라서 찌든때 부분을 1차
로 솔질해 세탁하는 애벌빨래가 필요하다. 만약 잠시 불렸다 세탁한다

면 전체 세제 사용량의 30%의 양만 사용해 때를 불리고 본 세탁 때 나머지 70%의 세제를 사용하면 된다. 손세탁만을 할 때는 세탁기의 마찰을 이용하지 않기 때문에 표준사용량의 1.5배 또는 2배를 사용하는 것이 효과적이다.

366 피부가 민감한 편이라 세탁에 특히 신경이 쓰입니다. **피부에 바로 닿는 의류들, 깨끗하게 세탁하는 방법**이 있나요?

피부에 닿는 의류들은 세제를 가능한 적게 사용하면서 깨끗하게 세탁해야 피부에 자극이 없을 뿐 아니라 위생상 좋다. 그러기 위해서는 40℃ 정도의 온수에 세제는 평소 사용량의 절반만 사용하고 대신 절반은 산소계표백제를 사용해 세탁한다. 30분 정도 담가 두었다가 바로 세탁기에 물과 함께 넣어 10분 미만으로 세탁하는 것이 좋다. 이렇게 하면 때도 잘 빠질 뿐만 아니라 삶아 빨 때 얻을 수 있는 표백과 살균 효과도 얻을 수 있으므로 가장 이상적인 물세탁법이라 할 수 있다.

산소계표백제는 세제와는 달리 온수에 녹으면서 산소를 발생하고 나머지는 다시 물로 돌아가기 때문에 인체나 환경에 거의 무해하다.

피부에 직접 닿는 속옷을 세탁할 때는 합성세제보다는 중성세제를 이용하거나 천연세제를 사용하는 것이 좋다. 세제 찌꺼기가 남지 않도록 잘 헹궈 주어야 하며 피부가 민감한 사람이라면 마지막 헹굼 단계에서 섬유유연제 대신 식초를 사용하는 것이 좋다.

특히 피부가 건조해서 가려움증이 있는 사람들에게 이런 세탁 방법은 피부 자극을 최소화할 수 있는 방법이다.

367

옷에 얼룩이 묻어 표백제로 세탁을 했는데
**얼룩은 빠지지 않고 오히려 더
착색이 된 것 같아요.** 버리긴 아까운데
어떻게 해야 할까요?

과일이나 음식물 색소에 의한 얼룩이 생겼을 경우 알칼리 성분인 가루
합성세제나 분말형 산소계표백제를 사용하면 얼룩이 빠지지 않고 색상
이 더욱 진해지는 경우가 있다. 이는 산성 성분을 가지고 있는 얼룩이
알칼리성 세제나 표백제로 제거되지 못하고 도리어 화학적 변화를 일으
키기 때문이다. 과일즙, 와인, 김치 국물 등은 산성이기 때문에 반드시
산성표백제나 산성약품을 사용해야만 얼룩이 제거된다. 산성 성분에 의
해서 생긴 얼룩을 알칼리 성분의 세제로 없애려 하면 그 얼룩은 더욱
고착되어 지우기가 힘들어진다. 이런 생활 얼룩에는 액체형 산소계표
백제가 효과적이다.

산소계표백제는 일반 표백제나 세제와는 달리 인체나 환경에 거의 무
해하며 얼룩 제거에도 탁월한 효과가 있다. 때문에 아이들이 많아서 옷
에 음식물을 흘리는 일이 잦다면 매번 세탁소를 찾을 것이 아니라 집에
액체형 산소계표백제를 하나쯤 준비해 두는 것도 좋다.

표백제를 사용할 때는 세탁물의 오염된 부분에 발라 두고 10분 정도 경
과 후 따뜻한 물에 헹궈 준다. 단, 면이나 마 같은 천연섬유에 발라 두
고 너무 오랜 시간 방치하면 변색될 수 있으므로 주의한다.

— plus∗tip

368 옷에 진흙이 묻었을 경우

옷에 진흙이 묻었을 경우, 감자를 갈아서 그 즙으로 얼룩 부분을 문지른 뒤 세탁하면
진흙이 깨끗하게 빠진다. 혹은 잘 말린 뒤 손으로 비벼 떨어낸 다음 식빵을 뭉쳐 지우
개처럼 문질러서 닦아내면 없어진다.

369~372 | 옷은 얼마 만에 세탁하는 것이 적당할까요? 의류별 세탁 주기가 궁금해요.

땀을 많이 흘리는 여름을 제외한 봄·가을·겨울 의류는 종류별, 소재별로 세탁 주기를 나눌 수 있다.

IDEA 1 코트 & 재킷 세탁주기

코트나 재킷과 같은 겉옷은 대부분 드라이클리닝을 하는 소재들이기 때문에 세탁을 자주 하지 않아도 된다. 모 소재 코트나 재킷은 착용 중에 특별한 오염이 묻지 않았다면 한 시즌을 착용하고 보관하기 전에 드라이클리닝을 맡기는 것이 좋다. 모 소재의 경우 오염이 묻더라도 양털 자체의 기름(라놀린) 성분 때문에 오염이 소재 깊숙이 파고들지 않고 겉에만 살짝 묻어 있으므로 세탁할 때 비교적 쉽게 떨어져 나간다.

면이나 합성 소재 재킷이나 패딩은 시즌 중에 한 번 세탁하고 시즌이 끝난 후 다시 한 번 세탁해야 한다. 면 소재는 오염이 묻으면 바로 소재 깊은 곳으로 흡수되기 때문에 다른 소재보다 더 쉽게 더러워진다. 합성 소재의 재킷은 오염을 쉽게 흡수하지는 않지만 한 번 흡수되면 제거가 잘 안 된다. 때문에 오리털 재킷이나 패딩의 손목이나 목깃, 주머니 부분에 심하게 생긴 오염은 강하게 솔질해도 잘 지워지지 않는 것이다. 이런 소재의 코트는 오염이 섬유 속으로 깊게 침투하기 전에 자주 세탁을 해 주어야 한다.

IDEA 2 셔츠 & 니트 세탁주기

셔츠나 니트같이 땀이 밸 수 있는 소재들은 두세 번 착용 후에 반드시 세탁하는 것이 좋다. 눈에는 보이지 않지만 인체에서 분비되는 노폐물이 의류에 계속 누적되며, 일정시간(3주)이 경과되면 세탁으로는 제거되지 않는 황변으로 변하기 때문이다.

IDEA 3 · 합성 소재 & 모 소재 세탁주기

합성 소재나 모 소재 의류는 면 소재와는 달리 흡수성이 약하고 오염이 묻더라도 겉 표면에만 살짝 묻어 있는 상태이기 때문에 쉽게 제거할 수 있다. 따라서 세탁주기가 조금 길더라도 크게 문제가 되지 않는다.

IDEA 4 · 면 소재 세탁주기

속옷의 소재로 많이 사용되는 면은 흡수성이 좋고 오염물질이 소재 깊은 곳으로 쉽게 파고들기 때문에 한두 번 착용 후 바로바로 세탁해 주는 것이 좋다.

373 빨래를 삶을 때 레몬이나 달걀껍데기, 쌀뜨물을 사용하면 표백 효과가 있다고 하던데, 정말 하얘질까요?

빨래를 삶을 때 달걀껍데기를 넣어 삶으면 세탁효과가 뛰어나다는 정보나, 쌀뜨물에 옷을 담가 두었다가 세탁하면 효과를 볼 수 있다는 정보를 살림을 하는 사람들이라면 누구나 한 번쯤 들어봤을 것이다.

실제로 그런 천연 재료들에는 표백 효과를 내는 성분이 들어 있다. 하지만 세탁용 표백제의 효과에 크게 미치지 못한다고 할 수 있다.

게다가 세탁을 위해서 레몬이나 달걀껍데기를 항상 준비해 놓고 있어야 하는데, 이는 실생활에 적용하기 쉬운 방법은 아니다. 오히려 레몬이나 달걀껍데기에서 색이나 오염물이 나와 빨래를 더 더럽혀 놓을 수도 있다.

차라리 사용하기 쉽게 상품화된 세제나 표백제들을 용도에 맞게 또, 사용설명서에 맞게 이용하는 것이 훨씬 안전하다.

374 | 속옷을 매번 삶자니 번거롭고 옷감도 상해요. 다른 방법 없나요?

속옷류는 삶아 빨아야 옷이 하얗게 되고, 살균처리도 깔끔하게 된다고 생각하는 사람들이 많다. 하지만 이런 세탁법은 표백제가 마땅히 없을 때의 이야기이다. 요즘 시판하는 대부분의 표백제는 살균효과를 기본적으로 가지고 있다. 때문에 표백의 효과를 높이고 싶다면 세탁방법을 달리하는 것이 더 낫다. 40~50℃의 온수에 세제와 동일한 양의 표백제를 넣어 30분~1시간 정도 담가 두는 것은 빨래비누(표백기능)로 문지른 다음 삶아 빠는 것(살균기능)과 같은 효과가 있다.

삶아 빠는 것 자체가 살균기능은 가질 수 있지만, 반복적으로 삶다 보면 섬유의 조직이 점차 느슨해져 쉽게 변형되고 의류 속에 포함된 부자재가 심하게 낡아 못 입게 된다. 즉, 의류가 깨끗해지는 대신 옷의 수명은 급격하게 줄어든다고 생각하면 된다. 만약 속옷을 꼭 삶아 빨아 입어야 한다고 생각한다면 기존의 삶는 방식을 고수하되, 삶는 물에 분말형 산소계표백제를 조금 추가한다. 빨래가 끓으면 바로 불을 끄고 10분여 정도 두면 오래 삶지 않고도 세탁 효과는 더 크다.

온도가 올라가면서 표백제의 효과가 향상되기 때문에 굳이 오래 삶을 필요가 없다.

---

plus·tip

375 락스 사용에 대한 잘못된 상식

세탁할 때나 삶을 때, 일반표백제와 락스를 혼용한다든가 세제와 락스를 혼합하여 사용하지 말아야 한다. 표백제와 락스 성분이 만나면 유독한 염소가스가 발생되는데 모든 가루세제 속에는 표백제 성분이 함유되어 있어 약간의 락스만 사용하더라도 위험할 수 있다.

376 | 청바지나 색이 진한 면 티셔츠의 **색이 옅어지지 않게 세탁하는 방법**이 있을까요?

세탁 시 색이 빠져 점차 옅어진다는 것은 섬유의 염색 강도가 좋지 않다는 의미이다. 이는 상품을 출고할 당시 진하고 예쁜 색으로 보이게 하기 위해 충분히 헹구지 않았기 때문이다. 염색견뢰도(염색강도)가 높지 않은 옷들은 착용했을 때 다른 옷이나 가방에도 물이 들 정도로 이염현상이 심하며 세탁 시에도 상당히 색이 많이 빠져나와 처음의 선명하고 예쁜 색상이 쉽게 사라지게 된다.

따라서 처음의 색을 최대한 유지하려면 세탁 직전에 찬물에 소금을 희석한 다음 그 물에 10분 정도 담갔다가 찬물에서 세탁한다. 소금이 면, 마 같은 식물성섬유에서 색상이 빠져나오지 않도록 고착해 주는 역할을 하기 때문에 세탁 시에 색 빠짐 현상을 최소화할 수 있다. 청바지를 세탁할 때는 뒤집어서 하는 것이 필수. 뒤집어서 세탁하면 표면에 닿는 마찰이 최소화되기 때문에 처음의 색상을 유지하는 데 좋다. 모나 실크와 같은 동물성 소재 의류라면 찬물에서 세탁하되 식초를 희석한 물에 세제를 풀어 세탁한다. 소금과 마찬가지로 식초가 동물성 소재의 섬유에서 색상이 빠져나오지 않도록 고착해 주기 때문에 색 빠짐 현상을 어느 정도는 막을 수 있다.

---

plus ★ tip

377 스타킹이나 브래지어를 깔끔히 말리는 방법

스타킹은 얇아서 쉽게 마르지만 마르고 난 뒤 건조대에서 잘 떨어지고 고리 등에 걸려 손상이 생기는 경우가 종종 있다. 때문에 빨래망에 담아 세탁한 후 그대로 망에 담아 말리면 수고도 덜고 손상될 염려도 없다. 브래지어도 마찬가지. 망에 담아 세탁한 후 그대로 건조하면 잘 마르고 보기에도 깔끔하다.

세탁 효과 높이는
세탁기 활용 노하우

IDEA 1 **세제를 완벽하게 녹이는 노하우**

● **일반세탁기** … 물을 먼저 받고 세제를 넣어 2~3분 간 돌린 후 세탁물을 넣거나, 미지근한 물에 세제를 녹인 다음 세탁기에 붓고 물을 받은 후 세탁물을 넣는다.

● **드럼세탁기** … 의류를 넣고 물이 들어가는 동안, 미지근한 물에 미리 녹여 둔 세제(또는 표백제)를 세제투입구를 통해서 주입한다.

IDEA 2 **헹굼력을 높이는 노하우**

● 세제는 사용설명서에 따라 세탁에 필요한 양만 넣는다.

● 액체세제를 이용하거나 세제를 물에 완전히 녹여서 사용한다.

● 찬물보다 미지근한 물 또는 40℃ 이하의 온수를 사용해 세탁하고 헹구는 것이 좋다.

● 세탁 시 수동으로 헹굼 횟수를 1회 추가하거나, 헹굼 추가 기능이 있는 세탁기라면 추가로 매뉴얼을 맞춘다.

● 세탁 후 남을 수 있는 세제 성분을 섬유유연제나 식초를 헹굼 단계에 사용하여 중화하는 것이 좋다.

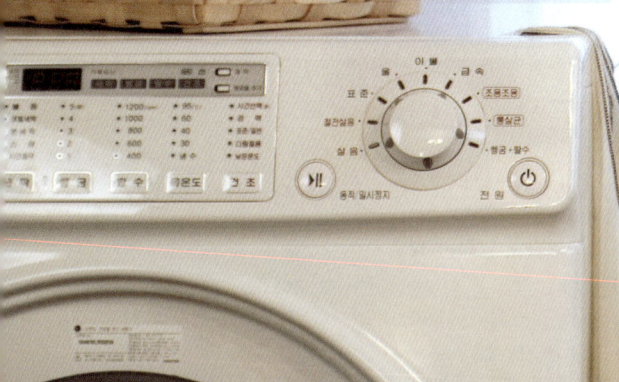

IDEA 3 · 옷의 형태 변화 최소화하는 노하우

세탁기를 이용할 경우 옷감이 엉켜 돌아가면서 의류의 특정 부분이 늘어나거나 수축되는 등 변형이 일어나기 쉽다. 특히 니트류같이 조직이 엉성한 의류나 모 소재가 혼방되어 있는 경우, 변형되기 쉬우므로 되도록 손세탁을 해 주고 세탁기를 이용할 때는 다른 의류와 엉키지 않도록 반드시 세탁망에 넣어 울 코스(또는 약한 코스)로 세탁·탈수를 해야 한다. 말릴 때도 남아 있는 물기의 무게로 인해 옷이 늘어질 수 있기 때문에 눕혀서 말리는 것이 좋다. 약간 수축이 된 의류는 옷걸이에 걸어 원래 옷의 모양을 잡아 준 다음 말린다.

IDEA 4 · 탈수기능 완벽 이용 노하우

일반세탁기의 경우 다른 의류와 함께 회전하면서 색이 번지거나 특정 부위가 늘어나고, 지퍼나 단추 같은 장식물로 인해 손상이 되는 경우가 있다. 주의가 필요한 옷들은 세탁망을 이용하거나 큰 수건에 따로 싸서 탈수를 해야 한다.

드럼세탁기의 경우 세탁물이 너무 적으면 탈수를 시작할 때 드럼이 밸런스를 잡기 위해 좌우로 왔다갔다 반복하는 시간이 길어진다. 그러므로 탈수할 때는 가능한 세탁물을 많이 채워 주는 것이 좋으며 그렇지 않더라도 세탁물이 한쪽으로 뭉치지 않도록 균형을 맞추는 것이 좋다. 또한 밸런스를 잡는 동안에도 옷이 손상될 수 있으니 형태가 민감한 옷들은 손으로 대충 물기를 제거하거나 큰 수건으로 두드리면서 물기를 제거하는 것이 좋다.

IDEA 5 · 세탁 기능 활용 노하우

세탁기에는 생각보다 많은 기능이 있다. 애벌세탁, 불림세탁, 삶음세탁, 예약세탁 그리고 다양한 세탁코스뿐만 아니라 탈수의 회전속도 조절, 물의 온도 조절 등이 모두 프로그램화 되어 있기도 하고, 거의 100% 수동조작을 할 수도 있다.

세탁기를 이용해 빨래를 할 때는 대부분 세탁물을 넣고 자동코스를 이용할 것이다. 하지만 세탁기 매뉴얼을 잘 읽고 최적세탁코스를 찾아 이용하면 원하는 대로 빨래를 할 수 있고 세탁 효과도 높일 수 있다.

383 | 흰옷이 누렇게 변해버렸어요.
왜 그런가요? 그리고 옷을 다시 **하얗게 만드는 방법**도 알려 주세요.

Case 1 누적되는 오염물에 의한 얼룩

● **원인** … 인체에서 분비되는 노폐물이나 대기 중의 다양한 먼지로 인해 섬유 속에 점차 누적되는 오염물은 흰옷을 누렇게 만드는 원인이다.

● **방법** … 누적되어 변색된 세탁물을 찬물로 세탁하면 섬유 속 때가 잘 지지 않는다. 주기적으로 40℃ 정도의 온수를 이용해서 불림 세탁과 본 세탁을 이용해 세탁한다.

Case 2 장기간 방치해 생긴 황변

● **원인** … 땀이나 음식물에 의해 얼룩진 옷을 세탁하지 않고 3주 이상 방치하였을 경우, 섬유 속에 남은 오염물들은 산화(공기 중의 산소와 만나 부패하는 현상)되어 누렇게 변하는 황변 현상을 보이게 된다.

● **방법** … 50℃ 정도의 온수 10ℓ에 합성세제(또는 중성세제) 50g과 산소계 표백제(옥시크린이나 크린에버 산소표백제 등) 100g을 넣어 담가 두면 누렇게 변한 옷이 다시 하얗게 변한다.

Case 3 세제성분이 남아 변색된 경우

● **원인** … 깨끗하게 헹궈지지 않은 경우 알칼리 세제 잔여물이 남아 변색되는 경우도 있다.

● **방법** … 40℃ 정도의 온수에 다시 세탁해 보고, 그 후에도 누런 얼룩이 남아 있다면 액체형 산소계표백제를 이용하여 담궈보거나 전문표백제(하이드로설파이트-$Na_2S_2O_2$)를 이용하여 표백한다.

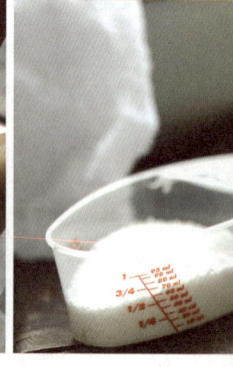

Case 4 잦은 세탁으로 인한 형광증백제 탈락

●**원인** … 세탁할 때 락스를 습관적으로 사용하거나, 잦은 세탁으로 인해 형광증백제가 자연 탈락되면서 누렇게 변한다.

●**방법** … 형광증백제가 포함된 대부분의 일반 가루세제와 분말형 산소계표백제를 진하게 탄 미지근한 물에 옷을 30분 정도 담가 두었다가 세탁한다.

Case 5 땀 속 철분성분이나 수돗물의 녹물이 누적된 경우

●**원인** … 땀의 구성물질인 철분성분이나 수돗물의 녹물성분은 세탁으로 제거가 되지 않고 오히려 흰 옷을 누렇게 만들기도 한다.

●**방법** … 1차 화공약품인 수산을 푼 온수에 담구거나, 녹물제거제를 발라 철분성분을 제거한다. 단, 수산처리는 청색 계통의 색을 변색시킬 수 있으므로 청색 의류나 청색 무늬가 들어간 옷은 피해야 한다.

241

세
탁
●
노
하
우

---

plus ★ tip

384 물세탁이 불가능한 소재

소재에 따라
●레이온이 60% 이상 혼방된 옷은 물세탁을 하면 한 치수 이상 수축된다. 때문에 꼭 드라이클리닝해야 한다.
●실크 또는 실크 혼방 소재 의류는 물세탁을 하면 광택을 잃거나 색상이 심하게 빠질 수 있다.
●가죽(또는 부분 가죽) 의류는 물세탁을 하면 뻣뻣해지거나 색이 빠질 수 있다.
●모피(또는 부분 모피) 의류는 물세탁을 하면 모피가 갈라지거나 심하게 변형이 생길 수 있다.
●벨벳 소재는 물세탁 후에 광택과 감촉이 사라지고 기모에 심한 변형이 일어난다.

가공법에 따라
●기계주름가공이나 엠보싱가공이 있는 의류는 물세탁 후 가공이 사라질 수 있다.
●의류의 모양을 잡아 주기 위한 심지나 여러 부속품이 사용된 의류는 물세탁 후 변형이 생길 수 있다.

385~388 | 홈 클리닝
얼룩 제거의 달인 되기

IDEA 1 얼룩 제거 기본상식

첫째, 얼룩의 종류 ··· 얼룩은 갖가지 다양한 성분으로 이뤄져 있기 때문에 그에 적절한 약품 또는 표백제를 사용해야 한다. 하지만 세제를 이용해 이미 세탁을 마쳤거나 다림질까지 한 상태라면 제거할 수 없는 얼룩으로 남게 된다.

둘째, 의류의 소재 ··· 물세탁이 가능한 소재가 있고 불가능한 소재가 있다. 예를 들어, 실크는 물 얼룩이 남을 수 있는 소재이므로 물로 얼룩을 닦아내면 오히려 또 다른 얼룩을 남기거나 광택이 사라질 수 있다. 때문에 얼룩이 묻었을 때는 의류의 세탁표시를 살펴 옷의 소재를 파악하는 것이 우선이다.

셋째, 의류의 색상 ··· 진한 색상의 옷을 물로 닦아내려다 보면 탈색되는 경우가 생긴다. 합성섬유를 제외하고 실크나 면, 마 같은 소재는 염색강도가 좋지 않은 편이기 때문이다. 얼룩을 제거하려다 오히려 옷감의 색이 옅어진다면 얼룩제거의 의미가 없으므로 피한다.

넷째, 얼룩 제거의 순서 ··· 얼룩을 제거할 때는 물+중성세제→액체형 산소계표백제→액체세제→표백제의 순서로 사용해야 옷감이 안전하면서 효과적이다.

IDEA 2 수용성 얼룩 제거하기

가장 흔한 음식물에 의한 얼룩은 기름을 포함하느냐 아니냐에 따라 수용성 얼룩과 유용성 얼룩으로 나눠진다. 간장이나 커피, 주스 같은 수용성 음식물의 얼룩을 없애는 데는 설

거지할 때 사용하는 주방용 세제가 가장 효과적이다. 하지만 홍차나 와인, 과즙에 의한 얼룩은 주방용 세제에도 제거되지 않고 섬유에 색소가 남을 수 있다. 때문에 식물성 색소를 파괴시킬 수 있는 표백제를 사용해야 한다.

●**물에 녹는 간장, 커피, 주스 등의 얼룩** ⋯ 수용성 얼룩이기 때문에 오염이 묻은 즉시라면 물만으로 제거된다.

●**물에 녹는 혈액, 홍차, 와인, 과즙 등의 얼룩** ⋯ 수용성 얼룩이지만 식물성 색소(타닌)나 단백질을 포함한 얼룩이므로 색소얼룩이 남을 수 있다. 완전 제거되지 않는 경우는 표백제를 사용한다.

단계별 음식물 얼룩 제거

●1단계 ⋯ 의류에 음식물 얼룩이 묻으면 바로 물로 음식물 찌꺼기를 제거한 다음 주방용 세제를 약간 묻혀 부드럽게 문지르면 대부분 문제없이 지워진다. 주방용 세제는 중성세제이기 때문에 산성 성분과 알칼리 성분의 음식물에 특별한 반응을 일으키지 않으며 원래 목적이 음식물을 효과적으로 제거하도록 만들어진 세제이기 때문에 기름기를 잘 제거한다. 만약 옷에 얼룩이 남는다면 그것은 주방용세제로 지워질 성질이 아니므로 무리하게 제거를 시도하지 않는다. 탈색되거나 옷감이 상할 수 있기 때문이다.

●2단계 ⋯ 남은 색소얼룩은 주방용세제에 식초(산성성분)를 약간 떨어뜨려 섞은 다음 얼룩부분에 발라 놓고 10분 정도 후에 미지근한 물로 씻어낸다. 오래되지 않은 색소얼룩이나 진하지 않은 것은 이 과정에서 대부분 제거된다.

●3단계 ⋯ 이러한 과정 후에도 얼룩이 남아 있다면 결국 표백제를 사용해야 한다. 액체형 표백제를 발라 놓고 10분 정도 후에 미지근한 물로 씻어낸다. 또는 따뜻한 물에 산소계 표백제를 희석하여 전체를 담가 놓은 후 세탁을 하면 얼룩이 쉽게 제거된다.

만약 얼룩이 제거되지 않은 상태에서 반복세탁을 하거나 얼룩이 있는 줄 모르고 세탁 후 다림질까지 끝냈다면 색소얼룩은 염색되듯 의류에 고착되어 제거가 안 될 수도 있다. 그러므로 세탁 전 옷 전체를 꼼꼼하게 살피는 것이 중요하다.

유용성 얼룩 제거하기

수용성 얼룩은 물로 제거하고 유용성 얼룩은 기름으로 제거한다고 생각하면 된다. 하지만 집에서는 세탁소처럼 기름기 있는 얼룩 제거에 효과적인 약품이 없으므로 기름이 주성분인 음식물 오염일 경우라도 우선 물과 주방용 세제를 이용하여 제거해본다. 하지만 화장품이나 유성볼펜, 식용유에 의한 얼룩은 휘발유나 벤젠 등 유기성 용제가 효과적이다.

● **립스틱, 파운데이션, 초콜릿, 볼펜, 식용유 등의 얼룩** … 유용성 얼룩이기 때문에 주방용 세제로 반복해서 제거하거나, 유기성 용제로 제거할 수 있다.

● **카레, 드레싱, 미트 소스, 불고기 소스 등의 얼룩** … 유용성 얼룩이긴 하지만 단백질이나 식물성 색소(타닌)가 포함되어 있는 얼룩이므로 얼룩제거 후 색소얼룩이 남을 수 있다. 완전 제거되지 않는 경우 표백제를 사용한다.

단계별 기름 얼룩 제거

● **1단계** … 우선 집에 유용성 용제가 어떤 것이 있는지 살펴본다. 휘발유 또는 알코올, 벤젠 등을 사용하면 된다. 혹 이런 것들이 없다면 약국에 가서 소독용 에탄올을 구해 얼룩을 제거하는 것도 좋다.

● **2단계** … 립스틱이나 식용유 정도의 기름 얼룩은 휘발유나 알코올을 묻혀서 두드려 닦아내는 것을 2~3회 반복하면 쉽게 빠진다. 하지만 삼겹살처럼 동물성 기름의 얼룩은 쉽게 제거되는 것이 아니기 때문에 알코올을 충분히 발라 놓고 비닐에 싸서 하루를 푹 묵혀 기름기를 분해시킨다. 기름 얼룩을 분해한 다음 일반 세탁을 하게 되면 얼룩은 감쪽같이 없어진다.

● **3단계** … 카레나 불고기 소스와 같이 색소가 있는 기름 얼룩은 1·2단계를 활용해 기름 얼룩을 먼저 제거한 다음, 남아 있는 음식물 색소는 물과 주방세제 또는 표백제를 이용하는 수용성 색소 제거 방법을 활용해 얼룩을 없앤다.

불용성 얼룩 제거하기

먹물이 묻으면 바로 물로 씻어 최대한 흔적을 없애야 한다. 하지만 먹물 얼룩은 약품으로
도 완전히 제거할 수 없다. 먹물의 주성분인 카본이란 성분이 어떤 성분의 약품에도 녹지
않으며, 그 분자의 바깥표면이 수많은 톱니 같은 돌기로 구성되어 한 번 종이나 천에 들어
가면 웬만한 방법으로도 빠져나오지 않는다. 때문에 얼룩을 완전히 없애기는 쉽지 않다.
우선 밥풀을 이용해 문질러 먹물의 검정색소가 밥풀에 묻어나오게 하거나 세제를 묻혀
물속에서 최대한 비벼 빨아 제거한다.

● **먹물, 연필, 잉크, 프린터 카트리지가루 또는 그을음 등의 얼룩** ⋯ 물이나 기름 또는 약품에
녹여 제거할 수 없기 때문에 마르기 전에 물로 잘 씻어내거나 마른 후에 지우개로 최대한
지워내고 그 다음 락스 같은 표백제로 제거한다.

단계별 곰팡이·먹물·잉크 등 얼룩 제거

● **1단계** ⋯ 묻은 즉시 흐르는 물에 씻어내거나 얼룩 안쪽으로 깨끗한
수건을 한 장 깔고 물수건으로 윗부분을 두드려 얼룩이 번지지 않
도록 제거한다.

● **2단계** ⋯ 남은 얼룩은 밥풀이나 썬 감자로 문지르거나 마른 상태
에서 지우개로 문질러 얼룩의 색이 최대한 묻어 나오도록 충분히
비벼 준다.

● **3단계** ⋯ 흰 옷의 식물성 섬유로 디자인 된 의류라면 락스를 희
석하여 바른 다음 세탁해 얼룩을 제거한다.

389

봄가을 코트는 얼마 못 입고 보관해야 하는데 그때마다 세탁소에 맡기기 부담돼요. **집에서 세탁할 수 없을까요?**

몇 번 입지 못하고 보관해야 하는 봄가을 코트. 하지만 보관기간이 길기 때문에 보관 전 반드시 세탁을 해야 한다. 또한 봄가을에 입는 코트들은 면이나 면 혼방 소재가 많아 오염이 묻으면 깊숙이 침투하는 성질을 가지고 있으므로 자주 세탁하는 것이 좋다.

● **밝은 색 의류** … 드라이클리닝을 맡겨도 완전히 세탁되지 않는 부분이 있기 때문에 드라이클리닝세제를 이용해 가정에서 자주 세탁을 하는 것이 오히려 좋다.

● **진한 색 의류** … 음식물 오염 등 짙은 얼룩이 생겼다면 세탁소를 이용하는 것이 좋다. 얼룩이 생긴 부분을 중점적으로 지우다보면 탈색될 수 있기 때문이다. 만약 세탁소에 바로 갈 수 없는 상황이라면 세제를 발라 비비는 과정에서 탈색이 일어나기 때문에 세게 문지르지 말고 조심스럽게 세탁한다.

대부분의 봄가을 코트는 가정에서 드라이클리닝세제를 이용해서 주기적으로 세탁하고 고온의 열로 다리면 세탁소 이상 깨끗해질 수 있다.

390

한창 활동이 많은 아이들이어서 그런지 교복이 금방 더러워져요. **교복 정장의 세탁 주기와 세탁 방법**을 알려 주세요.

학생교복의 소재가 점차 고급화돼 드라이클리닝을 해야 하는 경우도 많아졌다. 하지만 활동이 많은 청소년기 아이들의 옷을 매번 드라이클리닝을 맡기기는 사실상 힘들다. 또한 학생이기 때문에 먼지나 얼룩, 땀과 피지 등 다른 옷보다 오염이 심한 경우가 많다. 때문에 매주 세탁해 주는 것이 좋다. 교복은 성인의 정장과는 달리 옷의 구조가 복잡하지 않기 때문에 한두 번 드라이클리닝으로 옷의 형태를 잡아 주었다면 물세탁으로도 옷을 손상 없이 세탁할 수 있다. 또 세탁 후 다림질도 어렵지 않다.

● **하복** … 볼펜이나 음식물 얼룩 같은 큰 오염들은 세탁 전에 미리 제거하고, 온수에 세제와 표백제를 풀어 30분~1시간 정도 담가만 두어도 솔질이나 비빌 필요 없이 깨끗하게 세탁할 수 있다.

● **동복** … 모 소재가 혼방되어 있으므로 드라이클리닝세제를 이용하여 주기적으로 세탁하면 된다.

391 | 셔츠를 집에서 세탁하면 금방 망가져서 세탁소에 맡기는데, 비용이 부담스러워요. 집에서 깨끗하게 세탁할 수 있는 방법 없을까요?

고급 셔츠들은 100수 200수 정도로 가는 실로 만들었기 때문에 착용감이 우수한 반면, 세탁성은 떨어질 수밖에 없다. 또한 광택가공이 잘되어 있으며, 색상도 선명하게 염색해 놓았기 때문에 가정에서 일반 의류와 함께 세탁하면 수명이 줄어드는 것은 당연한 일이다. 때문에 셔츠나 블라우스는 세탁소에 맡기는 경우가 많다.

하지만 중성세제나 고급 드라이클리닝세제를 이용하여 단독 세탁하고 다림질풀을 이용해 다림질을 해주면 세탁소에 맡기는 것보다 훨씬 깨끗하게, 또 처음 상태로 오랫동안 입을 수 있다.

고급세탁소가 아니라면 때를 빼는 데만 신경 쓰기 때문에 목이나 손목 부분을 무리하게 솔질하게 된다. 이렇게 1년만 입으면 아무리 좋은 소재의 비싼 셔츠라 해도 낡아서 못 입게 되는 경우가 허다하다.

손목이나 깃 부분은 전처리제를 발라 묵은 때를 먼저 제거하고 온수에 표백제를 풀어 담금 세탁하는 방법으로 세탁을 하면 손쉽다. 솔로 문지르거나 세탁기를 이용해서 무리하게 세탁하는 것을 삼가면 5~10년을 입어도 좋은 상태를 유지할 수 있다.

392 │ 정장 의류도 집에서 세탁할 수 있을까요? 세탁소에 맡겼다가 찾아오는 일이 여간 번거롭지 않네요.

다림질이 힘들고 세탁이 까다롭다는 이유로 정장 의류는 세탁소에 맡기는 경우가 많다. 하지만 정장 의류 중 하의는 자주 입고, 더러워지기도 쉬워 상의보다 더 자주 세탁을 해 주어야 한다. 대부분 드라이클리닝을 수시로 하기는 비용이 부담스럽고 또, 왠지 묵은 때가 잘 빠지지 않아 물세탁을 하고 싶지만 괜히 비싼 옷을 상하게 할까 봐 망설이게 된다.

하지만 2~3회 정도 드라이클리닝을 했다면 집에서 물로 세탁하는 것이 그동안 누적되었던 오염을 제거하는 데 더 효과적이다. 또한 계절이 바뀌어서 옷을 보관해야 할 때는 상의와 하의를 모두 드라이클리닝세제를 이용해서 물세탁 하고 다림질만 세탁업소에 맡기는 것이 깨끗하게 정장을 입는 방법이다. 특히 모 소재 옷은 가끔 기름에 들어가는 드라이클리닝도 필요하고, 드라이클리닝에서 누적되었던 오염을 제거하기 위한 물세탁도 꼭 필요하다.

남성 정장 의류 중에 실크가 20~50% 정도 혼방되어 광택이 많이 나는 소재가 있는데 이러한 의류들도 드라이클리닝세제를 이용한다면 물세탁이 가능하다. 단, 마무리 단계에서 광유연제를 이용하여 섬유가 가지고 있는 광택을 살려 주어야 한다. 또 오염이 있는 부분이라고 하더라도 절대로 비벼 빨지 말고, 알칼리성 합성세제를 사용하면 안 된다는 점을 기억하자.

393 | 모직 코트나 알파카, 모헤어 등 **겨울 코트 세탁법과 관리법**을 알고 싶어요.

겨울 모직 코트는 쉽게 때가 타지 않기 때문에 겨울 내내 깨끗하게 입다가 다음해 봄에 한꺼번에 드라이클리닝을 맡기는 것이 좋다. 세탁 노하우가 있는 사람들은 이런 겨울 코트도 가정에서 드라이클리닝세제를 이용해 물세탁을 하기도 한다. 하지만 두꺼운 모 소재들은 건조 후에 약간의 수축이 일어날 수 있기 때문에 드라이클리닝을 하는 것이 좋다. 또한 겨울 코트는 대부분 캐시미어나 알파카, 라마, 모헤어 등 고급소재를 많이 사용하기 때문에 세탁소에 의뢰를 할 때도 검증된 업소에 맡기는 것이 좋다.

겨울 코트는 쉽게 세탁을 할 수 없기 때문에 관리가 더욱 중요하다. 평상 시에는 착용 후 옷솔로 먼지를 털어 주는 것이 좋다. 특히나 약간의 털이 있는 알파카나 라마 코드는 의류 전체를 주기적으로 옷솔로 손질하면 처음 샀을 때의 광택과 감촉을 오랫동안 유지할 수 있다.

겨울철 정전기가 많이 발생할 때는 섬유유연제를 물에 약하게 희석해 뿌려 주면 정전기가 사라져 먼지가 잘 붙지 않으며, 감촉도 좋아진다.

394 | 요즘은 **속옷**의 기능이나 소재, 디자인이 다양해져 삶을 수 없는 것들도 많아요. **어떻게 세탁해야 할까요?**

● **면 속옷 세탁하기** … 일반 면 속옷을 세탁기에 넣고 찬물로 세탁하면 오염이 70%밖에 제거되지 않는다. 때문에 세탁할 때 더운물을 이용하고, 가능하면 세탁 전에 30분 정도 담가 두어야 소재 깊은 곳에 파고 든 오염물을 효과적으로 제거할 수 있다. 피부가 건조해 쉽게 각질이 일어나고 가려움증이 있는 등 피부가 민감한 사람이라면 일반세제보다는 자극이 적은 중성세제나 천연성분이 많이 포함된 세제를 이용하는 것이 좋다.

● **기능성 속옷 세탁하기** … 기능을 중시해서 나온 보정 속옷은 마찰에 매우 민감하기 때문에 비벼 빠는 것보다는 세제를 효과적으로 이용해 세탁하는 것이 좋다. 세제 효과를 극대화할 수 있는 액체세제를 이용하되 효소성분이 포함된 세제를 사용하면 온수에 30분 정도 담가 두었다 헹구기만 해도 오염을 충분히 제거할 수 있다.

효소성분이 들어간 세제를 이용하면 인체의 노폐물인 단백질이나 혈액, 피지 등으로 인한 오염을 쉽게 제거할 수 있다. 효소성분이 많이 포함된 세제나 액체 효소 약품은 전문 세제 업체에서 판매를 하고 있기 때문에 어렵지 않게 구할 수 있다.

효소세제가 없다면 40℃의 온수에 중성세제와 중성세제와 동일한 양의 분말형 산소계표백제를 사용하여 30분 정도 담가 놓으면 따로 비벼 빨 필요 없이 간편하게 세탁할 수 있다. 기능성 속옷을 탈수할 때는 세탁기를 이용하지 말고 큰 수건을 감싸 물기를 닦아 내는 정도로 하는 것이 좋다.

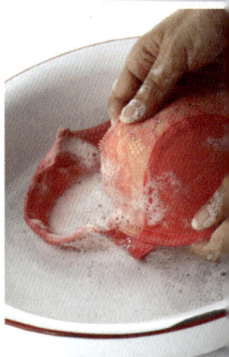

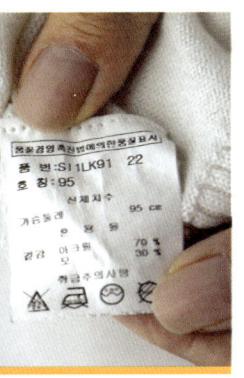

395 | 니트나 카디건, 스웨터 같은 **겨울 의류**를 **손상없이 세탁할 수 있는 방법**과 **손질법**을 알려 주세요.

니트나 스웨터, 카디건 같은 편직물들을 세탁할 때 주의할 것은 일반 세탁물과 함께 세탁하지 않는 것이다. 단순히 세탁망에 넣어 일반 세탁물과 함께 세탁기를 돌리면 수축이 되거나 형태가 변형되기 때문에 반드시 울세제를 이용해 단독으로 손세탁해 주어야 한다.

면이나 아크릴 소재가 많이 혼방되어 있는 니트 의류라면 울세제를 이용하고, 모나 실크가 많이 혼방되어 있는 니트 의류라면 반드시 드라이클리닝세제를 이용해 조물조물 손으로 주물러 빨아야 손상없이 안전하게 세탁할 수 있다. 또 색이 진하고 선명한 의류는 처음 한두 번 세탁할 때 약하게나마 물빠짐 현상이 있을 수 있으므로 반드시 따로 세탁해야 한다.

100% 캐시미어 같이 최고급 소재의 니트도 세탁소에 맡기는 것보다 가정에서 드라이클리닝세제를 이용하여 세탁하는 것이 훨씬 깨끗하고, 처음 구입했을 때의 상태로 오래 입을 수 있다.

단, 소재에 맞춰 세제를 적절히 선택해 가볍게 손세탁하고 탈수와 건조할 때 늘어나지 않도록 세탁망과 건조망을 적절히 이용한다.

plus＊tip

396 세탁 도우미, 전문 세제 업체

크린에버 www.cleanever.com / 세제마트 www.insn.co.kr
웰그린세제 www.welgreen.co.kr / 빈스오가닉 www.beansorganic.com
찰리솝 www.charliesoap.co.kr / 그림네추럴 www.g-natural.co.kr
후레스코 www.세제류.kr / 사람과자연 www.pnccorea.com
모세스 www.emoses.co.kr / 크린피아 www.cleanpia2001.com
네추럴보네 www.naturalbohne.com / 그린앤크린 www.soyclean.net

397 | 스키복을 드라이클리닝해 입으니 투습성과 방수성이 크게 떨어졌어요. **스키복은 드라이클리닝 하면 안 되나요?**

많은 사람들이 비싸게 주고 산 옷, 기능성이 중요한 옷은 집에서 세탁하면 그 기능을 상하게 할 수 있으므로 드라이클리닝을 맡겨야 한다고 생각한다. 또 모든 옷을 드라이클리닝으로 깨끗하게 세탁할 수 있다고 생각한다. 하지만 드라이클리닝은 만능 세탁법이 아니다. 특히나 방수, 발수기능이 있는 스키복이나 등산복, 낚시복 같은 의류는 드라이클리닝을 하면 기능이 크게 손상되므로 반드시 중성세제로 약하게 손세탁해야 한다.

물론 방수기능이 손상되지 않도록 세탁하는 전문 업소도 있다. 하지만 그렇지 않은 세탁소는 이런 의류를 맡겼을 때도 드라이클리닝을 하거나 세탁기에 넣어 일반 물세탁을 해 방수기능이 완전 상실돼 버리는 경우도 있다. 때문에 이런 의류는 가정에서 세탁하는 것이 가장 안전하다. 옷에 붙어 있는 세탁 표시대로 오염이 심한 부분을 미리 제거해 놓고 미지근한 물에 10분 정도 담근 후 손으로 조물조물 눌러 주는 정도로 약하게 빤다.

잦은 착용으로도 방수기능이 약해진 경우에는 세탁 후 시중에 파는 방수·발수 스프레이를 뿌려 주면 방수기능을 100% 회복할 수 있다. 단, 이런 방수·발수 스프레이는 독한 냄새가 나기 때문에 반드시 야외나 열린 공간에서 뿌린 뒤에 다림질로 고착시키거나 헤어드라이어의 열로 건조해 줘야 기능을 극대화할 수 있다. 다림질을 할 때는 원단 표면을 보호하기 위해서 다른 천을 덧대고 다림질한다. 노스페이스 원단이나 고어텍스 원단도 같은 방법으로 세탁하면 방수기능의 손상없이 세탁이 가능하다.

398 | 경조사 때 잠깐 입은 **한복, 눈에 띄는 얼룩만 제거**한 다음 **보관**해도 될까요?

실크 소재의 한복은 물만 닿아도 물 얼룩이 생기기 때문에 얼룩이 생겼다 하더라도 물로 닦아낼 수 없는 의류 중 하나이다. 하지만 요즘은 한복도 물세탁이 가능한 소재로 많이 만들기 때문에 우선 물세탁이 가능한 것인지 세탁 표시를 확인해야 한다. 만약 100% 실크 한복이라면 물을 사용하지 말고 얼룩 안쪽에 수건을 한 장 대고 헝겊에 휘발성이 좋은 에탄올을 묻혀 톡톡 두드리면서 오염을 아래로 빼 내는 식으로 얼룩을 제거한다. 물과 달리 에탄올은 얼룩을 남기지 않으므로 효과적이다. 하지만 진한 색상에는 에탄올로도 색이 빠질 수 있으니 주의해야 한다. 또 명절 때만 입었더라도 세탁을 해야 한다. 눈에 보이지 않더라도 섬유 속에 얼룩이나 때가 끼어 그대로 방치해 보관하면 색감도 변하고 얼룩도 섬유에 고착되어 제거되지 않는다.

399 | 세탁소에서 막 찾아온 실크 블라우스에 음식물을 떨어뜨려 얼룩이 생겼어요. **집에서 간단하게 해결할 수** 없을까요?

실크 소재 블라우스나 원피스 등에 얼룩이 생겼을 때 문질러 제거하게 되면 광택이 사라지고 색깔도 변할 수 있으므로 세제를 사용해 비비거나 문질러 지워서는 안 된다. 또 물로 닦아내면 섬유 속에 남아 있던 기존에 오염물질에 의해 물얼룩이 생기게 된다. 때문에 이렇게 얼룩이 묻었을 때는 물이나 세제를 사용하지 말고 에탄올 같은 휘발성이 좋은 액체로 두드려 닦아내는 것이 가장 좋다.

실크 소재라 해도 색상이 연하거나 무늬가 없는 단색의 경우에는 집에서 드라이클리닝세제를 이용해서 세탁해도 된다. 단, 집에서 드라이클리닝을 하면 광택이 떨어질 수 있다. 때문에 광택과 색상을 다시 살려주는 고급 섬유유연제인 광유연제를 헹굼 단계에서 사용해 주어야 손상없이 의류를 세탁할 수 있다.

진한 단색의 실크 의류라면 찬물에 빙초산을 섞고 드라이클리닝세제를 희석해 세탁한다. 원피스처럼 손이 많이 가는 실크 소재는 다루기 어려울 수 있다. 하지만 블라우스 정도는 땀으로 얼룩졌거나 오염이 묻은 경우 방치하지 말고 집에서 그때그때 세탁하는 것이 좋다.

400 │ 전문세탁을 자주 맡길 수 없는 **벨벳 소재의 옷, 항상 깔끔하게 입을 수 있는 방법** 없을까요?

벨벳 소재는 드라이클리닝을 해야 하는 소재이다. 때문에 깨끗하게, 새 옷처럼 입으려면 평소에 관리를 해 주는 방법밖엔 없다.

옷을 입기 전 벨벳의 미세한 기모가 마찰에 의해 눕지 않도록 다리미의 스팀을 한 번씩 가하면서 부드러운 솔로 쓸어 주면 항상 새것과 같은 느낌으로 입을 수 있다. 또한 착용 후에는 먼지가 묻지 않도록 솔질을 해서 털어주고, 정전기 방지를 위해 섬유유연제를 물로 희석하여 스프레이 해 주면 먼지가 잘 붙지 않는다. 만약 음식물 얼룩이나 오염 같은 것이 묻어 딱딱하게 표면에서 굳었을 때에는 바로 세탁업소에 맡겨 드라이클리닝으로 제거해야 한다. 이런 소재의 옷은 무리해서 집에서 세탁하려다 보면 상하기 쉽다.

401

가죽 의류는 자주 세탁하게 되지 않아요. **얼룩이 생겼을 때 제거할 수 있는 방법**과 관리법을 알려 주세요.

가죽은 동물의 종류와 가공방법에 따라 종류가 달라지고, 세탁이나 관리방법도 많이 달라진다. 주로 반짝반짝 광택이 나는 가죽 소재는 물과 에탄올 그리고 중성세제를 약간 섞은 다음 수건에 묻혀 닦는다. 또는 전용 가죽클리너를 이용해서 닦고 광택제를 발라 닦으면 가죽표면의 때는 없어지고 다시 광택이 살아난다. 평소에는 섬유용 탈취제를 이용하여 안감에 뿌려 냄새 정도만 제거해도 된다.

하지만 스웨이드 소재, 무스탕류의 가죽 의류는 색이 진할 경우에 쉽게 색이 빠지고 얼룩이 생길 수 있는 소재이므로 물이나 에탄올도 위험하다. 때문에 이런 가죽 소재 표면에 얼룩이 생겼을 때는 지우개나 식빵으로 문질러 제거하는 것이 좋다. 지워지지 않는 얼룩을 다른 방법으로 무리하게 제거하려 하면 탈색이나 얼룩이 생길 수 있으므로 전문 세탁소에 의뢰한다.

402

모피 의류는 관리하기가 힘들어요. 모피 사이사이에 먼지도 끼고 냄새도 나는 것 같은데 **어떻게 해야 할까요?**

모피 의류는 모피 전문점에 세탁을 의뢰해야 하는 고가의 의류이다. 때문에 관리에 신경을 쓰고 조심스럽게 입어야 하는 소재 중 하나이다. 하지만 가정에서 모피 의류를 간단하고 쉽게 세탁할 수 있는 방법을 알아두면 항상 깔끔하게 입을 수 있다.

먼저, 모피 사이에 먼지가 많이 끼여 냄새가 나고 전체적으로 더러워졌을 때는 베이비파우더를 털 사이에 골고루 뿌리고 손으로 살살 문질러 잘 퍼지게 한 다음에 밖에 나가 턴다. 파우더에 먼지나 이물질이 붙어 함께 제거된다.

만약 부분적으로 더러워졌을 때는 에탄올과 물을 1:3으로 희석하고 중성세제를 한 방울 떨어뜨려 섞은 다음에 모피에 살짝 뿌리고 마른 수건으로 털면서 닦아낸다. 다시 중성세제를 섞지 않은 깨끗한 액을 묻혀 닦아내고 안감도 그 액을 뿌려 말리면 모피에 손상 없이 부분적으로 묻은 오염과 안감의 냄새도 제거할 수 있다. 그러나 검증된 가죽·모피전문점에 주기적으로 맡겨 세탁하는 것도 잊어서는 안 된다.

403 │ 엠보싱이나 주름가공이 되어 있는
옷을 집에서 세탁해도 될까요? 주름이
펴지거나 처음 느낌이 사라질까봐 걱정돼요.

빈티지 바람을 타고 화장지처럼 올록볼록한 가공이 되어 있거나 쭈글쭈글하게 기계주름을 넣은 소재가 한창 유행이다. 이런 소재는 어떤 의상에 레이어드해도 멋스런 느낌이 살아나긴 하지만 세탁이 까다롭다는 단점이 있다. 가끔 물세탁을 해 가공 자체가 없어지는 경우가 있으므로, 오염이 없을 경우에는 찬물에서 가볍게 손세탁하고 세탁이 어렵다고 판단될 경우 세탁소에 맡기는 것이 좋다.

가끔 세탁소에서는 세탁 후 생긴 주름으로 착각해 다리미로 깔끔하게 다리는 경우가 있으므로, 세탁 전 특이사항을 꼭 알려주어야 한다.

404~408 | ## 언제나 새 옷처럼
명품 손세탁

IDEA 1 **의류에 가장 안전한 담금 세탁**

세제를 푼 물에 옷을 담가만 두는 담금 세탁법이 과연 효과가 있을 것인가에 대한 의문이 생길 수 있다. 하지만 마찰을 최소로 줄이는 대신에 물의 온도를 평소 때보다 조금 높게 그리고 세제를 조금 더 넣는다면 온도와 세제의 힘으로 오염의 90%를 제거할 수 있다. 나머지 10%는 헹굼과 탈수과정에서 떨어져 나온다.

IDEA 2 **담금 상태에서 손세탁**

담금 세탁만으로 때가 완전히 빠지지 않을 때는 옷감이 상하지 않는 한도 내에서 적당히 물살을 일으켜 마찰을 준다. 물속에서 옷의 지저분한 부분을 두 손바닥 가운데 놓고 가볍게 박수를 치면서 세탁하거나 조금 큰 옷은 물에 뜨지 않도록 4~5차례 두 손으로 누르면서 빤다. 또 때가 심한 곳은 두 손으로 오염 부분을 잡고 물속에서 비벼 주면 물 밖에서 빠는 것보다 옷감이 덜 상할 뿐만 아니라 때를 빼는 데도 효과적이다.

오염이 심한 의류의 손세탁

드라이클리닝을 해야 하는 옷에 특별한 얼룩이 없다면 드라이클리닝세제에 의류를 담가 눌러 빨기와 비벼 빨기 정도만 해도 충분하다. 하지만 의류에 특정 얼룩이 묻었다면 그 부분에 액체세제 원액을 바른 다음에 문질러 빤다. 얼룩 성분이 물속에서 충분히 붇도록 5~10분 정도 담가 두었다 비비는 것이 효과적이다.

손세탁 시 사용하는 세제와 세제량

손으로 비벼 빨지 못하는 옷은 세제의 힘만으로 오염을 제거해야 한다. 때문에 세탁기에 사용하는 세제의 표준사용량보다 1.5~2배의 세제를 넣는 것이 적당하며, 세제가 잘 녹을 수 있는 미지근한 물 이상의 온도이어야 한다. 하지만 염색견뢰도(염색강도)가 좋지 않은 의류라면 찬물에서 세탁하는 것이 안전하며, 물세탁이나 중성세제를 이용해 손세탁하는 의류라면 헹굼부터 탈수의 단계만 세탁기를 이용하는 것도 한 방법이다. 만약 손으로 물기를 제거해야 하는 경우라면 비틀어 짜지 말고, 두 손으로 위에서부터 점차 아래로 쥐어가며 짜거나 큰 수건을 이용해서 두드리면서 물기를 제거한다.

의류의 소재별 손세탁요령

● **면 의류** … 세제와 분말형 산소계표백제를 넣어 세탁하고 헹굼부터 탈수까지는 세탁기의 울코스를 이용한다. 단, 진한 색 의류는 미지근한 물에 중성세제를 이용하여 담금 세탁한다.

● **합성소재나 혼방의류** … 세탁 시 따뜻한 온수를 이용하고 염색강도가 좋기 때문에 오염 부분은 솔로 문질러 빤다. 오염이 심하거나 오래되었을 경우 분말형 산소계표백제를 추가로 넣어 담근 후에 세탁하면 쉽게 오염이 제거되고, 세탁기로 돌려도 손상이 크지 않다.

● **울이나 실크소재 의류** … 무조건 담금 세탁하고 미지근한 물에서 드라이클리닝세제를 이용한다. 특히 실크소재는 오염이 있다고 문지르면 광택이 사라지고 동시에 탈색을 일으키기 때문에 주의해야 한다. 전체에 찌든때가 있다면 액체형 산소계표백제를 추가로 넣어 담금 세탁하고, 마지막 탈수과정까지 조심스럽게 의류를 다뤄야 한다.

409 | 스팽클 장식이 있거나 자수가 있는 의류는 어떻게 세탁해야 하나요?

최근 자수나 스팽글로 디자인 한 개성 있는 의상이 인기를 얻으면서 이런 소재가 덧붙여진 디자인이 많이 출시되었다. 하지만 이런 옷의 단점은 세탁하기가 조심스럽다는 것. 자수가 놓인 의상의 경우 자수에 사용한 실은 대부분 나일론 소재이다. 때문에 웬만한 세탁이나 약품에도 변색되지 않아 세탁할 때 따로 손질할 필요가 없다.

하지만, 고급 의류들 중에는 간혹 실크 소재의 실을 사용하는 경우가 있으므로 세탁법을 잘 확인해 본다. 만약 실크 소재의 실로 자수가 놓인 경우라면 반드시 드라이클리닝을 한다. 소재에 스팽클 장식이 있거나 반짝이 프린트가 있는 경우에는 찬물에서 중성세제를 이용하되 반드시 뒤집어서 세탁하고 장식물이 떨어지지 않도록 큰 수건으로 감싸준 다음 탈수한다. 만약 스팽글이나 장식물이 일부 떨어져 분실된 경우에는 전문 세탁소에서 비슷한 소재의 재료로 다시 되살릴 수 있으니 알아본다.

410 | 이불을 일반 빨래처럼 세탁기에 넣고 빨아도 될까요?

이불을 세탁할 때는 반드시 액체비누를 사용하여 세제 찌꺼기가 남지 않도록 하고, 헹굼기능을 추가해 충분히 비눗기를 헹궈내야 한다. 자주 세탁하지 않는 겨울이불은 온수에 표백제를 사용하여 살균 표백효과까지 볼 수 있도록 세탁하고 직사광선에 잘 말려 준다.

● **오리털 이불** … 드라이클리닝을 맡기는 것보다 가정에서 오리털 점퍼를 세탁하는 방식으로 세탁하는 것이 훨씬 깨끗하다. 피부에 직접 닿는

속옷이나 이불은 물세탁이 가장 좋은 세탁법이다.

● **양모 이불** … 드라이클리닝을 해 주어야 하지만, 소재의 특성 때문에 주기적으로 잘 털어 주고 일광소독을 하면 드라이클리닝을 자주 하지 않아도 깨끗하게 유지할 수 있다. 업소에 따라 양모 이불을 변형 없이 물세탁할 수 있으므로 양모 전문 물세탁이 가능한 지 물어본 다음 물세탁을 의뢰하는 것이 위생상 가장 좋다.

411 운동화를 깨끗하게 세탁하는 요령을 알려 주세요.

운동화는 천과 가죽, 고무 소재가 다양하게 사용되어 만들어지기 때문에 세탁 시 가죽 부분에서 물이 빠질 수도 있고 건조 시 고무가 녹아 누렇게 변색되는 경우도 있다. 따라서 물세탁이 가능한 운동화와 그렇지 않은 것을 먼저 구분해 주어야 한다. 세탁이 불가능한 운동화는 밑창만 따로 빼내어 빨고 운동화 솔로 얼룩만 제거한다. 흙이 묻은 부분은 솔을 이용해 물로 씻어내고 가죽 부분은 가죽 전용 클리너를 이용해 닦아낸다. 물세탁이 가능한 운동화는 먼저 오염이 가장 심각한 운동화 밑창의 흙을 솔로 잘 씻은 다음 세제를 푼 물에 담가 오염을 적당히 불린 후 솔질하여 세탁한다. 이때 너무 뜨거운 물을 사용하거나 너무 오래 담가 두면 고무와 접착해 놓은 곳이 약해질 수 있으므로 반나절 이상 담가 놓는 것은 좋지 않다. 세탁해야 할 운동화가 많다면 신발 밑창과 깔창을 먼저 잘 씻은 다음 세탁기에 넣어 한꺼번에 세탁하는 것도 방법이다. 이때 물온도는 35~40℃ 정도가 적당하며 운동화가 손상되지 않도록 세탁망에 넣어 세탁한다.

412 | **머플러나 스카프 종류**는 무조건 드라이클리닝을 해야 하나요? 살에 직접 닿는 아이템들이라 금방 더러워져요.

머플러와 스카프는 주로 양모나 실크 소재로 되어 있어 드라이클리닝만 가능하다고 알고 있는 사람들이 대부분이다. 하지만 이런 종류의 세탁물은 피부에 직접 닿는 소재이므로 미지근한 물에서 드라이클리닝세제를 풀어 손으로 조물조물 세탁하는 것이 때도 더 잘 빠지고, 촉감도 보송보송하게 살아난다.

스카프나 머플러 등은 땀이 묻어 색이 빠지면 안 되는 종류이기 때문에 대부분 염색견뢰도(염색강도)가 좋게 상품화 된다. 때문에 중성세제나 드라이클리닝세제를 이용하면 탈색이나 변형없이 물세탁을 할 수 있다. 다만 유럽 쪽에서 수입된 화려한 색상의 제품은 염색견뢰도(염색강도)가 좋지 않을 수 있으므로 드라이클리닝을 맡겨야 안전하다.

413 | 정장을 세탁소에 맡길 때 **넥타이**도 함께 맡기는데, 대개 서비스로 해주기 때문인지 **세탁이 깔끔하지 않은 것 같아요.**

넥타이를 세탁소에 맡겨 세탁을 해도 마음에 들 만큼 깨끗하지 않을 때가 많다. 이는 넥타이 소재가 대부분 실크이기 때문에 무리하게 오염을 제거하려 하기보다는 안전하게 드라이클리닝에만 넣었다 빼기 때문이다. 드라이클리닝은 전체적인 세탁이 가능할지는 몰라도 부분 얼룩이나 오래된 오염은 깨끗하게 제거할 수 없다. 때문에 넥타이 같은 소품은 집에서 세탁하는 것이 오히려 더 깔끔하다. 요즘 넥타이들은 염색견뢰도(염색강도)가 나쁘지 않기 때문에 물속에 들어가도 물이 잘 빠지지 않는다. 찬물에 드라이클리닝세제를 풀어 세탁하고 만약 색상이 화려하여 물이 빠질 염려가 있다면 식초를 조금 섞어 세탁하면 탈색을 90%이상 방지할 수 있다.

● **넥타이 세탁 노하우** … 넥타이 모양이 비뚤어지지 않도록 손바닥 크기로 접은 다음 손위에 올려놓고 물속에서 살짝살짝 박수를 쳐서 물살이 일도록 세탁한다. 물기를 제거할 때도 손바닥에 올려놓고 눌러 준다. 마지막 헹굼 단계에서 광유연제를 사용하여 광택을 살려 주고 잘 펴서 옷걸이에 걸어 말린 후 천을 하나 덧대어 스팀을 주면서 다려 주면 변형 없이 세탁이 완성된다.

414 | 주방 싱크대 앞, 욕실 문 앞에 항상 깔려 있는
러그는 어떻게 세탁해야 하나요?

러그를 무조건 세탁기에 넣어 돌리면 때도 잘 빠지지 않고 형태가 변형될 수 있다. 때문에 따뜻한 물에 세제와 표백제를 풀어 30분~1시간 정도 담근 다음 가볍게 손세탁하고 헹굼부터 탈수까지만 세탁기의 기능을 이용하는 것이 좋다. 러그는 너무 더러워지면 원래의 색상을 되찾기 힘드므로 자주 세탁하여 깨끗하게 유지하도록 한다.

plus ★ tip

415 마무리 단계에서 사용하는 광유연제

광유연제는 니트나 실크, 순모, 캐시미어 등 의류를 물세탁한 후에 감소된 감촉과 색상 광택을 살려주는 역할을 하는 고급 마무리 유연제이다. 세탁의 마지막 단계에서 헹굼물 5ℓ에 20㎖ 정도 넣어 잘 희석시킨 다음 의류를 1~2분 정도 담궜다가 가볍게 탈수하면 소재 특유의 광택감을 살려 주고 손상없이 세탁을 마무리할 수 있다.

416
요즘은 우산이나 양산도 다양한 색상과
디자인으로 출시되는 것 같아요. **우산이나
양산도 세탁할 수 있나요?**

양산은 직사광선에 직접 노출되는 제품으로 먼지나 오염이 묻은 상태
에서 햇빛에 장시간 노출되고 오랫동안 방치될 경우 색상이 심하게 퇴
색될 수 있다. 이를 방지하려면 양산도 일 년에 한 번 정도는 세탁하는
것이 좋다.

40℃의 물에 중성세제와 표백제를 풀고 15분 정도 담가 손으로 부드럽
게 문질러 오염을 완전히 제거한 다음 잘 헹궈 바람이 통하는 곳에 펴
서 건조시킨다. 이때 방수스프레이를 추가로 뿌려 햇빛에 건조시키면
때가 쉽게 타지도 않으면서 본래의 방수기능도 되살아나기 때문에 오
랫동안 사용할 수 있다. 우산도 같은 방법으로 세탁하면 된다. 단, 우산
은 양산보다 소재가 튼튼하고 부속 장식이 없기 때문에 솔을 이용해 찌
든때를 닦아내도 된다.

417
이마에 닿는 모자 앞부분이 지저분해졌어요.
**모자는 어떻게 세탁해야 변형
없이 깔끔할까요?**

모자 안쪽 앞부분은 주로 피지나 화장품에 의한 유성 오염이 묻어 누렇
게 변색되고 냄새가 나기 쉽다. 단, 이런 상태로 오랫동안 세탁하지 않
을 경우 찌든때가 고착될 수 있기 때문에 집에서 바로바로 세탁해 주어
야 한다. 세탁 시에는 중성세제에 담가 모자의 때를 불린 다음 형태가
변형되지 않도록 부드러운 솔로 살살 문질러 얼룩을 닦아낸다. 면 소재

의 진한 색 모자는 색이 빠지지 않도록 미지근한 물에서 빠른 시간 내에 세탁한다. 모자처럼 형태가 있는 소품은 말릴 때도 주의해야 형태가 흐트러지지 않는다. 수건으로 두드려 물기를 제거한 후에 신문지를 동그랗게 뭉쳐 틀을 잡은 뒤 모자 안쪽에 넣어 바람이 잘 통하는 곳에서 말리면 된다.

418 | **양털시트**를 선물로 받았어요. 근데 냄새가 심해요. **세탁과 관리를 어떻게 해야 할까요?**

양털을 가공해서 만든 모 소재는 간혹 세탁 후에도 계속 지독한 동물냄새가 나는 경우가 있다. 이는 양털을 깎아 세척하고 냄새를 중화하는 가공 과정에서 완전하게 냄새를 제거하지 않았기 때문이다. 이렇게 냄새가 심한 경우에는 드라이클리닝이나 섬유용 탈취제로도 제거되지 않는다. 때문에 제품을 사용하지 못할 정도로 냄새가 난다면 제조불량으로 구입처에서 교환을 하는 것이 가장 좋은 방법. 교환이 불가능한 상황이라면 액체형 산소표백제를 사용해서 몇 차례 세탁을 해 보는 수밖에 없다. 물론 외부에서 잠깐 밴 냄새의 경우 섬유용 탈취제가 효과가 있겠지만 제조 상태에서 제거되지 않은 악취는 없어지지 않는다.

양털시트는 털 깊숙이 먼지가 파고들지 않도록 평소에 먼지를 잘 털어주어 관리하는 것이 중요하다. 또 양털시트 전체는 물세탁이 불가능하지만, 털 표면에 묻은 오염은 에탄올과 물과 중성세제를 희석하여 가볍게 닦아 주면 제거할 수 있다. 그리고 털 깊숙이 박힌 먼지를 제거하기 위해서는 모피 세탁법과 같이 베이비파우더를 골고루 뿌린 다음 털어 내는 방식의 건식 세탁법을 이용한다.

419 | 베란다에 햇볕이 너무 많이 들어와서 널어 놓은 빨래의 색이 바래지 않을까 걱정이 됩니다.

세탁 후 건조라고 하면 햇볕이 잘 드는 오후, 넓은 마당에 세탁감을 널어 말리는 것을 생각한다. 또 그렇게 해야만 살균 표백 효과가 있다고 생각한다. 하지만 일광건조는 살균 표백 효과는 있으나 민감한 소재나 진한 색상의 의류의 경우 변색되는 경우가 있으므로 주의해야 한다.

옷을 항상 새옷처럼 오래 입으려면 번거롭더라도 소재에 따라서 건조 방법을 달리해야 한다.

● **직접 일광 건조** … 밝은 색의 속옷류와 이불 또는 각종 취침용 시트, 신발류 등은 세탁과 동시에 햇볕에 말려 살균을 해 주어야 한다. 특히 이불 속에 있는 각종 진드기들은 35℃ 정도의 햇볕을 쬐면 대부분 제거가 된다. 또한 자외선에는 흰옷에 묻은 각종 색상오염들을 사라지게 하는 표백기능도 있어 흰옷의 경우 일광건조가 좋다. 그러나 밝은 색상의 의류라도 과도하게 햇볕에 노출될 경우 점차 변색되는 경우가 있으므로 지나치게 오랫동안 햇볕에 널어 두지는 말아야 한다.

● **간접 일광 건조** … 외부가 아닌 실내의 베란다 같은 곳은 햇볕이 직접 드는 시간이 제한되어 있기 때문에 어떤 소재의 옷이라도 별다른 문제 없이 말리기에 가장 좋다. 하루 종일 볕이 든다고 생각할 수 있으나 대부분 햇볕 드는 시간은 제한되어 있고 단지 햇살이 들어 밝게 느껴지기 것이기 때문에 바람이 잘 통하도록 해준다면 빨래를 건조하기에 최적의 장소라 할 수 있다.

● **그늘 건조** … 젖은 가죽이나 실크 의류들은 염색견뢰도(염색강도)가 좋지 않기 때문에 바람이 잘 통하는 그늘에서 말리는 것이 좋다. 햇볕이 노출되면 변색될 수 있으니 주의한다.

420 | 식탁 러그나 테이블 커버는 음식물 얼룩이 생겨 자주 세탁을 하게 됩니다. 쉽고 깨끗하게 세탁하는 방법 없을까요?

식탁이나 테이블보에는 물이나 여러 가지 음식물 얼룩이 잘 생긴다. 이런 얼룩은 온수에 표백제를 이용하여 깨끗이, 자주 세탁해주는 방법밖에 없다. 세탁 후 방수스프레이를 뿌려 물이나 오염물이 쉽게 흡수되지 않도록 가공해 놓으면 다음 번 세탁이 훨씬 쉬워진다.

421 | 오리털 의류를 집에서 세탁, 건조하는 요령을 알려 주세요.

오리털 재킷이나 패딩류는 겉 소재가 주로 면이나 합성섬유로 이루어져 있기 때문에 손목이나 목깃 또는 주머니 부분에 때가 타기 쉽다. 이런 패딩 재킷은 세탁소에 맡겨도 때가 많은 곳을 솔로 문지른 다음 물세탁을 주로 한다. 이는 집에서 손세탁을 해도 무관하다는 뜻. 때가 많은 곳은 미지근한 물과 세제를 이용해서 잘 문질러 주고 세탁기를 이용해서 세탁한다. 다만 모자나 내피에 토끼털이나 기타 모피류가 붙은 경우에는 떼어 놓고 세탁해야 한다. 만약 분리가 되지 않는다면 반드시 드라이클리닝을 해야 한다.

세탁 시 헹굼과 탈수를 강하게 하여 의류 속에 스며든 물기를 완전제거한다. 물세탁 후에는 충전제로 들어 있는 오리털의 볼륨이 죽어서 납작해지게 마련이다. 이러한 의류의 원래 볼륨을 살리기 위해서는 완전하게 말린 후에 긴 막대기로 두드려 주거나 두 손으로 두드려 주면 처음처럼 볼륨을 살릴 수 있다. 만약 집에 드럼세탁기가 있다면 90%

정도 건조되었을 때 낮은 온도의 열 건조 코스로 돌려 주면 세탁기 안에서 두드려 주는 역할을 하기 때문에 따로 두드려 주지 않아도 볼륨이 쉽게 살아난다.

422 | 여러 색이 섞인 옷을 세탁하려고 합니다.
진한 색에서 물이 빠져 다른 색에 번지는 것을 예방하려면 어떻게 할까요?

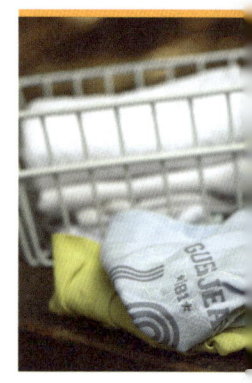

밝은 색과 진한 색 의류를 구분하여 세탁하는 것만으로도 색이 옮겨 번지는 이염 사고를 막을 수 있다. 하지만 한옷에 여러 가지 색이 있는 경우는 이렇게 구분해서 세탁하는 것이 불가능하기 때문에 대부분 찬물에서 손세탁하거나 드라이클리닝을 해야 한다는 이러한 의류들은 세탁표시를 지켜서 세탁하는 것이 안전하다. 물세탁이 가능하다면 한 점씩 개별 세탁해야 하고 따뜻한 물보다는 낮은 온도의 물이 색이 번지는 현상을 막아 줄 수 있다.

여러 가지 색으로 이뤄진 옷은 세탁도 까다롭지만 말릴 때도 조심해야 한다. 탈수와 건조 단계에서도 이염 현상이 일어나기 쉽기 때문이다. 탈수기에 넣어 돌리면 옷이 겹쳐지면서 원심력에 의해 나온 색이 다른 부분에 배어들 수 있다. 그런가 하면 물기가 많은 상태로 말리면 물이 흘러내려와 색이 번지기도 한다. 때문에 이런 옷들은 깨끗한 큰 수건 위에 옷을 올리고 끝부터 돌돌 감아 탈수기에 넣어 준다. 그러면 색이 빠져나오더라도 다른 부분에 스며들지 않는다.

또한 다른 색상이 만나는 곳은 건조 과정에 색이 번질 수 있으므로 헤어드라이어나 선풍기를 이용해서 그 부분만 집중적으로 말린 다음 건조시키면 이염사고를 막을 수 있다.

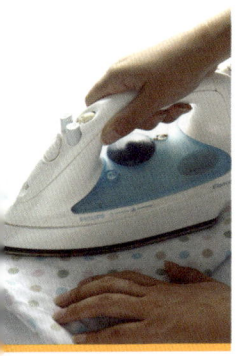

423 | 정장 바지를 다림질 하고 나면 번들거려요. 번들거리지 않게 다리는 방법 없을까요?

폴리에스테르나 나일론이 많이 혼방되어 있는 옷은 가장 낮은 온도로 다림질을 해야 한다. 하지만 가정용 다리미로는 온도 조절을 정확하게 할수 없고 또 많은 주의를 기울여 다림질을 해야 하기 때문에 쉽지 않다.
차라리 온도를 한 단계 높여 설정한 다음에, 천을 하나 덧대어 다린다.
천을 덧대지 않으면, 온도를 낮게 설정하더라도 다리미의 열이 반복적으로 가해지면 다림질 후 번들거리거나 쭈글거리는 경우가 생긴다. 때문에 조금 귀찮더라도 반드시 다림질 천을 이용한다.
그리고 모나 레이온 소재도 고온의 열에 의해 번들거리기 쉽다. 때문에 이런 소재 역시 천을 덧대어 다리거나 의류를 뒤집어 뒷면을 다린다.
주름이 심하지 않다면 스팀 다리미의 스팀만을 이용해서 다리는 것도 좋은 방법이다.

plus·tip

424 주름스커트를 쉽게 다리는 노하우

주름스커트의 다림질은 생각보다 쉽지 않다. 서서 다림질을 할 수 있는 높은 다리미판이라면 실의 양 끝에 손잡이 컵을 매달고 스커트 위를 가로지르는 형태로 올려 두고 스커트의 주름을 잠시 고정시킨 다음 다린다. 낮은 다리미판이라면 고무줄을 다리미판에 묶고 주름치마 아래쪽을 고정시키고 다림질을 하면 아래 위가 서로 어긋나지 않기 때문에 쉽게 다릴 수 있다.

425

몇 번 입지 않은 니트가 세탁 후 확 줄어버렸어요. 이렇게 **수축된 니트 의류**는 원상태로 되돌릴 수 없나요?

니트를 세탁기에 빨아 수축되었거나 레이온이 많이 혼방된 의류를 물세탁해서 줄어버린 경우 유연제와 다림질을 통해서 어느 정도 원래의 상태로 되돌릴 수 있다.

흔히 울 소재 옷이 줄었을 경우 암모니아를 희석한 물에 담그면 원래 상태로 돌아온다고 알고 있다. 물론 옷은 다소 늘릴 수 있을지 몰라도 울 소재 특유의 광택이나 부드러움은 잃어버리게 된다. 암모니아의 알칼리 성분을 울 소재가 받아들이지 못하기 때문이다. 또한 생각만큼 잘 늘어나지도 않기 때문에 이 방법은 삼가는 것이 좋다.

● **울 소재 니트** … 수축된 니트류는 섬유유연제를 진하게 희석한 물에 담갔다가 대강 물기를 제거한다. 그러면 의류가 굉장히 부드러워지는데 이때 의류를 가로세로로 적당하게 당겨 원래의 모양대로 만들어 준다. 그 상태로 완전히 건조한 다음 의류를 뒤집어 스팀다리미로 강한 스팀을 가하면서 당기듯 다려 주면 원래의 사이즈로 복원할 수 있다. 섬유유연제를 사용하면 옷이 부드러워져 힘을 가해 당기더라도 상하지 않기 때문에 위험한 화공약품을 사용하지 않고도 충분히 늘릴 수 있다. 그러나 의류가 30% 이상 수축되어 딱딱한 느낌이 들 정도가 되었다면 이러한 방법으로도 잘 늘어나지 않는다.

● **레이온 소재 의류** … 레이온이 많이 혼방되어 있는 의류들은 물세탁 시 1~2cm 정도 줄어드는 경우가 종종 있다.

레이온은 물세탁을 하면 줄어들었다가 다림질을 하면 대부분 원래의 사이즈로 돌아오기 때문에 수축되었다고 해서 당황할 필요는 없다. 레이온이 60% 미만으로 혼방된 의류는 물세탁을 해도 된다. 그러나 장식물이 달려 있어 집에서 다림질하기 어려운 옷이라면 반드시 세탁업소에 드라이클리닝을 맡기는 것이 좋다. 레이온이 60% 이상 혼방되어 있는 옷도 반드시 드라이클리닝을 해 주어야 한다.

426 | 자수가 놓인 패브릭 식탁보를 손상없이 세탁하는 방법을 알려 주세요.

수가 놓여져 있거나 레이스 장식이 있는 것은 손세탁하는 것이 안전하다. 수가 놓인 식탁보를 자주 빨면 수가 풀려 못 쓰게 되는 경우가 있다. 이럴 때는 수 놓은 곳에 양초칠을 해서 세탁하고, 세탁 후에 깨끗한 종이를 놓고 다리면 새것같이 된다. 또 수가 놓인 부분을 그 느낌 그대로 유지하려면 자수 부분을 다림질할 때 젖은 타월을 아래에 깔고 수 놓인 부분 표면이 타월에 닿게 한 다음 뒷면에서 다림질을 하면 도톰하게 올라온 실의 상태를 유지할 수 있다.

plus ★ tip

427 자기에게 맞는 다리미 선택법

다리미를 구입할 때 자신에게 맞는 것인지 확인하려면 직접 들어보고 **무게와 다림질할 때 손목의 각도**를 잘 살펴보아야 한다.

무거운 다리미는 손목에 부담을 준다. 하지만 다림질을 할 때 힘이 많이 들어가지 않는다. 반대로 가벼운 다리미는 손목에 부담이 적지만 다림질 할 때 힘을 주어 다려야 한다.

크기가 큰 다리미는 한 번에 큰 면적을 다릴 때는 좋지만 단추 사이사이 스커트의 주름, 바지 앞단 등 좁은 부분을 다리기엔 적당하지 않다. 반대로 작은 다리미는 다림질 시간이 오래 걸리는 단점이 있다. 이러한 사항을 잘 알아두고 자신에게 맞는 다리미를 구입하도록 한다.

428

장마철에는 빨래를 말리고 나도 퀴퀴한 냄새가 나요. 장마철이나 습기가 많은 **여름에 냄새 없이 뽀송하게 말릴 방법** 있나요?

습기가 많은 장마철에 가장 문제가 되는 것이 바로 빨래다. 습도도 높아지고 햇볕도 잘 들지 않는 집 안에서 세탁물을 건조하기란 쉽지 않을 뿐더러 건조를 해도 세탁물에서 오히려 냄새가 나는 경우가 많다. 이럴 때는 세탁할 때 세제와 함께 표백제를 넣는다. 의류에 있는 오염도 더 쉽게 제거되고 살균 효과가 있어 같은 조건에서 건조를 하더라도 악취가 나지 않는다. 또 요즘은 실내 건조용 세제가 출시돼 판매되고 있으므로 장마철 실내 건조 시 유용하게 쓰인다.

건조할 때는 의류가 겹치지 않도록 어깨가 넓은 옷걸이를 이용하거나 건조대의 칸을 한 칸씩 띄워서 넣어 준다. 만약 세탁물이 많거나 습도가 높아 빨래를 말리기가 힘든 상황이라면 주위에 있는 코인 세탁소에 가서 건조만 하는 것도 한 방법이다.

이렇게 습기가 많은 장마철에는 빨래가 쌓이지 않도록 자주 하는 것이 좋으며 건조할 때 선풍기를 틀어 말려 주는 것도 좋다.

plus ★ tip

429 운동화와 모자 건조하기

● **운동화** … 운동화를 말릴 때는 페트병이 요긴하다. 페트병의 주입구를 피해 세로로 반을 자른 다음 운동화의 안쪽으로 깊숙이 밀어 넣어 말리면 모양도 잘 살면서 시간도 단축된다. 또 철사 옷걸이를 S자 모양으로 구부린 후 운동화를 걸어서 말리면 바람이 잘 통해 빨리 마른다.

● **모자** … 모자는 그냥 말리면 모양이 쭈글쭈글해진다. 이럴 때는 풍선을 모자 크기만큼 분 다음 풍선 위에 모자를 씌워 말리면 모양이 잘 잡힌다.

430 | 다림질풀은 언제, 어떻게 사용해야
효과를 볼 수 있을까요?

부드러운 옷감이 피부에 닿았을 때 기분 좋은 착용감을 느끼는 사람이 있는 반면, 적당하게 까슬거리는 옷감이 닿는 것을 좋아하는 사람도 있다. 까슬까슬한 옷의 느낌이 좋다면 다림질할 때 다림질풀을 이용하는 것도 좋은 방법이다.

또 여름 셔츠나 남방은 옷이 몸에 휘감기는 것보다 어느 정도 풀기가 있어 옷의 형태를 빳빳하게 유지해 줘야 통풍도 잘되고 착용감도 좋다. 때문에 여름용 재킷이나 셔츠들은 다림질풀을 이용해서 다려 주는 것이 좋다.

● **다림질풀 이용법** … 다림질풀은 가정과 세탁소에서 사용하는 방식이 약간 다르다. 가정에서는 주로 시판 다림질풀 제품을 그대로 뿌려 사용하지만 세탁소에서는 세탁 후 마지막 헹굼물에 희석하여 사용한다. 약간 번거롭긴 해도 다림질할 때 뿌리는 것보다 마지막 헹굴 때 사용하면 다림질이 훨씬 쉬워질 뿐 아니라 옷감의 손상도 줄일 수 있다.

● **다림질풀의 성분** … 다림질풀을 크게 나누면 합성성분 풀과 천연성분 풀로 나눌 수 있다. 최근 웰빙 분위기를 타고 천연성분 풀이 나오기 시작했는데 그 대표적인 것이 천연성분인 실크 파우더로 만든 제품이다. 이런 천연성분은 의류에 광택을 주면서 부드러움과 빳빳함의 두가지 느낌을 적절하게 만들어 준다. 또한 땀이나 물이 묻더라도 끈적끈적한 느낌이 없으며, 물이 묻어도 물얼룩이 생기지 않게 하는 고기능성 다림질풀이다.

431 | 옷감 종류별로 적정한 다림질 온도를 알고 싶어요.

섬유별 온도는 '혼방섬유·합성섬유 〈 울·실크 〈 면·마' 순서이다. 합성섬유는 고온에서 다릴 경우 자칫 섬유가 타는 경우가 있으므로 주의하고 혼방섬유는 직접 다리면 번들거릴 수 있으므로 헝겊을 덧대 다려야 한다.

 **면 · 마**
다리미 온도 140~160℃로 다림질할 수 있다.

 울 · 실크
헝겊을 덧대고 140~160℃로 다림질할 수 있다.

 합성섬유
다리미 온도 80~120℃로 다림질할 수 있다.

 혼방섬유
헝겊을 덧대고 80~120℃로 다림질할 수 있다.

 다림질할 수 없는 소재의 의류이다.

plus ★ tip

432 다림질 노하우
다림미질을 하면서 오히려 옷에 주름이 더 생기거나 다리미 앞부분에 옷이 걸려 구겨지는 경험이 한번쯤 있을 것이다. 이런 문제를 없애려면 다리미를 앞으로 밀어 나갈 때는 다리미의 뒷부분에 힘을 실어 밀어 주고 다시 뒤로 뺄 때는 다리미 뒤를 살짝 올리는 느낌으로 다림질을 한다. 또 와이셔츠의 옷깃이나 팔목, 주름을 잡을 때는 가볍게 누르면서 다림질을 하고 니트 의류를 다릴 때는 다리미를 1cm 정도 띄우고 스팀으로만 다리는 것이 좋다.

433 | **셔츠 다림질**을 쉽게 할 수 있는 방법을 알려 주세요.

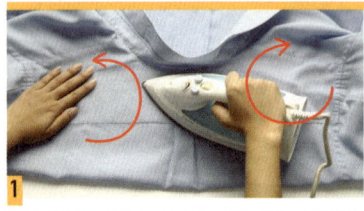

1 먼저 셔츠를 가로로 반을 접은 다음 뒷판의 어깨와 등 윗부분을 다린다. 깃을 오므려 U자형으로 만든 다음, 화살표 방향대로 중앙에서 반원을 그리듯이 어깨 솔기와 진동 솔기를 다린다.

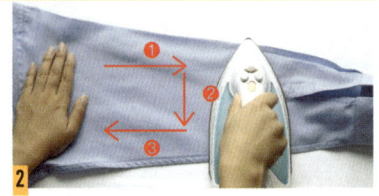

2 몸판과 연결된 소매 부분을 잘 편 다음 그림의 순서와 같이 ㄷ자 모양으로 다린다.

3 소매 단을 벌려 겉과 안쪽을 누르듯이 다린다.

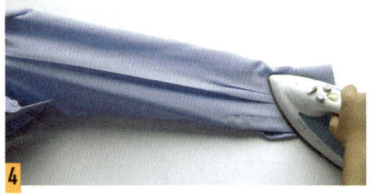

4 소매 부분의 잔주름을 제거하기 위해 어깨선을 잡아당긴 다음, 소매끝부분에서 어깨쪽으로 살짝 올라가듯 스팀을 쐬어 소매의 라인을 정리한다.

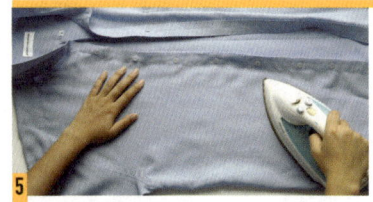

5 셔츠의 앞, 뒤를 잘 맞춘 다음, 셔츠 모양대로 앞판의 좌우를 다린다.

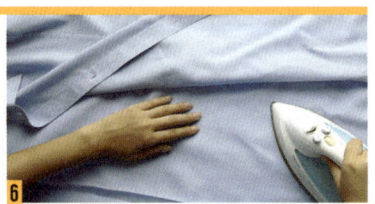

6 셔츠 앞섶을 열어 등 안쪽을 다린다.

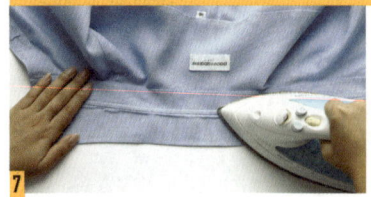

7 깃을 펼친 후 힘을 주어 누르듯 좌우로 다린다.

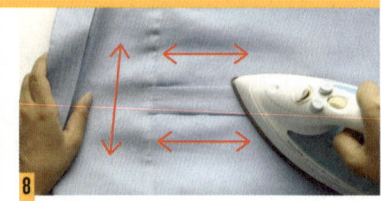

8 등 쪽의 중앙주름을 잡기 위해 윗부분을 먼저 다린 다음 중앙의 주름을 잡아가면서 다린다.

434 | **양복 상의 다림질하기**가 어려운데 좋은 방법 없을까요?

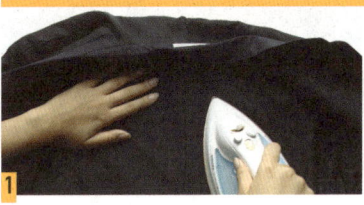

1 옷을 뒤집어 등판 위주로 안감을 다린다.

2 소매 솔기가 중앙에 오도록 잘 펼친 후, 다리미가 양 끝을 누르지 않게 중앙에 놓고 다린다. 뒤집어서 소매 겉 부분도 같은 방법으로 다린다.

3 옆 솔기를 펼친 다음 팔 부분을 위로 당기면서 다리미가 겨드랑이 주름을 펼 수 있도록 다린다.

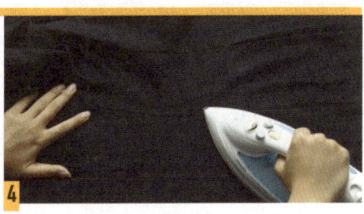

4 솔기에 맞춰 옷을 정리한 다음 앞 상판을 펴서 다림질한다. 좌우 모두 같은 방법으로 다린다.

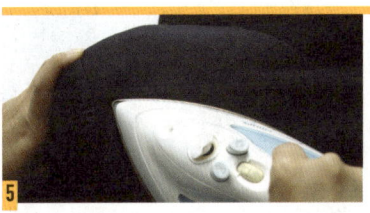

5 다리미판 가장자리의 둥근 부분에 어깨를 끼우고 주름이 펴지도록 다린다.

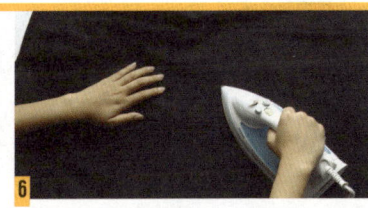

6 등판이 평평해지도록 편 다음 아랫부분을 다린다.

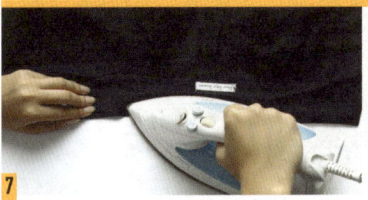

7 목의 깃을 펼치고 중앙에서 시작해 좌우로 다린다.

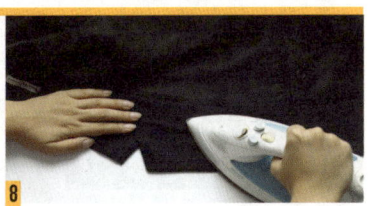

8 앞깃을 펴서 다린 다음 칼라 모양을 잡은 후 목 중앙에서 살짝 누른 다음 앞깃 쪽으로 살짝 스팀을 쐬어가면서 칼라의 모양을 잡는다.

435 | 양복 바지를 다릴 때 쉽고 빠르게 할 수 있는 방법이 있나요?

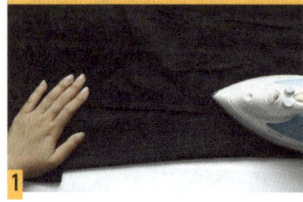

1 바지를 뒤집어 시접과 안감부터 다린다. 시접이 구겨지면 옷이 울 수 있다.

2 뒤집은 상태에서 뒤쪽 허리 라인의 겉감을 다린다.

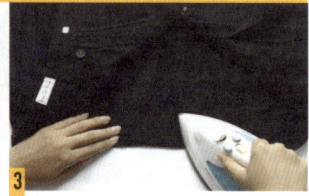

3 겉이 나오도록 옷을 뒤집어 뒤쪽 허리 라인의 안감을 다린다.

4 앞쪽 허리 라인과 주머니 라인을 다린다.

5 앞쪽으로 주름이 있는 바지의 경우 허리 라인의 주름을 잡는다.

6 엉덩이 부분에 잔주름이 생기지 않도록 다린다.

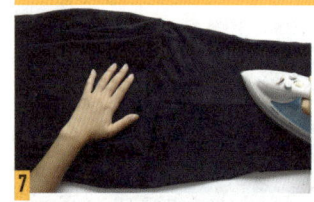

7 한 쪽 다리를 위로 접은 다음, 나머지 한 쪽 다리의 안쪽 가랑이 부분을 다린다.

8 바지 밑 부분으로 내려오면서 다린다.

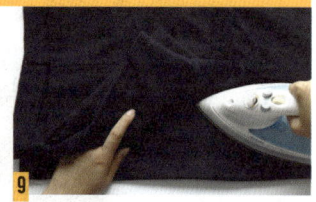

9 안쪽으로 들어가 있는 지퍼 부분을 다린다.

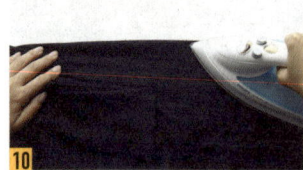

10 엉덩이 접힌 부분의 라인이 잘 살아나도록 엉덩이 주름 부분에 다리미의 열을 가한다.

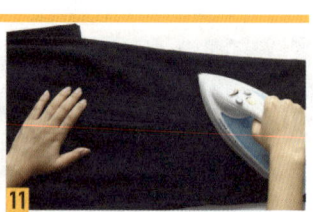

11 바지 옆 솔기가 깔끔하게 펴지도록 다린다.

278

436

어디서 묻었는지 바지에 껌이 붙었어요. 의류에
손상없이 **옷에 붙은 껌을 떼려면**
어떻게 해야 할까요?

● **얼음 이용하기** … 비닐주머니에 얼음을 넣고 껌 위에 댄다. 껌이 단단
해진 다음 손으로 조금씩 떼어내면 천이 상하지 않는다.

● **기름 이용하기** … 껌이 기름에 녹는 특성을 이용해 떼어낸다. 껌이 붙
은 부분에 식용유를 발라 조금씩 녹여서 제거한 다음 기름 자국은 주방
세제로 빨면 깨끗이 제거된다. 또 올리브오일을 칫솔에 묻혀서 살살 솔
질을 해 껌을 없애고 마지막에 주방용 세제로 얼룩을 지워낸다.

● **마요네즈 이용하기** … 마요네즈를 발라서 주무르면 녹아서 없어진다.
그 후 마요네즈 얼룩은 중성세제로 주물러 빨고 세탁기에 넣는다.

● **네일 리무버 이용하기** … 네일 리무버를 솜에 묻혀 껌이 붙은 부분에
두드리면 잘 없어진다. 단, 리무버를 사용할 때는 광택이 있는 옷이나
진한 색상의 옷은 피한다.

plus ★ tip

437 오래 보관한 옷의 냄새 제거법

의류를 보관하는 장소가 습기로부터 완벽하게 차단된 공간이 아니라면 보관 후 이러
한 현상이 발생할 수 있다. 이는 의류 속에 숨어있는 눈에 보이지 않는 수많은 세균들
이 번식하여 생기는 현상이다.

물세탁이 가능한 의류라면 40℃ 정도의 온수에 세제와 표백제를 함께 넣어 표백 살
균을 하고 충분히 잘 헹궈 준다. 그런 다음 햇볕이 좋은 날 잘 말리면 악취를 완전히
제거할 수 있다.

물세탁을 해서는 안 되는 옷이라면 섬유탈취제를 뿌리고 바람이 잘 통하고 볕이 좋은
곳에 반나절 정도만 넣어 놓으면 냄새는 대부분 제거된다.

이렇게 통풍을 하거나 드라이클리닝을 한 후에도 냄새가 계속 지속된다면 집에서 드
라이클리닝세제와 액체형 산소계표백제를 이용하여 조심스럽게 물세탁을 하면 악취
가 제거된다.

438 | 몇 번 입지 않고 **계절이 바뀐 옷들을** **그냥 옷장에 넣어 보관**해도 되나요?

한두 번밖에 착용하지 않아 깨끗해 보이는 옷들을 그냥 장롱 속에 보관할지 세탁 후 보관해야 하는지에 대한 고민은 계절이 바뀌면서 항상 겪는 일. 하지만 단, 한번을 착용했다고 하더라도 눈에는 보이지 않는 미세한 땀과 습기, 외부의 대기 가스나 먼지 등이 옷에 묻기 때문에 세탁을 해 보관해야 한다. 처음에는 눈에 보이지 않는다고 하더라도 그러한 오염물질이 시간(온도와 습도 등 외부의 여건에 따라 다소 차이는 있지만 주로 3주 정도)이 지나면 공기와 접촉하여 산화되고, 산화된 누런 얼룩(황변)은 세탁으로는 제거할 수 없는 얼룩이 된다. 만약 온수와 표백제를 이용해서 세탁할 수 있는 의류라면 가정에서도 어느 정도 되돌릴 수 있겠지만, 색상이 선명하거나 울이나 실크 소재의 의류들은 표백제를 사용할 수 없기 때문에 아쉽지만 버려야 하는 경우도 많다.

또 한 시즌 착용하고 다음 시즌 입기 직전에 깨끗하게 드라이클리닝을 하는 것이 나을 것이라고 오해하고 사람들도 많다.

하지만 세탁은 입기 전에 하는 것이 아니라 항상 착용 후 가급적 빠른 시간 내에 해야 한다. 얼룩이 묻었을 때는 그날 바로 처리하고, 입은 옷은 일주일을 넘기지 말고 세탁을 해야 한다. 또한 겨울철 드라이클리닝이 필요한 코트나 재킷은 적어도 계절 중에 한 번 그리고 계절이 끝난 봄에 한 번 정도 세탁하는 것을 원칙으로 한다. 겨울철에는 의류에 묻은 오염들이 산화되는 데 주로 5~6주가 소요된다.

이런 세탁 주기는 아끼는 옷이 얼룩져 입을 수 없게 되는 경우가 생기지 않도록 예방하기 위해 꼭 지켜야 할 세탁 수칙이다.

439

세탁소의 비닐커버를 버리기 아까워 씌워서 보관하는 경우가 많은데, **옷에 나쁜 영향을 주진 않겠죠?**

겨울이 끝난 후에 드라이클리닝을 해 깨끗이 보관해 두었던 옷을 꺼내 보면 처음에는 보이지 않았던 기름 얼룩 같은 것이 눈에 띌 수 있다. 깨끗이 보관한다는 생각에 비닐커버를 벗기지 않고 그대로 둔 경우라면 얼룩의 원인은 대부분 비닐커버에 의해 생긴 것이라 볼 수 있다. 세탁소의 비닐은 세탁소에서 집까지 옷을 가지고 이동하는 동안 먼지 같은 오염을 막기 위한 1회용 커버. 이 비닐커버는 투명하고 부드럽게 만들기 위해 가소성분이 들어가는데 오랫동안 비닐을 씌워 둔 채 보관하면 그 성분이 빠져나와 옷이 누렇게 변색되는 것이다. 특히 합성섬유 소재의 옷에 씌워 놓은 경우 그런 문제가 많이 발생한다.

때문에 세탁소에서 받아온 세탁물은 바로 비닐을 제거하고 세탁상태를 확인한 후에 바람이 잘 통하는 곳에 반나절 정도 걸어 두어 기름 냄새가 완전히 사라지도록 한다. 그런 다음 통기성이 좋은 부직포나 천 소재로 된 의류커버에 씌워 보관하는 것이 옷의 손상을 막는 가장 좋은 방법이다. 비닐이 아닌 부직포 소재의 커버는 외부 공기가 쉽게 통할 수 있기 때문에 곰팡이와 해충의 번식을 막는 데 도움이 된다.

plus ★ tip

440 셔츠나 블라우스 재빨리, 깔끔하게 말리는 법

다림질을 해야 하는 셔츠나 블라우스는 탈수한 후 다림질을 먼저 해서 말리는 것이 효과적이다. 대충만 다려도 주름이 말끔히 펴질 뿐 아니라 건조하는 시간도 훨씬 절약된다. 또 다림질을 하지 않고 깨끗하게 보이려면 세탁 후 탈수 시간을 최대한 짧게 한 다음 손으로 형태를 잡아가면서 탁탁 턴 후 어깨가 두툼한 양복 옷걸이에 건다. 그런 다음 스프레이용 다림질 풀을 골고루 뿌려서 말리면 광택이 나면서 깔끔하게 주름이 펴진다.

겨울이면 정전기 때문에 털 옷 입기가 꺼려집니다. **정전기를 없애는 보관법** 없을까요?

날씨가 건조해지는 것을 제일 먼저 알려주는 신호가 바로 정전기이다. 하지만 옷 관리만 잘해도 정전기 발생을 어느 정도 줄일 수 있다.

먼저, 옷을 보관할 때 옷 사이사이에 신문지를 끼워 둔다. 신문지가 옷끼리 마찰해 생기는 정전기를 막아 줄 뿐 아니라 방충작용도 한다. 하지만 보기에 깔끔해 보이지 않고 잉크 얼룩이 생길 우려 때문에 신문을 이용하고 싶지 않다면 순면으로 된 옷을 니트 사이사이에 끼워 보관하는 것도 좋은 방법이다.

샤워 후 스팀 가득한 욕실에 옷을 걸어 두는 것도 해결 아이디어. 이 방법은 적당한 습기를 옷에 배게 하기 때문에 건조해 생기는 정전기를 막을 수 있다. 섬유 자체에서 생기는 정전기만 막아도 발생률의 30%는 감소한다. 또 섬유유연제를 물에 희석하여 옷에 뿌려주는 것도 효과적이다. 섬유를 부드럽게 하기 때문에 피부에 마찰에 의한 자극을 줄여 준다. 정전기가 유난히 심한 날에는 임시방편으로 금속성 클립을 속치마에 끼워 둔다. 속치마가 달라붙는 것을 방지할 뿐 아니라 금속성 클립이 정전기를 방전시키는 역할을 한다. 헤어로션 역시 챙겨 바르면 좋은 정전기 방지 용품이다.

요즘에는 정전기 방지를 위한 빗, 음이온 팔찌, 정전기 방지 핸드폰 고리나 키홀더가 있다. 절연체인 나무와 생고무로 만들어진 빗은 머리를 부스스하게 만드는 정전기를 방지해 주고, 음이온 팔찌는 외부에서 유입되는 정전기를 차단하기 때문에 자동차 문이나 금속성 물체에 닿을 때 생기는 정전기를 막아 준다. 또한 정전기 방지용 램프가 달려 있는 키홀더나 핸드폰 고리는 미세한 정전기가 인체에 축적되는 것을 수시로 막아 준다.

442 | 장마 후 옷에 곰팡이가 생겼어요. **곰팡이를 제거할 수 있는 방법**과 생기지 않도록 **예방하는 방법**을 알고 싶어요.

습한 여름이 지나고 나면 통풍이 잘 되지 않은 옷에서 곰팡이가 핀 것을 종종 발견한다. 더 큰 문제는 그렇게 생긴 곰팡이들이 점점 번식해 복구할 수 없을 정도로 옷을 망가뜨린다는 것이다.

곰팡이가 생기더라도 의류에 영양분이 될 만한 오염이 없다면 크게 번식하지 않는다. 만약 의류에 땀이나 피지 같은 인체 노폐물이 묻어 있다면 곰팡이가 서식하기 좋은 환경이 되고, 곰팡이는 그 영양분을 섭취하면서 점점 더 번식하게 되는 것이다.

약간의 곰팡이는 잘 털어내는 것만으로도 제거가 되지만, 심한 곰팡이는 모두 털어낸 뒤에도 누런 얼룩으로 남는다. 이것은 곰팡이의 분비물로, 이 분비물은 일반 세탁으로는 제거되지 않고 강한 표백제를 사용해야만 어느 정도 제거가 된다.

곰팡이를 제거하기 위한 가장 쉬운 방법은 락스와 소다를 물에 희석하여 곰팡이가 생긴 부분을 담가 얼룩을 제거하는 것이다. 하지만 이 방법은 효과는 좋지만 모나 실크 의류에는 사용하지 못할 뿐만 아니라 색상이 있는 의류라면 탈색이 되기 쉽다.

사실 곰팡이가 심하게 생긴 의류를 다시 처음처럼 깨끗하게 세탁하는 것은 불가능한 경우가 많다. 따라서 의류를 장기 보관할 때는 최대한 깨끗하게 세탁된 상태를 유지해야 하며, 통풍이 잘되도록 해 주는 것이 좋다.

443 | 소재별로 의류를 보관하는 방법을
알려 주세요.

● **모나 실크 의류** ··· 동물성 섬유는 해충의 먹이가 되는 소재이니만큼 더 세심하게 관리를 해 주어야 한다. 해충은 적절한 환경(온도, 습도)이 되면 왕성하게 활동하기 때문에 옷을 보관하는 장소는 습도가 너무 높아지지 않도록 주기적으로 공기를 순환시켜 주어야 한다. 공기가 잘 통하지 않는 실내의 경우 선풍기를 틀어 반나절 정도 강제로 통풍을 해 주는 것도 좋은 방법이다. 옷을 접어서 보관하는 서랍장 속에는 습기 제거제를 두고 의류 사이사이에 습기를 흡수할 수 있는 종이를 끼워 놓는 것도 좋은 방법이다.

● **면·마·합성섬유 의류** ··· 식물성섬유와 합성섬유는 곰팡이나 해충으로 인한 문제는 잘 발생하지 않는다. 그러나 보관 장소가 적당하지 않아 세균들이 많이 번식하게 되면 의류에 심한 악취가 날 수 있으므로 주기적으로 통풍을 한다. 또 색상이 진한 옷과 밝은 색 의류를 함께 두면 색이 묻어날 수 있으므로 진한 색 옷은 겹치지 않도록 주의하여 보관한다.

● **가죽 의류** ··· 가죽 의류는 곰팡이 번식이 잘되는 소재이다. 보관 장소가 너무 건조해도 가죽에 변형이 올 수 있고, 너무 습해도 곰팡이가 생길 수 있다. 또 보관 중에도 다른 옷에 색을 묻힐 수 있으므로 반드시 부직포나 천 소재 커버를 씌우고, 옷 사이 간격을 적당히 띄워 놓아 통기성이 좋도록 유지해야 한다.

가죽 의류는 주의를 해도 곰팡이가 쉽게 생기기 때문에 주기적으로 의류를 확인한다. 곰팡이가 조금 생겼을 때 마른수건으로 털어내고 가죽 클리너를 이용해 닦은 다음 적당히 건조해 보관하면 큰 손상을 막을 수 있다.

444 | 옷을 **탈색이나 변색 없이 보관**할 수 있는 방법이 있나요?

의류가 탈색되는 원인은 다양하다. 옷을 자주 입고 세탁해도 점차 색이 옅어지지만, 보관 중 자외선에 노출되어 특정부분의 색이 점차 옅어지는 경우도 있다. 이 외에도 락스 같은 강한 약품이 묻어 탈색되거나 가스스토브 같은 특정 가스에 의해서도 탈색된다. 특히나 가정에서 옷을 수납할 장소가 부족해 베란다나 다용도실에 옷걸이를 설치하고 얇은 천을 하나 씌워 보관하는 경우가 많은데 이런 경우 탈색이나 곰팡이가 생기기 쉽다.

옷을 직사광선이 비치는 곳에 오래 보관하면 탈색이 일어난다는 것은 상식이다. 그런데 직사광선뿐만 아니라 간접적인 햇빛 역시 장시간 쬐면 자외선이 얇은 천을 투과하여 탈색 현상이 나타난다. 때문에 반드시 햇빛을 원천적으로 막아 줄 수 있는 곳에서 보관해야 하고, 석유나 가스난로가 있는 곳도 피해야 한다. 또한 해충들로부터 보호하기 위해 방충제를 과도하게 사용하는 것도 탈색의 원인이 되므로 주의한다.

445 | 세탁소는 많은데 어느 곳에 맡겨야 할지 모르겠어요. 믿고 맡길 만한 **세탁소 선택 요령**을 알고 싶어요.

● **추천 세탁소**

첫째 의류 한 점 한 점을 관찰하며 어떤 얼룩인지 물어보는 세탁소.
둘째 의류의 특성에 따라 물세탁과 드라이클리닝을 구분하고, 의류의 소재나 색상별로 다시 구분하는 세탁소.

셋째 드라이클리닝 후 남은 얼룩을 하나하나 후처리로 제거하는 세탁소.

넷째 드라이클리닝하기 전에 그 얼룩에 적합한 약품으로 대부분의 얼룩을 미리 제거해 놓는 세탁소.

다섯째 드라이클리닝 기름을 깨끗하게 유지하기 위해 적합한 세제를 선정하고, 기름 속에 포함된 수분과 세제의 양을 유지하며, 주기적으로 기름을 거르고 필터를 교체하는 세탁소.

여섯째 고객에게 옷을 건네면서 이 옷은 어떻게 관리하고 언제 세탁을 맡겨야 한다고 정보를 주는 세탁소.

● 비 추천 세탁소.

첫째 고객이 의류에 대해 하나하나 설명하면 바쁘다는 핑계로 들으려 하지 않는 세탁소.

둘째 의류를 대충 바구니에 무더기로 던져 놓고 구분하지 않는 세탁소.

셋째 드라이클리닝 전에 눈에 크게 띄는 얼룩이 있으면 물을 뿌리고 칫솔로 대충 문질러 보는 세탁소.

넷째 드라이클리닝 기계 속에 부족한 기름을 조금씩만 채울 뿐 기름의 투명도는 신경 쓰지 않고 필터를 자주 교체하지 않는 세탁소. 이런 경우 세탁 후 옷에서 기름 냄새가 심하게 난다.

다섯째 드라이클리닝이 끝나면 세탁이 잘되었는지의 확인 없이 바로 다림질 하는 세탁소.

여섯째 세탁이 끝난 의류를 고객에게 전달하면서 혹시 세탁 상태를 확인할까봐 바로 도망가는 세탁소.

plus ★ tip

446 세탁망 활용하기

세탁망은 마찰에 약하거나 형태를 보호해 주어야 하는 의류. 다른 옷과 엉켜서 다른 옷에 손상을 줄 수 있거나 옷에 장식이 많아 따로 빨아야 하는 옷을 세탁할 때 사용한다. 요즘은 세탁망의 종류가 다양해져 속옷용, 스웨터용, 블라우스용 등 소재에 맞게, 또 사이즈에 맞게 용도별로 사용할 수 있게 나온다.

447

세탁소에서 찾아온 옷에 얼룩들이 생겨 있거나 단추가 떨어져 있는 것을 나중에 발견하곤 해요. **옷을 세탁소에 맡길 때 확인해야 할 것**은 무엇일까요?

● **첫째 영업허가가 있는 업소인지 확인한다.** 아파트를 돌며 세탁물을 수거해 가는 경우, 간혹 허가가 없이 세탁기를 마련해 두고 무허가 장소에서 세탁을 하는 경우가 있다. 비싼 의류를 맡겨 놓았는데, 어느 날 갑자기 수거를 하는 사람이 오지 않거나 야반도주하는 사례가 신고되기도 하므로 세탁물을 맡기더라도 꼭 그 세탁소가 동네 어디에 있는지 위치와 전화번호 정도는 확인해 두어야 한다.

● **둘째 세탁물을 맡길 때는 꼭 주머니 속에 들어 있는 것이 없는지 확인하고 부착되어 있는 액세서리는 모두 떼어내 따로 보관한다.** 잃어버린 후 세탁소에 가서 얼마짜리 지폐가 들어 있었다거나 비싼 장식품이 달려 있었다고 하소연해도 소용이 없기 때문이다.

● **셋째 의류에 부착되어 있는 벨트나 모자 등 부착물은 반드시 세탁물을 의뢰할 때 장부에 기재를 하거나 인수증에 표시해 두어야 한다.** 세탁 후에 또는 옷을 받고 몇 개월이 지난 후에야 벨트나 모자가 없어진 것을 알게 된다 하더라도 찾는 것은 거의 불가능하다. 때문에 인수증에 표기를 해 두면 잊지 않고 챙길 수 있으며 또, 분실될 경우에도 세탁소의 실수가 인정되기 때문에 분쟁 소지를 줄일 수 있다.

● **넷째 인수증을 챙겨 둔다.** 세탁물이 분실되거나, 시일이 지나서야 의류에 생긴 문제를 알게 되는 경우, 그 세탁소에 의류를 맡겼다는 것을 확인해 줄 수 있는 단서는 세탁물을 맡기면서 받는 인수증밖에 없다. 인수증이 없다면, 그 세탁소에서 분실한 사실을 인정하지 않을 때도 구체적인 증거가 없기 때문에 대응하기 어렵다.

● **다섯째** 의류를 맡길 때는 옷에 묻은 특별한 오염이나 특이사항을 꼭 전달해야 한다. 세탁소에서는 하루에도 수백 점씩 세탁을 하기 때문에 의류 한 점 한 점 모두를 자세히 보기 어렵다.

또한 오염을 완전히 제거하지 않고 드라이클리닝 후 건조기에서 고온 건조하거나 다림질하게 되면 얼룩은 더더욱 빼기 힘들어지므로 꼭 필요한 절차이다.

● **여섯째** 세탁된 의류를 받을 때는 의류에 오염이 남은 부분은 없는지 또는 의류의 벨트나 모자와 같은 부착물은 모두 있는지 그리고 맡겼던 의류의 개수가 정확한지 그 자리에서 확인해야 한다. 나중에 의류를 착용할 때 오염이 남아 있다든가 부착물이 없다는 사실을 확인하고 세탁소에 간다면 세탁 업소에서는 그 사이에 입어서 묻은 얼룩이라든가, 착용 중에 잃어버린 것이 아니냐고 할 수 있기 때문이다.

448 | 드라이클리닝 의류를 집에서 안전하게 세탁할 수 있는 방법을 알고 싶어요.

드라이클리닝 표시 의류는 소재나 형태의 특성상, 세탁으로 인한 마찰을 최소화하여 세탁해야 한다는 표시이다. 따라서 세탁기를 이용하지 않고 짧은 시간 내에 세탁을 마친다면 집에서도 옷이 상하지 않게 세탁할 수 있다.

● **홈 드라이클리닝이 가능한 옷의 종류**

1. 울 소재의 니트, 카디건, 스웨터
2. 울 소재의 정장 바지나 스커트
3. 드라이클리닝이 필요한 셔츠나 블라우스, 바지

4. 봄, 가을용 재킷

5. 실크넥타이나 스카프

● 홈 드라이클리닝하는 요령

우선, 세탁할 때 물의 온도는 미지근하거나 상온의 물을 이용하고, 세제는 반드시 드라이클리닝세제를 이용해야 한다.

대부분 중성세제나 울세제로 드라이클리닝 표시가 된 의류를 세탁할 수 있다고 생각한다. 하지만 중성세제의 사용설명서를 잘 살펴보면 드라이클리닝 표시 의류에는 사용이 불가능하며, 중성세제를 이용한 손세탁 의류만 가능하다는 것을 알 수 있다.

가정용 드라이클리닝세제는 전문세탁업소에서 하는 드라이클리닝으로는 오염 제거가 힘들 때 대체할 수 있는 물세탁 세제로, 마트에서 쉽게 구할 수 있다.

449 | 세탁을 맡겼던 **옷이 변형이 되었어요**
세탁소에선 세탁 실수가 아니라고 하는데
이런 경우 어떻게 대처해야 할까요?

세탁소에서 찾은 옷에 문제가 있을 경우 일단 바로 세탁소에 가서 그 사실을 이야기해야 한다. 세탁소에서는 한두 번 더 시도를 해 보겠지만 처음과 같이 원상복구가 되기는 쉽지 않을 것이다. 이때 세탁소 측에서 자발적으로 보상을 거론한다면 문제가 쉬워지겠지만 그렇지 않고 소비자 측에서 완강하게 보상에 대한 이야기를 꺼낸다면 해결점 없이 높은 언성만 왔다 갔다 할 것이다. 이렇게 세탁물 사고가 생겼을 경우에는 세탁소에 문제점을 설명하고 세탁사고 심의가 가능한 소비자단체에 옷을 보내서 사고의 원인이 무엇인지를 파악하는 것이 가장 좋다.

소비자단체에는 세탁업계 전문가로 구성된 심의위원 구성단이 있기 때문에 사고 의류를 과학적으로 심사해 정확한 세탁심의 결과서를 발부하게 된다.

세탁심의결과는 세탁소의 세탁부주의로 나올 가능성도 있고, 제조사의 제조불량일 경우도 있으며, 소비자의 보관이나 착용부주의로 나올 수 있다. 그 외 여러 가지 결과가 나올 수 있으므로 세탁을 의뢰한 곳과 다툴 필요 없이 1차적으로 세탁소에 원상회복을 요구하고 그 요구사항을 받아들이지 않는다면 그 다음 소비자단체에 의뢰하는 것이 일반적인 절차이다.

450 세탁사고를 심의할 수 있는 소비자단체

세탁사고 심의 가능 단체는 총 7군데이며, 세탁 사고 의류를 직접 방문 또는 택배로 발송한다.

1 **한국소비자원** www.cpb.or.kr
   02-3460-3000 / 소비자 심의의뢰비 없음 / 매주 수요일에 심의 (월3회)
2 **한국소비자연대** www.consumersunion.or.kr
   02-795-1042 / 소비자 심의의뢰비 없음 / 매주 수요일에 심의 (월3회)
3 **한국YWCA** www.ywca.or.kr
   02-3705-6060 (대표 전화로 간단히 안내를 받고, 전국 세탁사고 심의 단체(주부교실,YMCA,YWCA)의 지역으로 사례를 넘긴다.) / 소비자 심의의뢰비 없음 / 지역마다 심의기간이 다름 (주로 지방은 월1회)
4 **대한주부클럽연합회** www.jubuclub.or.kr
   02-779-1573 / 소비자 심의의뢰비 없음 / 월~금까지 상담접수 및 심의
5 **한국소비생활연구원** www.sobo112.or.kr
   02-3142-5858 / 소비자 심의의뢰비 없음 / 매주 수요일에 심의 (월4회)
6 **한국의류시험연구원** www.katri.re.kr
   02-3668-3000 / 소비자 심의의뢰비 4만원 / 주로 의류회사나 대형세탁체인점에서 의뢰한다
7 **한국세탁업중앙회** www.cleaning.or.kr
   02-812-1142 / 소비자 심의의뢰비 3천원 / 매월 둘째 넷째 금요일 심의

451 | 명품세탁, 항균세탁, 퍼크로 드라이클리닝, 웨트클리닝 등 종류가
다양한데, 그 의미를 알고 싶어요.

국내 세탁업계는 아직 용어들의 정의가 공통으로 확립되지 않아 같은 세탁 방법이지만 다른 용어로 사용되는 경우가 종종 있으며 또 같은 용어지만 다른 의미로 사용되는 경우도 있다.

드라이클리닝은 솔벤트나 퍼크로 방식을 사용한다. 솔벤트 방식은 세탁에 사용된 기름을 필터로 걸러 다시 재생하여 사용하는 방식이다. 이 과정에서 항균효과가 있는 세제를 사용하여 드라이클리닝하는 것을 **항균세탁**이라고 한다. 반면 **퍼크로 세탁**은 기름을 끓여 재사용하기 때문에 그 과정에서 기름 속의 모든 세균을 죽인다는 의미로 사용된다. 그러나 이 두 가지 방식 모두 크게 의미가 없다. 일반 드라이클리닝 후에 고온건조를 하면 의류에 남아 있는 대부분의 세균들은 제거되기 때문이다.

명품세탁이란 좋은 세제나 가공제를 사용하거나 손수 얼룩을 하나하나 지워 처음 샀을 때의 의류 상태로 되돌린다는 의미이다. 하지만 세탁 후 사용하는 비닐커버를 부직포로 바꾼다거나 옷걸이를 고급으로 사용하면서 명품세탁이라고 말하는 세탁업소도 있다. 때문에 명품세탁이라고 하면서 추가요금을 원하는 세탁업소가 있다면 어떤 차이점이 있는지 반드시 확인할 필요가 있다.

웨트클리닝이란 드라이클리닝으로는 의류가 깨끗하게 세탁되지 않을 때, 변형 없이 깨끗한 상태로 세탁하기 위해서 드라이클리닝세제를 이용하여 물세탁하는 기술을 말한다. 세탁소에 드라이클리닝을 맡겼다가 물세탁을 해서 의류사고가 생기는 경우가 종종 있는데 이와는 다르게 웨트클리닝만의 전문 기술을 이용한 세탁법이다. 아쉽게도 아직 국내에는 웨트클리닝 기술이 많이 보급되어 있지 않지만 최근 들어 점차 늘어나고 있는 추세이다.

30~40년 전에는 먹통이라는 큰 회전통에 기름과 의류를 넣어 수동으로 손으로 돌리면서 세탁을 했다. 하지만 프로그램이 개발되면서 지금과 비슷한 형태의 드라이클리닝 기계로 세탁부터 탈수까지 자동세탁이 가능하게 되었다. 이것을 **컴퓨터클리닝**이라고 한다.

452 | **드라이클리닝 의류**는 꼭 세탁소에 의뢰해야 하나요?

세탁 표시기호 중에 드라이클리닝 표시가 붙어 있는 것은 반드시 드라이클리닝을 하라는 의미가 아니고 '드라이클리닝이 가능하다'는 의미이다. 반드시 드라이클리닝만 가능한 의류라면 세탁표시 아래에 '이 의류는 반드시 드라이클리닝을 해야 합니다'라는 경고문구가 적혀 있다. 그러나 반드시 드라이클리닝을 해야 하는 의류는 가죽이나 모피 장식이 있는 의류, 레이온 60% 이상 의류와 염색견뢰도(염색강도)가 좋지 않아 물세탁을 하면 물이 심하게 빠지는 의류 정도이다.

이런 의류를 제외하곤 대부분 집에서 손세탁이 가능하다. 미지근한 물과 중성세제를 이용해서 조심스럽게 한 점씩 담금 세탁을 하면 된다. 또 드라이클리닝세제를 어렵지 않게 구할 수 있기 때문에 이런 제품을 미지근한 물에 풀어 담금 세탁을 하면 된다.

단, 물세탁을 하면 세탁 후 의류에 생긴 주름을 다림질로 펴기 어렵기 때문에 물기를 제거할 때 비틀어 짜거나 세탁기의 탈수 기능을 강하게 하지 않는다. 다림질을 편하게 하려면 큰 수건으로 옷을 감싸 두드려 물기를 제거하거나 세탁기 탈수기능을 30초~1분 정도만 짧게 이용하는 것이 좋다.

453
밝은 색 의류를 드라이클리닝 맡겼더니 전체가
누렇게 변했어요. 어떻게 하죠?

드라이클리닝을 한 다음 옷이 누렇게 변했다면 이는 오염된 드라이클리닝 기름에 의해 밝은 색 의류가 역오염된 것이며, 물세탁 후에 누렇게 변질이 되었다면 세제를 덜 헹구었거나 세탁 중에 사용된 약품성분이 남아 변질된 것이다.

드라이클리닝 기름에 의한 오염은 온수에 드라이클리닝세제를 이용해서 다시 세탁하면 원래의 색상으로 쉽게 돌아온다. 또 물세탁한 다음 헹굼이 덜된 경우도 온수에서 다시 세탁해 깨끗이 헹구거나 성상(산과 알칼리)이 반대인 약품으로 중화하면 좋아질 수 있다. 그러나 변질이 심한 경우는 전문가에게 의뢰해야 한다.

454
세탁물을 맡겼는데 **오염이 하나도
제거되지 않았어요.** 드라이클리닝은
하지 않고 다림질만 한 것일까요?

오염이 효과적으로 제거되지 않는 것은 드라이클리닝의 한계이다. 세탁소에서는 세탁물을 받으면 가장 먼저 물과 약품으로 세탁물에 있는 수용성 오염을 포함한 대부분의 오염을 미리 제거한 후에 드라이클리닝을 하게 된다. 하지만 의류에 묻은 오염을 하나하나 확인하면서 제거하는 전처리 작업은 상당히 손이 많이 가는 작업이다. 때문에 세탁요금이 상대적으로 저렴한 업소에선 전처리 작업을 하지 않고 드라이클리닝만 돌리고 다림질만 하는 경우가 대부분이다. 그런 방식으로 드라이클리닝을 한다면 의류에 묻은 오염의 90%는 전혀 제거되지 않는다.

옷을 받은 후 전혀 세탁한 것처럼 느끼지 못했다면 이는 손이 많이 가는 전처리를 생략한 것이거나 깨끗하지 못한 기름에 세탁을 했기 때문이다. 이러한 세탁처리 과정에 대한 상식을 익혀 둔다면 이런 문제가 발생했을 때 세탁소에 의문을 제기하고 재세탁을 요구할 수 있다.

455 | 드라이클리닝 한 옷에서 역한 **기름 냄새가 납니다.** 그냥 입어도 될까요?

세탁소에서 온 옷에서 기름 냄새가 심하게 나는 것은 세탁소에서 기름을 깨끗하게 관리하지 않고 사용했기 때문이다. 드라이클리닝 기계의 구조상 세탁에 사용된 기름은 자연감소분을 제외하고는 계속 재사용된다. 때문에 신경써서 기름을 교체하지 않으면 오염된 기름을 계속 사용하게 된다. 하지만 기름을 깨끗이 유지하려면 많은 비용이 들어간다. 이 때문에 일부 세탁업소에서는 오염된 기름을 그대로 계속 쓰는 경우가 있다. 이렇게 오염된 기름으로 세탁한 경우 의류의 색상이 탁해지고 세탁 후 역한 기름 냄새가 많이 나는 것은 당연한 이치이다.

정상적인 기름관리를 위해서는 기름을 정화하는 필터를 주기적으로 교체하고 기름에 섞는 드라이소프(기름의 세정 능력을 높여 주는 세제의 일종)를 일정량 채워 주면 세탁물이 깨끗할 뿐만 아니라 의류가 건조되면 기름 냄새는 거의 맡을 수가 없다.

세탁물을 찾아와서 바람이 잘 통하는 곳에 반나절 정도 두었는데도 계속 기름 냄새가 난다면 상당히 오염된 드라이클리닝 기름으로 세탁했다는 증거이다. 이 경우 피부에 자극을 줄 수 있으므로 깨끗하게 재세탁하는 것이 좋다. 또 그런 세탁업체는 이용하지 않는 것이 좋다.

456 | 가죽을 덧댄 야구점퍼를
드라이클리닝한 후 팔 부분이 **딱딱하게**
굳었어요. 해결 방법이 없을까요?

천연가죽 소재는 드라이클리닝에서 문제가 생기지 않지만, 인조피혁(합성
피혁)은 드라이클리닝을 하면 피혁 소재 속의 가소성물질이 빠져나와 단
단하게 굳는 경우가 있다. 합성피혁을 사용한 의류는 반드시 중성세제를
이용해서 물세탁을 해야 한다. 만약 드라이클리닝 후에 소재가 뻣뻣하게
굳었다면 세탁소의 세탁 부주의이다. 가소성 성분을 다시 첨가하여 원상
태로 복원할 수 있으므로 재세탁을 요청하는 것이 좋다.

457 | 드라이클리닝 후에 **보풀이 심하게**
생겼는데 어떻게 해결해야 할까요?

보풀이 생길 위험이 있는 예민한 의류들은 드라이클리닝을 할 때도 세
탁안전망을 사용한다. 하지만 드라이클리닝 자체는 굳이 안전망을 사
용하지 않더라도 문제가 될 만큼 보풀이 발생하지 않는다. 때문에 드라
이클리닝 후에 의류 전체 또는 일부분에 보풀이 생겼다면 이는 세탁상
의 문제가 아닌 경우가 많다.

겨드랑이나 소매, 팔 부분에 보풀이 생겼다면, 착용 중 마찰에 의해 생
긴 보풀이 깨끗이 세탁한 뒤 더욱 눈에 띄는 것일 수 있다.

또 전체에 균일하게 보풀이 생겼고, 구입일이 일반적으로 1년 이내인
의류에서 발생한 것이라면 제조사의 제조불량인 경우가 많으므로 제조
사에 문의해 교환을 받을 수 있다. 만약 세탁소에서 오염을 제거하기
위해 비정상적으로 문지르는 등의 행동으로 인해 보풀이 발생했다면

얼룩이 있던 부위 위주로 보풀이 발생했을 것이다. 그러한 경우에는 세탁 부주의로 보상이 가능하다. 심하지 않은 보풀은 일회용면도기를 이용해서 집에서 충분히 제거할 수 있다. 보풀이 심할 경우에는 세탁소에 의뢰해 전기모터에 의해 돌아가는 보풀제거기로 제거한다.

458 | 세탁소에 맡긴 후에 의류가 심하게 수축되고 다른 색이 묻었어요.

세탁소에 맡긴 후에 의류가 수축되었거나 다른 옷의 색깔이 묻었다면 원인은 드라이클리닝이 미숙했거나 부주의하게 물세탁을 했기 때문이다. 정상적인 드라이클리닝을 했는데 수축되었다면 드라이클리닝 기름 속에 수분이 많이 포함되었기 때문이다. 순수한 기름으로는 때가 제거되지 않기 때문에 인위적으로 물을 조금 포함시키거나 의류에 포함된 수분으로 기름 속에 약간의 수분을 가지고 있는 것은 정상이다. 하지만 장마철이나 습기가 많은 계절에는 의류에 수분이 많이 포함되어 있기 때문에 의도치 않게 과도한 수분이 드라이클리닝 기름 속에 쌓이게 된다. 이 경우 과도한 수분에 의해 다른 옷의 색깔이 묻어나오는 사고가 생길 수 있다. 대부분의 세탁업소는 드라이클리닝으로는 절대 그런 사고가 발생하지 않는다고 하지만, 드라이클리닝 기름을 채취해 보면 과도한 양의 수분이 포함되어 있음을 확인할 수 있다.

또 드라이클리닝을 해야 하는 의류임에도 불구하고 세탁소의 부주의로 물세탁을 한 경우에도 이런 현상이 나타날 수 있다. 이 두 경우 모두 세탁소의 책임이므로 변상을 요구할 수 있다. 만약 세탁소에서 실수가 없다고 한다면 사고가 생긴 의류를 세탁사고분쟁의 심의할 수 있는 곳 (291쪽 참고)에 보내 사고원인을 판정받으면 된다.

459 | 드라이클리닝을 하고 1년 동안 보관해둔 옷에 얼룩이 생긴 걸 발견했어요. 재세탁이나 보상을 요구해도 될까요?

세탁물을 찾은 후 바로 확인하지 않고 한해가 지난 후 얼룩이나 손상을 발견하게 되는 경우가 종종 있다.

1~2개월 이내에 확인되었다면 세탁소에 가서 재세탁을 요구할 수 있지만, 3~4개월이 넘게 지났다면 사실상 재세탁이나 보상을 요구하기는 어렵다. 사고를 낸 세탁소에서의 세탁이 마지막임을 확인할 수 있는 방법이 없기 때문에 세탁소에서 발뺌을 할 수 있기 때문이다. 후에 착용하다가 생긴 문제이거나 다른 세탁소에서 다시 세탁한 것이 아니냐고 이야기할 수도 있다. 만약 인수증을 주고받지 않은 상태에서 중대한 사고가 있었을 경우, 그 세탁소에서 세탁했다는 것을 증명할 방법은 더더욱 없다. 이러한 문제 때문에 세탁물을 맡길 때는 인수증을 받아 두어야 한다. 인수증이 없다고 하면 메모지에 세탁물의 개수와 맡긴 날짜, 세탁업소의 사인 정도는 당당하게 요구해 받아 두도록 한다.

안타깝게도 세탁 의류에 관한 불만이나 문제점에 대해 항의할 수 있는 기간이 우리나라 소비자 피해보상기준이나 세탁업 약관에는 정확하게 명기되어 있지 않다. 일부 업소나 대형체인점은 자체 약관을 가지고 있기 때문에 그 약관의 내용이 우선되며, 자체 약관이 없는 경우는 일반적으로 6개월 정도로 보고 있다.

또한 세탁사고에 대한 심의를 하는 소비자단체에서도 기간에 대해 정해둔 바가 없기 때문에 기간에 크게 상관없이 일반적으로 6개월이나 최대 1년 정도로 잡고 있으며, 소비자는 마지막 세탁을 그 업소에서 했다는 것을 구체적으로 증명할 수 있어야 한다.

만약 의류를 맡겨 놓고 상당한 기간이 지나서 찾으러 간 경우는 조금 더 복잡하다. 그 경우에도 각 업소의 약관이 있다면 그것이 우선적으로 적용된다.

460 | 알파카, 라마 코트를 드라이클리닝 맡겼더니 **털의 광택이 사라졌어요.** 어떡하죠?

일반 모나 캐시미어 소재와는 달리, 알파카나 라마, 모헤어 소재의 의류는 얇은 천 위에 짧은 털을 심어 놓은 것이기 때문에 작은 마찰이나 정전기에도 털이 빠지거나 상하기 쉽다. 실제 의류의 세탁 라벨에 보면 마찰에 특히 주의하라고 표기되어 있다. 때문에 드라이클리닝을 할 때는 약한 코스에서 주의해서 세탁하고, 건조 후에 옷솔로 코트 전체의 털을 잘 쓸어 주어야 광택과 감촉이 살아난다.

세탁소에 세탁을 의뢰했는데 옷의 광택이 사라졌다면 털 전체를 쓸어 주는 마무리 가공을 하지 않았기 때문에 소재가 상한 것처럼 보이는 것이다. 그럴 때는 집에서 옷솔이나 촘촘한 빗으로 잘 쓸어 주면 다시 광택이 나고 촉감도 좋아진다.

착용 중 관리도 중요하다. 착용 후 집으로 돌아와 옷에 묻은 먼지를 털어 보관하도록 하고, 정전기가 생길 때는 섬유유연제를 물에 약하게 희석해서 살짝 뿌려 주면 정전기를 방지할 수 있다.

가격이 싼 알파카나 라마 코트는 착용 중에도 털이 쉽게 빠지고 세탁 후에도 변형이 쉽게 올 수 있다. 따라서 구입할 때 털을 한 번씩 잡아당겨 보고 털이 쉽게 빠지는 것은 구입하지 않는 것이 좋다.

461 | 드라이클리닝 후, 겨드랑이 부위가 탈색됐어요. 또 얼룩이 제거되지 않아 누렇게 착색된 옷들이 있어요.

여름에는 땀을 많이 흘리고 기온이 높기 때문에 착용 후 일주일 이내에 바로바로 세탁하지 않으면 땀이 묻은 부분이 누렇게 변한다. 이는 세탁소의 실수라 할 수 없고 관리를 잘못한 경우이다. 2~3주이내의 땀이나 얼룩이라면 온수로 세탁하여 제거할 수 있지만, 한 달이 경과하면 세제와 함께 표백제를 써야 제거할 수 있다. 특히나 색깔 있는 옷에 생긴 땀얼룩은 탈색을 동반할 수 있고, 얼룩 부위가 공기 중에 산화됨으로써 탈색을 더욱 가속화하기 때문에 얼룩이 있을 때는 바로 세탁하는 것이 가장 좋다. 탈색된 곳은 부분염색을 하지 않고는 복원할 방법이 없다.

때문에 땀을 흘린 옷은 반드시 바로 세탁해야 하며, 실크 소재 등 물세탁이 불가능한 의류라면 땀이 묻은 상태로 오래 두지 말고 바로 세탁을 맡기도록 한다.

여름철 의류는 땀에 의해 변질이 쉬우므로 드라이클리닝 의류라고 하더라도 집에서 조심스럽게 물세탁을 할 수 있는 것을 구입하는 것이 좋다. 물세탁을 할 수 없는 여름철 옷은 활용도가 떨어진다.

462 | 오리털 점퍼를 집에서 물세탁했는데, 옷에 누런 얼룩이 생겼어요.

오리털 점퍼를 세탁하고 나면 없던 기름 얼룩이 도리어 생기는 경우가 있다. 이것은 옷을 만들 때 오리털에 묻어 있던 기름을 완전히 세탁하지 않고 충전제로 사용했기 때문이며, 세탁 시 점퍼 안에 배어든 물과 기름 오염들이 뒤섞인 채 세탁이나 탈수과정에서 완전히 빠져나오지 않아 얼룩을 만든 것이다. 이런 현상은 주로 중국산 저가 의류에서 쉽게 발견된다. 기름 얼룩을 제거하기 위해서는 중성세제를 미지근한 물에 희석하여 그 물을 묻힌 수건으로 얼룩 부분을 골고루 잘 닦아 주고 말려 주면 된다. 얼룩이 심해 잘 제거되지 않는다면, 오리털 점퍼를 다시 세탁하고 헹굼과 탈수를 강하게 하여 안에 배어든 더러운 물을 완전히 밖으로 배출해야 다시 깨끗해진다.

463 | 실내에서는 잘 보이지 않던 **얼룩이 밖에 나가면 눈에 띄게 보여요.** 이유가 뭘까요?

일반 세탁용 세제나 표백제에는 형광증백제가 생각보다 많이 포함되어 있다. 때문에 세제를 물에 잘 녹여서 사용했을 때는 문제가 되지 않지만, 세제를 진하게 녹여 부분적으로 사용했다면 형광증백제도 다른 곳보다 훨씬 진하게 부착되기 때문에 색이 달라질 수 있다. 이런 형광증백제는 실내등에서는 잘 보이지 않지만 햇빛에 나가면 눈에 띄게 보이게 된다.

이렇게 형광증백제에 의한 사고를 방지하려면 일반세제나 표백제는 반드시 잘 녹여 사용해야 하며, 세탁기에 세제를 넣을 때도 물을 먼저 받고 세제를 넣은 후 세탁기를 2~3분간 충분히 공회전해 세제가 완전히 녹은 다음에 빨래를 넣어야 한다. 세탁기의 세제투입구에 세제를 넣고 물이 흘러들어갈 때 함께 투입되게끔 프로그래밍되어 있는 세탁기의 경우 이런 형광증백제에 의한 사고가 잠재되어 있다고 볼 수 있다.

464 │ 세탁을 하다가 **색이 번졌어요.** 그냥 버려야 하나요?

세탁이 끝내고 세탁물을 꺼내 보면 다른 옷의 색이 묻어 있는 경우를 발견할 수 있다. 이 경우 아끼는 의류라고 하더라도 포기해 버리는 경우가 많은데, 세탁이 막 끝났을 때 바로 조치를 하면 색이 묻어난 부분을 제거할 수 있다.

세탁 후 바로 따뜻한 물에 담가만 놓아도 어느 정도 제거가 된다. 하지만 시간이 어느 정도 지난 후에 발견했다면 뜨거운 물을 충분히 준비하여 이염 제거가 가능한 세제(크린에버 홀드라이)를 풀고 이염된 부위에 그 세제 원액을 발라 잘 문지른 다음 물속에 담근 채로 얼룩 부분을 비벼 없앤다.

---

plus ★ tip

465 세탁의 종류

● **드라이클리닝** … 솔벤트와 퍼크로라는 유기성 용제를 이용한 건식 세탁법을 의미한다. 하지만 퍼크로가 환경에 해가 되기 때문에 미국이나 일본 등에서는 점차 사라지고 있는 실정이다.

● **론드리**(물세탁) … 물세탁이 가능한 의류를 물과 합성세제를 이용하여 세탁기에서 세탁하는 것을 말한다. 세탁소에서나 가정에서 다량의 세탁물을 한꺼번에 세탁하는 데 적합한 세탁법이다.

● **웨트클리닝** … 드라이클리닝 의류에 수용성 오염이 있거나 드라이클리닝으로는 오염이 제거되지 않을 때 미지근한 물에서 드라이클리닝세제를 이용하는 세탁법. 웨트클리닝은 물을 이용해서 세탁하므로 세척력은 뛰어나지만, 하나하나 조심스럽게 수작업으로 세탁을 해야 하므로 번거로울 수 있으며 전문적인 기술이 필요하다.

● **복원가공** … 세탁물을 반복적으로 드라이클리닝이나 물세탁하더라도 오염이 제거되지 않아 착용이 불가능할 때, 그 의류를 다시 원래대로 살릴 수 있는 세탁법이다. 복원가공의 가장 큰 특징은 고온의 물에서 표백제를 이용하는 방법으로, 물의 온도와 표백제에 민감하기 때문에 고도의 테크닉과 많은 경험이 필요한 세탁법이다.

● **특별세탁** … 가죽이나 모피 같은 특수 소재 의류를 세탁하는 방법이다.

466 | 가정에 하나쯤 갖춰 두면 좋은 **세탁용 세제에 어떤 것들이 있나요?**

1 일반가루세제 … 일반 가정에서 가장 많이 사용하는 세제로 면이나 마, 합성섬유에 사용한다. 가루세제의 경우 따뜻한 물에 풀어 사용하면 세척력이 더 좋아지며 세제로 인한 손상이 없다.

2 중성세제 … 일반 합성세제는 의류의 때는 잘 빼지만, 반복적으로 사용할 경우 색상이나 특유의 광택까지도 함께 제거된다. 특히 모 혼방의류나 세탁기로 세탁할 경우 변형이 생길 수 있는 의류는 중성세제로 손세탁하는 것이 좋다.

3 유연제 … 세탁 마지막 단계에서 사용하는 섬유유연제로 옷의 구김을 방지하는 역할을 하면서 섬유 사이사이 남아 있는 알칼리 성분의 세제 찌꺼기를 중화해 섬유를 부드럽게 하며 정전기를 방지한다.

4 산소계표백제(분말&액체) … 세제만으로 의류의 오염이 제거되지 않는 경우 표백제를 이용하면 쉽게 제거할 수 있다. 주로 찌들고 오래된 때는 분말형 표백제를 사용하고 진한 음식물 얼룩이 묻었을 때는 액체형 표백제를 사용한다.

5 드라이클리닝세제 … 드라이클리닝이 가능한 옷을 집에서 물세탁할 때 사용하는 홈 드라이클리닝 전용 세제. 물세탁 시 손상되기 쉬운 모, 견이나 레이온 같은 소재의 옷을 세탁할 때 사용할 수 있다.

6 광유연제 … 홈 드라이클리닝을 한 뒤 마무리 단계에서 헹궈 주면 세탁으로 인해 사라질 수 있는 섬유의 광택과 색상이 되살아난다. 넥타이나 스카프, 광택이 있는 옷의 세탁 마무리 단계에 사용한다.

1 2 3 4 5 6

오늘 집 안의
쓸거리로 다시
태어나다!

재활용

빈병, 우유팩, 상자, 박스 등 집 안에서
흔히 볼 수 있는 재활용품들의 알뜰한
반란. 리폼에 대한 아이디어와 약간의
감각만 있다면 재활용 쓰레기로 분류되던
소품들이 집 안 구석구석 필요한
소품으로 재탄생한다.
또 하나하나 만들다 보면 어느 순간
모든 살림에 애착이 느껴질 것이다.

재활용이 가능한 **소품 & 활용법**

페트병 · 우유팩

페트병이나 우유팩은 좁은 공간에서 그 힘을 발휘하기 때문에 수납에 있어서 없어서는 안 될 재활용 소품들이다. 서랍장이나 냉장고 등 물건을 수납해야 하는 공간에 넣어두면 공간을 분리해 주는 역할을 해 자잘한 물건들을 보기 좋게 정리할 수 있다. 또 우유팩은 액체로 된 음식물을 담아 냉동고에 보관하는 용기로 활용할 수 있다.

세탁소 옷걸이

어깨가 얇아 실제로 옷을 걸어 두기엔 활용도가 낮지만 그 외의 장소에서는 꽤 쓸모 있게 쓰인다. 원하는 대로 잘 구부러지기 때문에 흘러내리지 않게 물건을 건조시킬 때도 좋으며, 물건을 걸어 둘 때 S자 고리 대신 활용해도 좋다. 리본이나 페인트로 예쁘게 리폼해 벽면에 부착해 두고 키친타월이나 주방의 행주를 걸어 두는데 활용할 수도 있다.

나무 · 종이 박스

와인 상자나 종이 박스는 형태가 잡혀 있는 큰 수납함이라고 생각하면 된다. 페인팅을 하거나 시트지를 붙여 수납함을 만든 다음 책을 담아두거나 현관 앞에 두고 실내화를 담아두는 용도로 활용한다. 박스의 바닥면이 보이도록 세워 책을 꽂아 침대 끝이나 거실 테이블 옆, 쇼파 옆에 세워두면 공간에 구애받지 않고 튼튼한 공간 박스로서의 역할을 톡톡히 한다.

각종 플라스틱 통

제품의 디자인이 다양화 되면서 플라스틱 용기들이 튼튼하고 예쁘게 나온다. 입구가 넓고 뚜껑이 있는 플라스틱 용기들은 리폼해 자잘한 소품을 담아두는 수납함으로 활용하고 입구가 좁은 용기는 잡곡을 담아 두는 용도로 쓴다. 세제가 담겼던 큰 플라스틱 박스는 다용도실에 두고 비닐을 수납하거나 집안의 자잘한 공구들을 담아두는 수납 박스로 활용한다.

유리병

유리병은 가루 재료나 양념을 담아 활용하기에 좋은 용기이다. 깨끗이 씻어서 바짝 말린 다음 가루 양념이나 자주 사용하는 음식 재료들을 담아 두면 깔끔하게 재활용할 수 있다. 깊이가 얕은 유리병은 수경 식물을 담아 키우거나 화초를 심어 창가에 걸어두어도 예쁘다.

자투리천

남은 자투리천으로 작은 향기 주머니를 만들어 집안 곳곳에 놓아 두면 악취제거에 효과적으로 활용할 수 있다. 또 컵받침을 만들어 생활 소품으로 활용하거나 패치워크 해 쿠션이나 러그를 만들어도 예쁘다. 유행이 지난 가죽 자투리천은 아이들 옷에 덧대도 예쁘게 재활용할 수 있다.

낡은 가구

낡은 가구는 기존 코팅을 벗겨낸 다음 원하는 색상의 페인트를 칠해 리폼한다. 낡거나 유행이 지나 창고에 있던 가구가 집 안의 포인트 가구로 재탄생하게 된다.

467 | 밀가루의 유통기한이 훌쩍 지나버렸어요. 먹기는 찜찜한데 달리 활용할 수 있는 방법 없을까요?

● 장난감으로 활용한다

조물조물 손으로 하는 놀이는 아이들의 신체 조작 능력은 물론 두뇌발달에도 영향을 미친다. 유통기한이 지난 밀가루가 있다면 아이들의 장난감인 플레이 도우로 활용해 보자. 시중에 파는 플레이 도우는 색소가 들어가 있거나 독성이 강한 것들도 유통되기 때문에 안심할 수가 없다. 또 피부가 예민한 아이들은 약간의 이상 물질에도 물집이나 발진이 생기기도 한다. 때문에 식재료를 재활용해 엄마가 직접 만들어 주면 아이가 가지고 놀아도 걱정이 없다.

밀가루와 소금, 식용유를 3:1:1/2 정도로 넣고 잘 섞어 준다. 뜨거운 물에 원하는 색의 물감을 살짝 풀고 재료에 넣어 잘 반죽한다. 손에 잘 붙지 않을 정도의 점성으로 반죽이 완성되면 밀폐용기에 담아 보관한다. 그 상태로 1~2개월 정도 사용할 수 있으므로 다양한 색을 만들어 두었다가 꺼내서 놀이 재료로 쓰면 된다.

● 청소할 때 활용한다

밀가루는 기름을 잘 흡수한다. 요리를 하다가 기름을 쏟았다면 우선 키친타월로 닦아낸 다음 미끈거리는 마루 위에 밀가루를 뿌려 둔다. 밀가루가 기름을 어느 정도 흡수한 다음 밀가루와 함께 닦아내면 깨끗하게 닦인다. 또 기름때로 찌든 레인지 후드를 청소할 때도 밀가루를 뿌려 두면 밀가루가 기름을 흡수하여 수세미로 가볍게 닦아주기만 해도 반짝반짝하게 닦인다.

468 | 오래된 **투명 매니큐어를 다른** **용도로 활용할 방법 없나요?**

스타킹에 올이 나갔을 때 투명 매니큐어를 발라 올이 풀리는 것을 막는다는 것은 누구나 아는 사실. 이 밖에도 투명 매니큐어는 다양한 용도로 활용된다. 가죽 벨트의 구멍 안쪽에 매니큐어를 발라 두면 항상 같은 자리에만 벨트를 꽂아 구멍이 찢어지는 것을 막을 수 있으며 안경테의 나사 부분에 살짝 발라 두면 안경테가 헐거워지는 것을 막을 수 있다. 가구에 흠집이 생겨 나무 색이 그대로 드러난 경우에도 가구와 같은 색의 크레파스로 홈을 칠하고 그 위로 투명 매니큐어를 바르면 감쪽같다.

또 단추를 단 다음 안쪽에서 매듭을 짓게 되는데, 이렇게 매듭을 지은 다음 그 실위로 매니큐어를 덧발라 실을 코팅해 주면 쉽게 단추가 떨어지는 것을 막을 수 있다. 요즘은 네일아트가 인기를 얻으면서 매니큐어의 색도 다양해지고 솔의 굵기도 다양해졌다. 때문에 핸드폰이나 작은 소품 등을 꾸미는 데도 매니큐어를 활용할 수 있다.

plus ★ tip

469 지저분한 전등갓 리폼 아이디어

전등갓은 의외로 더러움이 잘 탄다. 하지만 전등갓 특유의 재질 때문에 물걸레질을 해서 빨 수 없는 것이 대부분이다. 오래 사용한 전등갓에 찌든 때가 심하다면 스프레이 페인팅으로 색을 입히거나 스텐실로 리폼해 보자. 페인팅으로 색을 바꾼 다음 갓의 윗부분에 레이스 테이프만 둘러도 깔끔하게 리폼할 수 있다.

470 재활용에 많이 사용하는 스텐실 기법

스텐실 기법은 패턴만 있다면 어디에든 쉽게 사용할 수 있기 때문에 리폼을 하거나 재활용 소품을 꾸밀 때 많이 활용한다. 물감과 패턴, 스텐실 전용 붓이 필요하지만 간단한 패턴을 사용할 때는 스펀지를 이용해도 된다. 먼저 도안을 필름지에 대고 그린 다음 칼로 오려낸다. 원하는 곳에 패턴을 대고 소량의 물감을 스펀지에 묻혀 조금씩 여러 번 찍어내면 된다. 물감을 묻혀 바로 찍지 말고 다른 종이 위에 몇 번 찍어 스펀지에 묻은 물감의 양을 조절한 다음 찍어야 스텐실의 느낌이 잘 살아난다.

471~473

유행이 지난 레이스 커튼이 옷장 속에서 부피만 차지하고 있어요. **레이스 원단을 재활용할 아이디어** 있나요?

IDEA 1 **양복 커버 만들기**

통풍이 잘되는 레이스 원단은 철 지난 옷을 보관하는 커버를 만들기에 더없이 좋은 재료. 못 쓰는 레이스 커튼을 60×90㎝로 잘라서 양쪽 옆선을 박음질하고, 어깨 부분은 옷걸이의 고리가 나오는 부분을 제외하고 옷걸이 모양에 맞게 삼각형으로 접어 박음질한다. 옷걸이가 나오는 목 부분은 감침질을 해 올 풀림을 막아 준다. 길이를 달리하면 원피스나 코트 등 길이가 긴 의류들도 쏙 들어가게 만들 수 있다. 커버 한쪽 면에 주머니를 달아 놓으면 옷과 함께 보관해야 할 액세서리(끈이나 미니스카프 등)을 넣어 보관할 수 있다. 또는 방충제를 넣어 두어도 옷이 상하는 것을 막을 수 있다.

IDEA 2 **세탁망 만들기**

세탁기에 그냥 돌리기에는 조심스러운 옷들이나 속옷들을 담아 빨 수 있는 빨래망을 만들어 보자. 빨래망을 이용하면 옷감 손상도 적고 깨끗하게 세탁된다. 천을 큼직한 네모로 잘라 세 면을 튼튼하게 박음질한다. 한 면에는 옷을 넣고 잠글 수 있도록 지퍼를 단다.

IDEA 3 **향기 주머니 만들기**

작은 조각으로 향기 주머니를 만들어 본다. 레이스를 적당한 크기로 자른 뒤 박음질해 주머니를 여러 개 만든 다음 냄새 좋은 비누나 포푸리를 넣고 리본으로 곱게 묶어 서랍장이나 목욕탕, 신발장 위에 올려 둔다. 탈취는 물론 집 안 곳곳에서 은은한 향기를 맡을 수 있을 것이다.

474 | 랩이나 호일의 **튼튼한 심은 어떻게 활용할 수 있을까요?**

다 쓴 랩심은 머플러나 스카프를 말아서 보관하기에 좋다. 머플러나 스카프를 개서 서랍에 보관하면 눈에 잘 들어오지도 않고, 구겨지거나 접힌 자국이 선명해 바로 사용하지 못하는 경우가 많다. 이럴 때는 랩심에 스카프를 한 장씩 말아서 나란히 수납함에 넣어 보관해 보자. 눈에도 금방 띄고 주름도 지지 않아 실용적이다.

475 | 집에 조각천이 많아요. **조금씩 남은 조각천은 어디에 쓰면** 좋을까요?

조각천은 의외로 집 안 곳곳에 활용도가 높다. 가장 쉽게 만들 수 있는 것이 슈즈 키퍼. 신발에 슈즈 키퍼를 끼워 두면 모양이 망가지는 일 없이 오래 신을 수 있다. 천을 사방 30㎝ 정도로 자른 뒤 대각선으로 접어 삼각형을 만든다. 다시 한 번 반으로 접어 삼각형을 만든 다음 떨어져 있는 변을 박음질한다. 삼각뿔 모양의 천을 뒤집은 다음 속에다 헌 스타킹이나 솜을 채워 입구를 리본으로 묶는다. 속에다 포푸리를 넣어도 좋다. 이렇게 만든 헝겊을 신발에 끼워 두면 향기로운 슈즈 키퍼 완성!

plus•tip

476 다 쓴 타월 활용한 **목욕용 스펀지**

쓰지 않는 타월이나 가제 손수건을 여러 가지 모양으로 잘라 목욕용 스펀지를 만들어 보자. 하트 모양도 좋고, 나뭇잎, 병아리 모양도 귀엽다. 모양을 내어 자른 타월은 창구멍을 남기고 박음질해서 꿰매고 속에는 큰 스펀지를 잘게 잘라 넣는다. 창구멍을 감침질로 막으면 완성. 때밀이 타월보다 부드러워 피부에 자극이 덜하다.

477 자투리천으로 컵받침 만들기

남은 한복 옷감이나 린넨, 남은 자투리천을 이용해 깜찍한 소품을 만들 수 있다. 우선 자투리천의 크기를 염두에 두고 천을 재단한다. 남은 천의 양에 따라 컵받침, 냄비받침, 화분받침으로 다양하게 활용할 수 있다.

1단계 ➡ 준비하기

자투리천과, 바늘, 자수실, 자, 다리미, 가위를 준비한다.

2단계 ➡ 만들기

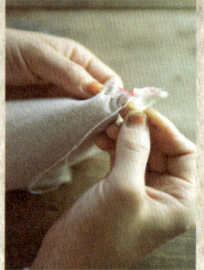

1 완성품의 크기보다 사방 0.5cm씩 여유 있게 자른 천 2장을 준비한다.

2 창구멍(5cm)를 제외하고 시접선을 따라 네 면을 박음질한다.

3 박음질 후 안으로 들어가는 시접을 양쪽으로 가른 다음 다림질한다. 그래야 뒤집었을 때 라인이 깔끔하다.

4 창구멍을 이용해 뒤집은 다음 네 면을 눌러 가며 라인을 정리한다.

5 네 면의 모서리 부분은 십자드라이버를 안쪽으로 넣어 바깥쪽으로 밀어낸다. 바늘로 각을 잡으면 모서리 부분을 뚫고 나올 수 있으므로 약간 뭉툭한 것을 이용하는 것이 좋다.

6 창구멍을 막아 마무리한다. 감침질을 깔끔하게 할 자신이 없다면 자수실로 수를 놓듯 문양을 내어 박음질하는 것도 좋은 방법.

3단계 ➡ 마무리하기

완성된 받침 위에 자수실로 스티치를 넣거나 다른 천을 덧대어 박음질 해 꾸며 준다. 대각선으로 홈질만 더해 주어도 훨씬 다른 느낌으로 완성된다.

478

드라이클리닝 후 따라오는 세탁소 옷걸이가 한 가득이에요. **세탁소 옷걸이를 이용한 리폼 아이디어** 없을까요?

세탁소 옷걸이는 얇기 때문에 자유자재로 구부리거나 모양을 만들 수 있다. 때문에 다양한 살림 소품으로 재활용할 수 있다.

우선 패브릭으로 주머니를 만든 다음 맨 윗부분에 바이어스를 덧대어 옷걸이를 통과시킬 수 있는 시접단을 만든다. 이 시접단에 바지 고무줄 넣듯 옷걸이를 풀어 통과시키고 다시 맨 위 걸이 부분에서 매듭을 짓는다. 이렇게 만든 수납 바구니는 세탁실에 걸어 빨래수거함으로 사용하면 좋다. 패브릭으로 주머니 만들기가 번거롭다면 장바구니 대용으로 흔히 쓰는 부직포 바구니에 옷걸이를 끼워 활용해도 좋다.

형태를 변형해 수납걸이로도 활용할 수 있다. 옷걸이를 'ㄴ' 자 형태로 구부린 다음 그 사이에 위생백을 박스째로 끼워서 싱크대 안쪽 문에 걸어 두면 쉽게 찾아 쓸 수 있다.

이 외에도 옷걸이의 끝을 살짝 구부려 신발 건조대로 활용할 수 있으며 어깨 부분을 구부려 주면 아이 옷걸이로 사이즈가 맞는다. 또 어깨 부분을 구부려 홈을 만들면 끈 소매 옷을 걸어도 흘러내리지 않는다. 구멍 난 고무장갑의 손가락 부분을 3cm 정도 폭으로 잘라 옷걸이 양 끝에 끼워 주면 고무밴드 때문에 옷을 걸어도 흘러내리지 않는다. 빨래를 건조할 때도 활용할 수 있다. 이불빨래나 기저귀 등을 빨아 건조할 때 앞뒤 자락 사이에 옷걸이를 걸어 준다. 옷걸이로 인해 공간이 생기기 때문에 통풍이 잘되고 건조가 빠르다. 옷걸이의 아랫부분을 커팅한 다음 커팅된 사이로 휴지나 키친타월을 걸면 수납 걸이가 만들어진다.

479 세탁소 옷걸이로 빨래 주머니 만들기

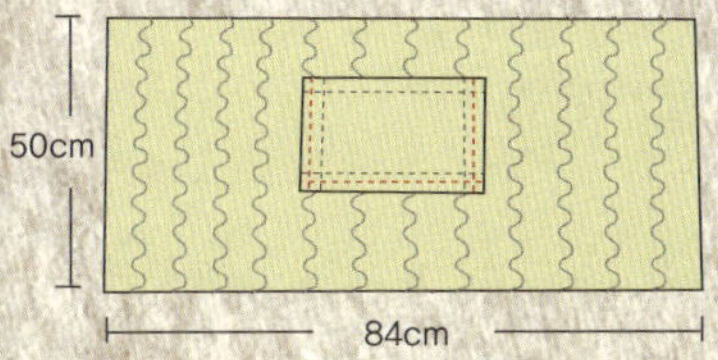

1 세탁소에서 쓰는 일반 옷걸이는 크기가 일정하기 때문에 그림대로 재단하면 대부분 사이즈가 맞다.

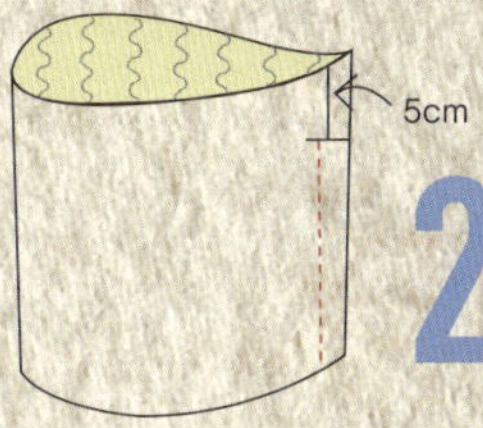

50cm

84cm

2 반으로 접어 겉과 겉을 마주 댄 다음 5cm 정도 창구멍을 남기고 박음질해 준다.

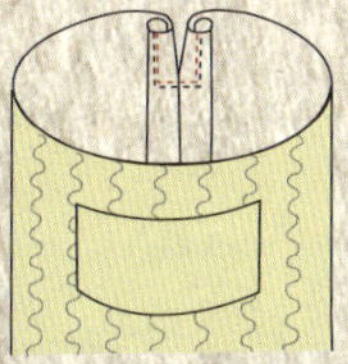

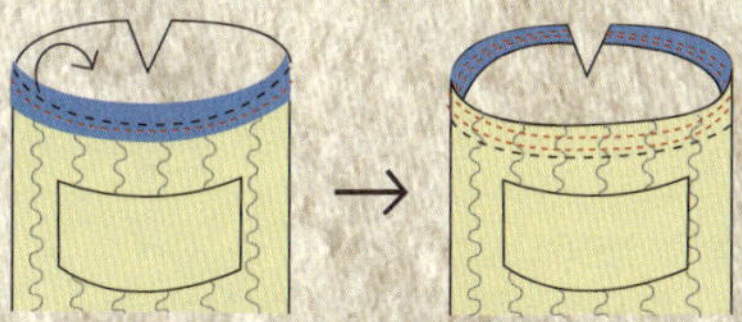

5cm

3 남긴 창구멍의 안쪽 면은 실제 주머니를 걸면 정면으로 보이는 부분이므로 깔끔하게 접어 박음질한다.

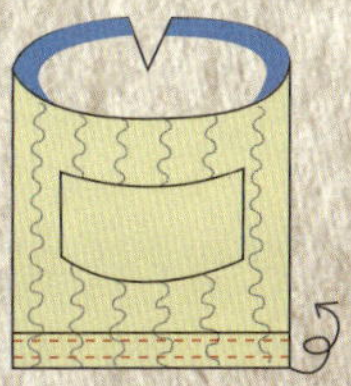

4 주머니 윗부분을 접은 다음 바이어스를 덧대고 박음질한다. 이때 옷걸이가 들어가는 통로를 만들어야 하기 때문에 위와 아래를 한 번씩 박음질한다.

5 주머니 아랫단은 넉넉한 폭으로 두 번 접어 박음질한다. 이 부분은 빨랫감을 지탱해 주어야 하는 부분이므로 두세 번 라인을 만들어 박음질해 주도록 한다.

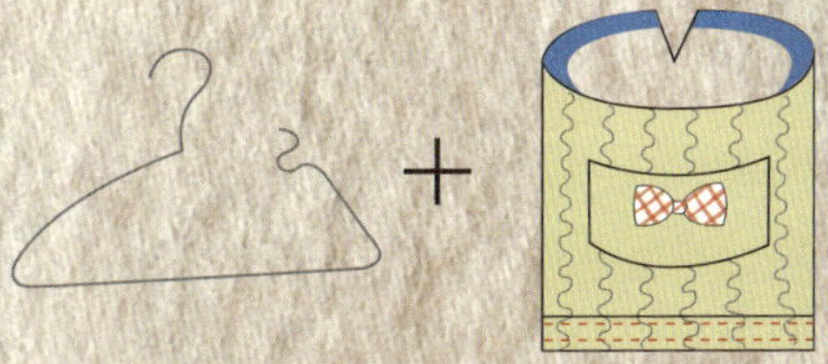

6 바지 고무줄을 넣듯 남긴 창구멍으로 옷걸이를 풀어 통로에 넣은 다음 고리 부분에서 다시 매듭을 지어 완성한다.

480 | 구멍이 나거나 고무줄이 늘어진 양말들을 버리려고 하는데 버리기 전 한 번 더 사용할 수 있는 방법 없을까요?

양말은 손에 끼워도 딱 맞기 때문에 청소를 할 때 사용하면 좋다. 양손에 낀 다음 걸레로 세심하게 닦을 수 없었던 창문, 창틀의 먼지를 꼼꼼하게 닦아낼 수 있으며 가구의 사이사이, 옷장의 틈새 등을 닦을 수 있다. 또 책꽂이 위의 선반이나 책 위의 먼지를 손에 묻히지 않고 걷어낼 수 있다. 아이들이 놀이터에서 모래놀이할 때 신발 위에 어른 양말을 덧 신겨 주면 모래가 들어가지 않는다. 예쁜 그림이나 무늬가 있는 양말 목 부분은 잘라 바늘꽂이로 활용할 수 있다. 양말 안에 솜을 넣고 박음질 한 다음 자른 면이 그대로 남아 있는 끝단 부분을 리본으로 감싸 바이어스 처리한다.

481 | 다 쓴 티슈박스는 케이스가 튼튼하게 코팅되어 버리기가 아까워요. 어떻게 재활용하는 것이 좋을까요?

비닐봉투를 티슈박스 안에 맞물리도록 넣어 필요할 때마다 한 장씩 빼서 쓴다. 비닐봉투의 크기에 따라 크기가 각각 다른 티슈박스를 이용하면 더욱 손쉽게 찾아 쓸 수 있다.

또 해져서 못 입는 면 재질의 옷들을 티슈박스의 크기로 조각내 잘라 놓는다. 비닐봉투와 마찬가지로 조각낸 면 재질의 원단을 서로 맞물리게 접은 다음 티슈박스 안에 넣어 둔다. 면은 흡수성이 좋기 때문에 청소할 때 다양한 용도로 쓰일 수 있다. 일회용 클리너라고 생각하고 더

러운 곳을 발견하면 그때그때 티슈박스에 잘라 둔 면 조각을 한 장씩
꺼내어 쓰면 편하다. 또 더러움이 심한 곳을 깨끗이 닦아낼 때도 좋다.
<u>부엌에서 사용하는 해진 행주도</u> 이렇게 보관하면 좋다. 부엌 가전제품
의 먼지를 닦아내거나 가스레인지 주변을 닦을 때 깨끗한 행주를 사용
하기가 아깝다. 이럴 때는 이렇게 조그맣게 잘라 티슈박스에 넣어 둔
해진 행주로 닦아 주면 된다.

이렇게 재활용 되는 티슈박스를 싱크대 문 안쪽에 양면 테이프로 붙여
두면 훨씬 간편하게 사용할 수 있다. 또 쓰레기통으로 들어갈 헌 옷이
나 천들을 잘 활용하면 집 안이 깨끗해지고 주부의 일손도 한결 가벼워
진다.

482 욕실 수납장의 타월은 쓸 때마다 지저분하게 흐트러져요. **욕실 타월 정리, 완벽하게** 하는 방법 없을까요?

우유팩을 몇 개씩 겹쳐 붙이면 타월 정리하기에 딱 좋은 정리 선반이
만들어진다. 대부분 수납장에 수건을 넣어 둘 때는 차곡차곡 쌓아 두
기 때문에 위쪽에 있는 것만 꺼내 사용하게 된다. 또 하나씩 꺼내 쓸
때마다 타월이 흐트러질 수 있다.

이럴 땐 선반에 칸을 정해 타월이 하나씩 들어가도록 해주는 것이 좋
다. 선반의 깊이에 맞추어 우유팩을 커터나 가위로 자른 다음 선반 크
기에 맞춰서 우유팩을 쌓아 글루건으로 사이사이를 붙여 준다. 겉을
한지나 영문 잡지, 자투리천으로 싸면 한결 깔끔하고 예뻐 장식 효과
도 크다. 이렇게 칸을 나눠 선반에 올려 두거나 수납장에 넣어 두면 욕
실에 수납장을 짜 맞춘 듯한 효과를 가져온다.

483 | 우유팩을 음식 보관용기로 활용할 수도 있나요?

국이나 찌개가 한 그릇 정도 남았을 때, 냄비에 보관하자니 거추장스럽고 국그릇에 보관하자니 왠지 냉장고가 복잡해진다 싶으면 우유팩을 이용해 보자. 우유팩에 국을 따르고 랩을 씌우면 냉장고에 자리도 많이 차지하지 않고 보관하기 편리하다.

또 사골 국이나 육수를 한꺼번에 많이 만들어 얼려 놓고 사용하고 싶을 때도 우유팩에 담아 냉동실에 넣어 두면 조리하기 전 해동해 바로 사용할 수 있다. 제일 작은 250ml 우유팩은 1인분 음식에, 500ml의 우유팩은 2인분 음식에, 1000ml 우유팩은 4인용 가족의 음식양으로 딱 맞다. 카레나 자장 소스 같은 음식도 우유팩에 부어서 냉동 보관하면 좋다. 그대로 꺼내어 우유팩째로 전자레인지에 가열할 수도 있고, 팩을 찢어서 내용물을 냄비에 담고 데워도 OK.

484 | 튀김 요리를 하고 남은 기름, 처리하기가 마땅치 않네요.

폐식용유 버리는 용기로 우유팩만큼 좋은 것이 없다. 우유팩 속에 신문지를 뭉쳐서 넣고 여기에 폐식용유를 따라 그대로 버리면 된다. 신문지가 식용유를 흡수하기 때문에 기름이 흘러 끈적이지 않고 깔끔하게 처리할 수 있다. 또한 이렇게 하면 소각하는 쓰레기로 버릴 수 있으므로 뒤처리가 간단하다. 아무리 급해도 기름은 반드시 식은 다음에 처리해야 화상의 위험이 없다는 것을 명심하자.

485~486 | 페트병을 재활용할 수 있는 방법을 알려 주세요.

IDEA 1 계량도구로 활용

요리 레시피를 보면 g, ml, cc 등으로 재료를 계량해서 조리하게 되어 있다. 하지만 음식을 할 때마다 그 양을 재기는 번거롭다. 이럴 때는 페트병을 버리지 말고 계량컵으로 활용해보자. 밀가루와 설탕, 물을 준비해 두었다가 설탕, 밀가루를 50g씩, 물 50cc를 저울에 달아서 병에 담는다. 각각의 재료들이 담긴 위치의 바깥 부분에 비닐 테이프나 유성 사인펜으로 50g, 50cc 단위씩 늘려가면서 눈금 표시를 한다. 한쪽 면에는 g단위를, 한쪽 면에는 cc단위를 표시해 두면 음식 할 때 레시피대로 재료의 양을 쉽게 측정할 수 있다. 1컵이라는 단위는 가장 많이 쓰이는 용량이므로 1컵(=200cc)의 양도 함께 표시해 두면 좋다.

IDEA 2 수납도구로 활용

페트병은 수납 도구로 활용도가 높은 재활용 용기이다. 특히나 네모형태로 각이 잡힌 페트병은 냉장고 서랍이나 싱크대의 서랍장, 수납장 안에 맞춰 넣으면 정리도 쉽고 수납이 깔끔해진다. 수납장 속에 넣을 사이즈에 맞춰 페트병을 자른 다음 양면테이프를 이용해 페트병 양 옆을 붙여준다. 또는 페트병을 모아 붙인 다음 테이프를 이용해 전체적으로 한꺼번에 감아 주면 튼튼하게 사용할 수 있다.

plus ★ tip

487 빈병으로 만든 약솜 보관함

신생아를 키우는 초보엄마들이 가장 힘들어하는 일이 바로 아기 목욕시키기. 아기가 감기에 걸리지 않도록 빨리 목욕시켜서 옷을 갈아입혀야 하는데, 여기에다 한동안은 배꼽 소독도 해 줘야 한다. 목욕 후 배꼽 소독을 재빨리 끝내려면 약솜을 미리 조그맣게 잘라 유리병에 담아 두고 사용하면 좋다. 유리병은 습기도 방지해 주고 투명하기 때문에 빨리 찾을 수 있어 좋다.

재활용 ● 생활 속 아이디어

버리기 아까운
음식 재활용 아이디어

IDEA 1 **상한 우유** ⋯ 유통기간이 2~3일 정도 지났거나 상한 우유는 피부에 사용하자. 우유 속 단백질 성분이 피부의 묵은 각질과 노폐물을 부드럽게 녹여 제거하는 효과가 있다. 화장솜에 우유를 적셔 스킨을 바르듯 가볍게 닦아 주고, 미지근한 물로 헹궈낸다. 단, 상한 우유는 피부에 자극을 줄 수 있으므로 미리 손목 안쪽에 발라 패치 테스트를 거치도록 한다. 가죽 구두를 닦을 때도 마른 헝겊에 우유를 묻혀 닦으면 윤기가 나고 더욱 깨끗하게 닦인다.

IDEA 2 **유통기한 지난 식빵** ⋯ 유통기한이 지난 식빵은 냉장고 속 탈취제로 사용한다. 종이봉투에 식빵을 담은 다음 입구를 열어둔 채 냉장고 구석에 넣어 두면 식빵이 냉장고 속 잡냄새를 흡수하기 때문에 자연 탈취제 역할을 한다.

IDEA 3 **김 빠진 사이다 · 콜라** ⋯ 김빠진 사이다는 꽃이 시들지 않게 하는 데 효과적이다. 꽃병에 물과 함께 사이다를 넣으면 삼투압 작용에 의해 꽃이 물을 잘 빨아들이게 돼 꽃의 싱싱함이 오래간다. 단, 사이다를 꽃병에 넣을 때는 차가운 것이 좋다. 김 빠진 콜라는 싱크대, 개수대, 욕실의 물때가 낀 부분에 부어주면 서서히 때를 불려 묵은 때를 없애기 때문에 청소할 때 유용하다. 또 고기를 잴 때 넣으면 고기를 연하게 만든다.

IDEA 4 **먹다 남은 맥주** … 먹다 남은 김 빠진 맥주는 찌든 때를 없애는 데 효과적이다. 행주에 맥주를 묻혀 주방의 가스레인지나 환기팬, 냉장고의 찌든 음식찌꺼기 부분을 닦아 주면 깨끗하게 지워진다. 식물의 잎사귀에 낀 먼지도 맥주를 약간 묻힌 마른 헝겊으로 닦아내면 더 싱싱하게 닦인다. 맥주의 뚜껑을 열어 냉장고에 보관하면 맥주의 알코올 성분이 냄새를 빨아들여 냉장고 속 음식 냄새를 없앨 수 있다.

IDEA 5 **쌀뜨물** … 쌀뜨물도 손색이 없는 천연 미용재료. 쌀을 씻은 첫 물은 버리고 두 번째 물을 병에 담아 두었다가 비누세안이 끝난 다음 쌀뜨물로 씻고 찬물로 헹구어 낸다. 쌀뜨물은 냄새를 제거하거나 식기의 얼룩을 없애는 데도 효과적이다. 음식물에 의해 식기나 도마에 얼룩이 남았을 경우 쌀뜨물에 담가 두면 말끔히 없앨 수 있다.

IDEA 6 **레몬껍질** … 생선을 손질한 도마의 비린내는 레몬껍질로 없앨 수 있다. 도마를 찬물로 씻은 다음 소금을 레몬껍질에 묻혀 문질러 주면 비린내를 없앨 수 있다. 또, 유리 그릇의 기름기도 레몬껍질로 닦으면 말끔하게 닦인다.

IDEA 7 **사과껍질** … 사과껍질은 까맣게 탄 냄비를 닦아낼 때 효과적이다. 냄비에 사과껍질과 물을 넣고 팔팔 끓이면 탄 얼룩도 지워지고 냄비가 반짝반짝 깨끗하게 씻긴다.

IDEA 8 **인스턴트 커피가루** … 돼지고기를 삶거나 양념에 재울 때 커피가루를 약간 넣고 조리하면 고기의 누린내를 없앨 수 있다. 오래 두어 굳은 커피가루는 살살 빻아 팬에 볶는다. 팬에 볶으면서 향이 살아나는데 이 커피를 향이 잘 통하는 면보에 싸 두면 방향제로 활용할 수 있다.

496 | 냉장고 야채 칸을 **깔끔하게 정리할 수 있는 재활용 소품** 없을까요?

냉장고의 야채실은 깊어서 자칫하면 야채들이 쌓이고 눌려서 물러지기 쉽다. 또 시금치나 파 등 잎 야채들은 세워서 보관하는 것이 가장 좋다. 우유팩 몇 개를 야채실의 깊이에 맞춰서 커터나 가위로 윗부분을 잘라낸 다음 이어서 테이프로 고정한다. 야채 종류별로 우유팩에 담아 정리하면 야채가 무르는 손상도 막을 수 있고 쓰기도 쉽다. 남은 야채는 납작한 투명그릇에 모아 보관한다. 우유팩을 잘라 투명그릇 안에도 칸막이를 세워 야채들이 섞이지 않게 분류한다.

497 | **케이크를 구우려고 해요.** 하지만 아직 초보라서 제빵용기들의 구입이 망설여지네요. **제빵용기를 대신할 방법** 없을까요?

우유팩은 케이크 틀로 유용하다. 내부가 코팅되어 있기 때문에 반죽이 잘 달라붙지 않고 다 다 구워지면 팩을 잘라 버리면 되므로 내용물이 망가질 걱정이 없다. 1000ml 우유팩의 한 면은 잘라내고 우유를 따르는 윗부분을 접어 스테이플러로 고정시켜서 긴 사각형틀을 만든다. 여기에 유산지를 깔고 케이크 반죽을 부어 그대로 오븐에 넣고 굽는다. 다 구워지면 팩을 찢고 케이크를 꺼내면 완성. 250ml 우유팩은 입구 부분을 잘라 사각 틀을 만든 다음 대용량 우유팩과 마찬가지로 활용한다. 생활 속 우유팩 활용 아이디어는 무궁무진하다.

498~501 | 사용하지 않는 **유아용품,** **어떻게 활용**하면 좋을까요?

IDEA 1 아기 신발

아기용 신발은 그 모양 자체로도 귀여운 소품이 되기 때문에 작아져 신기지 않는다 하더라도 충분히 활용할 수 있다. 신발 속에다 꽃잎을 말린 포푸리나 녹찻잎 등을 넣어 선반에 올려두면 은은한 향이 나는 방향제나 탈취제로 재활용할 수 있다. 또 자잘한 흰색 돌을 넣고 키가 낮은 조화를 심으면 앙증맞은 소품이 된다.

IDEA 2 우유병

우유병에는 눈금이 그려져 있기 때문에 계량컵 대용으로 사용할 수 있다. 요리 레시피를 보면 계량컵 없인 조리를 할 수 없을 정도로 재료의 분량이 정확한 수치로 나온다. 이럴 때 우유병은 분량을 정확히 알려 주기 때문에 유용하다.

IDEA 3 분유통

분유를 먹이면서 가장 많이 나오는 재활용 쓰레기가 바로 분유통이다. 우선 분유통을 페인팅하거나 시트지로 붙여서 예쁘게 꾸민 다음 자잘한 장난감을 넣거나 아이들 학습 도구를 담아 두는 수납통으로 활용한다. 또는 분유통 뚜껑 가운데를 동그랗게 오려낸 다음 두루마리 휴지를 담아 휴지케이스로 활용해도 된다.

IDEA 4 휴대용 분유 케이스

한 회 먹을 양만큼 분유를 덜어 두는 분유 케이스는 여행 갈 때 휴대용 양념통으로 사용하기 딱 좋다. 또 필요한 만큼 칸수를 늘리고 줄일 수 있기 때문에 휴대하기 편하며 의외로 많이 들어가고 밀폐가 되기 때문에 소풍용 반찬통으로도 손색없다. 칸칸이 따로 열어 사용할 수 있어 주방용 양념을 덜어 두고 사용하면 유용하게 활용할 수 있다.

재활용 ● 생활 속 아이디어

502 | 딱풀 케이스는 버리기가 아까워요. **딱풀 케이스도 다른 곳에 활용**할 수 있을까요?

다 써서 끝이 보이는 딱풀 케이스는 애벌빨래 할 때 유용하게 쓰인다. 케이스 안을 깨끗하게 씻은 다음 조그맣게 남아서 쓰기 힘든 빨래비누나 비누 조각들을 꾹꾹 눌러 담는다. 그런 다음 셔츠 깃이나 소매, 양말의 오염이 심한 부분 등 얼룩진 부분을 꼼꼼하게 비벼 빨아야 할 때 딱풀처럼 돌려 사용한다. 얼룩이 심한 빨래는 미리 애벌빨래를 해 주어야 오염 부분이 깨끗하게 지워지는데 딱풀 안에 이렇게 비누를 담아 두면 쓰기도 편리하고 세심하게 비누칠을 할 수 있기 때문에 더욱 좋다.

503 | **다양한 크기의 튜브 약통**이 많아요. 이런 튜브통도 **재활용할 수 있을까요?**

물약을 담아 먹는 튜브 형태의 약통은 소스통으로 활용하면 훌륭하다. 튜브 형태의 통은 손으로 눌러서 강약 조절이 가능하고 또 입구가 좁아 나오는 양을 조절하기 쉬우므로 음식 위에 소스를 뿌릴 때 유용하다. 먼저, 튜브통을 깨끗이 씻어 말린 다음 각종 소스를 담아 둔다. 오므라이스를 한 뒤 작은 튜브통을 이용해 케첩을 올리거나 빵 위에 머스터스소스를 뿌릴 때 사용해 깔끔하게 음식을 마무리한다.

또, 작은 튜브통은 여행갈 때 샴푸, 보디클렌저 등을 덜어 가져가기에 딱 좋은 사이즈이기 때문에 버리지 말고 깨끗이 말린 다음 모아 두면 다용도로 활용할 수 있다.

504 | 옷을 살 때 하나씩 따라오는 단추와 버리는 옷에서 나온 단추들까지, **모아 놓은 단추가 많아요.** 이걸로 뭘 할 수 있을까요?

버리는 니트 옷이나 다양한 색상의 조각 천으로 단추를 감싸 주면 독특한 분위기의 브로치가 완성된다. 단추가 납작해 밋밋하다면 솜을 살짝 넣어 도톰하게 만든 다음 감싸면 더욱 멋스럽다. 크기가 큰 단추는 해져서 못 입는 데님 소재 원단으로 감싼 다음 작은 단추나 비즈를 달아 꾸며 준다. 단추를 감쌀 원단에 스티치를 넣어 꾸며 주면 더욱 독특한 패턴이 나온다. 이렇게 다양한 소재, 다양한 부자재를 이용해 만든 **단추 브로치를 패브릭 프레임의 액자나 옷, 가방에 달아 주면** 아기자기한 느낌의 소품으로 완성할 수 있다.

소품에 붙여 데코 용도로 활용할 때는 글루건을 이용하면 된다. 또 브로치로 활용할 때는 단추 뒷부분에 옷핀을 글루건으로 붙여 브로치로 만들면 쉽게 떼었다 붙였다 할 수 있다. 뒤쪽으로 볼록하게 단춧구멍이 있는 싸개단추는 리폼한 상태 그대로 실로 달아 완성해 주어도 좋다. 패브릭으로 감싼 단추를 똑딱이 핀에 붙여 아이들 머리핀으로 만들어 줘도 귀엽다.

재활용 ● 리폼

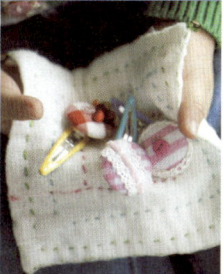

505 | 누렇게 착색되거나 유행이 지나 수납장 자리만 차지하고 있는 **접시의 재활용 노하우**를 알려 주세요.

이가 빠지거나 착색이 된 그릇은 음식 용기로는 이미 기능을 다한 것. 그렇다고 버리기 아깝다면 나만의 작품으로 집 안을 장식해 보자. 이탈리안 음식점이나 터키 음식점에 가면 쉽게 볼 수 있는 벽면 장식을 우리 집 벽 한켠에 옮겨 놓는다고 생각하고 접시를 디자인해 본다. 낡은 접시, 접시걸이, 무늬 도안, 수성 페인트나 아크릴 물감, 바니시, 붓, 스펀지, 칼 등을 준비한 다음 직접 붓을 이용해 접시에 그림을 그리거나 스텐실 기법을 이용해 무늬를 찍어낸다.

스텐실 기법을 이용할 때는 스텐실용 무늬 도안을 찾아낸 다음 무늬를 칼로 오려내고 스펀지에 물감을 묻혀 찍어낸다. 원하는 디자인으로 접시의 그림이 완성되면 물감을 말리고 바니시를 뿌려 마무리한다. 바니시가 마르면 접시걸이를 이용해 벽면에 장식해 주면 끝. 접시걸이는 인테리어 부자재 파는 곳에서 쉽게 구입할 수 있다.

도자기에 그림을 그려 음식 용기로 사용하고 싶다면 포슬린 물감을 사용한다. 포슬린 물감은 도자기 전용 물감으로 유약이 발린 도자기에 그림을 그린 다음 구워내는 것으로 도자기에 착색이 잘되고 처음부터 그림이 그려져 있었던 것처럼 매끄럽게 완성된다. 하지만 도자기를 구워낼 수 있는 가마가 있어야 하기 때문에 개인적으로 작업하기는 어렵다. 대신 요즘은 포슬린 아트를 배울 수 있는 공방이 많이 늘어나고 있는 추세이므로, 인터넷으로 검색한 다음 집 주변의 공방을 찾아가면 강습은 물론 가마도 함께 이용할 수 있다.

506~508 | 와인병의 코르크 마개를
하나씩 모았더니 꽤 많아졌어요.
예쁘긴 한데 마땅히 활용할 곳이
없네요.

IDEA 1   주전자 받침으로 활용

와인을 따면 나오는 코르크 마개. 제조원의 마크나 포도 그림 등이 찍혀 있는 이 마개는 모아서 그대로 유리컵에 넣어 장식해도 좋을 정도로 예쁘다. 버리기 아까운 이 코르크 마개를 이용해 멋진 생활용품을 만들 수도 있다. 코르크를 세로로 반 갈라 주전자 받침을 만들어 본다. 코르크의 길이에 맞게 자른 하드 보드지를 아래에 대고 그 위에 접착제를 바른 다음 코르크를 붙이면 완성된다.

IDEA 2   냄비 받침으로 활용

코르크 마개 네 개를 목공용 접착제를 이용해서 세로로 길게 붙인다. 같은 방법으로 네 줄을 만든다. 마직 끈을 교차시키면서 만들어 둔 네 줄의 코르크 마개를 서로 엮는다. 끝에 가서 단단히 묶고 끈을 끊는다. 코르크와 코르크 사이에 접착제를 발라 주면 더 튼튼하다.

IDEA 3   보드판으로 활용

코르크 마개를 반으로 자른 다음 집에서 쓰지 않는 액자에 그대로 촘촘하게 붙이면 메모판으로 완성. 간단한 메모나 기억해 두어야 하는 일정을 핀으로 꽂아 두는 보드로 사용할 수 있으며 현관이나 주방, 서재 등 어느 곳에 걸어 두어도 잘 어울린다. 나무 느낌의 액자에 붙여 두면 빈티지한 느낌이 살아나는 게시판으로 활용할 수 있다.

509~510 | 페트병에 식물을 담아 기를 수 있는 방법을 알려 주세요.

IDEA 1 수경 재배 용기

페트병 입구 부분을 10cm 정도 잘라내고 남은 페트병은 원하는 길이로 잘라 용기를 만든다. 페트병 아랫부분에 물을 담은 다음 자른 입구 부분을 뒤집어 물을 담은 용기에 포개어 둔다. 자연스럽게 받침대가 된 페트병 입구 위에 알뿌리 식물을 올려놓고 뿌리를 주입구 구멍으로 빼주면 수경 재배 용기 완성. 병이 투명하기 때문에 식물의 성장 과정을 잘 관찰할 수 있다.

IDEA 2 벽걸이 화분

페트병을 적당한 크기로 자른 다음 뚜껑이 있는 윗부분만 사용한다. 잘라낸 페트병에 자신만의 감각으로 예쁘게 컬러를 입힌다. 이때 뚜껑도 함께 데코해준다. 화분을 다 꾸민 다음 뚜껑이 있는 입구 안쪽에 호일을 겹겹이 깔고 물이 빠질 구멍을 송곳으로 송송 뚫어준다. 그 위로 흙을 넣고 꽃나무를 심는다. 물을 줄 때는 페트병 입구의 뚜껑을 열어 배수가 되도록 두고 집 안에 걸어둘 때는 물이 흐르지 않도록 뚜껑을 달아 둔다. 굵은 철사로 고리를 만들고 화분을 걸어 둘 받침을 완성한 다음 벽이나 창틀에 걸어 두어도 좋다.

plus·tip

511 표백제통으로 만든 모종삽

꽃밭을 가꾸거나 텃밭에 채소를 심어 가꿀 때 꼭 필요한 것이 모종삽. 없다고 굳이 살 것이 아니라 집에 있는 재료를 이용해서 만들어 보자. 다 쓰고 난 손잡이 달린 표백제통, 혹은 손잡이 달린 플라스틱 우유통을 눕혀서 손잡이 앞에서 비스듬히 자르기만 하면 훌륭한 모종삽 완성. 손잡이를 그대로 사용할 수 있어서 작은 화단을 꾸밀 때 유용하다.

512~513 | 잡지 속의 예쁜 사진을 활용할 수 있는 아이디어를
알고 싶어요.

IDEA 1 가방 디자인으로 활용

여름에 가볍게 들고 다닐 수 있는 편한 패브릭 주머니를 만들어 보자. 원하는 사이즈로 가방을 재단한 다음 옆선을 박음질 해 봉투 모양의 주머니를 만들고 손잡이 끈을 달아 패브릭 가방을 완성한다. 가장 앞쪽에 투명 비닐 프레임을 달고 비닐 프레임 안에 잡지의 예쁜 사진들을 담아 두면 그 자체가 가방의 디자인이 된다.

이렇게 만든 가방은 아이들 방이나 다용도실에 걸어 수납함으로 사용해도 예쁘다.

IDEA 2 테이블 매트로 활용

음식을 놓았을 때 그릇 아래에 깔아 주는 테이블 매트. 이 테이블 매트가 식욕도 함께 돋워준다면 더욱 좋을 것이다. 투명 아크릴 판을 원하는 크기로 재단해 테이블 매트로 만든 다음 그 아래로 음식 사진이나 꽃 사진을 깔아 둔다. 그릇이 예쁘지 않아도 사진으로 인해 식탁이 환해질 것이다. 또 사진에 따라서 색감이나 디자인이 달라지기 때문에 싫증이 날 때마다 사진만 교체하면 쉽게 새로운 분위기를 느낄 수 있다.

---

plus ★ tip

514 얼룩 생긴 은수저 닦는 법

오랫동안 사용하지 않으면 영락없이 얼룩이 생기는 은수저를 힘을 쓰지 않고 닦는 방법이 있다. 쿠킹호일로 색바랜 은제품을 싸고 끓는 물에 넣고 20~30분 정도 팔팔 끓인 다음 꺼내면 놀랄 정도로 새것처럼 반짝반짝해진다.

515 | 펄프 소재로 만들어진 계란판은 한 번 쓰고 버리기가 아까워요.

계란판은 칸칸이 나뉘어 있어 수납하기도 좋고 서랍 속을 깔끔하게 장식할 수 있는 아이템이 된다. 단, 펄프라 약하므로 에나멜 페인트를 두세 번 칠해 견고하게 만들어 준다. 이렇게 만든 계란판은 아무런 장식 없이 그냥 사용해도 색감과 질감이 예쁘다. 화장대 서랍 속에 두어 액세서리 보관함으로 활용하거나 책상 서랍 속에 두어 압핀이나 클립 등 자잘한 물건을 수납하기도 좋다. 또 방음이 잘 안 되는 방이나 벽면이 추운 아이 방에 활용할 수 있다. 다양한 색으로 칠한 다음 벽면에 붙여 장식하면 방음과 보온 효과도 얻고 색다른 느낌의 벽면으로 연출할 수 있다.

516 | 다 먹고 남은 잼 병이나 작은 주스병을 리폼해 사용할 수 없을까요?

마 끈을 이용해서 행잉 바구니를 만들어 안에 물을 넣고 수경 식물을 키워 보자. 조르륵 여러 개를 창가에 매달아 주면 산뜻한 분위기를 만들 수 있다. 또 자주 쓰는 가루 양념들을 담아 주방 선반 위에 올려 두면 찾아 쓰기도 편하고 깔끔하게 이용할 수 있다. 투명한 병 앞면에 칠판 페인트를 바르고 각각의 이름을 적어두면 찾기도 편하고 인테리어 소품으로 활용해도 손색이 없다.

병 뚜껑에 아크릴 물감을 칠하거나 패브릭을 붙여도 예쁘게 꾸밀 수 있다.

517 | 쓰다가 싫증난 차 스푼이나 포크
등을 재활용할 방법 있나요?

요즘은 스푼이나 포크도 디자인이 다양하고 예쁜 것들이 많다. 때문에 하나씩 사다 보면 기존 것들이 싫증나게 마련. 이렇게 싫증나거나 녹슨 것, 흠집난 것들을 훌륭한 소품 걸이로 활용할 수 있다. 스푼이나 포크의 중간 부분을 구부려 고리를 만든다. 대부분 얇고 가볍기 때문에 잘 구부러진다. 구부려 고리를 만든 숟가락과 포크를 글루건을 이용해 벽에 부착하고 가벼운 행주나 장갑 등을 걸어두는 고리로 재활용한다. 단, 아이들의 손이 잘 닿지 않는 곳이나 움직이면서 걸리지 않는 부분에 달도록 한다.

518 | 오래된 양은냄비, 철제 그릇은 음식을
담지는 못하지만 은근한 멋이 있어요. 활용할
수 있는 아이템 없을까요?

오래 써서 약간씩 찌그러지기 시작한 철제 그릇이 있다면 시계로 변신시켜 보자. 그릇을 뒤집어 놓고 시계 부속과 시계침을 연결할 수 있게 구멍을 뚫는다. 구멍을 뚫을 때 튀어나온 부분은 망치로 평평하게 편다. 그릇에 흰색 래커를 골고루 뿌리고 마르면 색깔 있는 아크릴 물감으로 숫자를 쓴다. 다 마르면 시계 바늘을 달고 그릇 안쪽으로 시계 부품을 맞추어 끼운다. 주방에 걸어 두면 식기나 가전제품이 있는 부엌과 의외로 잘 어울린다.

519 유리병으로 되어 있는 **시판 이유식 용기**는 버리기가 아까워요. **어떻게 활용할 수 있을까요?**

아이들 이유식 용기는 입구가 넓고 병 자체가 낮아서 소품을 담아 두기 좋다. 이유식 용기를 바느질통으로 활용해보자. 간단한 바느질용품들을 깔끔하게 정리할 수 있어서 편하다. 먼저, 천 조각을 뚜껑보다 작게 핑킹가위로 두 장 잘라서 솜을 넣고 둘레를 감침질해 반짇고리를 완성한다. 이렇게 완성된 반짇고리의 한쪽 면을 뚜껑 안쪽에 양면테이프나 글루건을 이용해 고정시킨다. 뚜껑 자체가 침핀이나 바늘을 꽂아 쓰는 반짇고리가 되는 것이다. 이렇게 보관하면 바늘이 없어질 일이 없이 바늘과 실을 한 번에 보관할 수 있다. 통에 실, 단추, 작은 가위를 넣고 뚜껑을 닫으면 보기에도 예쁘고 간편한 바느질통이 완성된다.

---

plus ★ tip

520 올이 풀린 채반을 활용한 **빨래걸이**

올이 풀린 채망이나 채반은 이미 사용 용도로서의 역할이 끝난 주방용품. 때문에 채반의 구멍을 이용해 간단한 행주를 널 수 있는 부엌 건조대로 재활용해 보자. 먼저 바닥의 중심 부분에 십자 모양으로 마 끈을 통과시켜 채반의 중심을 잡는다. 그런 다음 마 끈의 한쪽 끝에는 집게를 연결하고 다른 한 쪽 끝은 채반에 연결해 행주걸이를 완성한다.

521 화장품 케이스로 만든 **휴대용 바느질 세트**

다 쓰고 난 파운데이션이나 아이섀도 통을 가지고 있다면 버리지 말고 휴대용 반짇고리를 만들어보자. 뚜껑이 꼭 닫히고 속에 칸이 나누어져 있어서 휴대용 바느질 세트로 만들기에 딱 알맞다. 조각천 두 장을 칸의 사이즈에 맞게 잘라서 속에 솜을 넣고 꿰맨 다음 케이스의 빈 칸에 글루건으로 붙이면 핀이나 바늘을 꽂을 수 있다. 다른 칸에는 칸 사이즈에 맞게 자른 두꺼운 종이에 칼집을 여러 개 내고 기본 색상의 실 몇 가지를 여유 있게 감는다. 여기에 단추도 몇 개 넣고 뚜껑을 닫으면 깔끔한 휴대용 반짇고리 완성.

522~527 | 부자재 구입이 쉬워지는
ON & OFF LINE 쇼핑몰

IDEA 1 국산벽지 & 수입벽지

오프라인 … 을지로 방산시장과 논현동 건축자재 백화점 주변에 가면 벽지 매장이 있다.
방산 시장은 유통과정에서 마진을 줄여 시중가보다 20~30% 저렴하게 살 수 있다.

온라인 … www.english-home.co.kr / www.rangerang.co.kr / www.newhousing.org
www.duckmall.co.kr / www.sonjabimart.com / www.rustynail.com

IDEA 2 패브릭 원단

오프라인 … 동대문 종합시장은 그야말로 다양한 패브릭 원단과 부자재가 밀집되어 있는
곳. 각양각색의 소재, 패턴, 색상, 부자재가 한곳에 있어 보는 즐거움까지 느낄 수 있다.

온라인 … www.ssada1000.com / www.chunland.co.kr / www.lacemara.co.kr / www.ebul.co.kr
www.whitefabric.com / www.fabricgage.com

인테리어 소품

오프라인 … 남대문 대도상가는 각종 소품들의 집합지. 계절별 소품은 물론 패브릭 소품들도 많아 원하는 소품을 구입할 수 있다. 고속터미널 지하상가에도 인테리어 소품 숍이 모여 있기 때문에 한번에 쇼핑하기 좋다.

온라인 … www.sopumshop.co.kr / www.fromdeco.com / www.annhouse.net / www.fabricnra.com

파벽돌 & 타일 & 수전

오프라인 … 다양한 디자인과 색상의 타일 및 파벽돌을 원한다면 논현동이나 을지로 부자재 상가가 좋다. 다양한 색상과 재질, 디자인을 고를 수 있다.

온라인 … www.maxpoint.co.kr / www.tilestory.com / retrohouse.co.kr / www.miyadeco.co.kr

패널 & 몰딩

오프라인 … 저렴하게 살 수 있는 곳은 역시 을지로 부자재 상가. 하지만 패널이나 몰딩의 경우 적은양은 판매하지 않는 경우가 많으므로 인터넷 쇼핑몰을 이용하는 것이 편하다.

온라인 … www.euljart.com / www.mydreamhouse.co.kr / www.thediy.co.kr / www.bighug.co.kr
www.cozme.co.kr / www.bauenhome.com / www.cozme.co.kr / www.diystory.com

페인트

오프라인 … 을지로 3~4가에는 페인트 직영 대리점들이 밀집되어 있다. 하지만 모두 조색 서비스를 하지는 않는다. 때문에 단순한 구매가 아닌 조색 서비스를 원한다면 인터넷을 이용하는 것이 좋다. 색상 견본에서 자신이 원하는 색을 찾은 다음 조색서비스를 클릭하면 깔끔하게 색이 만들어져 배달된다.

온라인 … www.colormate.co.kr / www.djpi.co.kr / www.colorcolor.co.kr / www.paintbank.com
www.paintland.co.kr / www.benjaminmoore.co.kr / www.joypaint.co.kr

plus·tip

528 손잡이 & 가구 부속

오프라인 … 을지로 3가에서 4가로 이어지는 골목과 논현동 자재 거리는 손잡이나 가구 부속 외에도 각종 인테리어 부자재를 구경할 수 있다. 하지만 요즘은 인터넷으로도 다양한 손잡이나 부자재 구입이 가능하다.
온라인 … www.sjbnara.com / www.handle114.co.kr / www.toolcraft.co.kr / www.77g.com

529~531

화이트 티셔츠를 멋지게 리폼할 수 있는 아이디어를
알려 주세요.

IDEA 1 · 소품 활용하기

화이트 티셔츠의 소매를 떼어낸 다음 원하는 크기의 진동 둘레에 맞춰 진동을 자르고 목둘레를 잘라낸다. 잘라낸 진동둘레와 목둘레를 박음질해 마무리하면 흰색 슬리브리스를 완성할 수 있다. 완성한 슬리브리스에 반짝거리는 핫피스를 예쁘게 붙여 주면 리폼 완료. 핫피스는 단추처럼 바느질로 고정하는 것과 다리미로 붙이는 것 두 종류가 있다. 핫피스 대신 길게 늘어뜨린 목걸이를 달아 주는 것도 스타일리시하다. 목걸이의 양 끝을 양 어깨에 각각 달아 주면 목걸이를 한 효과를 낼 수 있다.

IDEA 2 · 주름잡기

남성용 박스형 티셔츠도 좋은 리폼 대상. 일단 네크라인 부분을 넓은 브이넥으로 자른다. 앞 부분 브이네크라인 중심에서 매시 테이프를 접어 박음질한 다음 네크라인 전체를 돌려가면서 박음질해 준다. 마지막으로 셔츠 뒷 부분에 계단식으로 턱(라인, 주름)을 잡아 시침질한 다음 박음질로 고정하면 슬림하게 라인이 잡힌다. 소매 부분은 자연스럽게 접은 다음 소매 끝 부분에서 주름을 잡아 박음질하고 단추를 달아 완성한다.

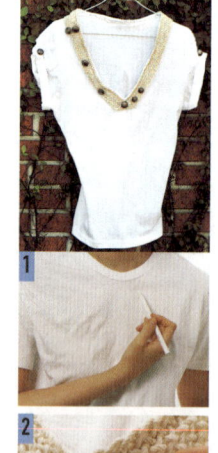

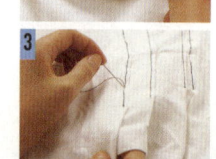

336

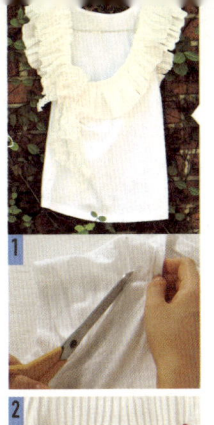

IDEA 3 프릴 달기

티셔츠의 소매 부분을 자른 뒤 박음질을 해 민소매로 만
든다. 네크라인은 원하는 모양으로 잘라내고 그 위에 기
계주름이 잡혀 있는 원단을 1/3정도 올라오도록 시침질
한 후 박음질한다. 남은 자투리천이나 레이스 원단으로
코사지를 만들어 장식하면 더욱 로맨틱한 셔츠를 완성
할 수 있다.

532 | 집에서 **가구 리폼**을 해 보고 싶어요. **어떤 재료들을 준비해야 하나요?**

● **올드 잉글리시** … 가구 보수재로 가구의 색을 더 깊게 하고 자연스러
운 코팅효과를 낼 수 있어 마감재로 많이 사용한다.

● **샌드페이퍼** … 일명 사포. 페인트칠을 하기 전 녹이나 곰팡이, 목재의
거친 표면을 매끄럽게 다듬어 준다. 숫자가 높을수록 결이 곱다. 목재
가구에 사용하려면 150~220번대를 고른다.

● **시너** … 유성 페인트를 지우는 데 필요하다. 서늘한 곳에 보관하면 다
시 사용할 수 있다. 유성 페인트를 칠한 붓이나 롤러를 씻어 보관할 때
도 사용한다.

● **젯소** … 페인팅이 잘 먹지 않는 원목 가구나 철제 가구, 콘크리트 등
에 초벌 작업용으로 사용되는 제품. 페인트의 접착력을 높여 준다.

● **바니시** … 흔히 니스라고 부르는 바니시. 페인팅한 가구 위에 투명 코
팅 처리를 할 때 사용한다. 스프레이 타입도 있다.

533~536 | 가구리폼, 페인팅

IDEA 1 빈티지풍으로 리폼

빈티지풍으로 리폼할 때는 아크릴 물감으로도 충분히 색감을 살려 페인팅을 할 수 있다.

재료 … 아크릴 물감, 사포, 바니시, 장갑, 신문지

페인팅 … 일단 기존 가구의 색을 없애기 위해서 가구에 전체적으로 사포질을 해준 다음 상판을 제외한 모든 부분에 흰색 아크릴 물감을 칠한다. 상판을 원하는 색으로 칠한 다음 전체적으로 바짝 말린다. 다리 부분을 베이지색 아크릴 물감으로 덧바른 다음 다시 바짝 말려준다. 건조된 페인팅 위로 자연스런 나무 질감이 나오도록 사포로 문질러 준다. 사포로 문지르는 작업이 바로 빈티지 느낌을 살릴 수 있는 키 포인트. 어느 정도 느낌이 살았다면 바니시를 전체적으로 발라 마무리한다.

IDEA 2 깔끔한 가구로 리폼

가구를 깨끗하고 깔끔한 스타일로 리폼하고 싶다면 컬러감이 뛰어나고 밀착감이 좋은 유성 페인트를 선택하는 것이 좋다.

재료 … 유성 페인트, 프라이머, 바니시, 신문지, 장갑, 드라이버

페인팅 … 일단 유성 페인트는 잘 지워지지 않기 때문에 작업할 때 신문지를 깔아 다른 곳으로 페인트가 튀는 것을 막고 가구에 붙은 부속품들은 떼어낸 다음 작업한다. 먼저 가구에 젯소를 골고루 바른다.

원하는 색상으로 페인트를 조색한 다음 칠하고 건조시키는 과정을 반복해 원하는 색감이
나올 때까지 덧바른다. 페인트가 다 마르면 부속품을 달아 완성한다.

IDEA 3 · 심플한 모던 가구로 리폼

강한 색감의 심플한 가구로 리폼을 하고 싶
다면 스프레이 페인팅을 이용하는 것이 좋
다. 홈이 파이고 낡은 책상의자를 빠르고
깔끔하게 리폼할 수 있다.

재료 … 스프레이 페인트(래커), 사포, 신문
지, 장갑

페인팅 … 분사 형식의 페인팅 기법이기 때문에 집 밖에서 하는 것이 좋다. 낡은 의자를 깨
끗하게 닦은 다음 사포로 표면을 정리해 준다. 흠집이 난 부분은 핸디코트를 발라 메우고
말린 다음 사포로 정리한다. 밑정리가 끝나면 스프레이 통을 흔들면서 방향을 바꿔가며 꼼
꼼하게 가구에 뿌린다. 스프레이가 끝나면 바니시로 마무리한다.

IDEA 4 · 내추럴한 느낌으로 리폼

천연의 자연스러운 색감을 넣은 가구로 리폼을 하고 싶다면 식물성 천연 염료인 천연 스
테인을 활용해본다. 기존 페인팅 기법과 달리 냄새가 적고 건조가 빠르다.

재료 … 천연 스테인, 신문지, 장갑, 바니시, 사포, 걸레, 스펀지, 스프레이

페인팅 … 리폼할 가구를 걸레로 깨끗이 닦은 다음 표면을 사포로 매끄럽게 정리한다. 물 스
프레이를 뿌려 염료를 착색할 부분이 촉촉해지도록 만든다. 물기가 어느 정도 스며들면 천
연 스테인을 스펀지나 붓에 적당하게
묻혀 얇게 펴 바른다. 스테인이 다 마른
다음 사포로 표면을 고르게 정리하고
스테인을 한 번 더 덧발라 말린 다음 바
니시를 발라 완성한다.

537~540 | 오래 사용한 나무 도마를 재활용하는 방법 없을까요?
나무 재질의 느낌이 좋아서 버리기가 아까워요.

IDEA 1   미니 스툴 만들기

나무 도마는 쓰임새가 다양하다. 우선 색을 칠하지 않고 쓰던 느낌을 살리려면 쌀뜨물에 도마를 담가 도마에 남아 있던 얼룩을 지운 다음 햇빛에 바짝 말린다. 목재상이나 목공소에서 도마를 받칠 수 있는 다리를 제작한 다음 도마 아래에 고정해 주면 빈티지한 화분대나 간단한 책을 올려놓을 수 있는 미니 스툴로 변신한다. 상판에 타일을 붙인 다음 줄눈 시공해 주어도 멋있으며 원하는 컬러로 페인팅해 주어도 포인트 가구로 완성된다.

IDEA 2   문패 만들기

도마를 사포로 잘 정리한 후 페인트로 칠을 한다. 윗부분에 구멍을 뚫어 철사나 마끈으로 걸이를 만들고 우리 집만의 이름을 써주면 근사한 문패가 만들어진다. 문패 위에 조화를 글루건으로 붙여 살짝 코디해 주면 더욱 멋진 작품으로 완성할 수 있다.

IDEA 3   벽걸이 장식하기

도마는 벽걸이 장식으로도 리폼이 가능하다. 문패를 만들 때와 같이 도마에 구멍을 뚫어 걸이를 만든다. 그런 다음 재활용 캔에 아크릴 물감으로 색을 입힌 다음 나사를 이용해 캔을 도마에 붙여준다. 캔이 튼튼하게 도마에 부착되면 여러 가지 자잘한 잡동사니를 담는 벽걸이 수납함으로 사용한다. 낡은 도마의 나무 느낌과 색감 있는 캔이 함께 어우러져 멋있는 수납함으로 활용할 수 있다.

도마의 재질감을 살리지 않고 리폼하고 싶다면 도마 위에 나무패널을

붙여 장식하는 방법도 있다. 캔 위로 패브릭을 입힌 다음 패널을 붙여
완성한 도마 위에 붙여주어도 깔끔하다.

IDEA 4 **화분 선반 만들기**

사포로 선반을 문질러 기존 코팅을 벗겨낸 다음 아크릴 물감이나 페인
트를 이용해 원하는 색상으로 칠한다. 바짝 말려 컬러풀한 도마가 완성
되면 못을 막아 철제 바구니를 건 다음 튼튼하게 고정한다. 선반 바구
니가 완성되면 유산지를 깔고 화분을 넣어 화분 선반을 완성한다.

541 가구 리폼을 해 보고 싶어요. **재활용 가구,
어디서 구해야 할까요?**

가구 리폼에 도전하고 싶은데 적당한 가구가 없다면 재활용 스티커를
붙이고 수거를 기다리는 버려진 가구를 눈여겨볼 것. 하지만 내가 원하
는 재활용품이 딱 맞춰서 수거를 기다리고 있지는 않다. 때문에 재활
용 센터에서 싸게 구입하는 것도 하나의 방법이다. 요즘 가장 인기 있
는 품목은 철제 캐비닛과 의자. 1만원부터 3만원 정도까지 다양하다.
단, 운반 비용이 추가되므로 차에 실을 수 있을 만한 크기로 고르는 것
이 현명하다.

542 | 오래된 집 안 가구나 싫증난
소품을 바꾸고 싶은데 공구도 없고,
어디서부터 어떻게 바꿔야 할지 모르겠어요.

책과 인터넷에 넘쳐나는 리폼 자료들. 한 번쯤 도전해 보고 싶지만 도 저히 할 엄두가 나지 않는다면 처음부터 끝까지 내가 다 만든다는 생 각을 접고 어느 정도의 단계까지는 전문가의 손을 빌려 보자. 전문 DIY 숍에서는 목재 절단 서비스, 타일 커팅 서비스, 페인트 조색 서비 스, 공구 대여 서비스 등의 다양한 서비스를 해 주고 있으므로, 이런 곳을 이용해 리폼하면 나만의 스타일을 살리면서 일은 훨씬 쉬워진다. 또 요즘은 인터넷으로도 다양한 DIY 제품을 구입할 수 있으며 초보자 를 위한 동영상 무료 강의도 많기 때문에 쉽게 정보를 얻을 수 있다.

plus ✴ tip

543 쓸만한 DIY 정보

● **인터넷 대표 DIY 재료상가**
손잡이 닷컴 www.sonjabee.com / 쿨칼라 http://coolcolor.co.kr
철천지 www.77g.com / 김코디 www.kimcordi.co.kr
Did 벽지 www.didwallpaper.com / 문고리닷컴 www.moongori.com
디데이마트 www.ddaymart.co.kr / 철물마트 www.77mart.co.kr
바우앤홈 www.bauenhome.com / 뚝딱이닷컴 www.dukdake.com
툴스토리 www.toolstory.co.kr / 나무풍경 www.woodscape.co.kr
신세계몰 mall.shinsegae.com / 스티커몰 http://stickermall.co.kr
손잡이숍 www.sjbshop.com / 시트모아 www.sheetmoa.com
위키홈 www.wikihome.co.kr / 리폼천국 www.diy45.co.kr
디자인뮤즈 www.panelhouse.co.kr / 초록담쟁이 www.greenivy.co.kr
마이드림하우스 http://mydreamhouse.co.kr

● **DIY 무료 강의**
the DIY www.thediy.co.kr / 나무풍경 www.woodscape.co.kr
굿퀼트 www.goodquilt.com / 퀼트라인 http://quiltline.co.kr
DIY 아카데미 www.diylife.co.kr / 쿨칼라 http://coolcolor.co.kr

544 | 버리기 아까운 **낡은 식탁의자**를 다른 용도로 **재활용할 수 있을까요?**

낡은 식탁의자를 간이 협탁이나 화분대로 변형시켜 보자. 먼저 등받이 부분을 과감하게 톱으로 잘라낸 다음 의자의 방석 부분을 떼어낸다. 나무 패널을 잘라낸 의자 방석부분에 평평하게 붙인 다음 못을 이용해 방석틀에 고정한다. 평평한 협탁이 완성되면 원하는 색으로 페인팅을 한다. 여러 개가 있다면 색을 달리해서 만들어 주어도 재미있는 분위기를 연출할 수 있다.

545 | 창고에 쌓아 둔 튼튼한 **화장대 의자를 재활용하고 싶어요.** 촌스러워 보이는 의자도 재활용이 가능할까요?

화장대 의자의 다리 부분을 잘라 발받침용 스툴로 재활용해 보자. 발받침용 스툴은 앉았을 때 다리를 편하게 올려 둘 수 있기 때문에 하나쯤 있으면 활용도가 높다. 우선 의자의 방석 부분을 분리한 다음 편안한 높이를 측정해 의자의 다리를 자른다. 의자를 자를 만한 공구가 없을 때는 목재를 다루는 공방이나 목공소를 찾아가 목재 재단 서비스를 이용한다. 전문가가 재단해 주는 것이기 때문에 더 완성도 있게 리폼이 가능하다. 길이가 완성되면 원하는 색상으로 페인팅한 다음 곱게 말린다.
방석 부분도 원하는 색상, 원하는 느낌의 패브릭으로 커버링해 색다른 느낌으로 바꿔 준다. 원래 의자가 자연스러운 나무 스타일이라면 그냥 다리만 자르고 방석 부분만 커버링해 교체해도 새로운 느낌의 스툴이 완성된다.

546 | 아이 방 수납장, 예쁘게 리폼할 좋은 아이디어 없나요? 아이가 최대한 활용할 수 있도록 꾸며 주고 싶어요.

아이 방에 두는 수납장은 단순히 수납 역할만 하기보다는 조금 더 다양하게 활용할 수 있게 리폼하는 것이 좋다. 대부분 아이 방은 좁은 경우가 많으므로 가구는 화이트톤으로 페인팅해 주는 것이 좋다. 그런 다음 보이는 가구의 양 옆면이나 앞면의 평평한 부분을 칠판 페인트로 칠을 해 칠판을 만들어 준다. 옆면을 칠판 페인트로 칠한 다음 가장자리에 몰딩을 붙여 주면 훌륭한 액자식 칠판보드가 완성된다. 덩치만 컸던 수납장이 신나는 아이들의 놀이공간이 될 수 있을 것이다.

plus·tip

547 칠판 페인팅하기

● **1단계 재료 준비하기** … 블랙·푸어그린 색상의 칠판용 페인트, 화이트 수성 페인트 약간, 납작한 붓 또는 가장 가는 롤러, 종이 테이프, 일회용 용기를 준비한다.

● **2단계 조색하기** … 검정 칠판용 페인트를 베이스로 한 다음 푸어그린 페인트를 섞어 회청색 계열을 만든다. 여기에 흰색 수성 페인트를 섞어가면서 원하는 톤으로 조절한다.

● **3단계 칠하기** … 칠판 페인트를 깔끔하게 칠하려면 칠의 방향을 골고루 바꿔 주어야 한다. 가로로 한 번, 세로로 한 번, 대각선 왼쪽 위에서 오른쪽 아래로 한 번, 오른쪽 위에서 왼쪽 아래로 한 번씩 붓의 방향을 골고루 해 주면 붓 자국이 거의 생기지 않고 자연스럽게 완성된다. 처음부터 너무 빡빡하면 페인트가 뭉치므로 물을 페인트 분량의 5% 정도만 넣어 희석해 사용한다.

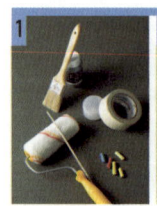  

548~551 결혼할 때 입었던 한복, 재활용할 방법 없을까요?

결혼 때 맞춘 한복은 신혼 때가 아니면 거의 입을 일이 없다. 또 있다 하더라도 색상이 진하고 화려해 신혼기가 지나면 입기가 다소 민망할 수 있다. 아까운 한복 원단을 리폼해 앤티크 소품을 만들어 보자.

IDEA 1 의자 만들기

결혼 때 맞춘 한복 원단은 고급스럽기 때문에 의자 커버로 활용하면 분위기 있는 앤티크 소품이 만들어진다. 일단 방석 부분을 분리한 다음 의자의 나무 틀 부분을 한복 원단과 어울리는 강렬한 빨강이나 블랙으로 혹은 노란색으로 페인팅해 준다. 그런 다음 의자의 방석 부분을 커버링해 원래대로 부착하면 전혀 다른 모습으로 리폼할 수 있다.

IDEA 2 액세서리 만들기

남은 천을 주사위 모양이나 풍뎅이 모양으로 만든 다음 안에 솜을 넣어 볼륨을 살린다. 솜을 넣은 창구멍을 막고 뒷부분에 옷핀을 달아 브로치를 만든다. 글루건을 이용해 자석을 붙이면 메모홀더로 활용할 수 있다.

IDEA 3 액자 꾸미기

액자의 테두리를 한복 원단으로 감싸면 예쁜 액자로 변신한다. 액자를 커버링할 때 틀에 솜을 넣어 도톰하게 만들어 주는 것도 좋고 길게 잘라 감아 주는 방식도 좋다.

IDEA 4 가방 만들기

원단을 일정한 크기로 자른 다음 모두 이어서 패치워크 가방을 만들어 본다. 패치워크 방법은 모든 의류 재활용에 활용할 수 있는 방법. 다른 소재의 원단과 한복 원단을 함께 섞어서 만든 패치워크 가방은 은근한 멋이 있다.

재활용 ● 리폼

552 | 헌 가구를 페인팅해 리폼하려 합니다. 어떤 페인트를 사용해야 할까요?

가구 페인팅을 하기 전 가장 먼저 해야 할 일은 기존 가구에 도장되어 있는 페인팅을 벗겨내는 작업이다. 색이 진하거나 코팅이 되어 있는 가구의 경우 페인팅 후에 색이 비치거나 표면이 고르지 않을 수 있다. 때문에 사포를 이용하여 기존의 도장을 한 겹 벗겨 주도록 한다. 기존의 페인팅을 벗겨낼 때는 표면이 가장 거친 것을 사용하고 페인팅을 한 후 사이사이를 정리할 때는 가는 사포를 사용하면 된다. 그 다음 젯소를 사용하여 한 번 칠해 주고 원하는 색의 페인트를 발라 주면 된다.

수성 페인트일 경우엔 마감제로 바니시나 투명 래커를 사용해 마무리해 주어야 벗겨짐이 없다. 작은 소품을 페인팅할 경우에는 아크릴 물감을 사용해도 된다. 하지만 아크릴도 수성이므로 완성도 있게 마무리하려면 마지막 단계에서 바니시나 투명 래커로 마감해 주어야 한다.

농도를 조절할 때는 수성 페인트나 아크릴 물감은 물을 이용하고 유성 페인트는 유성용 시너, 래커 페인트는 래커 시너로 농도를 조절한다.

---

plus ★ tip

553 낡은 욕실도 페인팅으로 리폼

오래된 욕실은 아무리 깨끗하게 청소를 한다해도 지저분해 보인다. 오래된 욕조나 세면대, 타일에 찌든 때가 착색되어 잘 지워지지 않기 때문이다. 이럴 땐 욕실 전용 페인트를 칠해 새 욕실처럼 꾸며 본다. 욕실 전용 페인트는 낡은 욕조나 세면대, 타일 등에 칠하는 페인트로 1팩만 있으면 욕조와 세면대를 충분히 칠할 수 있다. 사포를 이용해 욕조를 부드럽게 문질러 표면을 고르게 한 다음 청소기로 티끌이 남지 않도록 말끔하게 빨아들인다. 그런 다음 페인팅을 하면 새것처럼 바뀐다.

1단계 → 정리하기

먼저 타일을 붙일 면을 깨끗하게 청소한다. 붙일 면이 평평하지 않다면 접착력이 떨어질 수
있으므로 샌드페이퍼를 이용해 면을 고르게 정리하고 이물질이 없도록 잘 털어낸다.

2단계 → 타일 붙이기

1 백시멘트에 물을 조금씩
부어가면서 걸쭉한 페이스트
형태가 될 때까지 골고루
섞는다. 타일을 붙일 면이
고르지 않으면 타일 본드를
조금 섞어서 갠다.

2 타일을 붙일 면에 반죽된
시멘트를 붓는다.

3 톱날 형태의 헤라를 이용해
백시멘트를 골고루 펴 준다.
이때 생긴 홈 때문에 타일의
접착력이 높아진다.

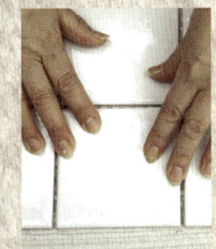

4 타일을 원하는 모양으로
붙인다. 이때 양손으로
타일을 지그시 누르면서
붙인 다음 반나절에서 하루
정도 건조한다.

5 줄눈을 넣을 줄눈용
시멘트를 백시멘트와 같은
방법으로 물에 갠다.

6 고무주걱이나 자를
이용해서 타일 사이사이에
줄눈용 시멘트를 꼼꼼히
채운다. 타일 시공 면적이
넓을 때는 줄눈 넣는 도구를
이용하면 더욱 간편하다.

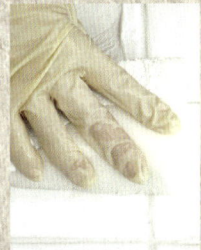

7 10분 정도 그대로
두었다가 줄눈용 시멘트가
약간 마르면 물기를 짠
스펀지를 이용해 타일
표면의 줄눈용 시멘트를
닦는다.

3단계 → 마무리하기

줄눈용 시멘트가 완전히 굳으면 젖은 걸레와 마른 걸레를 이용해서 타일을 깨끗이 닦아 깔끔하게
마무리한다.

555~556 | 유행 지난 **가죽 옷이나 퍼 제품의 옷을 재활용**하고 싶어요.

IDEA 1 ˙ 퍼 의류

모피 등 퍼 의류는 유행이 지난 옷이라 하더라도 아까워 그냥 옷장 속에 가지고 있는 경우가 많다. 이런 의류는 섣불리 재활용하려 하기보다는 수선 전문가에게 맡기는 편이 낫다. 원하는 디자인의 샘플을 가져가면 가능한 한도 내에서 손상 없이 현재 유행하는 스타일로 리폼해 입을 수 있기 때문이다. 하지만 10년이 지난 모피는 가죽 부분이 해진 경우가 많아 수선이 불가능하다.

보통 염색은 5~12만원, 어깨 수선과 품 줄임은 8~15만원, 길이 조절 6~15만원, 전체 리모델링 20~60만원 선이다. 하지만 지역별, 공임별 가격대가 달라질 수 있으며 브랜드 제품인 경우 해당 브랜드에서 리폼이 가능하다. 길이를 수선하여 남은 원단이 생길 경우에는 머플러를 만들어 일석이조의 효과를 얻을 수도 있다. 리폼이 불가능한 퍼 제품은 잘라서 책상 의자의 방석 깔개나 전화기 받침용 러그로 이용하면 겨울용 멋진 소품이 된다.

IDEA 2 ˙ **가죽 의류**

유행이 지난 가죽 옷이나 한 부분이 해져 못 입는 가죽 의류는 그냥 버리지 말고 쓸 수 있는 원단만 따로 오려 둔다. 이 원단을 늘어나기 쉬운 니트 의류의 팔꿈치나 아이들 코듀로이 소재 바지의 무릎에 잘라 덧대어 주면 또

다른 디자인으로 리폼이 가능하다. 또 가죽을 자연스럽게 잘라 책상이나 거실 테이블에 작은 깔개로 써도 멋있다.

컵받침 용도로 활용하는 것도 좋은 아이템. 안과 안을 마주 대고 스프레이 본드로 붙여 주면 멋진 컵받침이 완성된다. 기존 트레이 바닥 부분에 가죽을 한 번 붙여 주면 분위기 있는 캐리어 선반으로 변신한다.

557 │ 페인팅을 하면 원하는 색상이 나오지 않고 표면도 매끄럽지 않아요. 이런 문제의 해결법을 알려 주세요.

● **1단계 흠집 메우기** … 표면이 파이거나 흠집이 있으면 페인팅 후에도 깔끔하지 않다. 이럴 땐 핸디코트나, 우드필러(메꾸미)를 이용해 흠집 난 부분에 밀어 넣은 후 윗부분을 평평하게 정리한 다음 완전히 말린다. 굳은 표면은 사포로 매끄럽게 정리한 다음 젯소를 전체적으로 칠한다.

● **2단계 페인팅 하기** … 원하는 색상으로 깔끔하게 완성하려면 여러 겹 덧칠하는 방법밖엔 없다. 처음부터 빨리 완성하려고 두껍게 페인팅을 하면 칠 자체가 무거워지고 흘러내려 눈물 자국이 생기기 때문에 마무리가 깔끔하게 되지 않는다. 따라서 페인팅을 할 때는 묽게, 여러 번에 걸쳐서 정성껏 칠을 해야 깨끗하게 완성된다.

● **3단계 사포질 하기** … 초벌 페인팅이 끝난 후 페인팅이 마르면 전체적으로 사포로 표면을 정리한다. 두 번째 세 번째 페인팅 역시 원하는 컬러가 나올 때까지 페인팅과 사포로 표면을 정리하는 작업을 반복한다. 조금 번거롭고 힘들지만 깔끔하게 원하는 색상을 만들어 내기 위해서는 어쩔 수 없는 단계. 처음에 젯소를 바른 후에도 사포질로 표면을 정리해 주어야 한다.

558~561 데님 리폼 작품_이미령

가방

스커트

러플 스커트

코사지

가방

▶ **재료**

데님천
실
바늘
그밖의 장식

큰 가방
작은 가방 ×2

1
가방의 크기를 결정한 다음 그 크기에 맞춰서 사방 시접 2센티 정도 여유를 두고 자른다. 같은 크기로 2장을 만든다. 이때 뒷주머니나 앞주머니, 버클 장식 등 모양을 살리고 싶은 부분을 이용하면 좋다. 바지통 부분을 이용할 때는 바지의 한쪽 옆선을 뜯어 준다.

손잡이 ×2

2
끈으로 사용할 부분도 길이와 폭을 생각해서 사방 2센티 정도 시접을 남기고 잘라 2장을 준비한다.

3
끈으로 준비한 원단의 겉과 겉을 마주 대고 원통형으로 만든 다음 옆선을 박음질한다. 두께감이 있는 것을 원한다면 끈 안쪽으로 스펀지 심을 넣어 주어도 좋다.

안

4
가방으로 준비한 원단 2장의 겉과 겉을 마주 댄 다음 가방 입구를 제외한 세 면을 박음질한다. 또 가방 바닥면이 될 부분을 삼각형이 되도록 접어 박음질한다. 입체감이 생기면서 자연스럽게 가방의 바닥면이 완성된다.

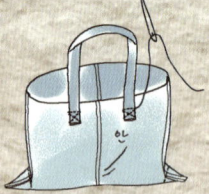
안

5
롤업으로 디자인을 잡아줄 가방 맨 윗단을 고려한 다음 원하는 위치에 가방 끈을 박음질해 고정한다.

감침질
겉

6
겉이 보이도록 뒤집은 다음 가방 끈을 박음질한 부분이 겉에서 보이지 않도록 가방 윗단을 접어(롤업) 감침질해 주면 미니 토트백 완성.

레이스 스커트

▶ 재료

레이스
데님천

1 스커트 길이를 정한 다음 청바지를 그 길이에 맞춰 자른다.

2 가랑이 사이의 박음질한 부분을 뜯어 준다.

3 벌어진 두 부분을 이어 박음질한다.

4 치마 모양이 완성되면 아랫단에 레이스를 잘라 덧대 주면 완성.

러플 스커트

▶ 재료

데님천
레이스

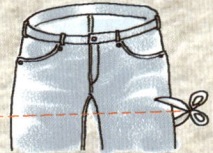

1 스커트 길이를 정한 다음 청바지를 적당한 길이로 자른다.

2 청바지 밑단에 장식할 러플 부분을 남은 데님 원단을 이용해 길게 잘라 둔다.

3 청바지 가랑이 사이를 뜯어 벌린 다음 두 부분을 이어 치마 모양으로 만든다.

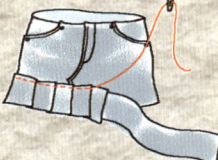

4 밑단의 러플 장식에 쓸 청 원단을 동일한 간격으로 주름을 잡아 치마 밑단에 단다.

5 주머니 부분에 레이스를 달아 완성한다.

코사지

▶ 재료

데님천
자투리천
코사지용 핀
비즈 또는
단추 장식
글루건 또는
접착본드

1 꽃잎 모양으로 원하는 수만큼 원단을 자른 다음 오버로크 처리를 해 둔다.

2 집에 있는 자투리천을 잘라 긴 원통형으로 말아 박음질한다.

3 자투리천을 코사지용 핀 위에 글루건으로 돌려가면서 고정시킨다.

4 자투리천 바깥 부분부터 준비한 데님 꽃잎을 하나씩 붙여 나간다.

5 꽃 모양으로 완성된 코사지 가운데에 큐빅을 붙여 코사지를 완성한다.

06

Enjoy Your Life
알콩달콩
쇼핑 다이어리

쇼핑

더 좋은 물건을 더 빨리, 더 싸게 구입하는
노하우를 알려주는 쇼핑 정보.
남보다 멋있게 입고, 맛있게 먹고, 편하게
즐기는 의식주에 관한 쇼핑의 알뜰한
포인트만 담았다. 쇼핑도 생활이다!
즐기면서 생활할 수 있는 진정한 쇼핑의
기술을 배워보자.

각 나라별 쇼핑 시즌 & 쇼핑 노하우

한국 1~2월, 6~7월

다른 나라처럼 시즌별 70~90%까지 가격이 내려가진 않지만 여름과 겨울, 대부분의 백화점과 아울렛 매장에서 동시에 정기 세일을 시작한다. 때문에 패딩이나 진, 코트 등 한번 사 두면 오래 입는 의상들은 이 시기를 노려 구입하는 것이 좋다. 틈틈이 브랜드데이나 백화점 자체 세일, 품목별 세일을 하므로 세일 정보를 미리 알아 두고 쇼핑하는 것이 좋다.

홍콩 7월~9월, 12월~구정 전

명품 쇼핑의 메카. 현명한 쇼퍼들은 대부분 일 년에 두 번, 이 빅 세일 기간을 노린다. 세일 후반부로 갈수록 90%까지 가격이 내려간다. 이 시기는 아울렛도 함께 세일 행사가 진행되므로 초저가 쇼핑을 즐길 수 있다.

싱가포르 5~7월

이 세일 기간 싱가포르는 도시 전체가 축제 분위기다. 의류는 물론 액세서리, 전자제품, 가구, 생활용품 등 최대 70%까지 모든 품목이 세일이 들어간다. 심지어 식당 중에서도 할인 행사를 하는 곳이 있다.

태국(방콕) 6월~8월, 12월~1월

태국은 은제품이 풍부하고 실크 제품의 색상과 품질이 뛰어나다. 또 가격도 저렴한 편이기 때문에 이 기간에 실크 원단을 구입해 한국에서 패브릭 D.I.Y를 해보는 것도 좋다.

일본 1월, 7~8월

일본은 개성 있는 의상이나 액세서리, 캐릭터 상품을 좋아하는 사람들에게 추천할 만한 쇼핑지. 명품 브랜드의 할인 폭은 크지 않기 때문에 현지 브랜드를 공략하는 것이 좋다.

프랑스(파리) 6월~7월, 12월~1월

파리는 유명 브랜드의 집합장소. 브랜드마다 다르긴 하지만 20%~70%까지 세일된 가격에 물건을 구입할 수 있다. 파리 근교의 아울렛도 함께 세일이 들어가므로 아울렛 매장을 들러 보는 것도 좋다.

영국 6~7월, 12월~1월(크리스마스 전후)

크리스마스 전후로 세일 폭이 가장 크다. 또 여름보다 겨울 세일기간이 할인율도 높은 편. 던힐, 버버리, 발렌타인 등 영국 고유 브랜드의 옷을 싸게 구입하는 기회가 될 수 있다. 간혹 백화점에서 신용카드가 아닌 백화점 카드로만 물건을 구입할 수 있는 경우가 있으므로 정보를 미리 파악하고 간다.

이탈리아 1~2월, 7~8월

세계적인 명품 패션 브랜드의 본고장. 값은 비싸지만 우리나라에서 구입하는 것보다 저렴하며 이 세일기간을 이용하면 30~50% 정도 더 싸게 살 수 있다. 또 이탈리아 가죽은 질이 좋기로 유명하니 가죽제품 쇼핑도 좋다.

미국(뉴욕) 신학기, 5월초, 11월, 연말연시

크리스마스를 전후하여 대규모 세일 행사가 있다. 가죽제품과 진, 스포츠용품의 종류가 많고 값도 싼 편. 지역별, 쇼핑센터별로 세일을 많이 하므로 꼭 이 시기가 아니더라도 세일 정보에 귀를 열고 있는 것이 좋다. 또 공항이나 식당 등에 세일 정보만 다루는 정보지가 있으니 이를 참고한다.

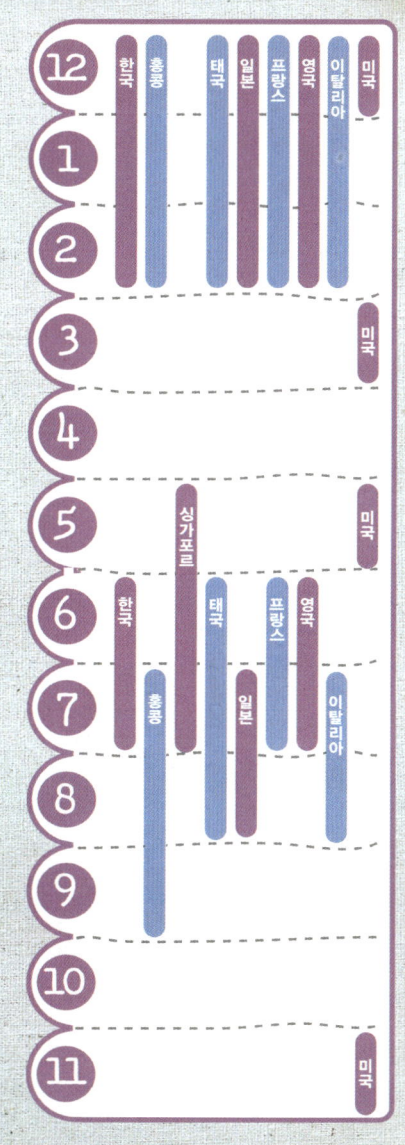

562

속옷을 사는 데 항상 실패해요. 캡이 뜨거나 맞지 않아 불편하기 일쑤거든요. **체형에 따른 속옷 선택법**을 알고 싶어요.

속옷만 잘 입어도 겉옷 라인이 달라진다는 것은 여성이면 누구나 아는 사실. 하지만 막상 속옷을 살 때는 디자인에만 관심이 가서 정작 자신의 체형에 맞는 옷인지 여부를 간과하기 쉽다. 하지만 체형에 따라서 맞는 속옷의 유형도 다르다.

작은 가슴은 아래쪽으로 두툼한 패드가 부착되어 있고 컵에 봉제선이 없는, 컵의 형태가 둥근 브라를 착용하는 것이 좋다. 큰 가슴일 경우 가슴이 처지기 쉽기 때문에 와이어가 있고 어깨끈이 넓은 것이 좋다. 또한 가슴을 전체적으로 감싸 주는 풀컵 스타일을 선택한다. 처진 가슴에는 아래쪽으로 패드가 들어있는 것이 좋으며 가슴선 전체를 감싸 주거나 절개선이 들어간 디자인은 가슴이 업(UP)되어 보이는 효과가 있다.

356

새가슴은 무게중심이 아래쪽에 있는 저중심 브래지어가 좋으며 유두 아래에 지방이 몰려 있기 때문에 3/4컵 브래지어를 착용해야 가슴 라인을 살릴 수 있다. 윗배가 나온 경우라면 가슴과 배의 굴곡을 확실하게 잡아 줄 수 있고 윗배와 옆구리의 군살을 정리해 줄 수 있도록 아랫단의 밴드가 넓은 디자인이 좋다. 가슴의 사이가 벌어진 경우라면 가슴을 가운데로 모아 주는 기능이 있는 디자인이 좋으며 가슴을 받쳐 줄 수 있도록 어깨끈이 넓은 것이 좋다.

563 | 브랜드 아울렛에서도 더 실속 있게 쇼핑하는 방법을 알고 싶어요

아울렛은 브랜드의 이월상품(시즌이 지난 상품)을 싸게 파는 곳이다. 하지만 이곳에서도 더욱 실속 있게 쇼핑하는 노하우가 있다.

첫째, 보통 주말에 손님이 몰리므로 목요일이나 금요일에 물품 입고가 이뤄진다. 때문에 요일을 잘 겨냥하면 디자인이나 품질이 좋은 물품들을 선점할 수 있다.

둘째, 아무래도 재고 상품이 들어오는 것이기 때문에 구입 전 원단에 흠은 없는지 바느질이 꼼꼼한지 오염이나 얼룩은 없는지 살펴봐야 한다.

셋째, 아울렛 세일 기간을 노린다. 아울렛에도 세일 기간이 있다. 보통 1년에 두차례, 여름과 겨울에 걸쳐 정기세일을 하는데 이때는 세일된 가격에 추가 할인을 하므로 물건을 싸게 구입할 수 있는 찬스!

넷째, 모든 아울렛 매장에서 환불이나 교환이 가능한 것이 아니다. 만약의 경우를 대비해 환불이나 교환이 가능한지, 가능하다면 그 기간이 언제까지인지 확인한 다음 신중하게 구매한다.

다섯째, 유행에 민감한 디자인을 선택하기보다는 베이식한 스타일을 고르는 것이 좋다. 아울렛은 시즌 아웃된 상품이나 이월상품을 판매하기 때문에 자칫 유행이 지난 옷을 살 수도 있다.

---

plus ★ tip

564 옷 & 구두 쇼핑 잘하는 노하우

사고자 하는 아이템이 있을 때는 구입할 스타일의 옷을 입고 쇼핑을 하는 것이 좋다. 정장이면 정장, 캐주얼이면 캐주얼 스타일의 의상을 입고 쇼핑을 하는 것. 가능하다면 구입할 의상에 신을 신발까지 맞춰 신고 옷을 고르도록 한다. 그래야 생각해 두었던 의상 아이템에 가깝게 구입할 수 있으며 또 숍에 들어섰을 때 원하는 의상을 바로 추천받을 수 있다. 신발을 사려면 저녁이 좋다. 저녁이 되면 발이 조금 붓기도 하고, 또 피곤하기 때문에 신발을 신은 느낌에 예민해진다. 때문에 훨씬 편한 신발을 고를 수 있다.

565

이태원이나 동대문에 가면 옷이 너무 많아 고르기가 힘들어요. **멀티 쇼핑몰에서 쇼핑 잘하는 비법,** 알려 주세요.

다양한 디자인이 밀집되어 있다는 장점과 저렴한 가격 때문에 쇼핑을 좋아하는 사람들에겐 매력적인 공간. 하지만 많은 상점과 다양한 상품들이 있는 곳에서 좋은 물건을 찾아내기가 쉽지 않다. 때문에 몇 가지 원칙을 염두에 두고 쇼핑을 시작한다.

● 무조건 싼 옷만 찾지 말자

동대문에서도 다른 옷에 비해 유난히 싼 가격의 옷과 조금 비싼 축에 드는 옷이 있다. 이는 원단이나 마감에 따라 나눠지는 것으로 비싸게 부르는 옷들은 그만한 이유가 있다. 백화점 못지않은 품질과 소재의 옷이지만 브랜드가 붙지 않기 때문에 품질 대비 가격이 저렴한 것이다. 또 유난히 싼 제품들은 원단이나 마감이 좋지 않은 것일 수 있으므로 꼼꼼하게 체크하고 구입한다.

● 상인들이 활동하는 시간은 피한다

몇 백만원씩 물건을 사가는 상인들 틈에서 1만원짜리 티셔츠를 고르고 있는 손님은 귀찮을 수밖에 없다. 그러므로 서비스를 제대로 받고 싶다면 상인들이 활동하는 새벽시장은 피하는 것이 좋다.

● 쇼핑하기 전 트렌드를 먼저 읽고 기준을 정한다

쇼핑도 아는 만큼 보이는 법. 동대문을 쇼핑할 때는 백화점을 둘러보고 디자인이나 원단의 느낌 등을 익힌 다음 쇼핑을 해야 좋은 상품을 고를 수 있다. 이태원의 경우 아직 우리나라에 잘 알려지지 않은 브랜드가 많으므로 구매대행 사이트를 통해 해외 브랜드를 파악하고 가는 것이 좋다. 아직 이름값이 붙지 않아서 대체로 질은 좋으면서 가격대가 높지 않다.

566~569 | 질 좋은 옷을 싸게 구입할 수 있는 쇼핑 노하우 없나요?

IDEA 1 · 코트 & 패딩

한번 사 두면 오래 입을 수 있는 아이템이기 때문에 조금 비싸더라도 품질이 좋은 것을 고르는 것이 좋다. 따라서 품질이 좋고 가격대가 비교적 저렴한 상설 매장을 이용하는 것이 가장 알뜰한 쇼핑 방법. 또한 브랜드에 따라 회원 가입을 해 두면 환절기(1월말~2월초)마다 있는 브랜드별 창고 개방 정보를 알려 주기 때문에 싼 가격에 구입할 수 있는 기회가 생긴다. 패딩은 겨울을 준비하는 늦가을보다 한겨울, 추위가 한창일 때 오히려 저렴한 가격에 구입할 수 있다.

IDEA 2 · 데님

데님은 크게 유행을 타지 않는 아이템이므로 백화점의 세일 기간이나 이월상품 판매 시기를 이용한다. 이런 시즌 오프 기간에는 사람들이 많이 몰려 원하는 상품이 빨리 빠질 수 있으므로 첫날 일찍 가는 것이 좋다. 어떤 행사가 진행되는지 백화점 홈페이지에서 미리 체크하고, 베이식한 아이템을 고르는 것이 성공 쇼핑 비법.

IDEA 3 · 수영복

비키니는 겨울 세일기간, 원피스 수영복은 봄에 구입하는 것이 가장 싸다. 백화점 수영복 매장은 사계절로 운영되기 때문에 반년만 지나면 50% 가까이 가격이 내린다.

IDEA 4 · 구두 & 잡화류

무조건 균일가 행사를 이용하는 것이 가장 저렴한 쇼핑법. 동대문은 환절기 때 균일가 행사를 많이 하고 백화점은 정기적으로 소품만 모아 놓고 행사를 하므로 이 시기를 적절하게 이용한다.

570 면세점 쇼핑을 하려고 합니다. **언제부터 쇼핑**이 가능한가요? 또 **면세점에서 산 물건도 환불이 되나요?**

● **구입하기** … 항공 스케줄이 확정된 경우 면세점은 출국 한 달 전부터, 인터넷 면세점은 출국 2개월 전부터 이용할 수 있다.

● **물건 받기** … 출국 시 물건은 지정된 장소에서 찾을 수 있으며, 공항에서 구입한 물건을 찾을 때 영수증이 없더라도 여권만 갖고 있으면 물건을 받을 수 있다. 미처 물건을 찾지 못했을 경우 입국할 때도 찾을 수 없으므로 주의한다. 단, 출국일자로부터 15일이 경과하면 각 지점으로 재입고 된다. 따라서 해당상품의 교환권과 여권을 갖고 지점을 방문하면 환불받을 수 있다.

● **환불하기** … 구입 후 공항에서 찾은 물건은 환불이 가능하나 교환은 안 된다. 상품이 손상되지 않은 경우 여권과 영수증을 지참하고 면세점을 방문하면 즉시 환불 처리된다. 단, 공항 면세점은 출국할 경우가 아니라면 방문할 수 없다. 따라서 15일~1개월 내에 본인이 재출국의 계획이 있거나 본인이 출국하지 못할 경우 위임장을 작성한 다음 다른 사람에게 부탁해 환불 절차를 밟아야 하므로 그 과정이 까다롭고 복잡하다. 때문에 구입 시 더욱 신중하게 선택해야 한다.

---

plus★tip

571 세일정보 확인하기

각종 할인매장, 백화점, 면세점 등 다양한 세일 정보만 모아놓은 사이트들도 있다. 알뜰 쇼퍼라면 이러한 인터넷 정보 역시 꼭 알아두어야 할 기본사항. 또 각 사이트에 따라서 이벤트와 세일 정보는 물론 신제품 출시를 위한 체험단 정보도 확인할 수 있다.

DFSmall www.dfsmall.co.kr / 세일바이 www.salebuy.co.kr
온세일넷 www.onsalenet.co.kr / 마트뉴스 www.martnews.com
세일다모아 www.saledamoa.com / 하프클럽닷컴 www.halfclub.com
바이킹 www.buyking.com / 체험닷컴 www.chaehum.com

572 | 백화점에서 알뜰하게 쇼핑할 수 있는 방법을 알고 싶어요.

● 연말 연시 바겐세일을 활용한다

대부분 큰 행사는 목요일이나 금요일부터 시작하는 경우가 많으므로 목요일 오전은 상품을 꼼꼼하게 입어 보며 구입할 수 있는 적기이다. 쇼핑을 하기 전에 신문광고나 전단 내용을 잘 살펴보고 사고자 하는 상품을 언제, 어디서, 어느 정도 싸게 판매하는지 파악하고 있는 것이 좋다.

● 1~2월경 이월 상품 특가전을 노린다

계절이 계절인만큼 겨울 상품들이 많이 나오는데 올해 당장 입지 못하더라도 내년에 사는 것보다 70% 이상 싸게 구입할 수 있다.

● 기획상품은 피한다

각 층마다 매장 앞 진열대에 쌓아 놓고 판매하는 기획 상품이 있다. 상품의 상태가 다른 이월상품에 비해 좋아 보일지는 몰라도 저렴하게 기획하여 만든 제품이 대부분이므로 품질은 오히려 떨어진다.

● 백화점 홈페이지나 전단지를 꼼꼼하게 살핀다

세일 브랜드와 할인율, 특가전, 단독전 같은 행사 정보는 세일 전에 일괄적으로 배포되는 전단지, 고객 발송 디엠 그리고 백화점 홈페이지를 통해 알 수 있다. 미리 정보를 알고 가면 짧은 시간 안에 만족할 만한 쇼핑을 할 수 있다.

plus ∗ tip

573 백화점 구두 & 잡화 알뜰쇼핑 노하우

구두나 잡화류는 균일가 행사를 이용하는 것이 가장 좋은 방법. 하지만 균일가 행사에는 대부분 이월상품이나 베이식한 디자인이 많이 나오기 때문에 선택의 폭이 좁다. 그러므로 오히려 조금 더 비싸긴 하지만 백화점 브랜드 세일을 이용해 구입하는 것이 좋다. 또한 구두나 잡화류는 품목이나 브랜드, 판매자에 따라서 플러스 할인이 있을 수 있으니 살짝 가격을 흥정해 보는 것도 쇼핑의 노하우.

574

늘 쇼핑을 하는데도 항상 패션 아이템이 부족해요. **스타일이 사는 쇼핑 노하우**를 알고 싶어요.

● 패션의 기본 법칙을 익힌다

유행은 너무 좇아도, 그렇다고 너무 무시해도 안된다. 자신의 기본 스타일을 정해 놓고 유행 아이템과 고가, 저가 아이템을 잘 믹스매치하는 것이 패션의 기본법칙.

● 기본 패션 아이템을 갖춰 둔다

사 놓으면 기본이 되는 아이템들이 있다. 이런 아이템들은 분위기에 따라 액세서리 한두 가지로 센스만 조금 더하면 스타일리시하게 연출할 수 있다. 때문에 이런 아이템을 발견하면 조금 비싸더라도 구입한다. 그러면 두고두고 잘 활용할 수 있다.

● 계획적으로 쇼핑한다

쇼핑을 시작하기 전에 먼저 깔끔하게 옷장 정리를 한다. 옷장 정리를 하다 보면 어떤 것을 사야 하는지 어떤 아이템이 부족한지 정확하게 눈에 들어올 것이다. 당연히 비슷한 옷을 여러 벌 사는 일이 줄고 굳이 하지 않아도 되는 쇼핑비용도 줄일 수 있다.

● 쇼핑 채널을 다원화한다

백화점, 동대문, 이태원, 온라인 쇼핑은 저마다 장단점이 있다. 쇼핑을 한 곳에서만 하다 보면 스타일이 너무 한정되게 되고 다양한 쇼핑 정보를 지나치게 된다. 백화점은 품질과 디자인이 좋은 반면 가격대가 높아 아이템을 다양하게 구입할 수 없으며 이태원은 독특한 디자인의 아이템을 구입할 수 있는 반면 발품을 많이 팔아야 그만큼 좋은 상품을 구입할 수 있다는 단점이 있다. 또 온라인 쇼핑은 직접 보고 살 순 없으나 싼 가격에 구입할 수 있으므로 필요한 시즌 아이템을 어느 정도 갖출 수 있다는 장점이 있다. 진짜 쇼핑의 달인이 되려면 쇼핑 채널을 다원화하는 것이 기본이다.

575 | 구매 대행으로 명품 브랜드 셔츠를 구입했는데 태그가 잘려 있네요. 저렴하게 구입하긴 했지만 정품이 아닌 것 같아 찜찜해요.

인터넷 명품 쇼핑몰에서 해외 명품 브랜드를 구입했는데 태그가 잘려있고 '메이드 인 차이나'라고 쓰여 있다면 OEM 제품을 구입한 것이다. OEM 제품이란 본사가 아닌 다른 곳에서 제품을 만들어 와서 본사의 승인 아래 판매되는 제품이다. 이때 엄격한 검사 과정을 통과한 제품만이 본사에 보내지고 원단 불량이나 단추 이상 등 조금이라도 문제가 있어 탈락된 제품들은 다양한 경로로 판매된다. 이러한 제품은 본사의 허가를 받지 않은 상태에서 라벨을 달고 나온 제품이므로 태그를 잘라 팔게 된다. 이 밖에도 현지 공장에서 남은 원단과 부자재로 옷을 만드는 경우도 있는데 이러한 제품은 눈에 띄는 큰 문제는 없지만 본사 검사를 받지 못했기 때문에 진품과는 차이가 있음은 물론 또 본사의 정식 라인을 통해 승인을 받은 제품이 아니기 때문에 정품이라 할 수 없다.

plus ★ tip

576 가방을 구입할 때 체크해 보아야 할 것

튼튼하고 오래 사용할 가방을 고르려면 일단 지퍼나 잠금장치, 가방에 달린 부속 액세서리를 꼼꼼하게 살펴보아야 한다. 또, 가방의 봉제선 역시 튼튼하게 마무리가 되었는지 확인하고 가죽과 가죽이 접착되어 있는 부분도 깔끔한지 체크한다. 그 다음 장식이 제대로 처리되어 있는지, 내부 구조가 어떠한지, 또 가방을 들거나 멨을 때 분위기가 어떤지 확인하고 구입한다. 또 가지고 있는 지갑이나 소품을 직접 넣어 보고 크기를 확인하는 것도 중요하다.

577 해외 쇼핑몰을 이용하려고 합니다. 하지만 외국 브랜드의 사이즈와 우리나라 사이즈가 달라 좀 망설여져요.

신발

한국(mm)	220	225	230	235	240	245	250	255	260	265	270	275	280	285	290
미국	5	5.5	6	6.5	7	7.5	8	8.5	9	9.5	10	10.5	11	11.5	12
유럽	36	36.5	37	37.5	38	38.5	39	39.5	40	40.5	41	41.5	42	42.5	43

의류

한국(사이즈)	44		55		66		77		88	
	85		90		95		100		105	
미국	2	4	6	8	10	12	14	16	18	
영국	8	10		12~14		16~18		20~26		
이태리	36	38~40		42~44		46~48		50~52		
허리둘레(INCH)	24	25~26		27~29		30~32		34		
엉덩이둘레(INCH)	34	35~36		37~39		40~42		44		

속옷
팬티, 슬립

한국(사이즈)	XXS	XS		S		M		L		XL	
	85	90		95		100		105		110	
미국	0	2	4	6	8	10	12	14	16	18	20
허리둘레(INCH)	23	24	25	26	27	28	29.5	31	32.5	34.5	46.5
엉덩이둘레(INCH)	33.5	34.5	35.5	36.5	37.5	38.5	40	41.5	43	45	47

브래지어

한국(컵)	75A	75B	75C	75D	75DD	80A	80B	80C	80D	80DD	85A	85B	85C	85D	85DD
미국	34AA	34A	34B	34C	34D	36AA	36A	36B	36C	36D	38AA	38A	38B	38C	38D

〈자료제공 : 위즈위드〉

578~579 | 해외여행을 알뜰하게 할 수 있는 노하우가 있나요?

IDEA 1 — 알뜰하게 가기

첫째, 보통 여행사에서 항공좌석을 통째로 사두는 경우가 많다. 그 좌석을 다 채우지 못하면 자릿수만큼 손해를 보기 때문에 절반까지도 가격이 떨어진다. 때문에 여행상품의 가격 비교 사이트를 통해 급하게 여행객을 모으는 경우가 있는지 수시로 확인한다. 둘째, 여행사들이 준비하는 이벤트 상품 중 조기예약이 가능한 상품들이 있다. 대체로 이런 상품들은 특가로 나오는 것이 많으므로 주목한다. 또 패밀리 레스토랑이나 신용카드사에서 하는 이벤트도 꼼꼼히 살핀다. 셋째, 여행상품 가격 비교 사이트를 활용한다. 정글투어, 투어다나와, 여행사닷컴 등 가격비교 사이트의 정보를 살핀다. 넷째, 비수기 여행 상품을 이용하는 것은 흔히 잘 알고 있는 상식. 하지만 가장 크게 여행 비용을 아낄 수 있는 방법이기도 하다.

IDEA 2 — 알뜰하게 쓰기

첫째, 유스호스텔을 이용한다. 외국의 경우 유스호스텔은 시설이 잘 갖춰져 있으며 가격도 저렴하다. 또 다양한 나라에서 온 사람들을 만날 수 있는 기회가 되기도 한다. 둘째, 장거리 이동은 밤에 한다. 유럽여행의 경우 장거리 이동 시 밤기차를 이용하면 숙박비를 최대한 아낄 수 있다. 셋째, 걷는 것을 두려워 말자. 여행의 묘미는 유명한 관광지만 둘러보는 것보다 길을 직접 걸어보고 가 보는 것이다. 또, 의외로 교통비로 들어가는 돈이 많으므로 짧은 거리는 최대한 걸어 다니면 교통비를 아낄 수 있다. 넷째, 무료 서비스 정보를 놓치지 말자. 해외도 우리나라와 마찬가지로 공휴일 무료 서비스가 있다. 박물관이나 미술관 등의 관람료가 무료가 되는 때가 언제인지 정보를 알아 두고 최대한 이용한다.

580 | 면세점에서는 어떤 상품 위주로 구입하는 것이 실속 있는 쇼핑법일까요?

품질이 좋은 명품을 할인된 가격에 살 수 있다는 매력에 항공권을 받으면 바로 생각나는 쇼핑장소가 바로 면세점이다. 하지만 면세점이라고 모든 상품이 다 싼 것은 아니다. 화장품이나 향수의 경우 할인율이 높기 때문에 면세점에서 구입하는 것이 훨씬 저렴하다. 반면 루이비통이나 샤넬 등의 이른바 잘나가는 명품 브랜드의 가방이나 의류, 액세서리 등은 백화점 가격과 별 차이가 없다. 물론 면세가 되기 때문에 10~15% 정도는 할인이 되지만 제품 모델이 한정되어 있어 선택의 폭이 좁다. 차라리 백화점 할인 행사 때 구입하면 면세점 가격과 별 차이 없이 마음에 드는 디자인으로 고를 수 있다.

이 밖에도 시내 면세점이 공항 면세점에 비해 할인율이 상대적으로 높고 쇼핑 시간도 자유롭기 때문에 출국 전 시간을 내어 시내 면세점을 이용한다. 또한, 면세점마다 마케팅 전략이나 방법이 다르므로 같은 상품이라도 가격이 모두 다를 수밖에 없다. 각 면세점의 가격을 비교한 다음 구입하는 것이 알뜰 쇼핑 노하우이다. 여름 세일 기간은 면세점 쇼핑의 적기. 정상 상품이 최고 50%까지 할인되는 경우도 있고 롯데나 신라 면세점의 경우 VIP카드가 있으면 추가 5% 할인 혜택을 받을 수 있다.

plus★tip

581 인터넷 면세점 이용하기

쇼핑할 시간이 없다면 인터넷 면세점을 이용해 집에서도 편하게 온라인으로 주문할 수 있다. 일반 면세점에서 구입했을 때와 같이 출국 전 공항의 지정된 장소에서 수령할 수 있으며 상품에 따라서 인터넷 구매 할인가를 적용받을 수도 있다.

동화 면세점 http://dutyfree24.com / 롯데 면세점 www.lottedfs.com / 신라 면세점 www.dfsshilla.com / 워커힐 면세점 www.skdutyfree.com / 파라다이스 면세점 www.paradisemall.co.kr / 코엑스 면세점 www.akdfs.com

582 | 인터넷 쇼핑의 단점은 늘 사진에 혹해 사고 후회하고를 반복한다는 것. **인터넷 쇼핑 실패 없이 하는 비법** 좀 알려 주세요.

인터넷 쇼핑은 실물을 보지 않고 구입해야 하므로 화면과 실제가 달라 물건을 받고 나서 실망하는 경우가 많다. 때문에 구입하기 전 꼼꼼하게 체크해 보아야 한다.

● **실패율이 낮은 아이템을 선택한다**

속옷이나 트레이닝복, 스타킹, 액세서리 소품, 티셔츠 등 실패 확률이 적은 것부터 구입해 본다. 그래야 모니터로 보는 색감의 차이나 재질, 사이즈 등을 파악할 수 있다.

● **상품 후기만큼 생생한 정보도 없다**

상품평이 많으면 전체적인 분위기를 파악하여 구매를 결정한다. 혹 상품평이 한두 개뿐이라면 광고일 확률이 높으니 아예 무시할 것.

● **상세사진, 피팅 사진을 고르고 선택한다**

세팅 사진만 올려 두거나 상세하게 확대한 사진이 없는 상품들은 받고 난 다음 이미지와 틀린 경우가 많다. 모델이 직접 입고 찍은 사진은 옷을 입었을 때 입체적인 느낌을 알 수 있기 때문에 중요한 자료. 신발 역시 모델이 신고 있는 사진을 보아야 구두의 스타일을 정확하게 알 수 있다.

● **사이즈는 꼼꼼하게 체크한다**

물건의 사이즈도 물론 꼼꼼하게 체크해 보아야 하겠지만 자신의 신체 사이즈도 정확하게 알아 두는 것이 필요하다. 오프라인 매장에서는 직접 입어 볼 수 있기 때문에 자신의 등길이, 골반길이, 팔길이 등을 몰라도 상관없지만 온라인 쇼핑은 중요한 정보가 된다. 사이트에 제품의 상세 사이즈가 나오지 않았다면 쇼핑몰에 전화를 걸어 상담하고 사이즈가 맞지 않을 경우 환불이 가능한지도 확인한 후 구입한다.

583 | 해외 구매 대행 사이트
실속 있는 쇼핑법

해외 쇼핑의 최고 장점은 바로 차별성. 같은 원단, 비슷비슷한 디자인에 싫증이 났다면 해외 구매 대행 사이트를 이용하는 쇼핑 방법도 추천할 만하다. 구입하고 싶어도 못 하는 국내 미유통 해외 브랜드들의 옷을 구입할 수 있다는 것만으로도 상당히 매력적이다. 하지만 해외 배송이기 때문에 배송 기간이 오래 걸릴 뿐 아니라 반송이나 교환이 번거로우므로 구입 시 이를 염두에 두고 신중하게 생각하고 결정해야 한다.

● 첫째, 실패 확률이 낮은 상품을 선택한다

플랫슈즈나 티셔츠, 캐주얼 백이나 드레시한 클러치백 등은 실패 위험이 적은 아이템. 컬러와 디자인이 다양해 독특한 제품을 원하는 쇼퍼들에게는 매력적인 아이템이 될 수 있다.

● 둘째, 사이즈를 체크한다

속옷을 구입할 때는 특히 사이즈를 잘 살펴보아야 한다. 미국과 영국, 호주의 속옷은 가슴둘레가 같다 하더라도 일반적으로 컵 사이즈가 크다. 캡이 들어 있는 브라가 아니라면 한 치수 작은 것을 고르도록 한다. 일본 속옷은 프리사이즈로 나오는 경우가 많다.

● **셋째, 해당 사이트의 배송 방법을 체크한다**

해외 구매 대행 사이트는 우리나라에 쇼핑몰을 두고 있지 않는 경우도
종종 있으므로 불법 사이트, 유령 사이트가 있을 수 있다. 때문에 물류
센터의 위치와 물건 배송 방법에 대해서 정확히 알고 있어야 한다.

● **넷째, 꼼꼼하게 살피고 신중하게 구매한다**

우리나라 쇼핑몰은 반품이나 환불을 할 때 택배 운송비만 부담하면
되지만 해외 사이트의 경우 반송비와 수수료가 거의 제품 가격과 같
을 때도 있으니 구매를 할 때 신중해야 한다. 또 태그가 떨어져 있거나 찢어져 있는 제품
은 불량품이거나 우리나라에서 만든 OEM 제품, 또는 카피제품일 수 있으니 유의한다.

● **다섯째, 제품 컷을 유심히 살핀다**

우리나라 쇼핑몰 제품과 마찬가지로 잘 찍은 사진, 포토샵 손질로 제품이 실물보다 나아
보일 수 있다. 또한 외국의 거리가 주 배경이므로 옷의 느낌이 달라 보일 수 있다. 때문에
제품만 정확하게 찍은 컷을 확인한 다음 구입한다.

● **여섯째, 배송비를 포함한 가격을 확인한다**

해외 구매 대행 사이트라고 해서 무조건 국내 쇼핑몰보다 싼 것은 아니다. 그 이유는 배송
료 때문. 무게나 나가는 쇼핑 품목은 배송비가 꽤 많이 나오기 때문에 한국에서 사는 것과
별 차이가 나지 않는다. 때문에 우선 한국에 수입된 브랜드인지 확인하고, 입점이 되어 있
는 브랜드라면 오프라인 가격을 확인해본 다음 구입하는 것이 현명하다. 또, 배송 기간이
보통 10~15일 정도 걸리므로 가격 차이가 크지 않다면 국내에서 구입하는 것이 더 좋다.

● **일곱째, 게시판을 잘 확인한다**

게시판의 이용 후기나 상담코너를 잘 확인하면 그 사이트의 신뢰도를 대략이나마 파악할
수 있다. 또한 구입자들의 질문에 대한 관리자의 답변을 통해 구매대행 업체의 성실성을
알 수 있기 때문에 꼭 확인해 보는 것이 좋다.

584 날씨가 좋아져 **등산을 시작하려 해요**
그런데 산행 초보여서 어떤 것들을 준비해야
할지 모르겠네요.

● **등산모** … 자외선 차단용으로 땀 배출과 통기성이 좋은 것으로 선택
해야 탈진을 예방할 수 있다.

● **스카프** … 일반 손수건보다 사이즈가 큰 것으로 선택한다. 가볍게 목
에 둘러 체온이 급격히 떨어지는 것을 막고 응급상황에서는 압박붕대
역할도 겸한다.

● **방수 재킷** … 산은 지대에 따라 기온이나 기후의 변화가 크다. 방수
재킷은 비가 오거나 바람이 부는 등 갑작스런 기후변화에 대비할 수
있다.

● **장갑** … 여름에는 자외선, 가을에는 나뭇가지와 벌레, 겨울
에는 차가운 바람으로부터 손을 보호하는 역할을 하기 때
문에 꼭 필요하다.

● **등산용 양말** … 땀 흡수가 뛰어나며 충격을 흡수할 수 있는
도톰한 것으로 준비한다.

● **바지** … 땀 배출이 쉽고 통기성이 좋은 것을 선택한다.

● **등산화** … 굴곡이 있는 산을 걷는 동안 체중을 분산시키
고 충격을 흡수해 피로감을 덜하게 해 주기 때문에 일반 운동화보다 등
산화를 준비하는 것이 좋다. 발목을 보호할 수 있도록 목이 높은 것을
선택한다.

● **등산용 칼** … 만능 등산용 칼은 각종 금속 도구들이 함께 들
어 있어 산에서 벌어질 수 있는 모든 급작스런 상황에 능동
적으로 대처할 수 있다.

585 | 요즘은 백화점이나 시장에서도 종종 벼룩시장이 열려요. **벼룩시장에서 물건을 잘 고르는 방법,** 있나요?

외국의 벼룩시장만큼 규모가 크지는 않지만 요즘은 각 시민단체, 지방 자치단체, 주민 자치단체에서 주최하는 벼룩시장이 종종 열린다. 또 백화점에서도 '그린마켓' 이라고 하는 벼룩시장을 분기별 또는 월별로 열기도 한다. 하지만 너무 물건이 많다 보면 잘못 고르거나 실수를 하기 쉽다. 벼룩시장은 항상 열려있는 장이 아니기 때문에 교환이 어렵다. 때문에 물건을 고를 때도 단추나 지퍼가 제대로 되어 있는지 꼼꼼히 살피고 가격이 싸다 하더라도 꼭 필요하지 않은 물건은 구입하지 않는다. 잔돈을 준비해 가면 가격을 흥정하거나 깎을 때 좋다.

벼룩시장의 경우 같은 물건이 많이 있는 것이 아니며 좋은 물건일수록 경쟁자가 많다. 싸다고 무조건 사서도 안 되겠지만 망설이다가 물건을 놓치는 경우도 종종 있으니 이거다 싶으면 일단 구입하는 게 좋다. 한 바퀴를 돌아본 다음 다시 와서 취소하는 것도 가능하다. 쓸 만한 물건은 이런 벼룩시장을 통해서 되팔아 재활용할 수도 있다.

마포 희망시장, 현대백화점 그린마켓, 광화문 시민 벼룩시장, 안양 평촌 중앙공원 벼룩시장, 풍물 벼룩시장, 뚝섬 벼룩시장 등 각 구청이나 단체에 문의하면 벼룩시장이 열리는 장소와 시간을 알 수 있다.

586

요즘은 체형에 맞춰 입는 맞춤양복에 관심이 가요. **맞춤양복을 할 때 주의 깊게 살펴야 할 것은 뭘까요?**

요즈음 회사 밀집 지역이면 어김없이 들어서 있는 프랜차이즈 맞춤양복점. 브랜드 양복에 비해 가격이 저렴하고 또 자신의 몸에 맞춰서 양복을 만들어 주기 때문에 인기가 점점 높아지는 추세이다. 하지만 양복원단을 고르는 것부터 옷의 세세한 디자인까지 직접 선택해야 하므로 트렌드를 잘 알지 못한다면 완성되어 나왔을 때 실망하는 경우가 있다. 때문에 양복을 맞추기 전 어떤 선택사항이 있는지 알아보고 자신에게 맞는 스타일을 잘 알아 두는 것이 좋다.

● **원단 선택** … 작은 스와치(샘플원단)를 보고 옷 전체의 느낌을 예측해야 하기 때문에 가장 신중하게 결정해야 할 부분. 맞춤복 초보라면 매장의 디자이너나 전문가의 의견을 물어보고 결정하는 것이 좋다. 또한 가격이 저렴할수록 폴리에스테르의 비율이 높아지고 가격대가 높아질수록 울이나 실크가 더 많이 섞이게 된다. 울이나 실크가 많이 섞일수록 옷이 차분하게 흘러내리는 느낌이 나기 때문에 좀 더 고급스럽다.

● **벤트**(뒤트임) … 양복의 뒤트임은 가운데로 하나를 두는 경우, 양옆으로 둔 경우, 트임이 없는 경우로 나뉜다. 요즘은 양옆 트임이 유행이나 이것을 불편해하는 사람들도 있으므로 자신의 취향이나 스타일을 고려해 선택한다.

● **라펠**(칼라) … 칼라 Y존의 깊이와 칼라의 폭을 결정하는 단계. 양복의 트렌드는 바로 이 부분에서 좌우된다고 해도 과언이 아니다. 요즘은 폭이 좁은 칼라가 대세지만 어깨가 넓은 편이라면 라펠 역시 넓은 폭을, 키가 작다면 V라인을 짧게, 키가 크다면 V라인을 길게 해 주는 것이 어울린다.

●**버튼** … 양복의 앞 단추는 라펠의 깊이에 따라 달라진다. 칼라가 깊으면 원 버튼, 칼라가 얕으면 투 버튼이나 쓰리 버튼까지 달 수 있다. 클래식한 남성 양복은 쓰리 버튼이며 지난해까지는 투 버튼이, 올해는 원 버튼이 강세다. 소매단추 역시 한 개에서 네 개까지 선택이 가능하며 네 개가 가장 클래식하다.

●**포켓** … 왼쪽 가슴에 다는 치프 포켓의 유무, 주머니의 폭, 길이, 기울기, 형태를 선택할 수 있다. 요즘은 포켓치프를 잘 넣지 않으므로 작은 주머니는 생략하는 경우가 많으며, 양옆으로 다는 주머니는 입술주머니보다 뚜껑주머니가 클래식하다.

587 | 화장품을 살 때는 단순히 브랜드를 보고 구입하게 되요. **화장품 살 때 주의해야 할 사항**이 있나요?

화장품은 피부에 직접 바르는 것이기 때문에 위생, 안전과 직결되는 제품이다. 그러므로 제조년월일이나 함유된 성분 표시, 피부에 패치 테스트 등은 해보고 구입하도록 한다.

● **유통기한을 체크한다**

우리나라는 유통기한 대신 제조일자를 제품에 표기하도록 되어 있으며 일반적인 제품의 경우 30개월 정도를 유통기한으로 잡고 있다. 하지만 일부 비타민, 효소, 레티놀, 과산화물 함유제품은 사용기한이 짧아 유통기한까지 의무적으로 표시하게 되어 있다. 일반적으로 화장품은 개봉하지 않았다면 대체로 2~3년까지는 괜찮으나 기능성 제품은 개봉 후 6개월에서 1년이 지나면 효과가 떨어지고 부작용을 유발할 수 있으니 주의한다.

● 내 피부에 맞는지 테스트를 한다

피부가 민감한 사람들도 안정성 테스트를 거친 제품이라고 설명서에 나와 있으면 무조건 믿고 사용하는 경우가 있다. 하지만 각 회사별로 테스트나 실험 방법이 다 다르고 테스트를 하는 피실험자의 표본수가 한정되어 전체를 대표하기 힘들다. 때문에 안정성 테스트를 거친 제품이라 하더라도 우선 샘플로 귀밑이나 팔 안쪽에 발라 테스트를 한 다음 선택한다.

● 화장품에 들어가는 성분에도 관심을 갖는다

화장품으로 사용할 수 있는 원료와 사용해서 안 되는 원료는 법적으로 규정되어 있다. 또한 기능성 제품에 추가되는 원료들은 식약청고시(식약청에서 허가된 것) 성분만 쓰고 있기 때문에 굳이 성분을 일일이 확인하지 않아도 안전하게 사용할 수 있다. 식약청고시 성분이 아닌 원료로 기능성 제품을 만들 경우 식약청의 검증을 받아야 한다. 단, 방부제나 색소는 명시해야 하는 표시성분이므로 의무적으로 표시하고 있다. 때문에 화장품 라벨에 씌인 어려운 성분명은 대부분 방부제나 색소의 이름인 경우가 많다.

plus＊tip

588 메이크업 제품 버리는 시기

● **파운데이션** … 개봉 전에는 2~3년, 개봉 후에는 1년 정도 사용할 수 있다. 파운데이션을 오래 두면 오일과 색소 부분이 분리되어 층이 생기게 된다. 이때 흔들어도 층이 섞이지 않는다면 산화되었다는 증거이므로 더 이상 사용하지 말고 버린다.

● **파우더** … 개봉 후 1~2년까지 사용이 가능하다. 하지만 알갱이가 덩어리지거나 색이 변하면 피부 트러블을 일으킬 수 있으므로 버리는 것이 좋다.

● **마스카라** … 마스카라는 개봉 후 사용기한이 3개월이다. 하지만 대부분 이 기간을 넘기고 만다. 발림성이 떨어지고 액이 뭉쳐서 나오기 시작했다면 이는 이미 산화되고 있다는 증거. 더 이상 사용하지 말고 버린다. 마스카라를 구입할 때는 최대한 용량이 작은 것을 선택하는 것이 좋다.

● **아이섀도** … 브러시를 이용해야 더 오래 사용할 수 있으며 입자가 굵어지거나 기름기가 생기면 더 이상 사용해선 안 된다. 아이섀도는 눈에 가깝게 바르는 것이기 때문에 개봉 후 1년이 지나면 폐기처분하는 것이 좋다.

589~593 홈쇼핑 제품 구입 시 상품별로 꼭 체크해야 할 **사항**을 알려 주세요.

IDEA 1 ·언더웨어 체크포인트

속옷은 피부에 닿는 것이기 때문에 소재가 중요하다. 레이스로 디자인된 속옷은 까칠거리는 느낌을 싫어하는 사람이라면 다시 한 번 생각해보아야 할 제품. 피부의 트러블이 많은 사람이라면 원단이나 마무리 상태를 믿을 수 있는 브랜드가 확실한 제품을 선택하도록 한다. 또한 제품을 받은 후 박음질 상태나 마무리가 꼼꼼한지 확인한다. 아무리 가격이 저렴해도 그저 양으로 승부하는 제품은 피한다.

IDEA 2 ·뷰티상품 체크포인트

인터넷을 이용하여 구입하려는 제품의 상품평을 꼼꼼히 읽어본 다음 구입한다. 또한 제품을 받은 후 제조날짜를 꼭 체크해 보도록 한다. 계절에 맞춰 또는 피부상태에 맞춰 필요한 상품이 포함되어 있는 패키지인지 확인한 다음 구입한다. 화장품의 경우 무료 테스트 분량이 별도로 들어 있는 경우가 많으므로 테스트를 먼저 사용한 후 본 제품을 개봉한다. 또 현재 방송되는 화장품이 시판되는 상품인지 홈쇼핑 전용 상품인지 알아본다. 시판되는 상품이라면 홈쇼핑에서 구입하는 것이 훨씬 경제적이다.

IDEA 3 ·가전·생활용품 체크포인트

가전제품은 방송 상품이나 시기에 따라서 할부기간이 달라지기도 하고 추가 구성품과 사은품이 달라지는 경우가 많으므로 조건을 꼼꼼히 따져 구입하는 것이 좋다. 정말 자신에게 필요한 기능이 무엇인지 확인한 다음 중요한 기능만 탑재하고 나머지 잘 사용하지 않는 기능은 빼버린 저가 제품인지 잘 판단하도록 한다. 가전·생활용품은 브랜드보다는 실제 사양, 기능의 차이를 잘 따져보고 구입해야 한다.

IDEA 4 ⟩ 보험·금융상품 체크포인트

현재 자신의 보험 상태를 잘 정리한 다음 나에게 꼭 필요하면서 포함되지 않은 항목이 무엇인지 체크하여 새로운 보험을 선택하는 것이 좋다. 암 발병률이 높아지는 데 반해 암 보험이 사라지는 추세이기 때문에 암에 대한 보장이 충분한지 꼭 따져 보아야 한다. 또한 요즘은 질병과 상해를 동시에 보장하는 보장성 보험이 많으므로 이러한 보장 내역을 꼼꼼하게 체크한 뒤 가입한다. 그날그날 방송의 가격 조건과 프로모션이 다르기 때문에 자동주문 할인 폭이 큰 날이나, 장기 무이자 할부 조건이 있을 때, 추가 상품이 좋을 때는 오프라인에서 가입하는 것보다 훨씬 혜택이 많다.

IDEA 5 ⟩ 패션의류 체크포인트

홈쇼핑 패션 의류 중 가장 반품률이 높은 것이 화려한 디자인과 색상의 의류이다. 화면과 조명 아래에서는 예뻐 보이던 옷들을 실제로 받았을 때는 느낌이 다른 경우가 많다. 때문에 의류를 구입하려면 가장 심플하고 베이식한 디자인과 색상을 고르는 것이 실패가 적다.

plus ✦ tip

594 홈쇼핑 잘하는 원칙

● **시간** … 마감 시간을 재촉하는 쇼호스트의 말에 괜히 마음이 급해져서 전화기를 들지 않는다. 인터넷으로 또 다음 방송으로 같은 상품을 같은 조건으로 또 만날 수 있다. 자신에게 필요한 물건인지 생각해 보고 제품에 대한 정보도 검색해 본 다음 구매를 결정한다.

● **상품평** … 다른 사람들의 구매 후기는 상품 구매를 결정하는 데 상당히 중요한 정보를 준다. 간혹 홍보성 글을 상품평으로 올리는 경우도 있지만 몇 페이지만 넘기다 보면 그런 글들은 금방 알 수 있다. 또 상품평을 볼 때는 칭찬 일색인 글보다 문제점을 적어 놓은 후기를 더 꼼꼼하게 읽어 보는 것이 좋다.

● **추가 혜택** … 원하는 상품이 있을 땐 방송 편성표를 살펴본 다음 방송 중일 때 주문하는 것이 혜택이 더 크다. 또 물품에 대한 상담은 상담원과 연결해서 하고 주문은 자동 주문 전화로 하면 조금 더 싸게 구입할 수 있다.

595

요즘은 화장품 가격이 천차만별이에요.
현명한 화장품 쇼핑법을 알고 싶어요.

성격이 제각각이듯 사람들의 피부도 각각 다르기 때문에 가격만으로 화장품이 좋다 나쁘다를 가늠하기는 어렵다. 어떤 사람에게는 트러블이 있는 저가의 화장품도 다른 사람의 피부에는 이상적으로 맞을 수 있고, 아무리 고가의 화장품도 피부에 맞지 않으면 아무런 효과가 나타나지 않기 때문이다. 때문에 굳이 고가의 화장품을 고집할 것이 아니라 자신에게 맞는 화장품이 어떤 것인지를 찾는 것이 중요하다.

그중에서도 특히나 가격 불문 효과를 얻을 수 있는 것이 폼클렌저나 자외선 차단제, 마스카라 등이다. 폼클렌저의 생명은 피부에 남은 더러움을 씻어내는 것. 자신의 피부 타입에 맞는다면 고가이든 저가이든 성능에는 큰 차이가 없다. 자외선 차단제 역시 차단 지수(SPF)에 따라 다른 것이지 고가라고 해서 차단 지수가 높은 것이 아니다. 마스카라는 타입이나 마스카라의 솔에 따라 차이가 있다. 하지만 사용하면서 케이스 안에 공기가 자주 들어가게 되므로 3개월에 한 번씩 새로 사는 것이 좋다. 따라서 비싼 것을 오래 두고 쓰는 것보다는 저렴한 것을 선택해 자주 바꿔 주는 것이 현명하다. 데이크림은 영양이 너무 많이 들어가 있으면 오히려 화장을 번들거리게 하고 피부에 부담을 준다. 때문에 피부에 잘 스며들어 보호해줄 수 있는 제품이면 OK.

---

plus·tip

596 자외선 차단제의 사용기간

자외선 차단제는 개봉 후 6개월~1년 정도 사용하는 것이 변질 없이 사용하는 가장 좋은 방법이다. 개봉 후 오랫동안 방치해 두었던 제품은 자외선의 차단 효과도 떨어질 뿐만 아니라 오일과 다른 성분이 분리되어 잘 발리지도 않는다. 피부를 위해 바르는 것이기 때문에 피부를 위해 아낌없이 버린다.

597 | 명절 장을 보고 나면 허리가 휘청해요. **알뜰하게 명절 장보는 방법**을 알려 주세요.

생선이나 과일, 제수용품은 장소에 따라 가격이 천차만별이다. 가족 수가 많지 않아 조금씩 구입한다면 대형 할인 마트나 백화점에서 구입하는 것이 번거롭지 않고 간편하다. 또 교통비를 감안했을 때 오히려 이익일 수 있다. 하지만 식구 수가 많다면 구입하려는 품목을 나누어 각각 따로 구매하는 것이 훨씬 알뜰하다. 또, 명절 때가 되면 직거래장터가 활발해지므로 이런 재래시장을 이용하면 싱싱한 물건을 살 수 있어 좋다. 직접 장볼 시간이 부족하다면 산지 직거래 인터넷 쇼핑을 이용하는 것도 현명한 방법 중 하나.

● **청과류** … 가락시장이나 청과류 도매 시장에서 시중 가격보다 20~30% 정도 싸게 구입할 수 있다. 하지만 이른 아침에 가야 저렴하고 싱싱한 청과류를 고를 수 있다.

● **건어물** … 중부시장이 우리나라의 대표적인 건어물 전문 시장. 백화점보다 20~30% 싼값에 구입할 수 있다. 단, 3시 이후에는 상가가 문을 닫기 때문에 일찍 서둘러야 한다.

● **나물이나 견과류** … 경동시장은 각종 견과류와 나물류를 산지에서 직접 받아 팔기 때문에 일반 유통 매장에 비해 30% 정도 싸다.

● **수산물** … 각 지역의 수산시장에서 구입하는 것이 싱싱하다. 서울은 노량진 수산시장에서 시중보다 15~20% 정도 저렴하게 구입할 수 있다.

● **축산물** … 마장동 대형 축산물 시장을 이용한다. 매일 들어오는 싱싱한 축산물을 10~20% 정도 저렴하게 구입할 수 있다. 축산물 시장도 다른 도매시장처럼 오후 4시쯤이면 문을 닫기 때문에 서두르는 것이 좋다.

알뜰하게 일주일치
장보는 요령

IDEA 1 · 식단 & 장보기 목록 짜기

맞벌이 부부의 경우 아무리 부지런하게 몸을 움직인다 해도 그날 먹거리를 그날 사다 해 먹기란 쉽지 않다. 때문에 대부분 일주일치 장을 보게 되는데, 문제는 무언가를 해 먹으려고 하면 사 두고도 생각이 나지 않는다거나 꼭 한 가지씩 재료가 없어 못 해먹는다는 것이다. 이런 경우를 줄이려면 우선 일주일치 식단을 짜는 것이 기본이다. 식단을 미리 짜두면 짜임새 있게 장을 볼 수 있을 뿐 아니라 식단이 한눈에 보이기 때문에 영양의 밸런스도 맞출 수 있다.

또, 주말이면 무작정 마트로 가서 이것저것 고르는 일은 이제 그만. 식단 계획에 따라 사야 할 것들의 항목을 적어 가면 쓸데없는 물건을 사지 않게 된다. 또 비슷한 종류끼리 묶어서 목록을 작성하면 마트 안에서 헤매는 시간도 줄어든다.

IDEA 2 · 일주일치 음식 보관하기

● 고기 보관 노하우

고기는 한 끼 먹을 분량씩 나눈 다음 냉동 보관해 두면 2주일에 한 번씩 장을 봐도 충분하다. 요즘은 닭고기도 부위별로 판매하기 때문에 좋아하는 부위를 산 다음 섞어서 1회 분량씩 나눠 보관한다. 돼지고기의 경우 볶음용과 찌개용, 구워서 먹는 부위가 다르기 때문에 이를 따로 구분해 랩으로 싸서 보관하면 조리할 때 편하다. 볶음용은 양념을 해 냉동하는 것이 더 간편하다. 쇠고기도 마찬가지로 불고기용, 국거리용으로 사 두고 한 끼 분량씩 따로 보관하면 한동안 반찬 걱정을 하지 않아도 된다. 불고기용은 양념을 해 보관해 두면 쉽게 조리할 수 있어 좋다.

생선은 토막 내어 구입한 다음 손질해 냉동한다. 생선도 한꺼번에 보관하지 말고 1회분씩 나눠 보관해야 꺼내 쓰기도 편리하고 해동 시간도 줄일 수 있다.

● 야채 보관 노하우

양념류 … **파**는 채 썰어 냉동 보관해 두었다가 사용하면 버리는 것 없이 깔끔하게 사용할 수 있다. **마늘**은 다진 다음 비닐팩에 담아 얇게 펴서 냉동보관하고 조리할 때마다 조금씩 떼어 사용한다. **생강**은 편으로 썰어 냉동 보관한 다음 조리할 때마다 하나씩 꺼내어 사용한다. **양파**는 서늘하고 바람이 잘 통하는 곳에 보관하면 냉장고에 보관하지 않아도 오래 두고 쓸 수 있다. 단, 양파를 다져서 두면 볶음밥 할 때나 스파게티 등에 쉽게 사용할 수 있으므로 1개 정도는 다져 보관한다.

야채류 … **브로콜리**는 비타민이 많은 야채류. 일주일 먹을 만큼 산 다음 살짝 데쳐서 냉동 보관하면 쉽게 조리해 먹을 수 있다. **셀러리**나 **양배추**는 의외로 쉽게 무르거나 시들해 지므로 사서 먼저 먹는 것이 좋으며 되도록 가장 적게 포장된 것으로 선택한다. **감자**는 넉넉히 구입해 서늘한 곳에 보관하면 오래 먹을 수 있다. **상추**, **부추**, **깻잎** 등 잎이 연한 채소는 씻어 보관하면 상하기 쉬우므로 야채 칸에 세워 보관한다. **무**, **당근**, **우엉** 등의 뿌리 채소는 신문지에 싸서 냉장고에 보관하는 것이 좋다.

600 | 살 것 많은 **명절, 재료별·시간대별 장보기 요령**을 알려 주세요.

장보기 전 각종 조미료나 식용유, 밀가루 등 기본 재료 중에 필요한 것은 없는지 체크한다. 부족한 것이 있으면 일단 이런 기본 재료들부터 사둔다.

● D-7일 건어물 및 말린 재료를 구입한다

장기 보관이 가능한 말린 재료들을 준비한다. 건어물, 대추, 밤, 햅쌀, 등을 미리 사둔다. 이 외에도 무, 당근, 양파 등 오래 보관이 가능한 것은 미리 구입한다. 또 냉동보관이 가능한 조기, 새우, 오징어 등 해산물도 값이 오르기 전 미리 구입하는 것이 좋다.

● D-3일 육류와 과일을 구입한다

고기는 미리 구입해 밑손질을 해 냉동 보관하고, 과일은 미리 사 두면 시들고 추석 직전에는 가격이 크게 오르므로 3~4일 전에 사두는 것이 좋다. 송편을 직접 빚는 경우는 3~4일 전에 쌀가루를 방앗간에 맡긴다. 가래떡은 명절 이틀 정도 전에 구입한 뒤 말린다.

● D-1일 야채류를 구입한다

신선도를 유지해야 하는 도라지, 고사리 등 각종 나물과 야채, 두부 등은 명절 전날 구입한다. 송편을 구입하는 경우라면 명절 하루 전날 구입하고, 가래떡이 어느정도 굳었다면 어슷하게 썰어 준비한다.

---

602 마트 속 더 특별한 서비스

아직은 일부 지역에서만 행해지고 있어 대중화되진 못했지만 알아 두면 편리한 마트 속 특별 서비스.

1. 상품 위치 확인 시스템 … 내가 가져온 쿠폰의 바코드를 찍으면 그 쿠폰이 해당하는 물건의 위치를 상세하게 알려주는 서비스. 현재는 잠실 홈플러스에서만 운영 중이다.

2. 인원 감지 센서 … 어느 구역에 사람들이 가장 많이 모여 있는지 알려 주는 인원 감지 자동 열센서. 이 센

601 | 대형 할인마트에서 실시하고 있는 특별 서비스에 어떤 것이 있나요?

● **불량 상품 보상제도** … 구매한 물건 중 품질 불량 상품이 있을 경우 교환 환불은 물론 5천원 상품권으로 보상해 주는 제도. 상품을 구매한 영수증만 가져가면 받을 수 있는 서비스이다. 물건에 이상이 있어 교환이나 환불을 할 경우 미리 인지해 두고 이 상품권 서비스를 꼭 챙긴다.

● **계산 착오에 대한 보상제도** … 직원의 계산 실수가 있었다면 차액을 돌려주는 것은 물론 해당 마트를 이용할 수 있도록 5천원 상품권을 주는 곳도 있다. 홈플러스, 홈에버, 이마트 등 거의 대부분의 대형 할인 마트에서 시행하고 있는 서비스이므로 영수증을 꼼꼼하게 살펴보도록 한다.

● **최저 가격 보상제도** … 구입한 상품의 가격이 타 할인마트보다 비쌀 경우 신고하면 5천원 상품권을 받을 수 있는 최저가격 보상제도도 있다. 다른 대형 마트에서 구매한 영수증을 가지고 구입한 날로부터 7일 이내에 가면 보상받을 수 있다.

● **신선식품 만족제도** … 비포장상품, 손질생선, 초밥이나 회, 매장 조리 식품, 베이커리 등에 한해서 당일 식품은 당일만 판매한다는 당일판매제도, 국립 농산물 품질관리원이 규정한 당도 높은 상품만을 판매해 상품마다 정확한 당도를 표시하는 당도표시제도, 진열기한을 표시하는 진열기한 표시제도가 있다. 때문에 마트에 가면 이러한 표시가 되어 있는지 확인하고 물건을 구입하면 항상 싱싱한 제품을 구입할 수 있다.

─────────────────────────────── **plus ★ tip**

서를 이용해 사람들이 붐비는 곳을 피해갈 수 있으며, 마트 쪽에서도 사람이 많은 곳으로 직원을 파견할 수 있어 좋다. 역시 잠실 홈플러스에서 운영 중이다.

3. 힘든 짐을 덜어 주는 도우미 서비스 … 무거운 짐을 주차장이나 가까운 버스, 혹은 지하철 정류장까지 들어다 주는 도우미 서비스. 또는 많은 짐을 박스에 직접 담아 끈까지 묶어 튼튼하게 포장까지 해주는 포장 도우미 서비스도 있다. GS(고양점, 성동점, 춘천점, 시화점)마트와 홈플러스 일부 지점에서 서비스 중이다.

603 | 마트에 가면 계획했던 것보다 많이 사게 되요. 충동구매를 막는 방법 없나요?

● **마트에 가기 전 냉장고 안 식품 리스트를 살핀다**

냉장고를 정리하다 보면 이번 주에 구입해야 할 물건과 그렇지 않은 것들이 눈에 들어온다. 이는 불필요한 식품을 사는 것을 막는 가장 기본적이면서도 중요한 방법이다.

● **쇼핑 목록을 작성한다**

쇼핑 목록을 작성하는 것이 알뜰쇼핑의 두 번째 단계. 아무리 저렴한 가격에 행사 중인 상품이라도 불필요하면 구입하지 않는다.

● **마트의 알뜰 서비스를 이용한다**

유통기한이 넉넉한 반조리 식품이나 식품, 통조림 등은 1+1행사를 할 때 구입해 두자. 또 마트에 갈 때는 장바구니를 가지고 가는 것도 잊지 말자. 장바구니를 가져가면 특별 할인을 하거나 돈을 돌려주는 곳도 있다.

● **할인 광고의 전단, 포인트 카드를 활용한다**

미끼 상품으로 저렴한 가격에 한정 판매를 하는 제품들은 때마다 다르다. 때문에 이런 상품들만 구입해도 본전은 뽑는다. 할인 광고 전단을 참고해 식단을 짜고 식료품 구입 리스트를 짜서 가는 것도 알뜰 쇼핑의 기본. 또한 포인트 카드는 반드시 챙겨 실적을 쌓으면 현금처럼 사용하거나 실물로 교환할 수 있다.

● **이웃과 함께 마트에 간다**

대형마트는 대량으로 포장이 된 것이 많다. 이런 제품들은 적은 양만 구입할 수도 없을뿐더러 적은 양을 구입할 때 오히려 가격이 더 비싸지므로 이웃과 함께 장을 보면서 서로 나누는 방법도 알뜰 지혜다.

604 | 아이들을 위해 유기농 식재료를 구입하고 싶은데 집 근처에는 구입할 만한 곳이 없어요.

유기농 식품이 몸에 좋다는 것은 모두 아는 사실이지만 막상 유기농 상품을 사려고 하면 전문 매장을 찾기가 쉽지 않다. 일반 식품점도 유기농 코너가 있지만 다른 식품들과 뒤섞여 있어 썩 믿음이 가지 않는다. 그렇다면 산지 직송 유기농 농수산물 사이트를 이용해 보자. 하지만 이런 유기농 사이트를 이용할 때도 주의해야 할 것이 있다.

'자연산'이나 '환경 친화적'이라는 단어가 붙는다고 무조건 유기농 식품은 아니다. 농림부는 철저한 조사를 거쳐 4가지 등급의 친환경 농산물을 구분하고 그에 따는 인증마크를 부여하기 때문에 물건을 받은 후에는 유기농 표시와 친환경 인증 마크가 있는지 꼼꼼하게 확인해야 한다. 생산 정보와 품질 인증 여부는 물론 산지와 생산자도 확인한다. 유기농 식품 고르기에 처음으로 도전한다면 공신력 있는 단체에서 운영하는 사이트를 이용하는 것도 좋다. 구입 전 여러 사이트를 서핑하면서 충분히 가격을 비교해 보는 것도 인터넷 쇼핑의 재미이자 노하우다.

plus·tip

605 유기농 농·수·축산물 사이트

해가온 www.hegaon.com / 올가 홀푸드 www.orga.co.kr
한농마을 www.hannongmall.com / 한국생협연대 www.icoop.or.kr
유기농하우스 www.ugining.com / 유기농 미생채 www.misaengchae.com
녹색가게 신시 www.shinsi.com / 소백축산 www.isobaek.co.kr
무공해농장 www.mugonghae.com / 한살림공동체 www.hansalim.co.kr
한겨레 초록마을 www.hanifood.co.kr / 싱싱한 수산물 www.badaro.in
유기농닷컴 www.62nong.com / 민우회생협 www.minwoocoop.or.kr

606~607 | 할인마트와 재래시장에서 장 볼 때의 장단점에 대해 알고 싶어요.

IDEA 1 ᐧ 할인마트 장보기

필요한 대부분의 식재료와 상품이 구비되어 있기 때문에 가장 많이 이용하는 곳이다. 주부들의 관심을 끌기 위해 이런 마트에서는 세일과 할인쿠폰, 다양한 이벤트를 벌이고 있다. 대형마트에서 벌이는 이런 특별 세일 행사들을 잘 이용한다면 장보는 데 드는 비용을 절감할 수 있다. 장보기 전 집으로 우송되어 오는 쿠폰북의 내용을 보고 자신이 필요한 쿠폰을 적절히 활용한다. 또한 시간대별로 하는 세일을 노리는 것이 좋다.

특히 마트는 밤에 세일행사를 많이 한다. 다만 이때 파는 상품들은 주로 오전에 판매하고 남은 것들이기 때문에 신선도가 다소 떨어지는 단점이 있다. 바로 해 먹을 재료가 아니라면 구입을 하지 않는 것이 좋다. 야채나 어패류는 아침에 구입한다. 특히 야채의 경우 여러 사람이 만져보기 때문에 무르기 쉬우므로 오전 중에 구입하는 것이 좋다.

또한 할인품목이나 세일 품목은 대부분 유통기한이 얼마 남지 않은 제품인 경우가 많으므로 유통기한을 잘 살핀 후 구입한다.

IDEA 2 ᐧ 재래시장 장보기

재래시장을 이용할 때의 노하우는 점포의 위치를 외워 두는 것이다. 같은 물건이라도 자리에 따라 가격 차이가 난다. 대체로 목 좋은 곳보다 다소 구석진 점포의 물건이 상대적으로 싸다. 또한 재래시장에서는 가격 흥정을 할 수 있는 여지가 많기 때문에 싼값에 풍성한 양을 구입할 수 있는 것은 물론, 중간 단계 없이 바로 유통이 되기 때문에 싱싱한 식재료를 구입할 수 있다. 제철 채소나 과일, 나물류를 구입할 때는 재래시장만큼 좋은 곳이 없다.

608 유기농식품을 고를 때 어떤 마크를 보고 구입을 해야 할까요?

● **유기농 표기 읽기** ··· 아직 국내에는 유기가공식품에 대한 인증 기준이 없기 때문에 주원료의 유기농 함량 정도를 꼼꼼히 살펴야 한다. 두부라면 콩을, 과자나 빵이라면 밀을 살펴보면 된다. 유기농 원료를 95%이상 사용한 제품의 경우 제품명이나 포장의 주요 표시면에 유기, 유기농 등으로 표시할 수 있고 유기농 원료 함량이 70~95% 미만일 경우 용기 포장의 주표시면을 제외한 곳에만 유기, 유기농 등의 표현을 사용할 수 있다.

● **친환경 인증 마크**

 **유기농산물** ··· 친환경 농산물에도 등급이 있는데 유기농 농산물은 일정기간(다년생 작물은 3년, 그 외 작물은 2년) 이상을 농약과 화학비료를 전혀 사용하지 않고 재배한 농산물을 말한다.

 전환기농산물 ··· 1년 이상 농약과 화학비료를 농산물에 전혀 사용하지 않고 재배한 농산물을 말한다.

 무농약농산물 ··· 유기합성 농약을 사용하지 않고 화학비료를 권장량의 1/3 이내로 사용하여 재배한 농산물에 붙여진다.

 저농약농산물 ··· 화학비료를 권장량의 1/2 이내로 사용하고 농약살포 횟수는 농약 안전사용 기준의 1/2 이하인 것에 표시된다. 농약과 비료 없이는 생산할 수 없는 사과나 복숭아 같은 단맛이 나는 과일의 농사법에 주로 사용된다.

 HACCP ··· 식품가공 과정에서 발생하는 위험요소를 사전에 예방하는 식품안전관리체계로 가공식품이나 냉동식품, 즉석식품의 구입 시 확인할 수 있는 친환경 인증 마크이다.

● **수입 유기농 표기 읽기** ··· 수입 농산물의 경우 외국에서 유기농 인증을 받았더라도 국내 인증기관에서 재인증을 받아야 유기농산물 표

시와 판매가 가능하다. 하지만 유기가공식품의 경우에는 별도의 인증 절차 없이 수출국의 인증을 국내에서 그대로 인정해 각 나라의 인증마크를 달고 판매가 가능하다. 미국 농무부는 USDA, 일본 농수성은 JAS, 독일 정부는 BIO, 국제 유기농업 운동연맹은 IFOAM, 영국 토양협회는 SOIL-ASSOCIATION 등으로 표시된다. 세계 인증기관의 공식 마크를 알아 두면 쇼핑에 도움이 된다.

609 | 조리할 시간이 없어 음식 대행 서비스를 이용하려고 하는데 믿을 수 있을까요?

우리 가족이 먹는 음식이기 때문에 음식 대행 서비스는 유난히 신경이 쓰이고 망설여진다. 하지만 몇 가지 노하우와 원칙만 있다면 싸고 실속 있게, 그리고 신선하게 음식 대행 서비스를 이용할 수 있다.

먼저 이미 사용해 본 사람들의 의견이 올라와 있는 게시판을 꼼꼼하게 읽어 본다. 정해진 품목의 개수를 빠뜨린 적은 없는지, 음식 맛이 이상했다고 항의한 사람은 없는지, 약속한 시간과 날짜를 잘 지켰는지 확인한 다음 주문을 결정한다. 또 전화로 배송 절차도 확인하자. 냉동차로 배송이 되는지 아니면 조리 후 직접 배송하는지도 체크해 보아야 한다. 가장 중요한 것은 맛과 신선도이다. 사람마다 입맛이 다르기 때문에 맛에 대한 평가는 각기 다를 수 있다. 때문에 조리 시 입맛에 맞게 조리가 가능한지 알아보고 이런 맞춤주문이 가능한 업체를 선정하는 것이 좋다.

배송 후 배송한 직원 앞에서 음식 상태를 확인해 보아야 음식이 잘못됐을 때 항의할 수 있으며 손이 많이 가는 음식만 주문한 뒤 과일이나 떡은 따로 준비하는 것이 비용을 절감할 수 있는 방법이다. 집에서 마지막 조리를 할 수 있도록 반조리 식품으로 배송하는 업체도 많으므로 자신이 원하는 음식 대행 서비스를 찾아 선택하는 것이 좋다.

610~612 | 국내산과 수입산
깐깐 구별법

IDEA 1 · 농산물

대추

● **국내산** ··· 색이 연하고 굵기가 일정하다. 수입산과 비교해 봤을 때 크기가 상대적으로 크다. 또한 손에 쥐고 흔들었을 때 소리가 나지 않는다.

● **수입산** ··· 올록볼록 들어간 면이 많고 잘록하다. 굵기가 잘고 살이 많지 않다. 또한 색이 진하며 흔들었을 때 씨가 움직이는 소리가 난다.

표고버섯

● **국내산** ··· 갓이 크고 두꺼우며 갓 표면과 주름이 밝은 갈색을 띤다.

● **수입산** ··· 갓 표면과 주름이 짙은 갈색을 띠며 국내산보다 무게가 가볍다.

밤

● **국내산** ··· 알이 굵고 동그란 모양을 띤 것. 껍질을 벗기지 않은 피밤은 눌렀을 때 속이 차고 쉽게 들어가지 않는 것이 국내산이다.

● **수입산** ··· 알이 잘고 길쭉하다. 껍질을 벗기지 않은 피밤은 수입 관세가 높아 정식으로 수입되는 경우가 거의 없어 중국산일 확률이 적다.

검은콩

● **국내산** ··· 콩 모양이 동글동글하고 껍질이 얇고 깨끗하며 윤기가 난다. 또한 갈색의 '一'자 선이 뚜렷하다.

● **수입산** ··· 모양이 길쭉하다. 껍질이 두껍고 거칠고 넓적하다.

IDEA 2 · 수산물

일반생선

● **국내산** … 운송거리가 짧기 때문에 선도가 좋다. 따라서 눈이 투명하고 비늘에서 반짝반짝 윤이 난다.

● **수입산** … 지나치게 딱딱한 생선은 수입산일 확률이 높다. 먼 바다에서 오느라 꽁꽁 얼어 있기 때문이다. 또한 토막내서 판매하는 생선은 대부분 중국산인 경우가 많다.

조기

● **국내산** … 조기의 눈알이 검고 배가 노란색을 띠고 있으며 가늘고 긴 옆선이 선명하게 보인다. 또한 비늘이 부드럽고 약하다.

● **수입산** … 조기의 눈알이 빨갛고 배가 하얀색을 띤다. 비늘이 두껍다.

IDEA 3 · 나물류

고사리

● **국내산** … 줄기가 짧고 굵기가 가늘다. 연한 연갈색을 띠고 있다. 또한 국내산은 뜯어서 체취하기 때문에 단면이 매끄럽지 못하다.

● **수입산** … 줄기가 길고 굵으며 검은색을 띤다. 국내산과 다르게 잘린 면이 매끄럽다.

콩나물

● **국내산** … 대가리와 줄기가 가는 편이다. 떡잎이 둥근 모양이 특징이다.

● **수입산** … 억세고 대가리와 줄기가 굵다. 떡잎이 타원 모양이다.

도라지

● **국내산** … 끝이 곧고 손으로 만졌을 때 부드러운 것이 특징이다. 손으로 구부리면 부러진다. 또한 통도라지의 경우 흙이 많이 묻어 있고 잔뿌리가 많다.

● **수입산** … 끝이 둥글게 휘어져 있으며 손으로 만졌을 때 뻣뻣하다. 손으로 구부렸을 때 부러지지 않으며 수입 절차 때문에 흙이 묻어 있지 않으며 잔뿌리가 거의 없다.

613 | 여름 침구를 구입하려고 하는데, 어떤 것들을 체크해봐야 할까요?

보온성이 우선시 되는 겨울 침구와 다르게 여름 침구는 흡수력, 통기성, 피부에 닿는 감촉, 세탁의 간편함 등을 골고루 따져 보아야 하기 때문에 인터넷이나 홈쇼핑 등을 이용하는 것보다 소재를 직접 만져 보고 구입하는 것이 좋다. 또 면보다 폴리에스테르의 비중이 크면 보풀이 잘 일어나기 때문에 섬유 표시를 꼼꼼하게 읽어 보아야 하고, 세탁을 자주 해야 하기 때문에 세탁 표시도 꼼꼼하게 체크한 다음 사는 것이 좋다.

● **피부가 민감한 사람이라면 리플 원단을 선택한다**

면 혼방 소재를 통풍이 잘되도록 가공한 것이 리플이다. 올록볼록한 엠보싱 처리가 되어 있어 다림질도 필요 없으며 삼베나 마보다 흡수력이나 시원한 느낌은 떨어지지만 부드러운 촉감 때문에 피부가 약한 사람에게 좋다. 일반세제로 물빨래를 할 수 있다.

● **시원한 여름 침구를 원한다면 마 소재가 좋다**

까실까실한 느낌으로 피부에 잘 달라붙지 않아 여름철 침구 소재로 많이 사용된다. 땀 흡수력이 뛰어나고 세탁 후 건조가 빠르고 위생적이다. 원단이 견고하게 짜여 있어 관리만 잘하면 오래 사용할 수 있다. 세탁할 때는 세탁망에 담아 중성세제로 세탁해 주는 것이 좋다.

● **무거운 이불이 싫다면 인조실크 소재의 침구가 좋다**

가볍고 시원해 여름 침구로 많이 사용되는 소재 중 하나. 펄프로 만든 자연 섬유이기 때문에 피부가 민감한 사람들에게 좋다. 단, 구입 전 누빔 처리가 촘촘한지 꼼꼼하게 살펴보아야 세탁 후 사이즈가 줄지 않는다.

614

외풍이 심해 난방을 해도 집 안이 너무 추워요.
적당한 보조 난방기구를 구입하려
하는데 어떤 제품을 골라야 할까요?

난방기는 종류에 따라 장단점이 있으므로, 구입하기 전 우리 집 상황에
맞는 난방기구인지 먼저 체크해야 한다. 난방기는 온풍기, 라디에이터,
전기히터, 팬히터 방식이 있다. 필터를 통해 뜨거운 바람을 내뿜어 공
기를 데우는 **온풍기**는 불이 없어서 안전하므로 아이가 있는 집에서 사
용하면 좋다. 하지만 뜨거운 공기로 인해 실내가 쉽게 건조해질 수 있
으므로 가습기와 함께 사용하는 것이 좋다. **라디에이터**는 액체의 순환을
통해 열을 발생하게 도와 공기를 훈훈하게 해 준다. 하지만 가열시간이
오래 걸리고 전기 소모량이 많아 전기료가 많이 나온다는 단점이 있다.
전기히터는 히터 자체에서 나오는 열로 주변을 따뜻하게 하기 때문에
빨리 좁은 공간을 따뜻하게 데우기 좋다. 하지만 전기의 열로 공기를
데우기 때문에 전력소모가 크다. **팬히터**는 전기 열선에서 발생하는 열
을 날개를 통해 공기 중으로 내보내 뜨거운 열을 만들어
낸다. 넓은 공간을 따뜻하게 데울 수 있고 안전해서
가정에서 가장 많이 쓰인다.

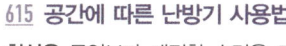

plus•tip

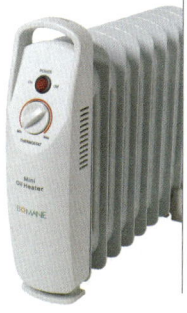

615 공간에 따른 난방기 사용법

침실은 무엇보다 쾌적한 수면을 도울 수 있는 제품으로 선택한다. 전기 히터나 전기
장판은 공기 오염이나 냄새가 적고 안전하다. 아이 방은 안전한 전기 스토브나 라디
에이터 등이 좋다. 온돌 바닥에서 사용하려면 전기장판을, 침대에서 사용하려면 부드
러운 전기요가 좋다.

거실은 공간이 넓기 때문에 전기 온풍기나 히터 같은 난방기가 좋다. 하지만 면적이
넓어 보조 난방기구로 전체를 데우는 데는 한계가 있다. 제품을 장시간 사용하기보다
는 외출에서 돌아온 후 보일러를 틀기 전 잠깐 사용하는 보조 수단으로 이용한다.

616 겨울이면 난방비가 너무 많이 나와요.
난방비를 절약하는 방법 없을까요?

● **집 안의 열을 사수한다**

외풍만 막아도 실내 온도가 3℃ 이상 올라간다. 시판되는 출입구 틈막이 제품을 이용하여 현관 아래, 방문 아래를 막아 주고 문풍지를 창틀에 붙여 집 안의 열을 최대한 가두어 둔다. 아이들을 씻긴 따뜻한 물을 욕조에 담아 놓으면 욕실 온도를 훈훈하게 데울 수 있으며, 욕실 문을 열어 두면 욕실의 온기가 집 안에 퍼진다. 부엌에서 나오는 열도 마찬가지. 생활에서 나오는 열을 집 안에 잡아 둔다.

● **분위기로 따뜻함을 느낀다**

창가에 커튼을 달면 실내가 아늑해 보이는 효과가 있을 뿐만 아니라 창을 통해 빠져나가는 온기도 막을 수 있다. 벽지는 노랑, 주황 등 따뜻한 계열의 색상을 이용하면 시각적인 효과를 얻을 수 있기 때문에 따뜻하게 느껴진다. 조명 역시 노랗거나 오렌지 빛이 도는 조명을 사용하면 훨씬 따뜻하고 아늑해 보인다.

● **보조 난방기구를 이용한다**

보조 난방기구는 중앙에 두는 것보다 문이나 창가에 두어야 더 효율적으로 난방을 할 수 있다. 자기 직전에 난방 온도를 줄이고 이불 속에 전기담요를 틀거나 고무팩에 뜨거운 물을 담아 이불 속에 넣고 자면 밤새도록 난방을 하지 않아도 따뜻하고 아침에 일어날 때도 가뿐하다.

● **보일러의 온도로 난방비를 절약한다**

요즘은 맞벌이 부부가 많아 낮 동안 사람이 없는 경우가 종종 있다. 이럴 때는 보일러의 온도를 낮춰두는 것이 꺼두는 것보다 비용이 절감된다. 추워지기 시작하는 오후 7~9시 정도까지 온도를 확 높였다가 자기 전에 온도를 낮추고 외출할 때는 낮은 온도로 설정을 해 둔다.

● 보일러를 점검한다

난방을 시작하기 전 보일러에 있던 물을 빼내고 새 물로 갈아 주는 것
만으로도 청소가 된다. 보일러 상태가 좋으면 밸브를 1℃만 올려도 따
뜻해진다. 때문에 보일러를 꼼꼼하게 점검하는 것도 절약의 노하우.

617 | 김치냉장고를 구입하려 합니다. **김치냉장고 살 때** 어떤 점을 따져 봐야 할까요?

김치냉장고를 고를 때 가장 먼저 살펴보아야 할 것은 용량이다. 가족
수, 김치의 소비량에 따라 냉장고 선택의 폭이 정해진다. 또한 김치만
저장할 것인지 다른 음식도 함께 저장할 것인지에 따라 용량을 잘 따져
보고 선택해야 한다. 김치냉장고의 저장 용량은 문의 개폐방식에 따라
조금씩 차이가 있다. 일반적으로 뚜껑식이 서랍식보다 10~20% 정도
저장 용량이 크다. 또한 실제 저장용량은 표시 용량의 75% 정도라고
생각하면 된다.

큰 용량을 원한다면 뚜껑식 김치냉장고를 살펴보아야 한다. 예전 독을
묻어 보관했던 방식으로 디자인되어 많은 양의 김치를 넣어 두어도 싱
싱하게 보관되는 편이다. 하지만 김치를 꺼낼 때 몸을 숙여 무거운 통
을 들어 올려야 하기 때문에 사용하기엔 조금 불편한 점이 있다. 서랍
식의 경우 이러한 불편을 줄이고자 디자인된 제품이다. 칸칸이 분할하
여 사용할 수 있기 때문에 다른 식품을 함께 보관·수납
하기에 효율적이다. 하지만 냉장고 안에서 서랍이 차지
하는 부피와 공간이 커 많은 양의 김치를 보관하기엔 다
소 어려움이 있다. 이 밖에 장기보관 여부와 숙성 및 냉
각기능도 꼼꼼하게 살펴보고 구입해야 한다.

618

인터넷으로 가구를 주문하려 하는데 만족할 수 있을지 불안해요. **인터넷으로 가구를 살 때 알아두어야 할 요령**이 있을까요?

직접 보지도 못한 물건을, 게다가 한 번 사면 쉽게 바꾸기 힘든 가구를 온라인으로 구입할 경우 제품을 받기까지 전전긍긍한 경험이 한 번쯤은 있을 것이다.

인터넷으로 가구를 주문할 때, 몇 가지 알아두어야 할 사항이 있다. 먼저 사진만 보고 구입한 경우 가구 재질에 실망하는 경우가 종종 있다는 사실. 특히 가죽 제품의 경우 광택의 정도나 감촉, 텍스처를 제대로 파악하기 어렵다. 때문에 이렇게 재질의 중요도가 높은 제품은 전시 매장에서 직접 실물을 확인한 다음 온라인으로 주문하는 것이 좋다.

제품의 만족도를 높이려면 브랜드 쇼핑몰을 공략하는 것이 좋다. 가구로 잘 알려진 브랜드의 온라인 쇼핑몰에서 파는 제품은 믿을만 할 뿐 아니라 매장에서 주문하는 것보다 배송이 빠르다. 또한 브랜드 아울렛 매장이나 특별 행사 기간에는 할인 혜택도 받을 수 있다. 브랜드 제품일 경우 오프라인 매장을 방문해 실물을 본 후 같은 품명의 상품을 온라인으로 주문하는 방법도 좋다.

또, 너무 디테일한 디자인이 많이 들어간 것보다 심플한 디자인을 사는 것이 실패 확률이 적다. 또한 구입하기 전 구매 후기가 적힌 상품평을 꼼꼼히 읽어 보는 것이 좋다. 상품에 대한 다양한 의견들을 읽다 보면 어느 정도 상품의 질이나 만족도를 알 수 있다. 요즘은 완제품이 아닌 조립식 가구를 싼 가격에 판매하는 것도 많다. 때문에 주문하기 전 완제품인지 다시 조립을 해야 하는지 확인하고, 조립가구라면 배달 기사가 조립을 해 주는지 여부도 체크해 구입을 결정한다.

619 | 인터넷에서 물건을 사기 전, 그 물건에 대한 정보를 알고 구매하는 방법 없을까요?

작은 가전제품 하나를 사더라도 요즘은 인터넷 여기저기를 돌아다니며 가격이나 상품평을 비교해 보게 된다. 그야말로 정보의 시대를 살고 있기 때문에 직접 써보지 않았다 하더라도 사려고 하는 제품의 장점과 단점, 또 내게 필요한 제품인지 아닌지를 알 수 있는 방법은 많다. 그중 하나가 바로 인터넷의 '리뷰' 사이트를 이용하는 것. 그야말로 다양한 상품에 대한 구체적인 품평이 있기 때문에 구매를 결정하는 데 큰 도움이 된다.

자신이 구입하려는 제품에 '혹시 이런 단점이 있지는 않을까?' 하는 걱정이 된다면 각 주제에 맞는 리뷰 사이트의 품평을 읽어 보자. 화장품, 디카, 휴대폰, 컴퓨터, 자동차 등 상품 종류별로 리뷰 사이트도 다르게 형성되어 있으며 제품에 대한 전문적인 지식을 갖고 있는 사람들의 품평이 올라오는 곳도 많다. 때문에 물건을 구입하기 전 그 물건에 대한 확신이 없다면 이런 리뷰 사이트만 잘 챙겨 봐도 합리적으로 구매할 수 있다.

---

plus★tip

620 각 주제에 맞는 리뷰 사이트

화장품 리뷰 사이트 (www.cosinside.com / www.beautynury.com / www.geniepark.co.kr)

리빙 · 육아 · 뷰티 리뷰 사이트 (www.ezday.co.kr / www.readingmom.com)

영화 · 음식 리뷰 사이트 (http://review.empas.com / www.cineast.co.kr)

디카 · 노트북 전문 리뷰 사이트 (www.dcinside.com / www.noteforum.co.kr / www.nbinside.com)

휴대폰 리뷰 사이트 (www.cetizen.com / www.isamo.net)

식품 · 식자재 리뷰 사이트 (www.foodnine.com)

621

침대를 구입하려고 합니다. **침대를 구입할 때 꼭 알아두어야 하는 쇼핑의 노하우**를 알려 주세요.

침실의 분위기를 좌우하는 것이 침대이다. 하지만 침대는 가구가 아닌 과학이라는 말도 있듯이 디자인이 아닌 내 몸에 맞고 건강을 지켜 줄 수 있는 제품으로 선택해야 한다.

● **매트리스 고르기** … 침대를 선택하기 전 가장 먼저 고려해야 할 것은 매트리스. 매장에서 매트리스를 고를 때는 민망하더라도 반드시 누워 보고 선택해야 한다. 누웠을 때 몸이 편안하고 누운 자세가 일직선이 유지되는 것이 좋으며, 어느 한곳에 체중이 집중되지 않고 쿠션감이 골고루 분포되는지 확인하는 것도 필요하다. 또한 눕거나 손으로 눌렀을 때 다소 딱딱함이 느껴지는 것이 좋으며 움직임에 따라 소리가 나지는 않는지도 세심하게 체크해 보아야 한다. 소음이 있거나 스프링감이 느껴지는 제품은 마감 처리가 제대로 되지 않았거나 내장재를 제대로 쓰지 않은 제품이기 때문에 오래 사용하다 보면 오히려 몸에 무리를 주어 숙면을 방해할 수 있다.

● **침대 프레임 고르기** … 침대의 헤드보드는 너무 화려하지 않은 것을 고르는 것이 좋다. 화려하거나 장식이 많으면 금방 싫증나기 쉽기 때문이다. 또한 침대에 걸쳐 앉았을 때 무릎과 발목이 90° 정도 구부러지는 것이 좋으며 바닥에서 침대의 높이는 40~50cm 정도 떨어진 것이 앉았다 일어날 때 허리에 무리를 주지 않는다. 침대는 무조건 싸게 산다고 좋은 것이 아니다. 침대의 경우 품질 면에서 확연한 차이를 보이므로 조금 비싸더라도 침대 전문 회사 제품인지, 특허 관련 사항이 있는지, 기술사항이나 AS를 꼭 확인하고 사도록 한다.

● **침대 바르게 사용하기** … 매트리스는 3개월에 한 번씩 위아래, 앞뒷면

을 돌려서 사용하는 것이 척추 건강에 좋다. 또한 깨끗하게 사용하려는 마음에 비닐을 씌운 상태에서 사용하는 경우가 있는데 이는 세균을 번식시키는 위험한 일. 통풍이 되지 않은 매트리스 내부에서는 부식이 심하게 일어나 오히려 침대의 수명을 단축시키는 일이 될 것이다.

622 | 청소기 흡입력이 약해진 것 같아요.
스팀청소기와 일반 청소기 고르는 법을 알려 주세요.

요즘 청소기는 단순히 먼지만 빨아들이는 기계가 아니다. 집 안 구석구석의 세균 제거 기능, 물걸레 기능, 소음을 최소화한 기능, 스팀 기능, 이불·카펫 등 패브릭의 미세먼지까지 잡아 주는 기능 등 다양한 기능을 갖춘 청소기가 속속 출시되고 있다. 때문에 우선 우리 집에 가장 필요한 기능이 무엇인지 따져보고 고르는 기술이 필요하다.

● **진공청소기** 흡입력과 필터의 기능을 먼저 체크한다

진공청소기에서 무엇보다 중요한 기능은 **흡입력**이다. 적어도 500W 이상은 돼야 먼지, 오물 등을 깨끗하게 빨아들일 수 있다. 하지만 흡입력이 셀수록 대개 소음도 심하다. 따라서 진공청소기를 선택할 때는 **소음의 정도**를 체크해 보고 구입해야 한다.

이 밖에, 청소를 하는 동선을 가장 해치는 것이 **전원을 연결하는 선**이다. 큰 집에 살면서 선이 짧은 청소기를 구입하면 전원 선을 바꿔 끼기 위해 3~4번은 옮겨 다녀야 할 것이다. **청소기의 필터링**도 주의해서 보아야 할 옵션 중 하나. 먼지 봉투로 걸러지는 것과 봉투 없이 바로 필터로 걸러지는 것이 있다. 필터로 걸러지는 제품은 먼지 봉투로 걸러지는 제품보다 미세먼지가 다시 밖으로 새어 나오는 일이 없어 깔끔하나 필

터 청소를 자주 해 주어야 하는 단점이 있다. 청소기의 원리는 먼지를 거르고 흡입되었던 공기는 뒤로 배출하도록 되어 있기 때문에 배기구 쪽의 공기정화 필터의 성능 여부도 꼭 확인하도록 한다.

● 스팀청소기 **직접 사용해 본 다음 구입한다**

고온의 스팀으로 오염된 바닥의 얼룩은 물론 세균까지 박멸한다고 알려진 스팀 청소기는 출시되자마자 인기몰이를 한 아이템. 하지만 청소기기를 이동할 때 너무 무겁다는 단점이 있기 때문에 자신이 컨트롤 할 수 있는 청소 기기인지 확인한 다음 구입해야 한다.

623 | 소파 위에서 아이들이 뛰어놀아 스프링이 망가졌어요. 어떤 제품을 골라야 튼튼하게 오래 사용할 수 있을까요

소파를 고를 때 가장 먼저 체크해야 할 것은 높이이다. 앉았을 때 무릎의 직각보다 낮은 것을 고르는 것이 현명한 방법이다. 바닥에서 소파의 높이까지 45cm 정도가 가장 편안한 높이라고 전문가들은 말한다. 또한 등받이가 너무 낮은 것은 몸 전체를 받쳐 주지 못하며, 너무 뒤로 기울어져 있으면 앉았을 때 피곤함을 느끼게 되므로 등받이의 높이나 각도도 자신에게 맞는지 체크해 보아야 한다. 또한 앉았을 때 몸이 지나치게 깊숙이 파묻히는 것 역시 앉았다 일어서는 동작에 무리를 주게 되므로 피한다. 또 3인용 소파를 오래 사용하면 양끝의 쿠션이 안쪽으로 내려앉는 현상이 일어나기 때문에 판매자에게 쿠션의 재질에 대해 물어보고 오래 사용할 수 있는 제품으로 선택하는 것이 좋다.

624 | 이사하면서 소파를 교체하려고 합니다.
패브릭, 가죽, 인조가죽 소파의 장단점을 알고 싶어요.

패브릭 소파는 다양한 색상과 무늬로 디자인되었기 때문에 선택의 폭이 넓고 가죽이나 인조가죽 소파보다 가격이 저렴하다는 장점이 있다. 또 커버만 달리하면 집 안의 분위기를 쉽게 바꿀 수 있기 때문에 인테리어에 관심이 많은 사람들이 선호한다. 하지만 오염도가 높고 내구성이 뛰어나지 못하기 때문에 수명이 짧다는 단점이 있다. 또한 먼지, 진드기 등이 쉽게 생길 수 있으므로 청소에 세심한 신경을 써야 한다. 천 소파를 고를 때는 얇은 천보다는 두툼한 것을 선택하고, 더러워졌을 때 세탁이 쉬운 것을 선택한다.

가죽 소파는 통풍이 잘되고 쉽게 오염이 되지 않으며 습기를 흡수·방출하는 작용을 하기 때문에 인체에 가장 좋다. 하지만 역시 가격이 가장 비싸고 쉽게 분위기를 바꿀 수 없다는 단점이 있다. 가죽 소파는 색상과 무늬가 다양하지 않기 때문에 집의 분위기와 가장 무난하게 어울릴 수 있는 디자인을 고려하여 선택한다. 또 모서리와 이음새 부분의 바느질 상태를 꼼꼼하게 확인하고 긁힘이 없는지 살핀 다음 구입한다.

인조가죽 소파는 가장 실용적인 소재로 얼룩이 생겼을 때 물걸레질만 해도 지워지므로 아이들이 있는 집에 가장 적합하다. 손으로 만졌을 때 질감이 부드러운 것이 좋은 제품이다. 인조가죽의 경우 가공기술이 소파의 내구성을 좌우하므로 믿을 수 있는 브랜드 제품을 구입하는 것이 좋다.

625 | 식기세척기
선택 & 사용 방법

● 세척 방식을 체크한다

오목한 밥그릇과 국그릇을 많이 사용하는 우리나라에 맞는 세척 방식으로 기능이 맞춰져 나온 것이 좋다. 또한 그릇의 종류와 재질, 담았던 요리에 따라 다르게 세척 코스가 다양한지 확인한다. 밥그릇은 간이 세척으로 불렸다가 씻으면 깨끗하고, 크리스털 제품은 민감세척으로 씻으면 오래 사용할 수 있다.

● 용량을 체크한다

식구 수와 집에서 하는 식사 횟수에 따라 다르겠지만 이왕 사기로 결정했다면 대용량을 선택하는 것이 좋다. 작은 용량을 여러 번 돌리는 것보다 큰 용량으로 하루 한 번 돌리는 것이 경제적이기 때문. 집안 행사, 손님 접대 시에도 대용량 세척기가 쓸모 있다.

● 살균효과를 체크한다

식기를 세척할 때 80℃ 이상의 고온으로 살균되기 때문에 식중독이나 식기에 남아 있는 세균을 제거할 수 있어 청결에 따로 신경을 쓰지 않아도 된다. 또한 여름이나 장마철같이 고온 다습한 계절에는 이런 살균작용은 꼭 필요한 기능이기 때문에 꼭 체크한다.

● 유지비를 체크한다

5등급으로 나눠진 에너지 등급에서 1등급인지 확인한다. 에너지 절약 제품인지 아닌지 확인하는 것은 모든 가전제품을 구입하기 전 필요한 체크사항이다. 식기세척기는 의외로 물 사용량이 많지 않다. 오히려 손으로 설거지를 하는 것보다 물을 적게 쓴다. 또한 적은 양을 설거지할 땐 위칸, 혹은 아래칸만 작동할 수 있는 하프세척 기능이 있는지 확인한다. 이 기능이 가능한 제품이 훨씬 경제적이고 알뜰하게 사용할 수 있다.

● 식기 세척기 구조를 살핀다

수저통이나 작은 소품들을 넣을 바구니는 설치되어 있는지, 그런 작은 부속품들은 탈부착이 가능한지, 그릇에 붙은 음식물 찌꺼기가 걸러질 거름망이 잘 설치되어 있는지, 칸의 수납 바구니는 높이를 조절할 수 있는지 확인한다.

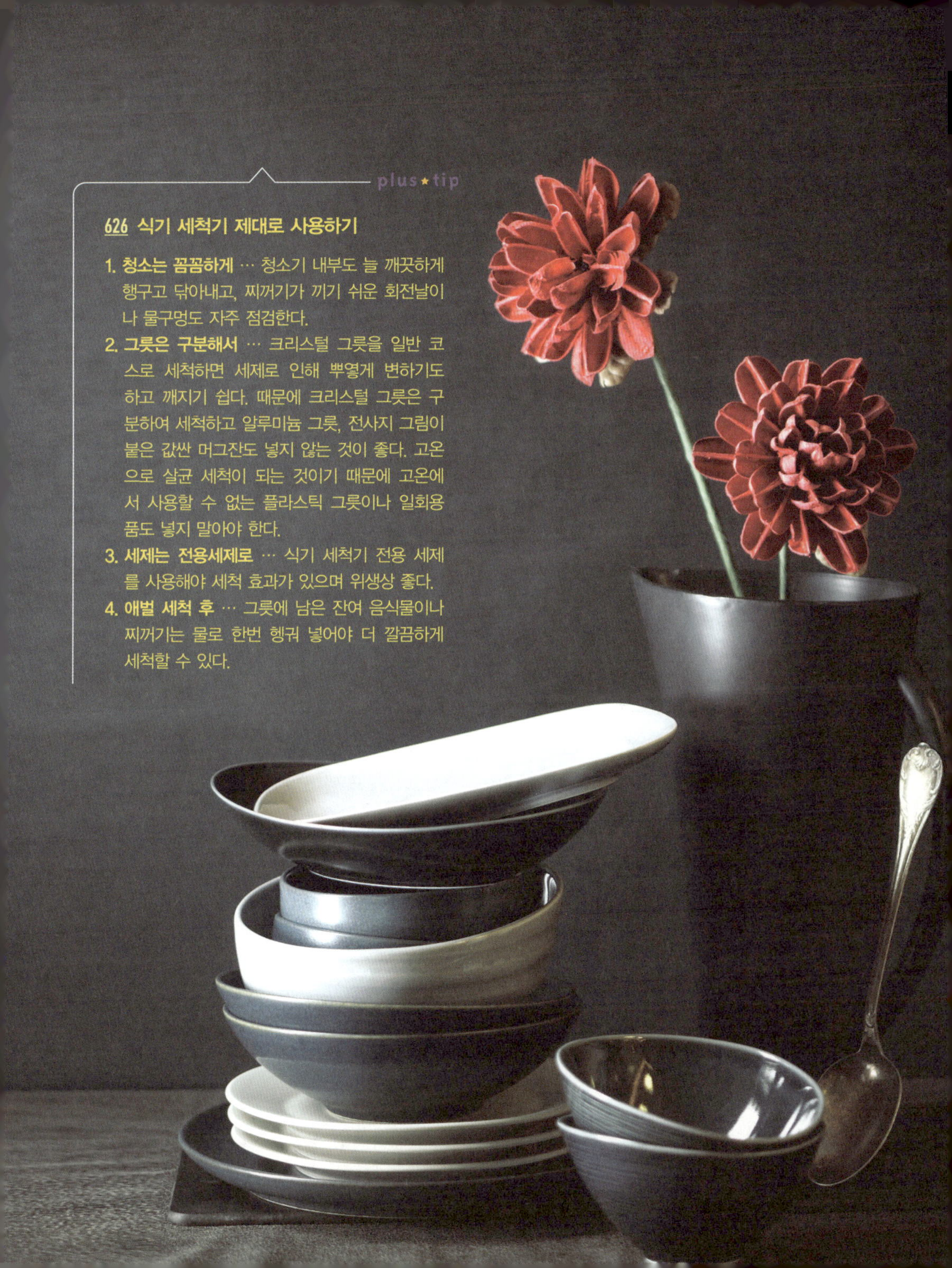

<u>626</u> 식기 세척기 제대로 사용하기

1. **청소는 꼼꼼하게** … 청소기 내부도 늘 깨끗하게 행구고 닦아내고, 찌꺼기가 끼기 쉬운 회전날이나 물구멍도 자주 점검한다.
2. **그릇은 구분해서** … 크리스털 그릇을 일반 코스로 세척하면 세제로 인해 뿌옇게 변하기도 하고 깨지기 쉽다. 때문에 크리스털 그릇은 구분하여 세척하고 알루미늄 그릇, 전사지 그림이 붙은 값싼 머그잔도 넣지 않는 것이 좋다. 고온으로 살균 세척이 되는 것이기 때문에 고온에서 사용할 수 없는 플라스틱 그릇이나 일회용품도 넣지 말아야 한다.
3. **세제는 전용세제로** … 식기 세척기 전용 세제를 사용해야 세척 효과가 있으며 위생상 좋다.
4. **애벌 세척 후** … 그릇에 남은 잔여 음식물이나 찌꺼기는 물로 한번 헹궈 넣어야 더 깔끔하게 세척할 수 있다.

627 | 옷장을 사려고 하는데 **단독 옷장과 붙박이장 중 어떤 것이 더 효율적일까요?**

● **옷장 & 서랍장** **크기, 구조, 색상을 체크한다**

옷장의 크기를 결정할 때 가장 먼저 고려해야 할 것이 방의 크기이다. 방의 크기를 고려하여 장의 크기를 정한 다음 구조, 색상, 형태 등을 체크한다. 방 한쪽 벽면을 전부 차지하고 있는 것이 장이기 때문에 디자인 요소를 전혀 배제할 수 없다. 되도록 심플한 디자인으로 결정하는 것이 싫증 나지 않게 오래 사용하는 방법이다. 심플한 디자인은 청소하는 데도 편하다. 옷장 측면의 폭이 너무 깊으면 자리를 너무 많이 차지하고 방이 답답해 보일 수 있으므로 70cm 이하인 것을 선택하고 A/S가 되는지도 꼼꼼히 체크한다. 습도가 높은 여름과 건조한 겨울을 지나면 틀어지거나 축소되는 등의 형태의 변화가 있을 수도 있기 때문이다.

● **옷장 & 붙박이장** **활용도를 비교해 선택한다**

옷장 … 이사나 이동이 쉬우며 다양한 디자인과 재질의 제품이 있으므로 선택의 폭이 넓다. 수납면에 있어서 붙박이장보다 조금 떨어지는 단점이 있지만 최근에 천장 높이에 맞춰 벽면 전체를 사용할 수 있는 시스템 옷장이 나와 이러한 단점을 보완하고 있다.

기본적으로 옷장을 선택할 때는 무늬의 연결 상태나 문짝의 뒤틀림, 표면에 붙인 합판의 완성도, 서랍이나 옷장 내부의 흠집이 없는지 등을 잘 살펴보아야 한다. 또한 손잡이나 서랍, 문짝의 수평이 잘 맞았는지 꼼꼼히 확인해보는 것도 중요하다.

붙박이장 … 수납의 효율적 측면에서 단연 우세하다. 천장까지 딱 맞춤으로 가구를 짜 넣은 것이기 때문에 수납은 물론 집 안이 깔끔해 보이는 인테리어 효과까지 얻을 수 있다. 특히 붙박이 슬라이딩 장은 문을 여닫을 때 여유공간이 필요하지 않기 때문에 더 효율적으로 공간을 활용할 수 있다. 단, 2,275cm 이상의 높이가 나와야 설치가 가능하다. 하지만 몇 년 내로 이사계획이 있다면 붙박이장의 설치를 재고해 보아야 한다. 물론 가구 업체에 따라 붙박이장을 해체시켜 옮길 수도 있지만 이로 인해 시공비가 추가되기 때문이다.

붙박이장 역시 서랍을 열어 접합상태나 재질을 살펴보고, 문짝의 뒤틀림, 문짝 사이의 틈새가 많이 벌어지진 않았는지, 문과 몸체 사이의 틈새는 일직선인지 확인해야 한다. 내부 수납 시스템은 옵션으로 제공되는 것이 많기 때문에 자신이 가지고 있는 옷의 스타일과 가짓수를 잘 파악해 합리적인 수납공간을 만들어 본다.

plus＊tip

628 가구 쇼핑할 때 도움되는 용어들

스툴 … 소파나 의자에 앉았을 때 편하게 발을 올려 둘 수 있는 낮은 의자로 등받이와 팔걸이가 없는 형태의 의자이다.

시스템 가구 … 붙박이장과 옷장의 중간 형태로 옷장의 키를 높여 수납공간을 늘리고 공간 분할을 원하는 대로 맞춰 짜주는 맞춤가구.

사이드체어 … 팔걸이가 없는 의자로 식탁의자 형태를 말한다.

암체어 … 팔걸이가 있는 의자로 체어 하나로 분위기 있는 공간을 연출할 수 있다.

카우치 … 소파의 형태를 띠고 있으나 한쪽으로만 팔걸이와 낮은 등받이가 있다. 비스듬히 기대어 앉을 수 있도록 팔걸이가 완만한 경사를 이루고 있는 긴 의자이다.

콘솔 … 방과 방이 이어진 벽이나 거실 코너 등 빈벽에 붙여 세워 두는 장식용 테이블을 말한다. 작은 소품이나 액자, 장식품을 올려 두면 인테리어 효과가 있는 포인트 가구이다.

협탁 … 침대 옆에 두고 스탠드를 올려 두는 작고 낮은 테이블. 주로 서랍장 형태로 되어 있으며 간단한 수납장 역할을 한다.

629 | 세탁기를 새로 구입하려고 해요.
드럼 세탁기와 일반 세탁기 중 어떤 것을
선택해야 할까요?

● **일반 세탁기 … 세탁 시간이 짧고 전기세 절약할 수 있다**

모든 기능을 100% 수동조작할 수 있으므로 세탁코스를 자유롭게 조작하는 것이 가능하며 드럼 세탁기에 비해 세탁시간이 짧아 전기세를 절반 이하로 절약할 수 있다. 또한 1kg 미만의 소용량부터 14kg까지 용량이 다양하며 고장이 거의 없고 수리가 쉽다. 하지만 빨래감이 엉겨 옷감이 상할 수 있으며 물과 세제 사용량이 많다. 또한 찌든 때가 많은 경우 완벽하게 세탁이 안 될 수도 있고 오리털이나 이불과 같이 큰 의류들을 세탁하는 데 좋지 않다.

● **드럼세탁기 … 의류가 엉기지 않고 오염 제거 탁월하다**

의류가 엉기면서 생길 수 있는 변형도 막아 주면서 오염 제거가 훨씬 잘 된다. 물과 세제 사용량이 적고 의류가 잘 엉기지 않기 때문에 큰 빨래감을 세탁하는데 좋다.

하지만 세탁시간이 많이 걸리며 전기소모량도 많다. 또 잔고장이 심하고 수리가 어려우며 헹굼성이 좋지 않아 세제 잔여물이 남기 쉽다.

즉, 속옷이나 셔츠류와 같은 것은 자주 빨아야 하기 때문에 일반세탁기를 이용해서 짧은 시간에 자주 세탁하는 것이 좋고, 이불과 겨울철 잠바같이 오염이 심한 옷들은 드럼세탁기를 사용하는 것이 좋다. 하지만 요즘 세탁기를 새로 구입을 원하는 사람들은 디자인 감각이나 사용의 편리함 때문에 대부분 드럼세탁기를 선호한다. 드럼세탁기를 선택한다면 헹굼 기능을 추가해 헹굼성을 높이도록 한다.

630~631 | 공기청정기의 선택 요령과 사용법에 대해 알고 싶어요.

IDEA 1 공기 청정기 구입하기

공기 청정기를 고를 때 가장 꼼꼼하게 살펴보아야 할 부분이 필터방식이다. 필터 교환방식, 워터필터, 헤파필터, 전기 집진식 등 각 방식에 따라 장단점이 있기 때문에 우리 집 상황에 맞춰 구입한다. 제품가가 싸더라도 유지비용이 많이 드는 경우가 생길 수 있기 때문에 필터 교환 주기와 필터 가격이 어떤지 알아보고 구입한다. 청정기는 실제 공간보다 1.5~2배 정도 큰 용량을 선택하고 99㎡(30평형) 이상의 집에서는 거실과 방에 각각 따로 넣어 두는 것이 좋다. 주변 소음에 민감한 사람이나 수면시간에 주로 사용할 용도라면 소음을 적게 내는 제품을 선택한다.

IDEA 2 공기 청정기 사용하기

창문을 열지 않고 항상 청정기를 켜 두면 신선한 공기를 차단하게 되므로 충분히 환기를 한 다음 창문을 닫고 청정기를 켜는 것이 집 안 공기 정화에 훨씬 좋다. 청소나 요리를 할 때도 공기 청정기를 꺼두는 것이 좋다. 청소할 때는 과다한 이물질을 흡입하게 돼 필터의 수명을 단축시킬 수 있으므로 청소 후 충분히 환기를 한 다음 창문을 닫고 청정기를 가동하는 것이 좋다. 요리할 때도 마찬가지. 공기 중에 떠도는 기름 성분이 필터를 막기 때문에 필터가 오염된다. 때문에 환기를 통해 어느 정도 기름기를 제거한 다음 청정기를 켜는 것이 좋다.

청정기에서 나오는 풍량은 잠잘 때 한기를 느낄 수 있기 때문에 잠자는 위치에서 1m 정도 거리를 두고 트는 것이 좋다. 또 아이 방에 사용할 때는 방문을 닫고 청정기를 트는 것보다 공기가 순환될 수 있도록 열고 사용하는 것이 좋다. 이는 필터에서 완벽하게 걸러지지 않은 소량의 미세먼지로부터 안전하게 사용할 수 있는 방법이기도 하다.

07

업그레이드
자기관리
노하우

생활뷰티

사소한 습관하나, 간단한 뷰티 아이디어
하나가 나를 업그레이드시킬 수 있다.
갑작스런 약속에도 빠르게 대처할 수 있는
꾸미기 노하우부터 피부관리, 헤어관리,
스페셜관리까지, 살림만큼이나 똑똑한
자기 관리 노하우를 알아보자.

365일 촉촉한 **피부 관리** 스케줄

1월 피부과 시술을 생각한다면 이번 달에!

덥고 습한 여름철이나 환절기보다 겨울철이 염증도 적고 피부 트러블도 가장 적은 시기. 때문에 피부과 시술 계획이 있다면 이 시기를 이용한다. 또 연중 자외선 수치가 가장 낮아 시술 후 좋은 효과를 얻을 수 있다.

2월 보습, 보습 또 보습!

찬바람이 많이 불어 피부 밸런스가 깨지기 쉬운 시기이다. 또 건조한 날씨 탓에 우리 몸 구석구석에서 수분을 원한다. 때문에 보습에 중점을 두고 피부를 관리해 주어야 한다. 혈액순환을 돕는 마사지 크림을 이용하고 핸드크림, 풋크림, 보디오일도 잊지 말자.

3월 황사 · 꽃가루주의보!

피부에겐 최악의 달. 황사로 인해 피부가 거칠어지는 것은 물론 꽃가루까지 날려 가려움증을 유발할 수 있다. 세안에 가장 신경을 써야 하며, 실내에 가습기나 젖은 수건을 두고 습도를 유지한다. 피부가 예민한 시기이므로 화장품을 바꾸는 것도 피한다.

4월 피부 속으로 들어오는 햇빛을 막아라!

자외선 양이 많아지는 시기이므로 자외선 차단제를 좀 더 꼼꼼하게 바른다. 목 주름이 신경 쓰인다면 목까지 차단제를 바르고 귀, 손등도 잊지 말자. 이 시기부터 데이 크림을 따로 쓰는 것도 좋은 방법.

5월 여름에 대비해 보디 관리를 시작하자!

옷이 가벼워지고 노출도 늘어난다. 또 샌들로 갈아 신어야 하기 때문에 발뒤꿈치도 신경을 써야 한다. 지금부터 발 관리, 보디 관리를 시작한다. 발꿈치, 팔꿈치의 두꺼운 각질을 제거하고 보습에 신경쓰자.

6월 여름용 화장품으로 교체한다.

영양 공급 위주의 화장품은 이젠 그만. 피지 조절이 가능하고 피부 열을 식혀 줄 수 있는 화장품으로 교체한다.

7월
피지분비가 늘어나는 시기, 모공관리에 신경 쓰자!
날씨가 더워지면서 피지분비가 늘어난다. 때문에 화장을 해도 금방 얼굴이 번들거린다. 피지 조절이 되는 화장품 라인으로 모공을 조여 주는 것이 좋으며 일주일에 2~3회 모공을 깨끗하게 해 주는 팩으로 피부를 관리한다.

8월
휴가로 인한 피부 손상, 헤어 관리!
심한 자외선에 노출로 인해 건조해진 피부를 천연 보습 역할을 해 주는 녹두, 키위, 당근, 꿀 등을 이용해 만든 천연팩으로 관리해 준다. 또 트리트먼트 성분이 함유된 헤어케어 제품을 이용해 건조해진 머릿결도 관리한다.

9월
여름용 화장품에서 가을용 화장품으로 교체!
여름에 썼던 쿨링 제품이나 피지분비 억제 성분이 함유된 화장품은 이제 화장대에서 물러날 시기. 가을바람에 거칠어진 피부를 위해 보습라인으로 바꾸고 가장 먼저 건조해지는 눈가와 입술 전용 제품도 잊지 말고 챙겨 바른다.

10월
건조해지는 날씨, 각질관리!
아침저녁으로 영양크림을 듬뿍 발라도 피부가 거칠고 각질이 일어나는 시기이다. 때문에 각질관리를 꾸준히 해 화장품의 영양 성분이 피부에 스며들 수 있도록 관리를 해 주어야 하며 건조해지기 쉬운 눈가 보습에도 신경 쓴다.

11월
피부의 재생력을 높인다.
잠자기 전 피부 관리가 중요한 시기. 또 피부의 보습과 재생에 신경을 써 주어야 하는 시기이다. 밤이 길어지기 시작하므로 마사지 후 밤 10시에서 2시 사이에 숙면을 취해 피부 세포 재생의 시너지 효과를 노린다.

12월
연말 잦은 모임으로 인해 지친 피부를 달랜다.
연말, 술자리가 잦은 시기이므로 지친 피부를 달랠 수 있는 관리가 필요하다. 피부 속 노폐물을 밖으로 배출하는 것이 우선. 때문에 반신욕을 통해 몸속 노폐물을 피부 밖으로 빼고 딥클렌징으로 피부 속 노폐물을 제거한다.

632 | 세안을 하고 나면 당김이 심해요. 점점 건조해지는것 같은데, **피부 건조를 예방하기 위한 생활습관**을 알려 주세요.

● **습관 1** ⋯ 체온보다 뜨거운 물로 하는 세안은 피부에 자극을 주고 모공을 과도하게 열어 필요 이상의 수분을 밖으로 빠져나가게 한다. 때문에 세안이나 샤워를 할 때는 미지근한 물을 이용하고 샤워 후 물기를 수건으로 톡톡 두드리듯이 가볍게 닦아 피부자극은 줄이면서 어느 정도의 수분을 머물게 한다.

● **습관 2** ⋯ 세안 후 3분 내에 보습 제품을 바른다. 세안 후 3분이 지나면 수분이 마르면서 피부가 점차 건조해진다. 때문에 피부 당김이 일어나기 전 3분 이내에 바르는 것이 좋다.

● **습관 3** ⋯ 주 1~2회 정도 각질 제거를 해 준다. 잦은 각질 제거는 피부에 자극을 주기 때문에 주 1~2회 정도가 좋다. 또 각질을 제거할 때는 피부 자극을 최소화하는 것이 좋으며 알갱이 스크럽제를 사용하더라도 부드럽게 마사지하듯 터치해 주는 것이 좋다.

● **습관 4** ⋯ 눈가와 입가는 건조에 가장 약한 부위. 때문에 수시로 아이크림을 덧바르고 손가락으로 간단한 마사지를 해 주는 것이 좋다. 심하게 건조할 때는 화장수를 솜에 적셔 팩으로 사용하면 효과적이다.

● **습관 5** ⋯ 건조한 날씨에는 체내 흡수율이 떨어지는 찬물보다 미지근한 물을 자주 마시는 것이 좋으며 수분이 풍부한 과일과 채소를 많이 섭취하고 카페인이 들어 있는 커피나 알코올은 멀리하는 것이 피부 노화를 막는 지름길이다. 또 외출할 때는 반드시 자외선 차단제를 바르는 습관을 들인다.

633 피부 타입에 따라 클렌징 방법도 달라야 할 것 같아요. **피부 타입별 클렌징 방법**을 알려 주세요.

● **중성피부** … 피부에 별다른 트러블이 없는 이상적인 스타일. 양볼과 코 등 얼굴을 3등분해 클렌징 제품을 발라 부드럽게 마사지한다. 메이크업 정도에 따라 워터, 젤, 로션 타입을 선택해 가볍게 세안한다.

● **지성피부** … 피지 분비량이 많기 때문에 유분이 많은 크림 타입 클렌징 제품은 피하고 워터나 로션 등 오일 프리 타입을 선택한다. 피지 분비선이 있는 이마, 코, 턱 부분을 중심으로 클렌징하고 비누세안은 피부의 유수분을 모두 빼앗아 가기 때문에 되도록 피한다.

● **건성피부** … 유분이 있는 클렌징 로션이나 크림으로 클렌징하고 세안한 뒤 미지근한 물로 헹군다. 보습 중심의 관리가 필요한 타입이기 때문에 보습 위주의 스킨, 로션으로 마무리한 다음 눈가에 아이크림을 발라 잔주름이 생기는 것을 막아 준다.

● **복합성피부** … 유수분 밸런스를 맞춰 주는 것이 중요하다. 따라서 T존은 지성 타입 제품으로, U존은 건성 타입 클렌저로 세안한 뒤 수분 에센스를 얼굴 전체에 고루 발라 준다. 주기적으로 스팀타월로 찜질을 해주거나 수분 팩을 사용하면 좋다.

plus★tip

634 화장품 가격이 다른 이유

백화점 계열의 쇼핑몰인 롯데닷컴, 신세계닷컴, Hmall은 백화점과 같은 가격으로 제품을 동일하게 판매한다. 하지만 가끔 이월상품이나 기획 상품으로 더 저렴하게 나올 때도 있다. 일반 쇼핑몰에서는 백화점과 동일한 브랜드의 제품을 싸게 판매하는 경우가 있다. 이것은 일부 수입업자가 개별적으로 수입한 제품이기 때문이다. 이 경우 정품을 입증하거나 제품의 유통기한 등을 확실하게 알 수 있다면 구입해도 괜찮다. 하지만 무조건 가격만 보고 결정할 것이 아니라 정품 여부, 유통기한, 생산일자 등을 꼼꼼히 확인한 다음 구입을 결정하도록 한다.

635 | 피부 트러블이 생겼을 때 먹으면 좋은 음식과 해로운 음식이 있나요?

● 여드름 … 체내에서 피지 분비 감소 효과가 있는 비타민 A를 섭취한다

피망, 토마토, 당근, 호박 등 선명한 컬러의 과일이나 채소에 함유된 베타카로틴은 체내로 흡수되어 비타민 A로 변하기 때문에 여드름에 좋은 음식이다. 또한 녹색잎채소에 들어 있는 비타민 B는 얼굴의 부기를 가라앉히고 열을 없애 피부를 진정시키는 효과가 있다. 반대로 소금, 새우, 해조류 등은 요오드 함량이 높고 지방 분비선을 자극해서 모공에 염증을 일으킬 수 있으니 여드름이 심할 때는 피한다. 유제품이나 밀가루, 케이크, 과자류도 NO!

● 건조한 피부 … 수분 섭취를 늘린다

건조한 피부에 가장 좋은 것은 물. 그리고 몸에 필요한 지방을 섭취해 주어야 한다. 아보카도, 올리브 오일, 감귤류, 키위 등은 건조한 피부에 수분을 더할 수 있는 음식. 양배추 역시 피부 건조를 막고 자극을 줄여 주는 유황 성분이 들어 있기 때문에 건조한 피부에 좋은 음식이다. 하지만 카페인이 들어간 커피나 홍차는 신체 내부의 수분을 빼앗아 가기 때문에 좋지 않으며 기름에 튀긴 음식, 마가린 같은 트랜스 지방은 몸에 좋은 지방은 감소시키고 피부를 건조하게 하므로 섭취를 줄인다.

● 홍조 … 자극적인 음식을 피한다

홍조가 잦은 것은 피부에 염증이 있다는 신호. 생선, 오이, 감초 등 진정 기능이 있는 음식을 섭취하면 증상을 완화할 수 있다. 강황이 주원료인 카레도 피부 진정에 효과가 있다. 홍조 증상이 있는 사람들은 특히나 맵고, 짜고, 뜨거운 자극적인 음식을 피해야 하며 술과 카페인은 피부 혈관이 더욱 확장되는 원인이 되기 때문에 삼간다. 땅콩 역시 니아신 성분이 피부를 금세 붉어지게 만들므로 안 먹는 것이 좋다.

● **주름 … 비타민 C가 풍부한 과일을 먹는다**

비타민 C는 피부 탄력을 높이고 노화를 막는 콜라겐과 항산화물질을 만들어 낸다. 또한 비타민 C나 E보다 강력한 항산화 성분인 아스타키산틴을 함유한 연어, 바닷가재, 각종 생선류 등은 피부에 탄력을 주기 때문에 주름 완화에 도움이 되는 음식이다. 반대로 설탕은 콜라겐을 굳게 하고 피부 탄력을 저하시키기 때문에 되도록 조금만 섭취하는 것이 좋다.

636 | 화장은 지우는 것이 중요하다는 말이 있잖아요.
피부에 자극없이 클렌징하는 방법에 대해 알고 싶어요.

● **반드시 손을 씻고 클렌징한다** … 씻지 않은 지저분한 손으로 얼굴을 만지게 되면 피부에 자극을 주기 때문에 아무리 클렌징을 열심히 해도 역효과만 난다.

● **찬물과 따뜻한 물을 번갈아 사용한다** … 따뜻한 물로 모공의 먼지를 없애고 마지막 헹굼 단계에서 찬물 세안으로 모공을 조여 주는 것이 좋다.

● **클렌징은 2~3가지를 준비한다** … 메이크업 상태에 따라서 클렌징 제품을 다르게 사용해 주는 것이 좋다. 노 메이크업 상태에선 젤 타입, 색조 메이크업을 한 날은 크림 타입과 아이&립 전용 리무버 제품을 이용하는 것이 좋다.

● **클렌징 시간은 2~3분이 적당하다** … 오래 문지르면 피부에 자극을 주기 때문에 2~3분 마사지하듯 부드럽게 문지른 후 잔여물 없이 흐르는 물에 헹군다. 물을 받아 놓고 세안하면 클렌징 잔여물이 남게 돼 피부 트러블을 일으킬 수 있으므로 흐르는 물에 헹궈주는 것이 좋다.

637~644 | 기미·주근깨에서 벗어나는
천연팩

자외선이 주 원인인 기미는 한 번 생기면 다시 깨끗한 피부로 원상복귀가 힘들다. 또 최대한 노력해도 오랫동안 꾸준한 관리가 필요하다. 때문에 주변에서 쉽게 구할 수 있는 천연재료를 이용해 미리미리 관리를 해 주는 정성이 필요하다.

IDEA 1 당근팩

비타민 A와 B, 카로틴 등이 많이 들어 있는 당근. 피부 진정 및 여드름 상처를 아물게 하는 효과가 뛰어나다. 특히 지친 피부나 햇빛에 많이 노출되었던 피부에 효과가 좋다.

재료 … 당근 1/2개, 달걀노른자 1개, 꿀 1큰술
만들기 … ❶ 강판에 당근을 곱게 간다 ❷ 당근 간 것에 달걀노른자와 꿀을 넣어 잘 섞어 얼굴에 고루 펴 바른다.
❸ 10분쯤 지난 후 미지근한 물로 깨끗이 세안한 후 보습제를 발라 준다.

IDEA 2 양파화장수

햇빛으로 인해 생긴 기미에는 양파가 효과적이다. 여기에 피부를 촉촉하게 해 주는 수렴효과가 있는 화이트와인을 활용하면 더욱 좋다.

재료 … 양파 1개, 화이트와인 1컵
만들기 … ❶ 양파를 깨끗이 씻어 곱게 다진다. ❷ 화이트와인에 양파를 넣어 8일 정도 담가 상온에 둔다. ❸ 양파 화장수를 거즈에 거른 후 냉장 보관해 두고 아침저녁 세안 후 기미 부위에 두드려 바른다.

IDEA 3 포도팩

포도는 피부결을 정돈하고 피부를 하얗게 하는 데 도움을 준다. 포도산, 사과산, 실리실산 등 유기산이 풍부하다. 여기에 비타민 A·B₁·C 등이 함유된 요구르트를 넣으면 그 효과가 더욱 상승한다.

재료 … 포도즙 3큰술, 떠먹는 요구르트 1작은술, 밀가루 1큰술, 물 2큰술
만들기 … ❶ 포도는 껍질째 갈아 즙을 낸다. ❷ 포도즙에 떠먹는 요구르트와 밀가루, 물을 섞어 팩을 만든다.

IDEA 4 쌀겨감초꿀팩

쌀겨에 함유된 비타민 B1·B6·E 등은 기미와 주름살을 완화하고 뽀얗고 고운 피부로 가꿔 준다. 또 감초는 피부트러블을 막아 주는 데 효과가 있다.

재료 … 쌀겨가루·밀가루 2작은술씩, 감초 간 것 1큰술, 우유 2큰술, 꿀 1작은술
만들기 … ❶ 쌀겨와 감초, 밀가루를 고루 섞는다. ❷ ①에 우유와 꿀을 넣고 섞어서 팩을 한다.

IDEA 5 녹차꿀팩

녹차의 비타민 A와 C가 피지를 제거해 준다.

재료 … 녹차 1큰술, 달걀노른자 1개, 꿀 약간
만들기 … ❶ 녹차가루에 달걀노른자와 꿀을 섞은 후 잘 저어준다. ❷ 얼굴에 고루 펴 바르고 15분 정도 지나면 세안한다.

IDEA 6 키위오이팩

키위는 수렴 작용으로 피부를 탄력 있게 가꿔 주고 오이는 피부에 충분한 수분을 공급한다.

재료 … 키위·오이 간 것 2작은술, 통밀가루 적당량
만들기 … ❶ 키위와 오이를 강판에 갈아 같은 비율로 섞는다. ❷ 통밀가루를 적당량 섞어 잘 갠 다음 얼굴에 고루 펴 바르고 10분 후 씻어낸다.

IDEA 7 요구르트율무팩

요구르트는 피부를 희게 하고 묵은 각질을 없애 주는 데 효과적이다.

재료 … 떠먹는 요구르트 4큰술, 밀가루 2큰술, 분말 비타민 1/2작은술, 키위 1/2개
만들기 … ❶ 떠먹는 요구르트와 강판에 간 키위, 분말 비타민과 밀가루를 잘 섞어서 얼굴에 펴 바른다. ❷ 15분쯤 시간이 지난 후 세안한다.

IDEA 8 녹차팩

녹차는 레몬보다 5배나 많은 비타민 C가 들어 있어 화이트닝에 효과적이다.

재료 … 녹차티백
만들기 … ❶ 녹차티백을 우려낸 물로 세안하거나 화장솜에 듬뿍 적셔 주근깨 부위에 올린다. ❷ 시간이 지나 물기가 없어질 때쯤 깨끗이 세안한다.

645 | 여름휴가를 다녀온 다음 **피부가 얼룩덜룩 거칠어졌어요**. 어떻게 되돌려야 할까요?

● **스팀타월로 피부를 진정시킨다**

햇볕에 놀란 피부는 진정을 시키는 것이 최우선. 일단 피부가 자극으로 인해 붉어졌다면 절대로 강제로 피부를 벗겨내서는 안된다. 미지근한 스팀타월을 이용해 수분을 공급한 후 미백크림, 에센스를 1:1 비율로 섞어 부드럽게 마사지한 뒤 랩으로 덮어 충분히 흡수될 때까지 기다린다. 피부가 가라앉기 전에는 사우나 등 높은 열을 가하는 장소는 피한다. 천연팩을 이용해 열기가 오른 피부를 가라앉히는 방법도 있다. 감자나 알로에, 오이팩 등 보습과 미백 효과를 동시에 얻을 수 있는 천연 재료를 준비한 다음 냉장고에 넣어 차갑게 해 사용한다.

● **에센스로 피부에 유수분을 보충한다**

강한 자외선으로 피부의 수분을 빼앗긴 상태이므로 이를 보충해 주는 케어가 필요하다. 세안 후 스팀타월로 모공을 연 뒤 고농축 수면팩을 바르고 잠들거나 에센스를 충분히 바르고 그 위에 시트 타입의 팩을 15분 정도 붙여 피부에 수분을 준다. 수시로 물이나 녹차, 과일주스를 마셔 몸의 수분 밸런스를 맞춰 주는 것도 중요하다.

● **화이트닝 제품으로 케어한다**

자외선 차단제는 자외선으로 인한 피부 자극을 보호하는 제품이기 때문에 외출할 때 꼭 발라야 한다. 또 여름 휴가 후에는 화이트닝 제품을 이용해 피부를 진정시키는 것도 필요하다. 비타민 C가 풍부한 과일과 야채를 섭취하고 세포 재생을 위해 단백질 위주의 균형 잡힌 식단으로 식사를 한다.

646~647 | 언제부턴가 거뭇거뭇 **기미와 주근깨**가 생기기 시작했어요. **더 생기는 것을 막으려면** 어떻게 관리해야 하나요?

IDEA 1 ·기미 관리법

기미는 자외선이 강한 여름에는 짙어지고 겨울철에 다소 옅어진다. 이는 피부가 햇빛에 노출되면 자외선이 색소를 형성하는 세포를 자극해서 비정상적으로 많은 멜라닌 색소를 만들어 내기 때문이다. 때문에 기미를 예방하려면 무조건 햇빛을 피하는 것이 최선이다. 자외선 A와 B 모두 기미를 유발하는 원인이므로 일 년 내내 UVA와 UVB 둘 다 차단이 되는 자외선 차단제를 사용해야 한다. 또 피임약을 복용할 때 자외선에 노출되면 그만큼 기미가 생기기 쉽다는 사실을 명심하자. 당근이나 양파, 포도, 쌀겨가루 등은 기미를 완화할 수 있는 천연 재료이므로 이런 재료를 이용해 팩을 해 주는 것도 기미완화에 도움이 된다.

IDEA 2 ·주근깨 관리법

주근깨는 여름에 짙어지고 가을에서 봄으로 넘어갈수록 옅어지기 때문에 가을이나 겨울이 치료의 적기이다. 한번 생긴 주근깨는 완벽하게 없어지는 데 그만큼 시간과 공이 많이 든다. 비타민 C와 화이트닝 제품을 사용해도 효과가 없다면 색소 제거 시술을 받는 것도 한 방법이다. 하지만 치료를 받은 후 다시 재발할 수 있기 때문에 자외선 차단제로 피부를 철저히 보호해 예방하는 것이 최선의 방법이다. 녹차나, 키위, 오이, 율무 등은 주근깨를 완화할 수 있는 천연 재료이므로 이런 재료를 이용한 팩을 해 주는 것이 좋다.

648 | **피부 타입에 따라** 꼭 써야 하는 제품만 구입해서 사용하고 싶어요. 어떤 제품을 언제, 어떻게 사용해야 할까요?

● **건성피부 … 각질 제거제, 자외선 차단제를 꼭 챙긴다**

건성피부의 최대 문제는 각질. 하지만 너무 자주 각질 제거제를 사용하면 피부에 자극을 주어 민감성 피부가 될 수 있다. 때문에 크림 타입 클렌저로 부드럽게 문지르면서 세안하고 자외선 차단제를 꼼꼼히 발라 기미나 주근깨가 생기는 것을 예방한다. 또한 수분 공급이 가장 필요한 타입이기 때문에 물을 많이 마시고 비타민 C를 챙겨 먹도록 한다.

● **지성피부 … 오일프리 클렌저와 기초제품, 수분팩을 준비한다**

지성피부의 최대 문제는 과다한 피지분비. 외출에서 돌아왔을 때는 유분이 적은 로션 타입 클렌저로, 아침에는 자극이 적은 폼 클렌징을 이용해 가볍게 세안한다. 유분기가 적은 로션을 사용하되 일주일에 1~2회는 수분팩으로 건조함을 막아 주도록 한다.

● **복합성피부 … T존 전용팩, 수분크림은 잊지 말자**

건성과 지성의 문제를 모두 가진 복합성 피부는 T존 부위에는 피지 분비가 많지만 볼이나 눈가는 각질이 많고 건조하다. 때문에 자극이 적은 가벼운 세안제로 세안하되 T존 부위를 딥 클렌저로 한 번 더 씻어낸다. 또한 T존 부위 전용 팩으로 피부를 진정시키는 것이 좋다. 볼과 눈가는 수분 크림으로 영양을 주어야 한다.

● **민감성피부 … 유연화장수, 아이크림, 에센스로 관리한다**

세안할 때 너무 뜨거운 물이나 세정력이 강한 클렌저는 피부의 유분을 필요 이상으로 빼앗기 때문에 가급적 피하고 세안 후 바로 유연 화장수로 마무리한다. 건조하기 쉬운 눈가와 입가는 아이 전용 에센스나 크림을 발라 수분 공급을 충분히 해 준다.

649 | 팩의 효과를 높이는 종류별 팩 사용법에 대해 알려 주세요.

● **효과 높이는 팩 활용 노하우** … 팩은 한 번 한 후 2~3일간 기간을 두고 사용해야 효과적이다. 첫날 각질 제거 팩으로 피부 속 노폐물을 없앴다면 이틀 후엔 수분팩을, 또 그 다음에 미백과 피부 재생 팩을 해 주면 훨씬 촉촉하고 윤기 있는 피부로 만들 수 있다. 팩의 효과를 높이려면 팩을 하기 전 모공이 쉽게 열릴 수 있도록 스팀타월을 해 피부 깊숙이 영양 성분이 닿을 수 있도록 한다.

● **종류별 팩 사용법** … **바르는 팩은** 민감한 눈과 입술 주위는 피하고 양볼 ➡ 코 ➡ 이마 ➡ 코 밑 순서로 온도가 낮아 마르는 속도가 가장 느린 곳부터 발라 주어야 한다.

필 오프 타입의 팩을 떼어낼 때는 팩 가장자리에 물을 살짝 묻혀 촉촉하게 만든 다음 위에서 아래 방향으로 떼어내야 피부 자극을 최소화할 수 있다. 팩이 바짝 마르도록 그대로 두면 오히려 효과가 줄어들기 때문에 20분을 넘기지 않도록 한다.

● **팩 보관법** … 겨울철에는 그냥 사용해도 무방하지만 여름에는 냉장 보관하는 것이 좋다. 또 덜어 쓰는 팩을 오픈한 뒤에는 3~4개월 안에 사용하는 것이 좋다.

● **팩을 하고 난 뒤 처치법** … 팩을 하고 난 다음에는 모공이 열려 있는 상태이므로 수렴 화장수를 평상시보다 2배 이상 사용한다. 화장솜에 화장수를 묻혀 피부결에 따라 두드리며 흡수시킨다. 또 수분과 영양을 공급해 주는 크림을 바르고 경혈(양미간, 코 옆, 관자놀이, 아랫입술 바로 아래, 광대뼈 밑)을 중심으로 1~2분간 가볍게 마사지해 주면서 마무리한다.

650 | 아기를 낳고 난 다음부터 눈에 띄게 주름이 늘었어요. **주름을 예방할 수 있는 생활법**을 알려 주세요.

● 녹차가 피부노화를 막아 준다

하루에 두 잔씩 녹차를 마시는 습관을 들이자. 녹차의 카테킨 성분이 지친 피부에 수렴작용과 진정작용을 하며 피부 노화를 방지해 준다. 특히 녹차는 피부노화의 원인이 되는 활성산소의 생성을 억제하는 효과가 있어 여름철 자외선에 의한 피부노화 예방에도 좋다.

● 민감한 눈가부터 보호한다

피부 노화를 실감할 수 있는 첫 번째 자각 증상은 탄력 저하이다. 특히 눈가는 얼굴 중에서 노화가 가장 먼저, 또 쉽게 오는 곳이다. 하루 종일 긴장되어 있던 눈가를 마사지로 풀어 주도록 한다. 아이크림을 바른 다음 눈꼬리에서 눈앞머리 부위로 움직여 눈가를 자극하는 동작만으로 충분한 마사지가 된다.

● 자외선 차단제도 안티에이징에 효과 있다

주름 관리 제품을 꾸준히 사용하는 것도 중요하지만 현재의 피부를 자외선으로부터 지키는 것도 무엇보다 중요하다. 가능하면 지금 당장이라도 자외선 차단제를 구입해 바르도록 하자. 햇빛 때문에 눈을 찡그리거나 가늘게 뜨는 등의 반복적인 움직임 역시 가는 주름을 만드는 원인이므로 양산이나 선글라스도 항상 준비해야 한다.

● 수분이 함유된 화장품을 고른다

주름과 건조한 피부는 떼려야 뗄 수 없는 관계. 건조해지기 쉬운 겨울은 물론 평소에도 수분이 함유된 제품을 선택한다. 또한 파우더나 팩트 등 가루 타입의 제품 역시 수분이 충분히 함유된 것을 고르도록 한다.

651 | 눈가의 주름은 영양크림만으로는 해결되지 않을 것 같아요. 지금부터라도 관리할 수 있는 방법을 알려 주세요.

눈가의 혈액순환을 촉진하는 마사지와 운동법을 익혀 두고 규칙적으로 실시하면 고가의 화장품을 사용하지 않아도 탄력 있는 눈매를 유지할 수 있다.

● 1단계 정면을 바라보고 턱을 몸 쪽으로 당긴다. 한쪽 눈썹을 올린다는 느낌으로 눈동자를 위로 치켜뜬다. 반대쪽도 같은 동작을 반복한다.

● 2단계 정면을 바라본 상태에서 광대뼈가 내려 보일 정도로 눈을 밑으로 내려 본다. 다시 정면을 바라보았다가 내려 보는 동작을 반복한다.

● 3단계 정면을 바라본 상태에서 눈 주위가 아플 정도로 눈동자를 옆으로 돌렸다 원 상태로 돌아온다. 반대쪽도 같은 방법으로 실시한다.

● 4단계 마지막 단계에서 에센스나 아이크림을 눈꼬리 끝에 톡톡 두드리듯이 바른 뒤 검지와 중지로 눈가를 지그시 눌렀다 놓았다를 반복하면서 눈가를 마사지한다.

---

plus ★ tip

652 노화를 예방하는 입술 관리법

자칫 무심하게 지나치기 쉬운 입술. 하지만 입술도 노화가 온다. 심지어 입술의 피부는 매우 연약해 유해 환경에 손상되기 쉽다. 이렇게 입술의 주름이 늘면 동안과는 거리가 멀어지는 것. 때문에 입술 보호에도 신경을 써야 한다. 특히 건조한 겨울철에는 꿀을 발라 수분과 영양을 공급해 주고 입술을 보호할 수 있는 립트리트먼트를 꾸준히 발라 주어야 한다.

653 | 자외선 차단제를 꼭 발라야 하나요? 끈적이는 느낌이 싫어요.

자외선에 의한 피부손상은 수년이 지난 후에야 드러나기 때문에 자칫 소홀하게 넘어갈 수 있다. 하지만 알게 모르게 노출되는 생활 속 자외선은 피부노화, 잡티, 주름의 주범이 된다. 자외선은 태양빛에만 있는 것이 아니다. 사무실, 백화점 심지어 집 실내에서도 자외선의 영향을 받을 수 있다. 실내에서 많이 사용하는 할로겐 조명에는 두꺼운 유리창까지 통과하는 UVA(침투력이 가장 강한 자외선 A)가 있다. 이것은 태양보다 더 강한 자외선으로 피부 탄력을 유지하는 탄성 섬유질이나 콜라겐을 파괴한다. 때문에 자외선 차단제를 꼭 발라야 그때그때 생기는 생활 자외선을 막아 피부를 보호할 수 있다.

654 | 부위별로 효과적인 자외선 차단 방법을 알고 싶어요.

● **코** … 자외선이 가장 먼저 닿는 부위로 다른 부위와 똑같이 바르고 외출 후에는 2시간에 한 번씩 메이크업 위에 덧발라 준다.

● **입술** … 차단제를 바를 때 입술은 빼놓기 쉽다. 하지만 입술 역시 얇은 피부막이니 만큼 연약한 피부이다. 또 자외선으로 인해 입 주위가 칙칙해지고 뾰루지가 생기기 쉬우므로 SPF 15 이상의 립밤을 발라 준다.

● **가슴 · 목 · 어깨 · 등** … 얼굴만큼이나 자외선에 노출되기 쉬운 부위임에도 불구하고 안 바르고 지나치기 쉬운 부분. 나이보다 깊은 목주름, 어깨 주변에 주근깨 같은 잡티를 남기기 싫다면 얼굴과 똑같은 지수의 차단제를 챙겨 바르자.

655 | 자외선 차단 지수가 높은 것일수록 좋은 건가요?

자외선 차단제에 표시되어 있는 자외선 차단 지수, 즉 SPF는 자외선을 차단해 주는 시간을 의미한다. SPF 1은 15분을 의미하는 것으로 차단제에 명시된 숫자에 15를 곱하면 자외선 차단 효과가 지속되는 시간을 알 수 있다. 만약 SPF 20이라면 300분 동안 자외선으로부터 피부를 보호해 주는 것을 뜻한다. 때문에 해변가 등 햇빛에 장시간 노출되는 곳에 있다면 자외선 차단 지수가 조금 높은 것을 선택하는 것이 좋다. 하지만 차단 지수가 높을수록 고농도의 화학물질과 접촉하게 되는 것이므로 민감한 피부라면 차단 지수가 낮은 것을 선택해 자주 덧발라 주는 것이 좋다.

656 | 자외선 차단 기능이 있는 화장품을 사용하면 따로 차단제를 바르지 않아도 되나요?

트윈케이크나 메이크업베이스에 자외선 차단 성분이 들어간 제품이 출시되고 있다. 하지만 확실한 자외선 차단을 원한다면 자외선 차단제를 따로 사용하는 것이 좋다. 또, 날씨가 흐리면 자외선이 약하다고 생각하기 쉬운데 이는 잘못된 생각. 날씨가 흐리다고 해도 자외선 차단제를 꼭 발라야 피부 트러블을 예방할 수 있다.

plus ★ tip

657 유분기로 얼굴이 번들거릴 때

얼굴의 번들거림만큼 지저분해 보이는 것도 없다. 그렇다고 매번 기름종이를 쓰자니 피부가 건조해질까 걱정이라면 기름종이 대신 스펀지를 사용해 보자. 파우더를 덧바르지 않고도 깔끔하게 피부의 기름기를 제거할 수 있다.

IDEA 1 ▶ **20대의 뷰티 시크릿**

- 원칙 1 ··· 철저한 세안 등 올바른 피부 습관을 익힌다.
- 원칙 2 ··· 매일매일 바르는 자외선 차단제는 피부에 드는 보험이다.
- 원칙 3 ··· 짙은 화장은 나이들어 보이게 만든다.

이 시기의 관건은 클렌징이다. 나이대 중에서 피지 분비가 가장 왕성한 때이므로 항상 자극이 적은 클렌저로 완벽하게 메이크업을 지워내야 한다. 또한 20대 중반부터는 피부 노화가 시작되기 때문에 링클케어에도 신경을 써 주면 주름이 쉽게 생기지 않는다.

이 시기는 피부에 보험을 들어 두는 시기라고 생각하면 된다. 자외선 차단제를 사용해 피부를 보호하는 것에 신경을 쓴다면 10년 후에도 심한 주름살이나 잡티가 생기지 않는다.

20대 메이크업의 핵심은 최대한 싱싱한 젊음을 표현하는 것이다. 짙은 아이라인이나 진한 피부 표현은 오히려 나이 들어 보이게 하므로 삼가는 것이 좋다.

IDEA 2 ▶ **30대의 뷰티 시크릿**

- 원칙 1 ··· 노화 방지와 충분한 보습 관리에 포인트를 둔다.
- 원칙 2 ··· 혈색이 있어 보이는 볼터치는 어려보이는 효과가 있다.
- 원칙 3 ··· 커버를 위한 두꺼운 피부 화장은 오히려 나이들어 보이게 한다.

본격적인 노화가 시작되는 나이. 또 피부가 눈에 띄게 건조해지는 시기이므로 거품이 풍부하고 자극이 적은 클렌징을 이용한다. 또 낮 시간 동안 피부를 보호해 줄 수 있는 보습 성분의 스킨케어 제품을 골라 사용하고 잠자기 전에도 피부가 재생될 수 있도록 영양분을 공급해 주는 것을 잊지 말자. 바쁜 30대에게 스킨과 로션을 한 번에, 메이크업 베이스와 커버가 한 번에 되는 멀티제품도 도움이 된다. **30대 메이크업**은 생기 있어 보이는 피부톤 연출이 관건이므로 볼터치를 적절히 활용한다.

IDEA 3 　**40대의 뷰티 시크릿**

- **원칙 1** … 집중적인 고보습 관리와 피부 재생 관리를 시작한다.
- **원칙 2** … 또렷한 눈매로 얼굴에 생동감을 준다.
- **원칙 3** … 와인이나 브라운 색상 등 너무 진한 립스틱은 피한다.

피부의 탄력이 점차 떨어지고 자외선으로 인해 축적된 멜라닌이 피부 표면에 드러나기도 한다. 때문에 고보습 스킨케어나 피부 재생 기능이 있는 제품을 쓰는 것이 좋다. 또한 낮 동안 지친 피부의 피로를 회복해 주는 나이트 케어에 중점을 둔다. **40대 메이크업**의 키워드는 생동감 있는 포인트 메이크업. 피부결을 고르게 정돈해 주는 베이스 메이컵을 한 뒤 아이라이너나 마스카라로 또렷한 눈매를 만들어 주는 것이 좋다. 단, 너무 짙은 화장은 나이가 들수록 어울리지 않기 때문에 펄이 들어간 아이섀도나 와인 계열의 진한 립스틱은 피한다.

IDEA 4 　**50대의 뷰티 시크릿**

- **원칙 1** … 외부 환경으로 인한 피부 손상을 최대한 줄인다.
- **원칙 2** … 최대한 건강한 피부결을 표현하고 자연스러운 톤의 편안한 메이크업을 연출한다.
- **원칙 3** … 가는 눈썹이나 피부보다 어두운 베이스 메이크업은 피한다.

폐경기 이후 여성호르몬의 감소는 콜라겐의 붕괴까지 연결되기 때문에 피부가 탄력을 잃게 된다. 특히 이 시기에 피부의 자극이나 상처, 스트레스를 받게 되면 재생능력이 떨어지기 때문에 최대한 피부 손상을 줄이는 방법밖에 없다. 고보습, 고영양 제품을 사용해 피부에 수분과 유분을 충분히 보충해 주도록 한다.

662~663 │ 이미 생겨버린 **목주름, 어떻게 관리해야 할까요?**

목주름은 크게 티가 나지 않아 관리를 소홀히 하기 쉽다. 하지만 목의 주름 역시 여자의 나이가 여실히 드러나는 곳. 때문에 주름 없는 매끈한 목선은 여자들의 로망이라고 해도 과언이 아니다.

일단 목의 주름이 깊어진 뒤라면 완전히 없앨 수 있는 방법은 없다. 하지만 림프 마사지나 목 주위의 근육을 스트레칭 해 주름을 완화하고 더 깊어지는 주름을 예방할 수는 있다.

IDEA 1 **림프마사지**

림프는 혈관과 마찬가지로 몸속의 노폐물을 배출하는 역할을 한다. 또한 피부의 나쁜 독소를 분해하고 영양을 공급하는 역할을 해 주는 곳이기 때문에 순환이 잘 될 수 있도록 손으로 부드럽게 쓰다듬어 주는 것이 좋다. 이런 림프마사지는 피부의 노화도 늦춘다.

1. 마사지를 하기 전 목과 어깨를 돌리고, 손바닥을 서로 비벼 손의 온도를 조금 높인다.

2. 베이스 오일 5ml에 라벤더 에센셜 오일을 2~3방울 섞는다.

3. 오일을 손바닥에 고루 묻힌 다음 엄지를 제외한 나머지 네 손가락으로 목덜미를 가볍게 주물러 준다. 이 때 목 뒤쪽으로 움푹 들어간 곳을 손바닥으로 감싸고 네 손가락 힘을 이용해 밀가루 반죽을 하는 것처럼 근육을 마사지한다.

4. 두 손으로 쇄골 부근을 가만히 눌러 준다. 가볍게 누르면서 안쪽에서 바깥쪽으로 원을 그리듯 돌려 쇄골을 마사지한다.

5. 목에서 어깨로 이어지는 목의 옆라인도 네 손가락을 이용해 주물러 혈액 순환을 돕는다.

스트레칭

뭉친 근육들은 피부에 피로감을 주고 예민하게 만든다. 이렇게 피부가 예민해지면 주름이 더 쉽게 생기며 탄력을 잃는다. 따라서 집에서나 사무실에서 틈날때마다 습관적으로 스트레칭을 해 주는 것이 좋다.

● **1단계** … 목덜미에 손을 대고 고개를 뒤로 젖혔다가 앞으로 숙이는 동작을 반복한다. 목 뒤의 근육이 시원하게 풀리는 느낌이 들 것이다.

● **2단계** … 양쪽 어깨를 번갈아 올리고 내리는 동작을 반복한다. 이때 머리는 움직이지 않도록 주의한다.

● **3단계** … 오른손을 머리 위로 들어 왼쪽 귀를 감싼다. 잡아 올리는 기분으로 가볍게 눌러 준다. 반대쪽도 마찬가지로 동작한다. 목의 근육을 이완시키는 동작으로 목 주변의 혈액 순환을 돕고 주름도 예방할 수 있다.

● **4단계** … 스트레칭 동작이 끝나면 따뜻한 물수건을 목 뒤에 얹어 근육의 피로를 풀어 준다.

---

plus·tip

<u>664</u> **목주름 예방하는 생활법**

1 항상 바른 자세를 유지한다. 턱을 괴거나 몸을 이리저리 기대는 동작, 쭈그리는 동작 등은 목주름을 더 깊어지게 한다.
2 클렌징은 목까지 꼼꼼하게 한다. 클렌징 후 수분이 빠져 나가는 것을 막기 위해 스킨케어 마지막 단계에서 크림을 바르는 습관을 갖자.
3 자외선 차단제는 목까지 발라 자외선으로부터 목주름을 사수한다.
4 수평이 잘 맞는 베개를 선택한다. 바르게 누웠을 때 목과 수평을 이루고, 옆으로 누웠을 때 어깨와 수평이 되는 베개가 가장 좋은 높이다.
5 외출 후 돌아오면 깔끔하게 머리를 묶어 머리카락에 붙은 먼지와 노폐물, 헤어제품이 목에 닿지 않게 한다.

665 | 아이크림을 사용하고 있는데 제대로 바르고 있는 건지 잘 모르겠어요. 아이크림을 바르는 부위는 정확히 어디인가요?

눈 밑과 눈두덩이, 눈꼬리까지 바르는 것이 원칙. 눈꼬리, 미간 사이를 지그시 눌러 준 다음 안구뼈를 따라서 눈밑, 다크서클이 심한 부위까지 두들기듯 바르고 손가락에 남아 있는 크림을 눈두덩 위에 살짝 두들겨 준다. 이때 다섯 손가락 중 힘이 제일 약한 약지를 이용, 쌀알만 한 크기로 덜어서 바른다. 일정한 양을 고집하기보다

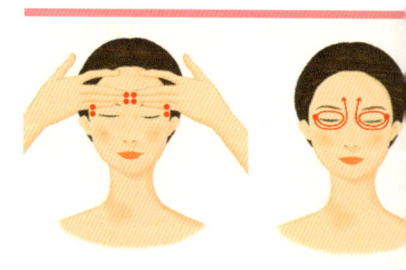

는 그날그날의 눈가 상태를 체크해 양을 조절해 주는 것이 좋다. 또 한 번에 너무 많이 바르는 것보다는 소량을 덧바르는 것이 낫다. 하지만 메이크업을 한 상태라면 메이크업을 살짝 지워내고 바르거나 낮동안은 메이크업 위에도 사용이 가능한 아이크림을 바르는 것이 좋다.

666 | 팩을 붙이고 있는 시간은 어느 정도가 적당할까요?

팩의 수분이 마를 때까지 오래 붙여 두면 영양 흡수가 더 잘될 거라고 생각하지만 이는 잘못된 상식! 팩을 바른 후 물로 씻어내는 워시오프팩이든, 붙였다 떼어내는 시트팩이든, 아래에서 위로 떼어내는 필오프팩이든 모두 15~20분을 넘기지 않는 것이 좋다. 적정시간보다 오래 붙이고 있다고 해서 흡수가 더 많이 되지 않음은 물론 오히려 피부가 건조해지거나 피로를 느끼게 되어 역효과를 가져올 수 있다.

667 | 출산 후 흰머리가 부쩍 늘었어요. **머릿결이 상하지 않게 헤어 컬러링을 하는 방법**을 알려 주세요.

● **염색 준비** … 염색을 하기로 생각했다면 염색을 하기 일주일 전부터 꾸준히 관리를 해 주어야 한다. 아무리 손상 없이 염색을 한다고 조심해도 염색약 성분은 헤어를 손상하게 마련. 때문에 트리트먼트로 모발 관리를 해 준 다음 염색 당일은 머리를 감지 않고 컬러링을 하는 것이 좋다. 염색하는 장소의 온도가 너무 낮으면 염색제가 제대로 반응을 하지 못하고 반대로 너무 온도가 높으면 염색제가 너무 빨리 반응하여 얼룩지기 쉽다. 너무 습해도 제대로 색상이 나오기 않기 때문에 사우나나 목욕탕, 욕실은 염색장소로 좋지 않다.

● **염색하기** … 이마 중앙부터 뒤통수까지 머리를 반으로 가르고 정수리에서 귀까지 다시 반으로 갈라 4등분한다. 이렇게 섹션을 나누어 염색해야 구석구석 꼼꼼하게 염색할 수 있다. 또 모근이 가까운 뿌리 부분은 체온이 높아 상대적으로 빨리 염색되므로 끝 부분부터 발라 주도록 한다. 단, 흰머리 커버가 목적이라면 흰머리 부분부터 발라 준다. 미용실에서는 비닐캡을 씌우지만 가정에서 사용하는 셀프 염색제의 경우 산소와 만나야 염색이 활성화되므로 그대로 두는 것이 좋다.

plus ★ tip

668 염색 후 모발관리법

뜨거운 물은 모발과 두피에 자극을 주기 때문에 미지근한 물을 사용하는 것이 좋다. 샴푸 후 린스 대신 트리트먼트로 머릿결에 영양을 주는 것이 좋으며 트리트먼트 제품을 사용할 때는 손가락으로 머리카락을 잡고 가볍게 주무른 뒤, 마지막에 가볍게 탁탁 두들기며 흡수시킨다. 염색 후 한달 동안은 주 1~2회 정도 집중 트리트먼트를 해 주는 것이 좋다. 트리트먼트를 모발에 바른 다음 헤어캡을 쓰고 그 위로 뜨거운 스팀타월을 감싼다. 그 상태로 20분 정도 후에 깨끗이 헹구면 염색으로 손상된 머릿결이 회복된다.

669~670 | 비듬 때문에 검은 옷 입기가 두려워요. 매일 머리를 감는데도 왜 비듬이 생길까요?

비듬이 생기는 유형은 크게 두 가지로 나눠 볼 수 있다. 첫째는 두피의 수분이 부족해 모발을 충분히 보호해 주지 못해서 생기는 건성 두피성 비듬이다. 이런 경우는 모발이 가늘고 푸석거리는 것이 특징이며 지속적인 두피관리와 수분 공급이 필요하다. 이와는 반대로 과도하게 분비되는 피지에 비듬균과 먼지들이 뭉쳐 비듬을 만드는 지성 지루성 비듬도 있다. 그러나 두피와 반대로 모발은 건성으로 푸석거리는 경우도 있으므로 이 역시 세심한 관리가 필요하다.

IDEA 1 건성 두피 케어법

● 케어 1 ··· 우유의 산성은 피부의 각질을 제거하기 때문에 우유 1/2컵을 미지근하게 데운 다음 화장솜에 묻혀 모발과 두피에 톡톡 두드리듯 마사지하고 10분 후 미지근한 물로 헹궈 두피에 있는 불필요한 각질을 제거한다. 그 다음 뜨겁지 않은 미지근한 물로 샴푸한다.

● 케어 2 ··· 머리를 감기 전후 스팀타월로 두피와 모발에 수분을 공급해 주는 것도 두피관리에 좋다. 1주일에 1~2회, 5~10분 정도 스팀타월로 머리를 감싸면 수분 공급은 물론 두피 깊이 숨어 있는 노폐물까지 제거할 수 있다.

● 케어 3 ··· 알로에즙도 두피에 효과적. 우유와 마찬가지로 화장솜에 알로에즙을 묻혀 두드리듯 바르고 손가락으로 문질러 마사지한다.

●케어 1 ··· 샴푸 후 5~6시간만 지나도 두피에서 피지가 뭉치기 시작하므로 딥클렌징이 필요하다. 때문에 항염 효과가 있는 전문 샴푸를 사용한 다음 두피를 깨끗이 씻어내고 린스나 트리트먼트를 모발 끝 부분에만 살짝 발라 헹군다.

●케어 2 ··· 녹차로 두피를 마사지하면 지방 성분이 말끔하게 씻기고 진정효과도 있다. 녹차 1/2컵을 모발과 두피에 골고루 바른 후 5분 정도 손으로 문지르듯 부드럽게 마사지한다. 또는 청주를 물과 희석해 같은 방법으로 두피를 마사지한 다음 미지근한 물로 헹궈내도 좋다.

●케어 3 ··· 샴푸 후 젖은 머리에 죽염을 한 숟가락 뿌리고 죽염이 녹을 때까지 기다렸다가 죽염이 녹으면 손가락으로 5분간 두피를 부드럽게 마사지한다. 미지근한 물로 헹궈내고 다시 찬물로 헹궈내 두피의 모낭을 조여 준다.

plus ᆞ tip

671 두피를 보호하는 생활법

●방법 1 뜨거운 드라이어 바람은 모발을 손상시킬 뿐 아니라 두피의 수분도 빼앗아 가며 피부를 자극한다. 때문에 자연바람으로 두피를 말리는 것이 가장 좋으며 시간이 없다면 일주일에 한 번만이라도 자연건조를 한다.

●방법 2 헤드에 쿠션감이 있는 브러시로 두피를 가볍게 두드려 주면 두피를 자극시켜 모발 개선과 탈모 예방에 좋다.

●방법 3 영양과 두피건강도 밀접한 관련이 있다. 당근과 달걀노른자 등에 많이 들어있는 비타민 A는 피부질환, 염증에 효과적이므로 골고루 섭취해 준다. 신선한 과일도 두피와 피부에 좋다.

672 | 머리카락이 푸석푸석해지고 점점 숱이 적어져서 고민이에요. 풍성하게 되돌릴 수 있는 방법 없을까요?

● 머리 감기에도 올바른 방법이 있다

샴푸 전 일차적으로 브러시를 이용해 머리를 빗어 머리카락에 붙은 먼지나 노폐물을 제거한다. 그 다음 샴푸를 손바닥에 덜어 거품을 낸 다음 손톱이 아닌 손끝 지문 부분을 이용해 두피를 마사지하듯 문질러 준다. 헤어트리트먼트를 이용할 때는 트리트먼트 성분이 모공을 막아 탈모의 원인이 될 수 있기 때문에 두피에 최대한 닿지 않도록 하는 것이 좋다. 머리를 헹굴 때는 완벽하게 헹구어 내야 한다. 제대로 헹구지 않으면 머리에 제품의 잔여물이 남아 피지가 생기고 비듬이나 탈모의 직접적인 원인이 되기도 한다.

● 손상이 적게 머리를 말린다

젖은 상태의 머리카락은 손상되기 쉬우므로 비비거나 타월로 문지르지 말고 살살 두드리거나 자연 건조한다. 드라이를 꼭 사용해야 한다면 되도록 짧은 시간에, 10cm 이상 간격을 유지하면서 약간 습기가 느껴질 정도로만 말린다.

● 탈모를 예방하는 습관을 익힌다

탈모를 예방하려면 두피를 청결하게 유지하는 것이 무엇보다 중요하다. 때문에 지성 두피인 경우에는 항균효과가 있는 비듬용 샴푸를 주 2~3회 정도 사용하도록 한다. 건성인 경우에도 건성용 샴푸를 일반 샴푸와 번갈아 사용해 주는 것이 좋다. 넓은 브러시로 머리를 빗어 주는 것도 탈모 예방에 좋다. 브러싱을 통한 두피 자극은 혈액 순환을 돕고 피지 분비를 원활하게 하는 마사지 효과가 있다. 브러싱을 할 때는 뒤에서 앞으로, 왼쪽에서 오른쪽으로 하고 하루에 100회 정도 빗어 주는 것이 좋다.

673 | 브러시의 종류가 너무 많아 깜짝 놀랐어요.
브러시의 종류에 따라 용도나 사용방법이 달라지나요?

1 일반 플라스틱 일자 브러시 ⋯ 가정에서 흔히 볼 수 있는 브러시로 긴머리나 엉킨 머리에 사용한다. 드라이하기 전 머리를 빗어 정리하거나 머리를 감기 전에 머리카락에 붙은 먼지를 제거할 때 사용하면 좋다.

2 에어가 있는 일자 브러시 ⋯ 몸체에 쿠션이 있고 플라스틱 모가 박혀 있는 일자형 브러시. 몸체의 쿠션 때문에 두피 지압용으로 많이 쓰이며 빗질을 통해 두피의 혈액순환을 돕기 때문에 탈모 예방에 효과적이다. 머리 전체를 한 번에 드라이하므로 자연스러운 헤어 연출이 가능하다.

3 일반 롤 브러시 ⋯ 돈모 사이에 플라스틱 모가 섞여 있는 일반 롤 브러시. 스트레이트 머리에 살짝 컬을 줄 때 사용하면 편리하며 머리숱이 많거나 굵은 모발에 적당하다.

4 돈모 롤 브러시 ⋯ 돈모로만 되어 있는 롤 브러시로 웨이브 드라이나 볼륨 있는 헤어스타일을 연출할 때 사용하면 좋다. 볼륨을 줄 때는 롤 크기가 작은 것을 선택해서 머리카락을 말면서 빗어 주면 된다.

5 몸체가 철로 된 롤 브러시 ⋯ 빠르고 간편하게 웨이브 헤어를 연출할 때 사용한다. 모와 몸체가 철로 되어 있어 열전도율이 빨라 컬이 쉽게 만들어진다.

---

plus⋆tip

674 촉촉한 헤어 스타일링 노하우

손상되고 부스스한 모발을 촉촉하게 스타일링 하려면 먼저 샴푸 후 타월로 꾹꾹 눌러가며 흘러내리지 않을 정도로 물기를 제거한다. 드라이를 하기 전 먼저 헤어 에센스를 충분히 덜어 골고루 바른 다음 드라이로 90% 정도 건조한다. 건조된 모발에 수분 에센스를 바른 뒤 자연건조 하면 머릿결이 촉촉해진다.

675 | 목욕탕에 가면 **때비누**를 쓰는 사람들이 많은데 **어떤 효과가 있는지 궁금해요.**

때비누는 천연 원료가 피부 모공을 열어 각질을 흡수하도록 하는 원리를 적용한 것이다. 따라서 일반 비누보다 더 쉽게 각질을 불리는 효과가 있다. 때비누를 쓸 때는 먼저 몸에 물을 적신 뒤 비누로 전신을 마사지하듯이 문지른다. 3분 정도 지나 몸을 깨끗이 씻어낸 다음 때타월에 때비누를 약간 묻혀 가볍게 문질러 주면 자극이나 상처를 주지 않고 속때까지 깨끗하게 밀 수 있다.

하지만 일반 비누와 달리 천연 재료로 만들어져 장기간 보관할 수 없으며 습기에 약하므로 통풍이 잘되는 그늘에서 보관하도록 한다. 제조사와 원료에 따라 가격 차이가 있으며 녹두, 율무, 어성초, 삼백초 등 천연 성분으로 만들어져 피부 트러블이 적고 미백효과도 있다. 하지만 너무 무리하게 때타월로 피부를 자극하는 것은 피부를 더욱 건조하게 하는 행동이므로 피부가 벌게지도록 미는 것은 피한다.

---

plus ★ tip

676 목욕 후 보디오일 바르는 법

목욕이 끝나자마자, 또는 때를 밀고 난 직후 보디 오일을 바르는 사람들을 흔히 볼 수 있다. 하지만 목욕을 하고 난 직후에는 체온이 올라가 땀이 많아진다. 이런 상태에서 오일을 바르게 되면 피부가 기름 막으로 덮여 땀이 제대로 증발하지 못해 오히려 해롭다. 오일을 바르고 사우나에 들어가는 것은 더더욱 안 좋다. 따라서 오일은 목욕 후 몸의 열기와 습기가 어느 정도 없어졌을 때 바르는 것이 가장 좋다.

677 어깨 결림을 완화하는 찜질법

어깨가 결릴 때는 식초와 소금을 조금씩 넣어 끓인 물에 수건을 담갔다 꺼낸 다음 한 김 식힌 후 약간 뜨거울 때 아픈 부위를 찜질해 준다. 뻐근하게 결리던 부위가 한결 가벼워질 것이다.

678

휴식을 취하면서 가볍게 스트레칭 할 수 있는
기분 좋은 목욕법을 알려 주세요.

몸이 찌뿌드할 때는 몸을 물에 담그고 물속에서 할 수 있는 간단한 스트레칭으로 근육을 이완해 주는 것이 좋다. 욕조 안에서 하는 스트레칭은 다이어트와 노폐물 배출에 효과적이며 하루 종일 긴장된 몸에 휴식을 줄 수 있는 좋은 방법이다.

● 허리 스트레칭

❶ 욕조에 무릎을 꿇고 앉은 상태에서 양손을 몸 뒤로 보내 바닥에 붙인 후 하반신을 쭉 늘인다.
❷ 엉덩이를 천천히 위로 올리면서 허리를 젖힌 다음 허벅지를 쭉 늘린다.

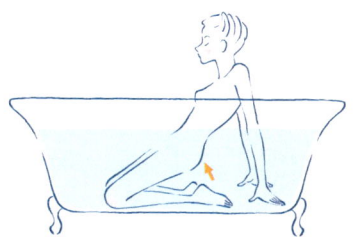

● 펀치 날리기

주먹을 꼭 쥔 채 양팔을 번갈아가며 펀치를 날리듯 앞으로 내민다. 수면에서 하면 칼로리를 더욱 많이 소모할 수 있다. 변화를 주고 싶다면 팔을 내밀 때 손을 펴고 가슴으로 끌어당길 때는 주먹을 쥔다.

● 복근 운동

❶ 양팔을 욕조 위에 걸친 후 다리를 굽힌다. 이때 발이 욕조 바닥에 닿지 않도록 엉덩이로 몸을 지탱한다.
❷ 엉덩이를 바닥에 붙인 상태에서 무릎을 가슴까지 끌어당겼다가 앞으로 보내는 동작을 반복한다. 빨리 움직일수록 효과적이다.

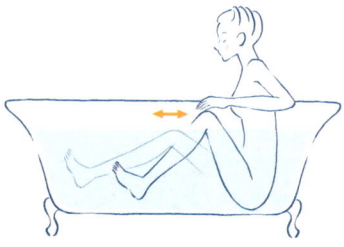

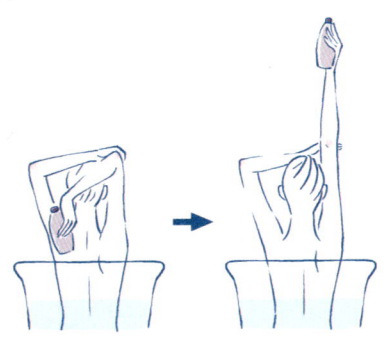

● 팔 스트레칭

❶ 욕조에 다리를 쭉 펴고 앉은 상태에서 등을 기대고 양팔을 들어올려 한 손은 가벼운 물건을 들고 다른 한 손은 꺾인 팔꿈치를 잡는다.

❷ 10초 정도 ①의 상태를 유지한 후 어깨를 잡았던 손을 하늘 높이 힘껏 뻗는다.

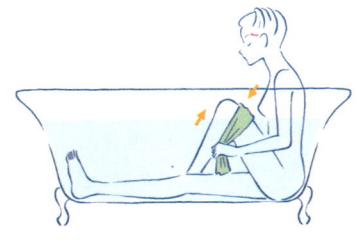

● 수건 운동 1

다리를 쭉 펴고 앉은 상태에서 한쪽 무릎을 세워 반대편 다리에 교차시킨다. 수건 양 끝을 양손에 쥐고 세운 다리의 허벅지에 올려놓고 세게 누른다. 누르는 힘과 비슷한 강도로 다리를 가슴 쪽으로 당기면서 배에 힘을 주면 뱃살이 함께 빠진다. 양쪽 다리를 번갈아가며 반복한다.

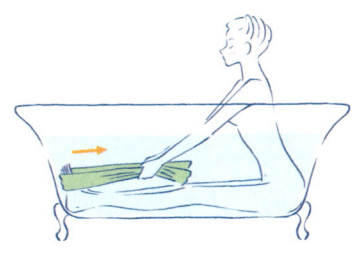

● 수건 운동 2

욕조에 다리를 쭉 펴고 앉은 상태에서 수건을 양쪽 발바닥에 걸쳐 앞쪽으로 힘껏 잡아 당긴다.

한 동작을 30초 동안 유지했다가 풀어 주고 다시 반복한다.

plus · tip

__679__ **피로를 풀어 주는 천연 목욕재료**

솔잎이나 장미, 청주, 레몬, 생강은 피로회복을 도와주는 천연 목욕 재료이다. 청주와 레몬은 근육을 부드럽게 이완해 피로를 풀어 주는 효과가 있으며 숙면에 도움이 된다. 또 솔잎과 생강, 장미는 혈액순환을 촉진하기 때문에 몸을 따뜻하게 하고 신진대사를 원활하게 도와준다.

680 겨울이 되니 **피부가 점점 거칠어지면서 각질이 일어나요.**
신경 쓰이는 각질관리 어떻게 해야 할까요?

● 1단계 수분 공급을 위해 각질 제거를 먼저 한다

건조해지는 피부에 가장 좋은 것은 보습이다. 하지만 보습으로 피부를 촉촉하게 유지해 주기 전 효과적인 영양 흡수를 위해 각질 제거는 필수다. 팔꿈치나 발뒤꿈치같이 심하게 거칠어진 부분은 바디스크럽으로 각질을 제거한 뒤 보습효과가 있는 오일로 마사지를 해 준다. 하지만 지나치게 잦은 각질 제거는 피부의 유수분 밸런스를 깨뜨릴 수 있으므로 1주일에 한 번 정도가 좋다.

● 2단계 유수분을 충분히 공급한다

피부가 건조해지기 시작하는 가을철에는 목욕이나 샤워 후 유수분을 충분히 공급해 주는 것이 중요하다. 때문에 목욕 후 3분 이내에 크림이나 오일 등 보습제를 발라 피부가 건조해지지 않도록 한다. 입욕할 때 물의 온도는 지나치게 뜨겁지 않도록 하고 목욕 후 끈적임이 부담스럽다면 보디미스트나 부드러운 로션을 발라준다. 심하게 건조한 피부는 좀더 리치한 타입의 보디크림을 사용하거나 보디오일과 크림을 섞어 발라 주는 것도 좋다.

● 3단계 보디마사지로 피부 탄력을 유지한다

샤워 후 오일이나 보디로션을 이용해서 간단한 마사지를 하는 생활습관을 익혀 둔다면 고가의 전문적인 마사지가 필요 없다. 적당량의 보디케어 제품을 덜어 다리부터 가슴 쪽으로 쓸어 올리면서 목 부위에서 마무리한다. 팔 역시 손끝에서 위쪽으로 끌어올리는 듯한 느낌으로 쓸어 올리면서 마사지하면 피부의 탄력을 유지할 수 있다.

681

점점 누렇게 변하는 치아 때문에 고민이에요.
하얀 치아를 위한 생활법을 알려 주세요.

● 식후 양치를 습관화한다

입 안에 남아 있는 음식물 찌꺼기는 치아 착색의 주요 원인이 된다. 따라서 음식을 먹은 후 바로 양치질을 하거나 물로 입가심을 하면 구취 제거는 물론 미백에도 효과적이다. 미백 성분이 들어 있는 치약을 쓸 경우 양치 시간이 짧으면 거의 효과를 볼 수 없으므로 치약의 성분이 이 사이로 스며들 수 있도록 거품을 오래 머금고 있어야 효과적이다. 따라서 3~5분 이상 양치질을 하는 것이 좋다.

● 색소 음료 섭취를 가급적 줄인다

커피, 콜라, 홍차 등 색소가 있는 음료 섭취는 가급적 줄이도록 한다. 음료의 색소는 치아 사이로 빨리 스며들어 이를 쉽게 변색시킨다. 가능한 치아에 음료가 닿지 않도록 한다.

● 녹차를 자주 마신다

녹차가 치아를 변색시킨다는 것은 잘못된 상식. 오히려 녹차는 치아미백 효과가 있을 뿐 아니라 치아 표면의 세균을 억제하여 충치와 풍치도 예방할 수 있다.

● 정기적인 스케일링 및 전문 치료를 받는다

스케일링은 치아 사이의 이물질을 제거하는 효과와 함께 치아 착색을 없애 주는 효과도 있다. 치아 착색이 심한 경우 전문 화이트닝 치료를 하는 것도 좋다. 개인의 구강 구조에 맞춰 시술하므로 치아 건강에 좋으며 훨씬 효과적이다.

682

손도 나이를 먹나 봐요. **거칠어지고 푸석푸석해졌어요.** 손 관리하는 요령을 알려 주세요.

손에도 노화가 온다. 하지만 몇 가지 습관만 들이면 언제나 20대 같은 고운 손을 유지할 수 있다. 우선 노폐물과 세제는 손을 거칠게 만드는 주 원인. 항상 청결하게 씻어 주는 것이 좋으며 크림이나 로션을 톡톡 두드리듯 발라 보습에 신경을 쓴다. 또한 자외선에 많이 노출될수록 손의 노화가 빨라지므로 야외활동을 나갈 때는 꼭 손등에 자외선 차단제를 발라 준다. 겨울 외출 시에는 장갑을 착용하고 자극성이 강한 고춧가루나 향신료 등을 사용해 요리를 할 때는 반드시 비닐장갑을 착용해 손에 닿는 자극을 줄인다. 우유, 포도주, 쌀뜨물을 이용해 손을 씻는 것도 좋은 천연 마사지 방법이다.

683

핸드크림을 바른 다음 간단하게 할 수 있는 **손 마사지법**을 알고 싶어요.

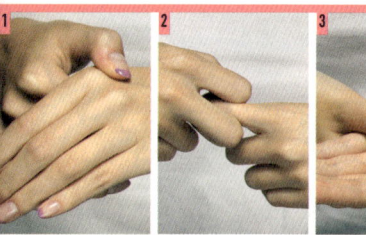
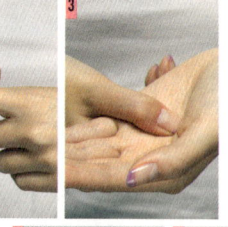
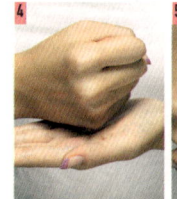
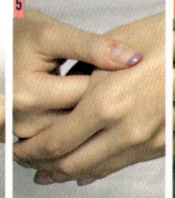
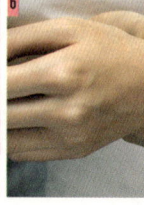

1 손등의 뼈와 뼈 사이를 나선형을 그리며 세게 누른다. 2 검지와 중지로 손가락의 측면을 잡고 하나씩 마사지한다. 3 손바닥 가운데를 엄지로 꾹 누른다. 4 가볍게 주먹을 쥐고 손바닥 전체를 강하게 두드려 마사지한다. 5 엄지와 검지 사이 움푹하게 들어간 부분을 눌러 준다. 6 손가락 끝에서 손목까지 눌러 주고 손목 부분에서 2~3회 살짝 비틀어 손목을 스트레칭한다.

684 | 여름이 되면 페디큐어에 부쩍 관심이 가요. 하지만 노하우가 부족한지 컬러링이 깔끔하게 되지 않네요.

신경을 써서 발라도 매끄럽게 발리지 않는다면 발톱 표면을 먼저 살펴본다. 표면이 울퉁불퉁하다면 버퍼로 발톱 표면을 문질러 매끄럽게 만들어 준다. 또한 유분기가 남아 있다면 페디큐어가 매끄럽게 발리는 데 방해가 되므로 표면의 물기나 유분기를 완전히 제거해 준다. 발을 바닥에 놓고 무릎을 굽혀서 바르면 자세가 불편해 바르기 힘들므로 발을 무릎 높이의 책이나 베개 위에 올린 다음 작업한다. 솔에 페디큐어 액을 적당량 묻히고 발톱을 3등분으로 나누어 한 번에 깨끗이 발라 준다. 1차 컬러링이 마른 다음 한 번 더 덧바르면 컬러감도 분명해지고 색도 고르게 발린다.

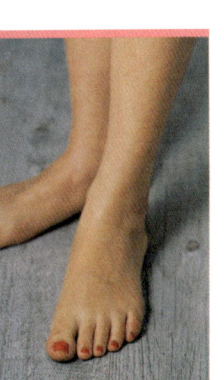

685 | 손톱을 조금만 길러도 잘 부러져요. 예쁘게 네일 케어도 하고 가꾸고 싶은데 그러지 못해서 속상해요.

손톱이 잘 부러지는 것은 손톱의 영양과 수분이 부족하기 때문. 매니큐어를 지우는 아세톤은 물론 주방용 세제 등이 손톱에 직접 닿으면 손톱이 건조해져 잘 부러지게 되므로 최대한 피한다. 아세톤으로 네일 컬러를 지운 다음에는 손발톱의 유수분이 많이 빼앗긴 상태이므로 전용 크림이나 오일을 발라 보호해 주는 것이 좋다. 또 손을 씻은 후 보습제를 바르면서 손톱 표면도 신경 써서 발라 준다.
손톱을 자를 때도 손톱 깎기보다 네일 파일로 다듬어 주는 것이 좋다.

매니큐어 & 페디큐어

IDEA 1 · 매니큐어

1 모양 만들기 … 먼저 손을 깨끗이 씻은 다음 물기를 없앤 후 네일 파일로 손톱의 모양을 다듬어 준다. 손톱 가장자리 부분을 파일로 많이 굴릴수록 동그란 모양의 손톱이 되고 각 지게 다듬으면 네모난 모양으로 다듬을 수 있다.

2 큐티클 오일 바르기 … 큐티클 오일은 제멋대로 자라난 큐티클을 쉽게 제거하기 위해 발라 주는 것으로 각 손톱 안쪽 가장자리에 한 방울씩 떨어뜨려 발라 준다.

3 푸셔로 밀기 … 적당한 힘을 주면서 손톱에 붙어 있는 큐티클을 푸셔로 밀어 준다.

4 니퍼로 큐티클 떼어내기 … 손톱 관리하는 니퍼를 이용해 푸셔로 밀어 일어난 손톱 안쪽의 큐티클을 하나하나 떼어낸다.

5 컬러링하기 … 이렇게 깔끔하게 정리된 손톱에 베이스코트를 발라 컬러링할 색상이 손톱에 착색되는 것을 막은 다음 원하는 색상의 매니큐어를 바른다. 완전히 마른 다음 한 번 더 바르면 선명하고 깔끔한 색을 낼 수 있다.

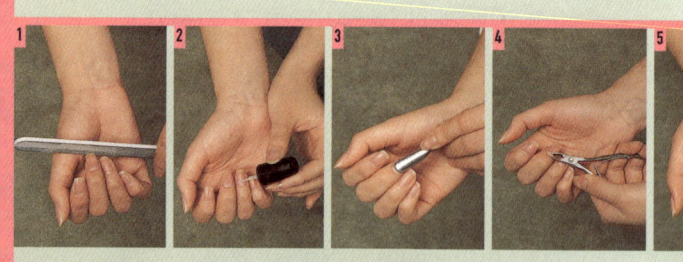

매니큐어를 빨리 말리고 싶다면

매니큐어를 칠하고 나면 완전히 마르기까지 여간 신경 쓰이는 것이 아니다. 또 어느 정도 말랐다 싶어도 조그만 자극에도 금방 밀리거나 상처가 생기기 쉽다. 네일케어 숍에서는 뢴 스프레이 제품을 쓰거나 전용 네일 선풍기 바람에 말린다. 하지만 집에서는 이런 도구의 힘을 빌릴 수 없으므로 컬러링을 한 다음 10분쯤 후에 얼음물에 손을 담근다. 건조되는 시간을 훨씬 단축할 수 있다.

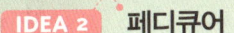

IDEA 2 페디큐어

1 모양 만들기 … 따뜻한 물에 발을 불린 다음 물기를 제거하고 손톱
과 마찬가지로 네일 파일로 발톱의 모양과 길이를 다듬어 준다.

2 큐티클 오일 바르기 … 발톱 아래, 큐티클이 있는 부분에
오일을 발라 제거하기 쉬운 상태로 만든다.

3 푸셔로 큐티클 밀기 … 푸셔를 이용해 발톱에 붙어
있는 큐티클을 밀어서 정리하면 발톱의 모양이
훨씬 깔끔하고 예뻐진다.

4 니퍼로 큐티클 떼어내기 … 니퍼로 큐티
클을 떼어내 발톱 모양을 예쁘게 다듬는다.

5 컬러링하기 … 발톱의 표면을 버퍼로 몇 차례 문
질러 매끄럽게 만든 다음 베이스코트를 발라 컬러링할
색상이 발톱에 착색되는 것을 막아 준다. 원하는 색상을 2~3
회 발라 마무리한다.

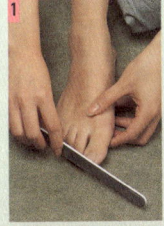
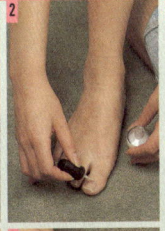
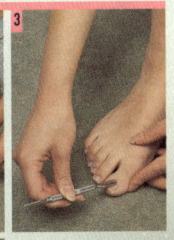
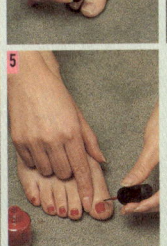
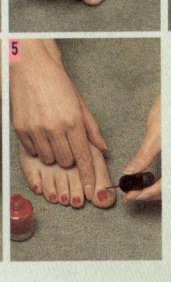

688

발뒤꿈치가 심하게 갈라졌어요. 보기 싫은

발뒤꿈치 굳은살 어떻게 해야 할까요?

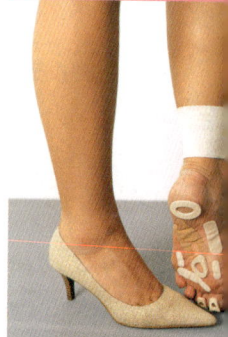

발뒤꿈치가 까칠해지고 갈라지는 것은 노폐물을 제대로 제거해주지 않았기 때문에 생기는 현상이다. 발뒤꿈치가 갈라진 경우에는 약간 뜨겁다고 생각되는 정도의 물에 식초를 약간 부어 발을 담근다. 발뒤꿈치가 부드러워지면 스크럽 제품을 발라 손끝으로 둥글리듯 마사지를 해 각질을 제거한 다음 풋케어 크림을 바른다.

발이 심하게 갈라지거나 굳은 각질이 쌓였을 때는 버퍼로 제거해 주어야 한다. 단, 각질을 불리고 젖은 상태에서 버퍼로 밀면 정상적인 피부까지 상처를 입을 수 있으므로 마른 상태에서 버퍼로 밀어 굳은 각질을 제거한다. 이렇게 각질을 제거한 다음 오일을 바르고 면 양말을 신어 보습 효과를 높인다. 어느 정도 각질이 제거되었다면 평소 신경 써서 발 관리를 해 준다. 풋크림을 바른 다음 발가락을 잡아당기거나 주먹으로 발바닥을 쓸어내리면서 마사지해 주고 스팀타월로 발을 감싸 영양분을 충분히 흡수시켜 준다. 일주일에 두 번 정도 지속적으로 관리를 해 주면 늘 깔끔하게 유지할 수 있다. 발 냄새가 심한 편이라면 발을 씻은 후 풋스프레이를 뿌리거나 짓이긴 생강을 30분 정도 발가락 사이에 붙여 두면 생강의 항균 성분이 발 냄새를 없애 준다.

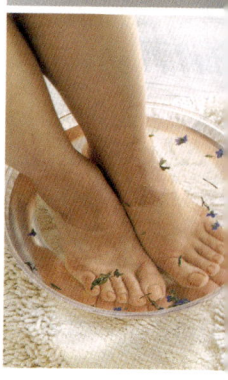

plus ★ tip

689 피부 자극 없이 제모하는 시기

제모에도 최적의 타이밍이 있다. 생리가 끝난 후에는 호르몬 작용으로 신체 컨디션뿐 아니라 피부 역시 부드럽고 촉촉한 최적의 상태이기 때문에 생리가 끝난 7일 후에 제모를 해 주는 것이 좋다. 생리중이나 직전·직후는 피부가 건조하고 민감하기 때문에 피한다. 또 오전은 말초신경이 서서히 깨어나는 시간이기 때문에 밤에 제모를 하는 것보다 통증이 덜하다.

690~692

여름이 되면 심해지는 구석구석

몸 냄새, 깔끔하게 제거하는 방법 없을까요?

IDEA 1 발 냄새

신발을 신지 않을 때는 항균 스프레이를 뿌려 세균을 없앤 다음 신문을 신발 속에 넣어 냄새를 잡아 준다. 땀과 각질에 붙어 있는 이소발레릭 산이라는 물질이 발 냄새의 주원인이다. 또 피부 중에서 가장 두꺼운 발바닥은 땀이 분비되면 세균이 가장 먼저 생기는 곳이기 때문에 평소 항진균 비누로 발을 씻고 스프레이나 파우더로 발을 보송보송하게 유지하는 것이 좋다.

IDEA 2 머리 냄새

매일 머리를 잘 감고 말리면 냄새가 안 난다고 생각하지만, 땀이 많이 나는 여름에는 이것도 믿을 수 없다. 때문에 머리를 바르게 감고 말리는 방법을 익혀 두어야 한다. 샴푸를 할 때 손으로 거품을 만들지 않고 두피에 바로 문지르면 머리 냄새가 더욱 악화되기 때문에 머리카락과 손을 이용해 충분히 거품을 내고 그 거품을 이용해 두피를 씻어낸다. 지성 두피는 시간이 얼마 지나지 않아 다시 기름기가 생겨 냄새가 날 수 있으므로 여름철만이라도 전용 샴푸를 써 주는 것이 좋다. 머리를 말릴 때도 찬바람으로 먼저 두피를 바싹 말린 후 모발을 끝까지 천천히 말리면 좋은 향이 오래 간다.

IDEA 3 겨드랑이 냄새

원래 땀 자체에는 냄새가 없다. 하지만 공기와 만나 세균이 번식하면서 냄새가 나게 되는 것. 겨드랑이 털이 많으면 세균과 땀이 더 활발하게 작용해 냄새가 심해지기 때문에 제모를 하고, 데오도란트를 휴대하고 다니면서 땀 분비를 억제하는 방법밖엔 없다.

693 | 스킨, 아이크림, 에센스, 로션, 크림을 모두 바르고 메이크업을 하면 **화장이 밀리는 경우가 많아요.** 왜 그럴까요?

피부가 화장품을 흡수하는 시간은 각각 다르다. 때문에 세안 후 단계별로 화장품을 바르면서 어느 정도 흡수할 시간은 필요하다.

● **스킨 세안 후 1분 이내에 바른다** … 세안 후에는 피지막이 제거되어 피부의 수분이 증발되기 시작한다. 때문에 세안 후 적어도 1분 이내에 화장솜을 이용해 스킨을 발라 주어야 한다.

● **로션 스킨 후 1분 이내에 바른다** … 스킨으로 피부를 정리한 다음 1분 이내에 로션으로 1차적인 영양을 공급한다. 하지만 출시되는 제품에 따라 에센스와 로션의 순서가 바뀌기도 한다.

● **에센스 로션 후 30초 이후에 바른다** … 로션을 바른 다음 바로 에센스를 바르면 두 가지 성분의 기름이 부딪혀서 피부에서 겉돌 수 있다. 때문에 로션을 바른 후 최소한 30초 동안은 두 손으로 얼굴을 감싸 영양분이 피부에 흡수될 시간을 주어야 한다.

● **크림 에센스 후 1분 이후에 바른다** … 에센스를 바른 뒤 최소한 1분 정도는 피부가 에센스를 흡수할 시간을 주는 것이 좋다. 영양분이 농축되어 있는 크림은 피부 온도에 따라 흡수력의 차이가 난다. 때문에 바르기 전 두 손으로 얼굴을 감싸 에센스를 흡수시킨 다음 두드리듯 바른다.

● **자외선 차단제 크림 후 2분 이후 또는 외출 10분 전에 바른다** … 크림은 피부에 흡수되는 데 시간이 좀 더 걸린다. 크림을 바르고 1분 동안 피부를 두드려 흡수시킨 다음 1분은 저절로 흡수되도록 기다린다.

● **파우더 파운데이션 후 3초 이내** … 파운데이션을 바르고 그대로 두면 각종 먼지와 이물질이 달라붙기 쉽다. 따라서 피부에 먼지가 붙고 땀이 나기 전에 파우더를 바르는 것이 좋다.

694 피부톤을 맑게 드러내는

메이크업이 동안이나 생얼 미인을 만드는 것 같아요. 생얼 메이크업 방법을 알려 주세요.

화장을 한 듯 안 한 듯 자연스러운 피부결을 살리는 것이 요즘 메이크업의 대세. 베이스, 파운데이션, 파우더를 꼼꼼히 바르는 기존의 화장법으로 화장을 하면 피부 결점은 커버할 수 있지만 화장이 두꺼워져 나이 들어 보일 수 있다. 때문에 결점을 커버하고 최대한 피부결을 살릴 수 있는 메이크업 방법 하나쯤은 알아 둘 필요가 있다.

● **1단계 메이크업 베이스** … 얇고 꼼꼼하게 발라 준다. 선크림을 바른 후 메이크업 베이스를 바르는 것이 단계이지만 선크림과 베이스를 손등에 덜어 잘 섞은 후 얼굴에 펴 발라 주어도 된다. 두드려 바르거나 브러시로 피부결대로 발라주면 자연스러운 베이스 메이크업이 된다.

● **2단계 파운데이션** … 얼굴 전체에 펴 바르는 것이 아니라 국소 부위 커버용으로 활용한다. 얼굴의 어두운 부분과 결점을 가린다고 생각하고 라텍스 퍼프를 이용해 눈 밑이나 뾰루지 부분에 톡톡 두드리듯이 커버해 준다. 이 단계에서 컨실러를 이용해 심한 트러블 자국을 커버한다.

● **3단계 파우더** … 파우더를 듬뿍 묻힌다고 해서 보송보송한 피부를 표현할 수 있는 것은 아니다. 퍼프에 적당량의 파우더를 묻혀 손등에 한 번 털어낸 다음 눈썹 부위와 눈 주위, 티존 부위에만 발라 준다. 퍼프에 남은 파우더만으로 얼굴을 전체적으로 한 번씩 두드려 마무리한다.

● **4단계 투웨이케이크** … 가벼운 마무리용으로 사용한다. 콧등과 이마 부분인 티존에 하이라이트를 준다는 생각으로 가볍게 두드려 준다.

● **5단계 아이메이크업** … 건강한 피부톤 못지않게 중요한 것이 바로 또렷한 눈매를 표현하는 것. 다크 서클 전용 브라이터 제품을 이용해 눈 밑 다크 서클을 최대한 가리고 눈 화장을 한다.

695 | BB크림은 간편해서 좋긴 하지만 화장이 뜨거나 커버가 안 되는 것 같아요. **BB크림을 제대로 사용하는 방법**을 알고 싶어요.

● **하얗게 뜰 때** ··· 대부분의 BB크림은 컬러가 한두 개로 한정되어 있어 잘못 바르면 피부색과 맞지 않고 하얗게 뜨는 경우가 있다. 이럴 때는 피부톤에 맞춘 메이크업 베이스나 파운데이션을 BB크림과 섞은 뒤 완전히 흡수되도록 충분히 두드리면서 바르는 것이 노하우. 스펀지에 물을 묻혀 적신 다음 짜 촉촉한 상태로 만들어 준 뒤 BB크림을 묻혀 바르면 발림성이 더욱 좋아진다.

● **잡티 커버가 약할 때** ··· 잡티 커버를 원한다면 BB크림에 파운데이션을 섞어 준다. 여기에 손 대신 탄력 있는 파운데이션 브러시를 사용하면 뭉침 없이 깨끗하게 바를 수 있다. 좀 더 커버하고 싶은 부위에는 한 번 더 덧바르고 손바닥을 비벼 따뜻하게 한 뒤 얼굴을 감싸 주면 밀착력이 높아진다.

● **금방 번들거릴 때** ··· 심한 지성피부라면 BB크림을 사용하기 전 유분기를 잡아 주는 세럼이나 프라이머를 사용하는 것이 좋다. 또 양 조절도 번들거림을 잡는 데 중요한 역할을 하기 때문에 한 번에 많은 양을 바르지 말고 소량씩 두세 번에 나눠 바르는 것이 좋다.

plus ★ tip

696 내추럴 피부 화장법

피부 화장을 안 한 듯 깨끗하면서도 촉촉한 생얼 피부를 연출하고 싶다면 리퀴드 파운데이션에 로션을 조금 섞어 발라보자. 파운데이션의 효과로 잡티는 커버되면서 촉촉하고 부드러운 피부의 느낌을 표현할 수 있다.

697~699 | 급하게 약속이 생겼을 때 빠르게 준비할 수 있는 **퀵 메이크업** 방법을 알고 싶어요.

IDEA 1 Quick 스킨케어

눈이 붓거나 뾰루지가 생긴 상태라면 재빨리 응급처치를 해야 한다. 일단 부은 눈에는 세안 후 올리브오일을 손에 묻힌 다음 눈가에 마사지해 주면 부은 눈이 어느 정도 가라앉는다. 스팀타월로 유분기를 닦아내면 끝. 뾰루지가 생겼다면 세안 후 모공이 열린 상태에서 패치를 붙이거나 티트리 오일을 바른 후 화장을 해 주어야 감염이 되지 않는다. 각질이 심각하게 일어났다면 깔끔한 화장은 멀어지는 것. 아무리 시간이 없다고 하더라도 샤워 후 1분만 투자해 뜨거운 물에 수건을 적셔 짠 다음 얼굴에 스팀팩을 한다. 그 다음 각질 제거제로 남은 각질을 제거해 주면 화장이 훨씬 잘 받는다.

IDEA 2 Quick 메이크업

로션과 에센스 혹은 로션과 크림을 1:1 비율로 섞어 얼굴에 바른다. 피부에 로션이 스며드는 동안 두피만 말리고 그 사이 메이크업을 한다. 빠른 시간에 마쳐야 하는 메이크업일수록 피부에 제일 신경을 써야 한다. 파운데이션을 바르고 파우더로 급하게 화장을 마무리하는 것보다 보습제로 수분 공급을 충분히 한 뒤 베이스 메이크업으로 깨끗하게 정돈하고 컨실러로 잡티와 눈 밑 다크서클만 커버해 주는 것이 더 효과적. 여기에 핑크빛 블러셔로 살짝 뺨을 터치해 주면 얼굴에 생기가 돌아 피부가 건강해 보인다. 시간이 조금 더 있다면 한 곳만 골라 메이크업을 한다. 마스카라로 눈매를 또렷하게 하거나 입술과 뺨에 함께 쓸 수 있는 멀티 제품을 이용해 손가락으로 쓱쓱 펴 바르면 빠른 시간에 깔끔하게 메이크업을 한 효과를 얻을 수 있다.

짧은 헤어스타일이라면 먼저 짧은 머리가 부스스 뜨는 것을 막아야 한다. 때문에 빗이 아닌 손가락을 사용해서 헤어 스타일링을 한다. 짧은 시간 내에 드라이를 한 뒤 머리 전체를 몇 가닥으로 나누어 수직으로 잡아서 헤어 스타일링 제품을 발라 준다. 이렇게 하면 다른 세팅 없이도 자연스러운 스타일링을 할 수 있다. 드라이를 할 때도 모근 부분을 잡아당기듯 세워 모양을 잡아 주면 무작정 말리는 것보다 훨씬 스타일링이 살아난다.

긴 생머리라면 볼품없이 축 처지지 않도록 스타일링을 해 주어야 한다. 머리를 감은 후 말릴 때는 손가락으로 모발 전체를 빗질하듯 턴다. 그 다음 손가락으로 머리카락 사이사이를 아래에서 위로 부풀린다는 생각으로 모양을 잡아 가면서 드라이를 하면 볼륨이 살아난다. 머리를 감을 시간이 없다면 베이비파우더를 모발에 뿌려 피지를 흡수시킨 다음 드라이어로 컬을 만들면서 털어내면 감쪽같다.

plus ★ tip

700 피부톤에 맞춰 메이크업 베이스 고르기

● **기본 피부** 베이지나 피치톤의 메이크업 베이스를 사용하면 자연스런 피부톤을 연출할 수 있다. 피부톤이 고르고 잡티가 없을 때 사용해야 효과적이다. 핑크나 블루 등 밝은 색상의 색조 제품이 어울린다.

● **노란 피부** 피부의 노란색을 중화할 수 있는 보라색 파운데이션이나 메이크업베이스, 스킨 커버 제품을 얇게 펴 바른 뒤 펄이 들어간 파우더로 가볍게 마무리한다.

● **붉은 피부** 그린색이나 화이트 메이크업 베이스를 사용하면 피부의 붉은 기를 없앨 수 있다. 화이트나 핑크 계열의 색조 제품을 사용하면 화사해 보인다.

● **검은 피부** 화이트나 핑크 펄이 들어간 베이스 제품을 사용하면 깨끗한 피부톤을 만들 수 있다. 어두운 파운데이션을 선택하면 얼굴에 얼룩이 남으므로 피부톤과 같은 파운데이션을 선택해 가볍게 바른다. 그레이, 블랙에 가까운 색조 제품이 잘 어울리며 오렌지 계열의 색조도 잘 받는다.

701

화장을 하고 1시간만 지나도 금방 번들거려요.
**메이크업을 뽀송뽀송하게 지속시킬
수 있는 방법**을 알려 주세요.

● **1단계 기초손질** … 마지막 기초단계에서 피지 분비를 막아 주거나 피지 분비를 조절해 주는 제품을 선택한다. 유분이 많은 곳과 건조한 곳은 기초 제품도 다르게 써 주는 것이 좋다.

● **2단계 파운데이션 바르기** … 파운데이션은 최대한 조금만 쓰는 것이 좋다. 파운데이션을 두껍게 바르면 그만큼 유분기가 많아져 더욱 번들거리게 된다. 만약 코와 이마는 번들거리는데 뺨은 건조한 복합성 피부라면 유분이 많은 T존은 오일 프리 파운데이션을 쓰고 나머지 부분은 모이스처라이징 기능이 있는 파운데이션을 쓰는 것이 좋다.

● **3단계 파우더 바르기** … 베이스 메이크업을 마쳤다면 코 옆, 눈 밑 등에 마무리로 파우더를 살짝 발라 준다. 특히 유분이 많은 T존 부위를 마지막으로 터치해 준다. 눈 주위와 눈썹 부분도 유분이 많은 곳이므로 파우더로 한 번씩 두드려 주면 시간이 지나도 번들거림을 막을 수 있다. 단 눈썹은 파우더로 두드린 다음 솔로 눈썹결을 정리해 준다.

● **4단계 색조화장 하기** … 볼터치나 아이섀도도 스틱 타입을 고르면 번들거림 없이 화장을 마무리할 수 있다. 또한 스틱 타입은 땀이나 유분에 강하기 때문에 지속력이 강하다.

---

702 화장이 잘 받지 않거나 뜰 때 대처법

피부의 각질이 일어나거나 유난히 피부가 거친 날이 있다. 이럴 때는 어떤 화장품으로 화장을 해도 잘 받지 않게 된다. 이런 날은 파운데이션 스펀지에 스킨 미스트를 살짝 뿌려 스펀지를 촉촉하게 해 준 다음 파운데이션을 묻혀 발라 보자. 매끈하면서 촉촉하게 화장이 피부에 스며드는 느낌을 받을 수 있을 것이다.

703

피부 트러블의 원인이 되는 화장할 때 쓰이는
메이크업 도구들, 어떻게 세척해
주어야 할까요?

화장을 깨끗하게 할 수 있도록 도와주는 메이크업 도구들. 하지만 사용 횟수를 거듭할수록 더러워지고, 더러워지는 만큼 그 안에 세균이 번식하게 된다. 그렇다고 무턱대고 세척을 한다면 질감이 달라지거나 모양이 변형되어 세척하기도 조심스럽다. 이렇게 더러워진 화장 도구들은 피부의 트러블을 일으키는 주범이 되기 때문에 관리가 중요하다.

● **브러시 세척법** … 브러시는 눈에 보이게 더러워지지 않기 때문에 세척할 생각을 못한 채 지나치기 쉽다. 하지만 일반적으로 4~5개월에 한 번씩은 세척해 주어야 한다.

브러시 전용 세정제를 사용하면 좋겠지만 전용 세정제가 없다면 샴푸를 이용해도 된다. 손바닥에 세정제와 미지근한 물을 섞은 다음 브러시의 솔을 톡톡 튕기듯 씻어낸다. 물세척이 끝난 다음에는 마른 수건으로 브러시의 결대로 꾹꾹 눌러 물기를 제거하고 그늘에 널어 말린다. 립브러시의 경우엔 사용한 다음 매번 세척을 해 주는 것이 좋기 때문에 립 전용 메이크업 리무버를 화장솜에 묻혀 닦아 주는 방법으로 세척한다.

● **아이섀도 팁** … 아이섀도 팁을 세척하지 않고 사용하면 발색에 문제가 생길 뿐 아니라 결막염을 유발할 수 있다. 아이섀도 팁은 너무 작아 세척하기도 힘들고 질감의 변형이 올 수 있기 때문에 더러워진 것은 새 것으로 교체해 주는 것이 가장 좋다.

● **메이크업 스펀지** … 메이크업 스펀지를 자주 세척하지 않으면 화장을 뭉치게 할 뿐 아니라 세균에 의한 트러블을 유발한다. 먼저 미지근한 물에 5분 정도 담가둔 다음 폼 클렌저로 깨끗하게 세척해 그늘에서 널어 잘 말린다.

● **파우더 퍼프** … 매일 사용하는 도구인 만큼 퍼프 역시 잦은 세척이 기본이다. 메이크업 스펀지와 같은 방법으로 세척을 하고 부드러운 촉감을 유지하기 위해서는 세척 마지막 단계에서 섬유 린스로 헹군 뒤 흐르는 물에 깨끗이 씻어 말려 주는 것이 좋다.

704 | 바른 듯 안 바른 듯 자연스러운 입술색을 표현하고 싶어요. 좋은 메이크업 아이디어 없을까요?

립밤과 립스틱을 섞어 바르면 자연스러운 색감을 표현할 수 있음은 물론, 입술 보호의 효과까지 있다. 립밤을 손등에 덜어내 립스틱과 섞은 다음 입술 중앙을 중심으로 두드리듯 발라 주면 발색력과 윤기는 물론 화장을 고치지 않아도 오래 지속된다. 립밤 대신 약국에서 파는 바셀린을 활용하는 것도 좋다.

705 | 요즘 유행하는 자연스런 피부 화장과 눈썹 화장 노하우를 알고 싶어요.

안 한 듯 깨끗하면서도 촉촉한 생얼 피부를 연출하고 싶다면 리퀴드 파운데이션에 로션을 조금 섞어 발라 보자. 파운데이션 효과로 잡티는 커버되면서 촉촉하고 부드러운 피부 느낌을 표현할 수 있다.
또, 다 쓴 마스카라 브러시는 눈썹 화장에 중요한 역할을 한다. 먼저 눈썹의 빈 공간만 섀도나 펜슬로 자연스럽게 메운 뒤 이 브러시로 눈썹결을 따라 빗어 주면 화장한 것 같지 않은 자연스러운 눈썹이 그려진다.

706

화장품 살 때마다 덤으로 얻는 **화장품 샘플을 제대로 활용하는 방법** 없을까요?

● **시트팩으로 활용** … 마트나 화장품 전문점에서 쉽게 구입할 수 있는 일회용 시트마스크에 차게 해둔 샘플 스킨이나 에센스 한 병을 충분히 붓는다. 시트에 충분히 촉촉하게 스며들 때까지 두었다가 사용하면 비싼 팩 못지않은 훌륭한 시트팩으로 활용할 수 있다.

● **헤어향수로 활용** … 샘플로 받은 향수를 헤어에센스나 왁스에 살짝 섞어 준다. 하루 종일 기분 좋은 은은한 향을 맡을 수 있을 것이다.

● **보디스크럽으로 활용** … 샤워할 때 보디클렌저 샘플에 흑설탕을 솔솔 뿌려 섞은 다음 사용해 보자. 흑설탕의 보습 성분이 피부를 보호함은 물론 훌륭한 스크럽제가 된다. 또한 보디로션에 섞어 손등, 팔꿈치, 무릎 등 각질이 많은 곳에 살살 문지른 다음 스팀타월로 닦아내도 훌륭한 스크럽 제품으로 변신할 수 있다.

● **하이라이터로 활용** … 자신의 피부톤과 맞지 않는 샘플 파운데이션이나 메이크업 베이스는 자신이 쓰는 제품과 함께 섞어서 메이크업 해보자. 얼굴 전체를 한 가지 톤으로 바르기보다 조금 어둡거나 밝은 제품을 활용하면 피부 메이크업만으로 입체적이고 작은 얼굴로 변신할 수 있다.

plus★tip

707 팔꿈치, 무릎을 부드럽게 관리하는 방법

팔꿈치나 무릎, 발뒤꿈치의 피부색이 어둡거나 각질이 자주 일어난다면 레몬을 활용해 보자. 먼저 수건에 비누를 묻혀 잘 닦아 낸 다음 레몬으로 문지른다. 그런 다음 마사지 크림으로 충분히 마사지하면 각질이 깨끗하게 제거되면서 화이트닝 효과까지 얻을 수 있다.

708

화장품을 보면 너무 어려운 용어들이 많아서
무슨 성분이 들어 있다는 것인지 모르겠어요.
**어려운 화장품 용어들의 뜻을
알려 주세요.**

● **AHA** ··· 알파하이드록시애시드(Alphy hydroxy acid)의 약자로 사탕수
수, 레몬, 사과 추출물이 들어 있다. 농도가 너무 높으면 자극적이기 때
문에 10% 이상의 제품은 피한다. 주로 각질 제거제에 많이 들어 있다.

● **BHA** ··· 베타하이드록시애시드(Beta hydroxy acid)의 약자로 살린산이
대표적이다. 피부 표면에 침착된 멜라닌 세포를 제거하는 각질 제거용
으로 쓰인다. 국내는 0.6%, 미국에선 2%까지 사용을 제한한다.

● **AKA** ··· 플라워애시드(Flower acid)로 꽃, 식물 등에서 추출한 성분으로
AHA, BHA보다는 덜 자극적이면서 부드러운 각질 제거 효과가 있다.

● **파파인** ··· 파파야 열매에서 추출한 효소로 단백질을 소화, 분해하는
방법으로 각질을 제거한다.

● **알부틴** ··· 월귤나무 잎, 크랜베리, 블루베리, 배 등에서 추출한 성분
으로 가장 널리 사용되는 멜라닌 형성 억제 성분이다.

● **멜라스토퍼** ··· 미백 효과가 있는 성분을 정확하게 멜라닌의 근원지까
지 전달해 준다.

● **감초엑기스** ··· 감초 뿌리에서 추출한 성분으로 자외선 차단 및 항염 효
과가 있다. 자극이 적고 피부결을 부드럽게 해 주는 성분이 들어 있다.

● **플라센타엑기스** ··· 다양한 비타민, 아미노산, 콜레스테롤 등을 포함한
태반 엑기스로 보습 작용이 뛰어나다.

● **비타민C 유도체** ··· 피부를 맑게 해 주는 성분으로 피부 흡수가 뛰어나
며 콜라겐 생성을 증가해 피부 면역력을 높여 준다.

709

남편이 출근할 때 넥타이를 매 주고 싶은데
방법을 모르겠어요. **옷 입는 분위기에
따라 넥타이 매는 방법**을 알려 주세요.

● **윈저노트 법**

캐주얼한 옷차림에 어울리는
매듭이 두툼한 넥타이 연출법.

1 넥타이를 목 뒤로 돌려 왼쪽은 짧게,
오른쪽은 길게 잡은 상태로 2 타이 매

듭 부분이 삼각형이 되도록 왼쪽으로 한 번, 오른쪽으로 한 번씩 돌려 감아 준다. 3 삼각
형으로 완성된 타이 매듭부분을 모두 감싸 고리를 만든 다음 4 위에서 아래 방향으로 넥
타이를 끼워 내린다. 이 방법은 매듭 자체가 너무 커지면 스타일이 살지 않으므로 두꺼운
원단의 넥타이는 피한다.

● **하프윈저노트 법**

정장 차림에 적당한 방법으로 일반적인
넥타이 연출법이다.

1 넥타이를 목 뒤로 돌려 왼쪽은 짧게, 오른쪽은 길
게 잡은 상태에서 2 매듭을 매듯이 타이의 오른쪽
고리를 감아 오른쪽 방향을 빼준다. 3 타이의 삼각
매듭 부분을 모두 감싸 고리를 만든 다음 4 위에서
아래 방향으로 끼워 내린다.

● **포인핸드노트 법**

기본적인 넥타이 매는 방법으로 편한 자리나 캐주얼한 모임에 무난하
게 맬 수 있는 방법이다. 넥타이를 길게 맬 수 있어 키가 큰 사람에게
잘 어울리는 넥타이 연출법이다.

1 넥타이를 목 뒤로 돌려 왼쪽은 짧게, 오른쪽은 길게 잡은 상태로 2 타이의 삼각 매듭
부분을 전체적으로 감아 고리를 만든다. 3 다른 타이 매듭법과 같이 위에서 아래로 고리
를 통과시켜 마무리한다.

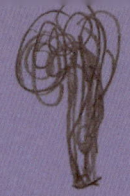

ㅎ

기타